초등수학에서 꼭! 알아야 할

한·영 수학 용어 총정리

최창우 지음

KYOWOO

머리말

우리나라 학생들이 OECD가 실시하는 국제학업성취도 평가(PISA)에서 상위권을 차지하고 있다는 사실은 이미 잘 알려져 있다. 필자는 2003년 1월부터 약 1년간 뉴질랜드 최대의 도시 오클랜드에서 연구년을 보내면서 세계 각국에서 모여든 학생들이 함께 공부하고 있었던 초등학교를 종종 방문하여 수업을 참관하기도 하고 뉴질랜드의 교육제도에 대해서 많은 것을 얻고자 하였다.

그러던 어느 날 필자가 한국에서 온 수학을 전공한 객원교수라는 사실을 알게 된 선생님은 뉴질랜드 교과서에 나오는 초등수학 용어를 한국어로 번역해 달라는 요청을 받은 적이 있다.

학습자의 측면에서 효율적인 수학 교수·학습은 물론이고 훌륭한 문제해결 자가 되려면 그 선행조건이 수학교과서에 나타나는 용어에 대한 올바른 이해 없이는 불가능하다. 다시 말해 문제나 지문에 나타나는 용어가 올바르게 이해되어야 폴리아가 주장하는 문제해결의 첫 단계를 무난히 통과하게 되고 이것이 훌륭한 문제해결의 첫걸음이 될 수 있다는 것은 너무나도 분명하다.

그런데 현행 초·중등학교의 수학 교과서에 나타나는 수학 용어의 대부분은 한자에서 온 용어이거나 아니면 한자말이 혼용되고 있는 것이 사실이다. 그러나 이러한 용어들을 검토해보면 한자가 용어의 이해에 도움이 되는 경우도 있지만, 반대로 한자의 뜻으로 이해하거나 추측할 수 없기 때문에 도움이 안 되거나, 한자의 뜻을 아는 것이 학습자로 하여금 오히려 용어의 개념을 잘못 이해하게하는 개연성이 있는 경우도 더러 있다.

이러한 맥락에서 이 책은 2015 개정 교육과정에 따른 초등수학의 각 영역(수와 연산, 도형, 측정, 규칙성, 자료와 가능성)에 나타나는 용어들을 독자들이 쉽게 찾아볼 수 있도록 **가, 나, 다, …순서의 사전식으로 배열**하였고 아울러 각 용어아래에 보기를 제시하여 독자들의 이해를 돕고자 하였다. 더불어 추후에 외국의 최신이론을 공부하고자하는 독자들을 위해서 각각의 용어 옆에 영문표기를 병기하여 **한·영, 영·한 사전**의 역할을 겸하도록 하였다.

따라서, 영미권에서 공부를 하거나 우리나라에서 국제학교를 다니는 학생들, 나아가 현직교사와 예비교사는 물론이고 수학교육을 연구하는 모든 독자들에게 많은 도움을 줄 수 있을 것으로 확신하는 바이다.

미흡한 점은 독자 여러분의 아낌없는 지적과 지도 조언에 따라 꾸준히 수정·보완해 나갈 것임을 밝혀둔다.

끝으로 최근 출판업계의 많은 어려움에도 불구하고 기꺼이 출판을 맡아주신 교우사 관계자 여러분에게 진심으로 사의를 표하며 편집과정에서 많은 도움을 준 본 대학 박지영 선생에게도 감사를 드린다.

상록동산에서 **최 창 우**

목 차

Chapter 2. 도형 영역의 용어해설 ······ 133

Chapter 3. 측정 영역의 용어해설 ···· 237

Chapter 5. 자료와 가능성 영역의 용어해설 ……… 371

C·H·A·P·T·E·R 1

수와 연산 영역의 용어해설

가법적기수법

기수법 중에서 가장 원시적인 덧셈의 원리에 의한 기수법이다. 이것을 가법적 기수법(加法的 記數法, additional numeration system)이라고 한다.

보기 이집트 숫자의 발뒤꿈치 뼈 모양의 ∩이 10을 나타낸다면, 세 개를 더 첨가한 ∩∩∩∩은 40을 나타내는 것이다.

가분성 법칙

어떤 자연수가 다른 자연수에 의해 나누어떨어지는지를 직접 나눗셈을 하지 않고 빨리 알아낼 수 있는 방법을 가분성의 법칙(divisibility rule)이라 한다.

보기

숫자	가분성테스트
2	마지막 숫자가 짝수(예를 들어 0, 2, 4, 6, 8)
5	마지막 숫자가 0 또는 5
10	마지막 숫자가 0
100	숫자의 마지막 두 자리 수가 모두 0
4	숫자의 마지막 두 자리 수가 4에 의하여 나누어 짐
3	숫자의 총합이 3에 의하여 나누어 짐
9	숫자의 총합이 9에 의하여 나누어 짐
11	홀수 자리의 수의 합과 짝수 자리의 수의 합의 차이가 11에 의하여 나누어 짐

가분수

분자가 분모와 같거나 큰 분수를 '가분수(improper fraction)'라 한다.

분수는 단위분수, 진분수, 가분수, 대분수로 나누는데, 분자가 1인 분수를 '단위분수(unit fraction)', 분자가 분모보다 작은 분수를 '진분수(proper fraction)', 자연수와 진분수의 합으로 된 분수를 '대분수(mixed fraction)'라 한다.

보기 $\frac{1}{2}$, $\frac{1}{3}$ → 단위분수, $\frac{2}{5}$, $\frac{3}{4}$ → 진분수, $\frac{4}{3}$, $\frac{4}{4}$, $\frac{8}{6}$ → 가분수, $1\frac{1}{2}$, $2\frac{2}{3}$ → 대분수

참고

- 분자가 5인 가분수를 쓰면 $\frac{5}{5}$, $\frac{5}{4}$, $\frac{5}{3}$, $\frac{5}{2}$, $\frac{5}{1}$이다.
- 가분수는 분자가 분모보다 같거나 크기 때문에 1과 같거나 1보다 큰 수이다.
  분자 ≥ 분모

참고

- 가분수의 집합

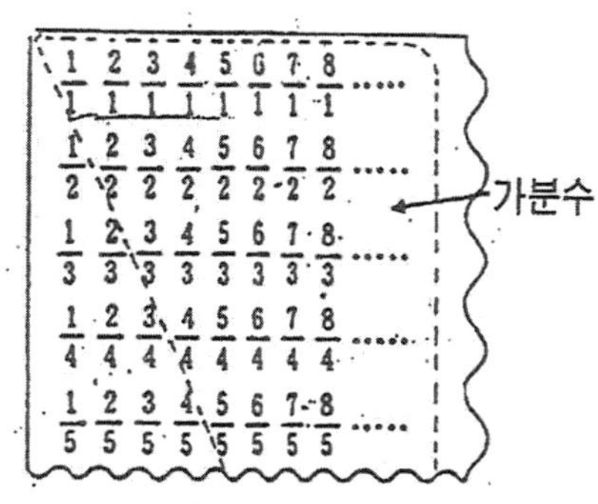

가산집합

유한집합이거나 자연수의 집합과 대등한 집합, 즉 가부번집합을 가산집합(countable set)이다. 일반적으로 가산집합은 원소 하나하나를 빠짐없이 모두 셀 수 있다.

보기 {1, 2, 3}은 가산집합이다. 또한 자연수 전체의 집합은 가부번 집합이므로 가산집합이다.

가수

덧셈식 a + b = c에서 수 a + b를 'a 더하기 b'라 읽고, c를 합(sum)이라고 한다. 또, a를 a + b의 피가수(被加數, augend), b를 a + b의 가수(加數, addend)라고 한다.

보기 덧셈식 7 + 5 = 12에서 미국에서는 7과 5를 모두 addend라고 하지만, 우리나라에서는 7을 피가수(더해지는 수), 5를 가수(더하는 수)로 구분한다.

가역적사고

가역적인 사고(reversibility)란 피아제의 아동의 인지발달에서 나온 개념으로 사고의 계열을 바꾸어 재배치할 수 있는 사고이다. 다시 말하면, 사고의 순서를 바꾸어 생각할 수 있는 능력이다. 가역적 사고 능력이 있어야 역연산을 이해할 수 있다.

보기 5개에서 2개를 뺐더니 3개가 되었다면 3개에 2개를 넣으면 원래대로 5개가 된다. 또, 어떤 수에 4를 곱하여 20이 되었다면 20을 4로 나누면 원래의 수가 된다.

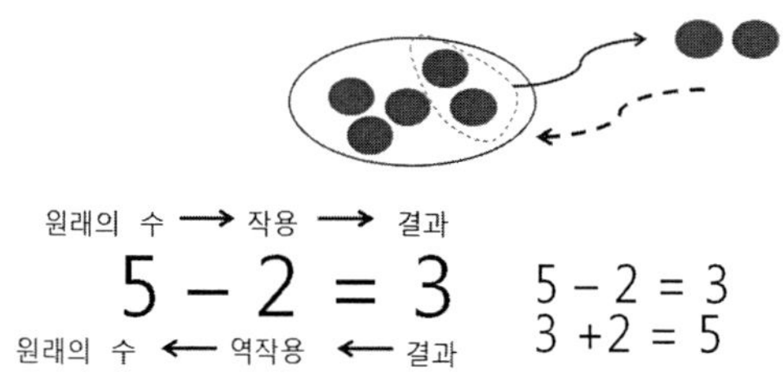

$5-2=3$ $\quad$ $5\times4=20$

$3+2=5$ $\quad$ $20\div4=5$

가정(상)몫

나눗셈에서 몫을 정할 때, 대략 어림해서 정한 몫을 '가정몫(assumptive quotient)'이라고 한다.

보기 90÷14의 몫을 알아보면, 몫을 5로 하면 나머지가 20으로 나누는 수 14보다 크다. 그래서 몫을 1크게 하여 6으로 하면 나머지가 나누는 수 14보다 작게 된다. 이때, 몫을 어림해서 5로 했을 경우를 '가정몫'이라 한다.

$$14\overline{)90} \;\rightarrow\; \begin{array}{r} \boxed{5} \\ 14\overline{)90} \\ \underline{70} \\ 20 \end{array} \;\rightarrow\; \begin{array}{r} 6 \\ 14\overline{)90} \\ \underline{84} \\ 6 \end{array}$$

감가법

뺄셈에서 받아내림을 하는 경우의 계산 과정을 설명하는 방법의 하나로서, 피감수(빼지는 수, minuend)를 분해하여 계산하는 방법을 말한다.

보기 15 − 7 = (10 + 5) − 7 = (10 − 7) + 5 = 3 + 5 = 8와 같이 피감수(빼지는 수) 15를 10과 5로 분해하여 계산하는 방법을 말한다.

감감법

뺄셈에서 감수(빼는 수)를 분해하여 계산하는 방법을 말한다.

보기 $12 - 5 = 12 - (2 + 3) = 12 - 2 - 3 = 10 - 3 = 7$

감수

뺄셈식 $a - b = c$에서 $a - b$를 'a 빼기 b'라고 읽고, c를 차(difference)라고 한다. 또, a를 $a - b$ 의 피감수(minuend), b를 $a - b$의 감수(減數, subtrahend)라고 한다.

보기 뺄셈식 $12 - 5 = 7$에서 5를 감수라고 한다.

거듭 제곱

어떤 한 수를 되풀이해서 곱하는 것을 거듭 제곱(power)이라 한다.

* 거듭 제곱은 밑과 지수로 나타낸다. 가령, 10^2에서 10은 밑이고, 2는 지수이다.

보기 10의 거듭 제곱

$10 = 10 \times 1 = 10^1$ → 10의 1제곱

$100 = 10 \times 10 = 10^2$ → 10의 2제곱

$1000 = 10 \times 10 \times 10 = 10^3$ → 10의 3제곱

⋮

32500을 10의 거듭 제곱으로 나타내면

$32500 = 30000 + 2000 + 500 + 0 + 0$

$= 3 \times 10000 + 2 \times 1000 + 5 \times 100 + 0 \times 10 + 0 \times 1$

$= 3 \times 10^4 + 2 \times 10^3 + 5 \times 10^2 + 0 \times 10^1 + 0 \times 10^0$으로 나타낸다.

6의 거듭 제곱

$6 = 6 \times 1 = 6^1$

$36 = 6 \times 6 = 6^2$

$216 = 6 \times 6 \times 6 = 6^3$

⋮

이 때, 6^3에서 3은 지수(인수의 개수), 6은 밑(묶음의 크기)이라고 한다. 수를 밑과 지수로 나타낸 것을 '거듭 제곱으로 나타내었다.'고 한다.

거의 두 배

어떤 수의 두 배에 가까운 경우를 거의 두 배(near double)라 한다.

보기 7 + 8은 7 + 7 즉 7의 두 배 보다 1 큰 수이다. 또한 8 + 9는 8 + 8보다 1 큰 수이다.

검산

검산이란 계산이 맞는지 맞지 않는지를 확인하는 계산을 검산(prove)이라고 한다.

보기 검산은 나눗셈에서 많이 쓰이고 있다.

85 ÷ 20 =

```
      4
20 ) 85
     80
     --
      5  ← 나머지
```

85 ÷ 20 = 4 ⋯ 5
(검산)
4 × 20 + 5 = 85
(몫×제수) + (나머지) = (피제수)

참고

- 검산은 덧셈, 뺄셈, 곱셈에서도 마찬가지로 할 수 있다.

덧셈 7 + 6 = 13 → 13 - 7 = 6, 13 - 6 = 7

뺄셈 10 - 2 = 8 → 2 + 8 = 10, 8 + 2 = 10 9×8 = 72 → 72 ÷ 8 = 9

곱셈 9 × 8 = 72 → 72 ÷ 8 = 9, 72 ÷ 9 = 8

계산을 한 다음에는 언제나 검산하는 습관을 가져야 한다.

격자 곱셈법

곱셈을 하는 한 가지 방법 중에 하나로 아래와 같이 곱셈을 한 후 자리 수를 맞추어 각 자리 수들을 더하고 10이 넘으면 한 자리 올리는 계산방법을 격자법(lattice method 또는 Napier method for multiplication)라 한다.

보기

67 × 8 = 536

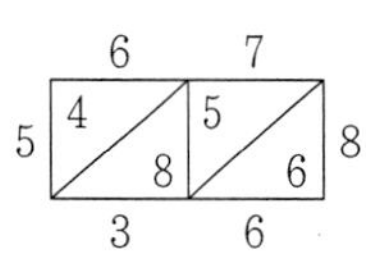

46 × 23 = 1058

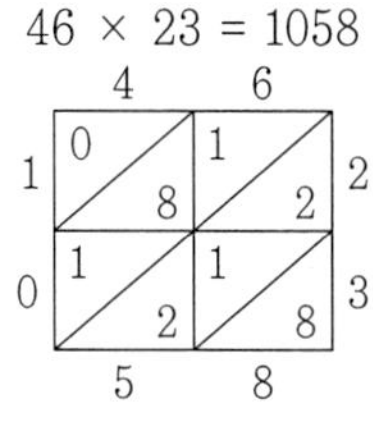

213×58=12354

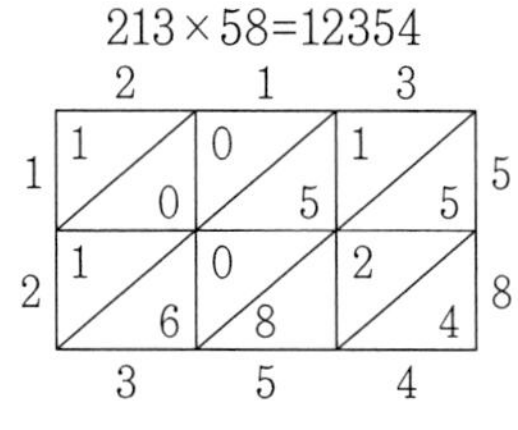

참고

- 격자 곱셈법을 활용하려면 적어도 곱셈구구단의 학습이 선행되어야 한다.

결합법칙

셋 이상의 수를 더하거나 곱할 때 더하거나 곱하는 순서를 바꾸어도 결과는 같다. 이를 결합법칙(associative law)이라 한다.

보기 34 + 8 + 2를 계산하기위하여 차례대로 계산하는 것 보다 34 + (8 + 2)와 같이 뒤에 괄호부분을 먼저 계산하여 앞의 수에 더해주는 것이 편리하다.

계산

계산(calculation, computation)은 연산의 한 부분으로 일정한 알고리즘에 따라 어떤 값이나 결과를 구하는 것을 의미한다.

계산기

계산을 빠르고 정확하게 하기 위하여 사용하는 도구를 계산기(calculator)라 한다.

고쳐 묶기

수를 일, 십, 백, 천, … 등의 묶음으로 볼 때, 원래 묶음을 풀어서 묶음의 방법을 달리해 보는 것을 고쳐 묶기(regrouping)이라 한다.

보기 32는 십이 3개 일이 2개인 수이지만, 고쳐 묶기를 하면 십이 2개, 일이 12개인 수가 된다. 뺄셈에서 '받아 내림(borrowing)'도 일종의 고쳐 묶기이다. 이를테면, 32 − 8에서 일의 자리 2에서 8을 빼지 못하므로, 32를 십이 3개 일이 2개인 수로 보지 않고, 십을 받아 내려서 십이 2개, 일이 12개인 수로 생각하는 것과 같다.

곱

곱(product)이란 한 쌍의 수를 곱한 연산의 결과를 말한다. 곱의 연산 부호는 '×'이고, '곱하기'라고 읽는다.

보기 곱셈식 '4 × 3 = 12'에서 12를 '4와 3의 곱'이라고 한다.

* 곱을 그림으로 알아보자.

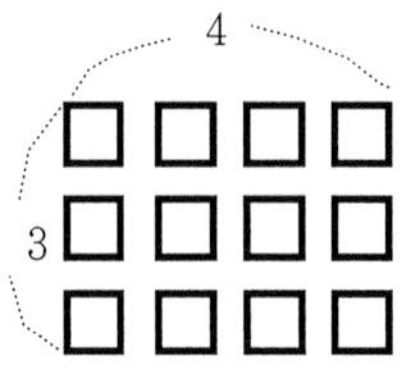

4 × 3 = 12

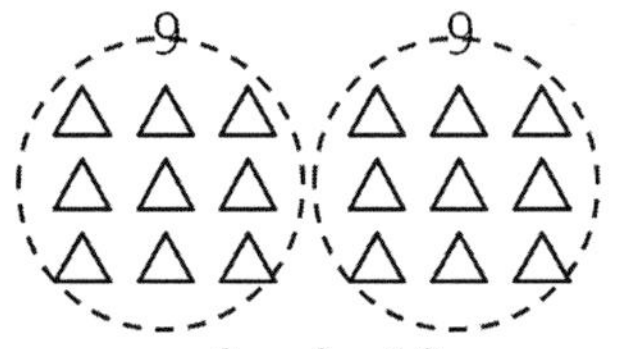

9 × 2 =18

위의 그림에서 곱을 알아보면, '4와 3의 곱은 12이다.', '9와 2의 곱은 18이다.'

곱셈

곱셈(multiplication)은 어떤 수의 몇 배의 수를 구하는 연산 방법이며 자연수의 곱셈은 본질적으로 배의 개념이다. 곱셈의 기호는 '×'를 쓰며, 숫자와 문자, 문자와 문자를 곱할 때는 ×를 생략하는 경우도 있다.

보기 6의 2배 → 6 × 2, 4개씩 6묶음 → 4 × 6, 6 × a = 6a, a × b = ab

① 두 수의 곱셈

132 × 40 = 132 × 4 × 10
= 528 × 10
= 5280

```
  132
×  40
-----
 5280
```

② 세 수의 곱셈

14 × 5 × 6 = 420

```
  14
×  5
----
  70
×  6
----
 420
```

③ (세 자리 수) × (두 자리 수)

124 × 80 =

```
 124        124        124
× 80  ⇒   × 80  ⇒   × 80
-----      -----      -----
              0       9920
```

321 × 45 =

```
 321        321        321
× 45  ⇒   × 45  ⇒   × 45
-----      -----      -----
           1605       1605  ······· 321×5
                     12840  ······· 321×40
                     -----
                     14445
```

④ (세 자리 수) × (세 자리 수)

326 × 437 = 326 × (400 + 30 + 7) = (326×400) + (326×30) + (326×7)
= 130400 + 9780 + 2282
= 142462

326	326	326	326	
× 437 ⇒	× 437 ⇒	× 437 ⇒	× 437	
2282	2282	2282	2282	······ 326 × 7
	9780	9780	9780	······ 326 × 30
		130400	130400	······ 326 × 400
			142462	

참고

> ▸ 우리나라에서 사용되고 있는 수학용어의 상당부분은 서양에서 만들어져 중국이나 일본을 거쳐 들어온 것이 많다. 따라서 본래의 뜻이 왜곡되거나 조금씩 변형된 것이 더러 있다. 이를테면, 곱셈의 4 × 5의 경우, 서양권에서는 5의 4배(4 times of 5)를, 5 + 5 + 5 + 5로 해석하는데 반해, 우리나라를 비롯한 동양권에서는 4의 5배, 즉 4 + 4 + 4 + 4 + 4로 받아들인다. 그러나 결과는 20으로 같다.

곱셈 구구

구구는 수와 수의 결합을 말한다. 덧셈기호로 연결되어 있으면 덧셈구구, 곱셈기호로 연결되어 있으면 곱셈구구 등으로 부르며 곱셈구구는 보통 2단 구구에서 9단 구구를 '곱셈구구(multiplication fact)'라고 한다.

* 곱셈구구는 1단 '1 × 1'에서 9단 '9 × 9'까지 모두 81개이다.

* 2단 구구 – 9단 구구

2단 구구	3단 구구	4단 구구	5단 구구	6단 구구
2 × 1 = 2	3 × 1 = 3	4 × 1 = 4	5 × 1 = 5	6 × 1 = 6
2 × 2 = 4	3 × 2 = 6	4 × 2 = 8	5 × 2 = 10	6 × 2 = 12
2 × 3 = 6	3 × 3 = 9	4 × 3 = 12	5 × 3 = 15	6 × 3 = 18
2 × 4 = 8	3 × 4 = 12	4 × 4 = 14	5 × 4 = 20	6 × 4 = 24
2 × 5 = 10	3 × 5 = 15	4 × 5 = 20	5 × 5 = 25	6 × 5 = 30
2 × 6 = 12	3 × 6 = 18	4 × 6 = 24	5 × 6 = 30	6 × 6 = 36
2 × 7 = 14	3 × 7 = 21	4 × 7 = 28	5 × 7 = 35	6 × 7 = 42
2 × 8 = 16	3 × 8 = 24	4 × 8 = 32	5 × 8 = 40	6 × 8 = 48
2 × 9 = 18	3 × 9 = 27	4 × 9 = 36	5 × 9 = 45	6 × 9 = 54

7단 구구	8단 구구	9단 구구	참고) 1단 구구
7 × 1 = 7	8 × 1 = 8	9 × 1 = 9	1 × 1 = 1
7 × 2 = 14	8 × 2 = 16	9 × 2 = 18	1 × 2 = 2
7 × 3 = 21	8 × 3 = 24	9 × 3 = 27	1 × 3 = 3
7 × 4 = 28	8 × 4 = 32	9 × 4 = 36	1 × 4 = 4
7 × 5 = 35	8 × 5 = 40	9 × 5 = 45	1 × 5 = 5
7 × 6 = 42	8 × 6 = 48	9 × 6 = 54	1 × 6 = 6
7 × 7 = 49	8 × 7 = 56	9 × 7 = 63	1 × 7 = 7
7 × 8 = 56	8 × 8 = 64	9 × 8 = 72	1 × 8 = 8
7 × 9 = 63	8 × 9 = 72	9 × 9 = 81	1 × 9 = 9

곱셈식

두 개 이상의 수를 곱으로 나타낸 식을 곱셈식(multiplication sentence)이라 한다.

보기 4의 5배는 20입니다. 이것을 '4 × 5 = 20'라 쓰고, '4 곱하기 5는 20과 같습니다.'라고 읽는다. 여기서 '4 × 5 ='을 '곱셈식'이라 한다. 이때 4와 5는 인수(factor), 20을 곱(product)이라 한다.

참고

- 곱셈식을 '4 × 5 = 20' 또는 '4 × 5 ='의 둘 중 어느 것으로 해도 무방하다.
- 곱셈의 교환 법칙 : 곱셈은 곱하는 수를 서로 바꾸어 곱해도 답은 같다.

① 곱셈식으로 나타내기

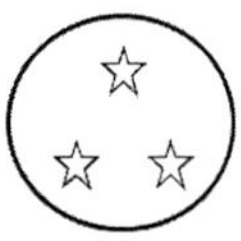 의 4배는 ? ⇒ $3 \times 4 = 12$

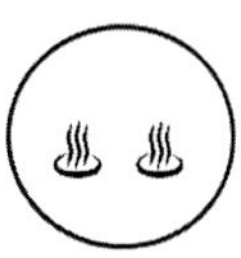 의 6배는 ? ⇒ $2 \times 6 = 12$

 의 4배는 ? ⇒ $5 \times 4 = 20$

② 덧셈 식을 곱셈식으로 나타내기

$$6 + 6 + 6 + 6 = 6 \times 4$$

③ 곱셈식을 덧셈 식으로 나타내기

$$4 \times 3 = 4 + 4 + 4$$

④ 3의 5배는 15

$$3 \times 5 = 15$$

⑤ 3씩 8줄은 24 → $3 \times 8 = 24$
3곱하기 7은 21 → $3 \times 7 = 21$
9와 7의 곱은 63 → $9 \times 7 = 63$

곱셈에 대한 닫힘 성질

두 범자연수를 곱하면 그 결과는 언제나 범자연수가 된다. 이러한 성질을 자연수는 곱셈에 대하여 닫혀있다(closed under multiplication)고 한다.

보기 자연수의 집합은 덧셈과 곱셈에 관해 닫혀있다.

곱셈의 분배법칙

a와 b, c를 임의의 범자연수라고 하자, 그러면 $a(b + c) = ab + ac$가 성립한다. 이러한 성질을 덧셈위에서 곱셈의 분배법칙(distributive law)이라 한다.

참고

- 범자연수의 곱셈에서는 교환법칙이 성립하기 때문에 $(b + c)a = ba + ca$와 같이 쓸 수도 있다.

곱셈의 항등원

수 1은 모든 범자연수 a에 대하여

$$a \times 1 = a = 1 \times a$$가 성립한다.

이 때, 수 1을 곱셈의 항등원(multiplicative identity)라 한다.

곱셈표

곱셈표(multiplication table)는 곱셈을 표로 만든 것이다.

보기 4의 구구단과 7의 구구단을 곱셈표로 나타내 보자.

〈곱 셈 표〉

×	1	2	3	4	5	6	7	8	9
4	4	8	12	16	20	24	28	32	36
7	7	14	21	28	35	42	49	56	63

* 표는 여러 가지로 만들 수 있다. 한 표에 곱셈 구구를 모두 만들 수도 있다.

공배수

두 개 이상의 수에서 공통된 배수를 공배수(common multiple)라고 한다.

보기 3과 4의 공배수 찾기

3의 배수: 3, 6, 9, (12), 15, 18, 21, (24), 27, 30, 33, (36), 39, ···

4의 배수: 4, 8, (12), 16, 20, (24), 28, 32, (36), 40, ···

이와 같이, 3과 4의 공통인 배수 12, 24, 36 ···을 3과 4의 '공배수'라고 한다.

참고

▸ 3과 4의 최소 공배수는 위에서 보는 것처럼 12이다.

공약수

두 개 이상의 수에서 공통된 약수를 공약수(common divisor)라고 한다.

보기 8과 12의 공약수를 구하여 보시오.

8의 약수 : ①, ②, ④, 8

12의 약수 : ①, ②, 3, ④, 6, 12

8과 12의 공약수는 1, 2, 4가 된다.

참고

▸ 최대 공약수는 공약수들 중에서 가장 큰 공약수를 말한다. 8과 12의 최대 공약수는 4이다.

공집합

어떤 집합을 이루고 있는 원소의 개수가 하나도 없는 집합을 공집합(empty set)이라 하고 기호 ø나 { }를 써서 나타낸다.

보기 집합 A가 짝수이면서 21의 약수인 정수의 집합이라 하면 A는 공집합이다.

공통분모(동분모)

분모가 서로 다른 분수의 분모를 같게 하는 것을 '통분한다.'고 하고, 통분한 분모를 공통분모(common denominator)라고 한다.

보기 $\frac{2}{3}$ 와 $\frac{1}{4}$ 의 공통분모를 구하여 보시오.

$\frac{2}{3}=\frac{4}{6}=\frac{6}{9}=\frac{8}{12}=\frac{10}{15}=\cdots\cdots$

$\frac{1}{4}=\frac{2}{8}=\frac{3}{12}=\frac{4}{16}=\cdots\cdots$

여기에서 두 분수의 분모가 같은 공통분모는 12, 24, 36, ⋯이다. 즉, 공통분모는 통분하고자하는 분모들의 공배수이다. 이들 중에 어느 것으로 통분해도 상관없지만 통상적으로 최소공배수인 12로 통분하는 것이 가장 간편하다.

즉, $\frac{2}{3}=\frac{8}{12}$, $\frac{1}{4}=\frac{3}{12}$

이와 같이 서로 분모가 다른 분수의 분모를, 크기는 바꾸지 않고 같은 분모로 만들었을 때, 그 같은 분모를 '공통분모'라고 한다.

과잉수

한 자연수의 자기 자신을 제외한 약수들의 합이 자신보다 더 큰 수를 과잉수(abundant number)라 한다.

보기 과잉수는 무수히 많이 있으며 가장 작은 과잉수는 12이다. 과잉수를 작은 순서대로 나열하면 12, 18, 20, 24, 30, 36, 40, 42, 48, 54, 56, 60, 66, 70, 72, 78, 80, 84, 88, 90, 96, 100, ⋯ 등이 있다.

교집합

교집합이란 두 집합에 공통으로 들어 있는 원소의 집합을 그 두 집합의 '교집합(intersection of sets)'이라 한다. 집합 A와 집합 B의 교집합은 'A∩B'로 나타낸다. A∩B는 '집합 A와 집합 B의 교집합'이라고 읽는다.

보기 교집합의 여러 가지 예

① 농구 선수의 집합 = {원영, 현우, 치현}, 야구 선수의 집합 = {지훈, 원영, 현우} 일 때 농구선수와 야구선수의 교집합은 (농구 선수의 집합) ∩ (야구 선수의 집합) = {원영, 현우}가 된다.

② A = { 1, 2, 3, 4 } B = { 3, 4, 5, 6, 7 } 일 때, A ∩ B = { 3, 4 }

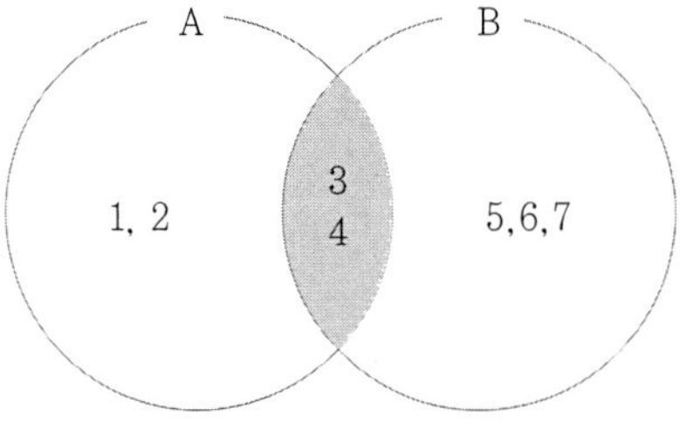

③ A = { 1, 2, 3, 4, 5 } B = { 2, 3, 4 } 일 때, A ∩ B = { 2, 3, 4 }

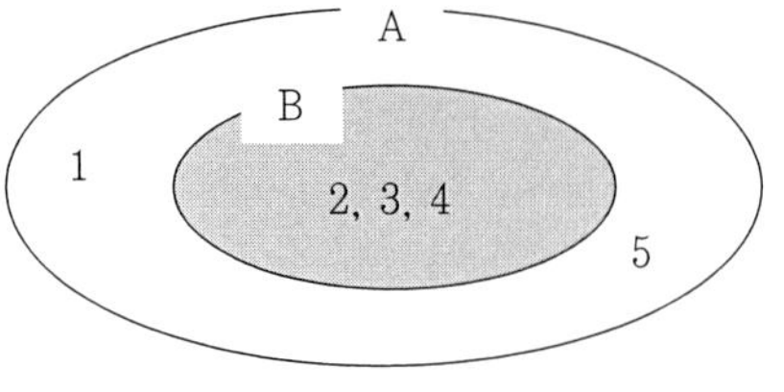

④ A = { 1, 2, 3 } B = { 4, 5, 6 } 일 때,
A ∩ B = { } 또는 ∅ → 집합 A와 집합 B는 '서로 소(素)인 집합'이라고 한다.

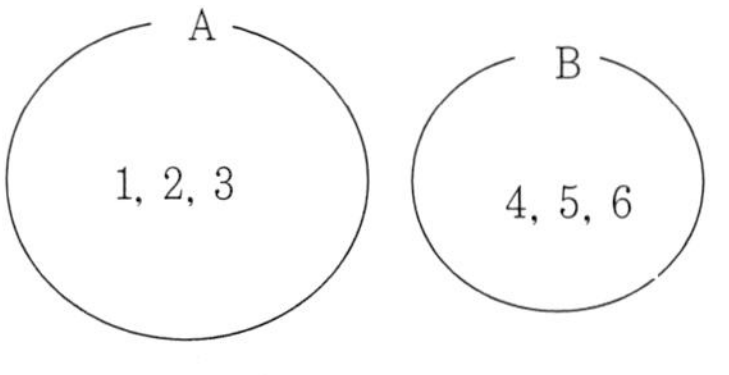

⑤ A = { 1, 2, 3, 4 } B = { 1, 2, 3, 4 } 일 때, A ∩ B = { 1, 2, 3, 4 }

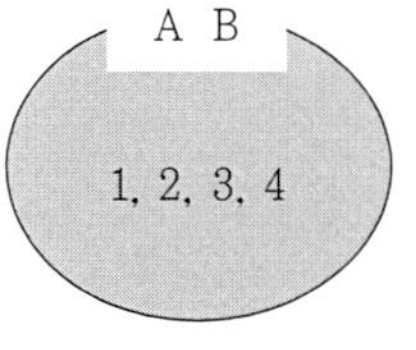

교환법칙

덧셈과 곱셈에서 계산의 순서를 바꾸어도 결과는 같다는 것을 교환법칙(commutative law or turn-around rule)이라고 한다. 초등수학의 덧셈에서는 '두수를 바꾸어 더할 수 있어요'라고 교과서에서 소개하고 있다.

보기

교환법칙

a, b가 자연수이면 $a+b=b+a$

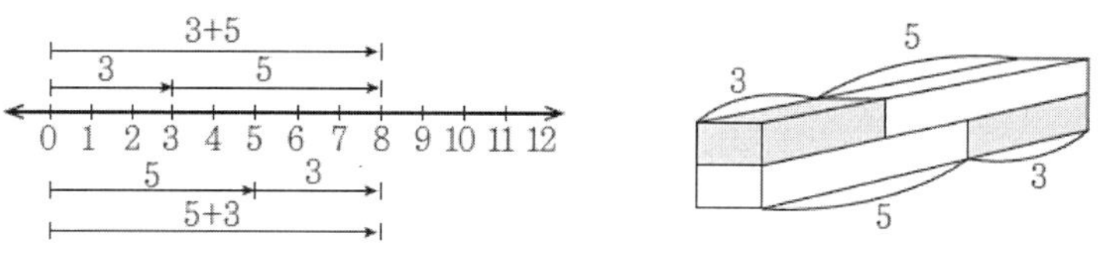

위의 그림에서와 같이 3 + 5 = 5 + 3과 같다.

주의

- 뺄셈과 나눗셈에서는 계산의 순서를 바꾸면 계산의 결과가 달라진다.

구구

일반적으로 수와 수의 결합을 구구(fact)라고 한다. 덧셈으로 결합되어 있으면 덧셈구구, 곱셈으로 결합되어 있으면 곱셈구구 등으로 부른다.

보기 2 + 5, 3 × 4 등은 각각 덧셈구구, 곱셈구구이다.

구구족

역연산 관계로 결합된 수 구구들의 모임을 구구족(fact family)이라 한다.

보기 2 + 5 = 7, 7 − 5 = 2, 7 − 2 = 5 등은 덧셈과 뺄셈에 관한 구구족이다.

구잔

뺄셈의 한 유형으로 어떤 양에서 특정한 양만큼을 떼어 낸 다음에 남은 양이 얼마인지를 알아보는 것을 분리(seperation) 또는 구잔(求殘, take away) 또는 제거형이라 한다.

보기 전깃줄에 참새가 5마리 앉아있습니다. 잠시 후에 2마리가 날아갔습니다. 전깃줄에 남아있는 참새는 모두 몇 마리일까요?

구차

뺄셈의 한 유형으로 두 양을 서로 일대일 대응시킨 다음에 그 차이를 구하는 상황을 비교(comparison) 또는 구차(求差, finding the difference)라 한다.

보기 흰 강아지 3마리와 검은 강아지 5마리가 있습니다. 검은 강아지는 흰 강아지보다 몇 마리 더 많은지 알아보시오.

기수

유한집합의 원소의 개수 즉, 유한집합의 집합수를 다른 말로 기수(cardinal numbers)라 한다.

보기 집합 A = {1, 2, 3, 4, 5}일 때, A의 기수(집합수)는 5가 된다.

기수법

수를 기호로 나타내는 것을 기수법(numeration system)이라하고 수를 말로 나타내는 즉, 수를 읽는 방법을 명수법 이라한다.

우리가 현재 사용하고 있는 기수법은 10진 기수법으로 왼쪽으로 한자리씩 올라갈 때 마다 수의 값이 10배씩 커진다. 이처럼 자리 즉, 위치에 따라 수의 값이 달라지는 수의 표기방식을 위치적 기수법이라고 하며, 2진법, 5진법, 60진법 등 여러 가지 표기 방법이 있다. 2진법에서의 2, 5진법에서의 5, 60진법에서의 60을 기수(基數)라고하며, 현재 우리가 사용하고 있는 10진법에서의 기수는 10이 된다.

* 수사의 발생 근원은 양손의 손가락을 대상으로 1대 1로 대응시키는 조작과 손가락을 반복 사용하는 것을 기본으로 10씩 묶어 가면서 세는 십진 기수법과 명수법이 생기게 되었다.

보기 이집트의 기수법

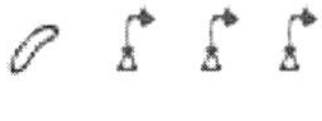 ∩ ||||| → $1(10^4) + 3(10^3) + 1(10) + 5 = 13015$

참고

- 십진 기수법의 전개식

(기본 숫자)

$$634 = (6\times100)+(3\times10)+(4\times1)$$
$$= (6\times10^2)+(3\times10^1)+(4\times10^0)$$

(자리 값)

참고

- 2진법은 0, 1로써 모든 수를 나타낸다. 2는 10, 3은 11, 4는 100, 10은 1010으로 나타내고, 5진법은 0, 1, 2, 3, 4로써 7진법은 0, 1, 2, 3, 4, 5, 6으로 나타내는데, 시간은 60진법, 1주일의 7일은 7진법으로 이해할 수 있다.

기약 분수

$\frac{5}{7}$의 분모 7과 분자 5의 공약수는 1뿐이다. $\frac{5}{7}$와 같이 분수의 분모와 분자의 공약수가 1뿐인 분수를 기약 분수(irreducible fraction or simplest form of a fraction)라고 한다.

보기 다음 분수를 기약분수로 나타내보시오.

○ $\frac{18}{24}=\frac{18\div2}{24\div2}=\frac{9\div3}{12\div3}=\frac{3}{4}$ (÷6, ÷6) ←

2) 18 24
3) 9 12
    3 4

최대공약수
2 × 3 = 6

○ $\frac{12}{20}=\frac{12\div2}{20\div2}=\frac{6\div2}{10\div2}=\frac{3}{5}$ ←

○ $\frac{12}{20}=\frac{12\div4}{20\div4}=\frac{3}{5}$

2) 12 20
2) 6 10
    3 5

최대공약수
2 × 2 = 4

참고

- 기약 분수로 나타낼 때에는 주어진 분수의 분모와 분자를 그들의 최대공약수로 나누어주면 된다.

나누어떨어지는

어떤 수를 다른 수로 나누었을 때, 나머지가 0일 경우에 나누어떨어지는(divisible)이라고 말한다.

보기 42 ÷ 6을 예로 들어 보자.

42를 6으로 나누었을 때 나머지는 0이다.

그러므로 '나누어떨어진다.'고 한다.

```
      7 ← 몫
 6 ) 4 2
     4 2
   -----
       0 ← 나머지
```

나눗셈

어떤 수를 똑같이 나누거나 균등하게 배분하는 계산법을 나눗셈(division)이라 한다.

나눗셈의 기호는 '÷'이고, 교재에 따라서는 '제법(除法)'이라고 표현하기도 하며 승법(乘法)과 역연산 관계이다.

참고

① 초등수학에서 나눗셈의 유형은 등분제와 포함제 두 가지가 있다.
(등분제와 포함제 참고)

② 나눗셈연산의 지도에서 등분제냐 포함제냐 하는 것을 지도할 것이 아니라, 구체적인 조작에서 나눗셈의 개념을 바르게 형성시키는 것이 중요하다.

③ 나눗셈을 처음 배우는 어린이에게는 포함제가 등분제 보다 쉽게 받아들여지기 때문에 포함제를 먼저 지도하고 다음에 등분제를 지도하지만, 나눗셈의 학습이 누적됨에 따라 등분제의 생각으로 학습지도가 이루어지도록 한다.

나눗셈 식

24 ÷ 6 = 4와 같이 '÷'의 연산 기호가 쓰인 식을 나눗셈 식(expression of division)이라고 한다.

보기 과자 30개를 6사람에게 똑같이 나누어 주려고 한다. 한 사람에게 몇 개씩 주면 될까?

(과자 수)		(사람 수)		(한사람의 몫)
30	÷	6	=	5

30 ÷ 6 = 5를 '30 나누기 6은 5와 같다'라고 읽고, '5는 30을 6으로 나눈 몫'이라고 한다.
이 때, 30 ÷ 6 = 5와 같은 식을 '나눗셈 식'이라고 한다.

참고

- 나눗셈의 기호를 쓰는 순서는 다음과 같다.
  (1) — (2) $\dot{-}$ (3) ÷

나눗셈 정리

a, b는 정수이고, $a \neq 0$ 일 때, $b = aq + r$, $0 \leq r < |a|$ 인 정수 q, r이 유일하게 존재한다.

이를 나눗셈 정리(division algorithm)라 한다.

참고

- 위의 정리를 살펴보면 모든 정수는 반드시 2q 또는 2q +1의 꼴로 표현됨을 알 수 있고, 2q꼴인 정수를 짝수, 2q +1 꼴인 정수를 홀수로 정의함이 본래의 짝수 홀수의 정의이다. 다만, 초등수학에서는 음수를 다루지 않으므로 수의 범위를 자연수 범위에서만 생각한다는데 근본적인 차이점이 있다. 즉, 자연수에서 2q 형태인 자연수는 2, 4, 6, 8, 10, ··· 이고 짝수가 되며, 2q +1 형태의 자연수는 1, 3, 5, 7, 9, ··· 이며 홀수가 된다.

나머지

나머지(remainder)란 일정한 수량을 채우고 남는 수량 즉, 여분을 의미한다. 즉, 나눗셈에서 나누어떨어지지 않고 남는 수를 말한다.

보기 37 ÷ 5= 7…2에서 7은 37÷ 5의 몫이고, 2를 '나머지'라고 한다.

```
       7 ← 몫
  5 )3 7
     3 5
     ───
       2 ← 나머지
```

낱개

여럿 가운데 한 개 한 개를 낱개(piece)라 한다.

물체의 수를 묶음으로 나타낼 때, 한 묶음에 모자라는 물체 낱낱을 의미한다.

* 가령, 주어진 구체물을 10개씩 묶었을 때, 남은 개수를 '낱개'라고 한다.

보기 10개씩 묶음 수와 낱개를 알아보자.

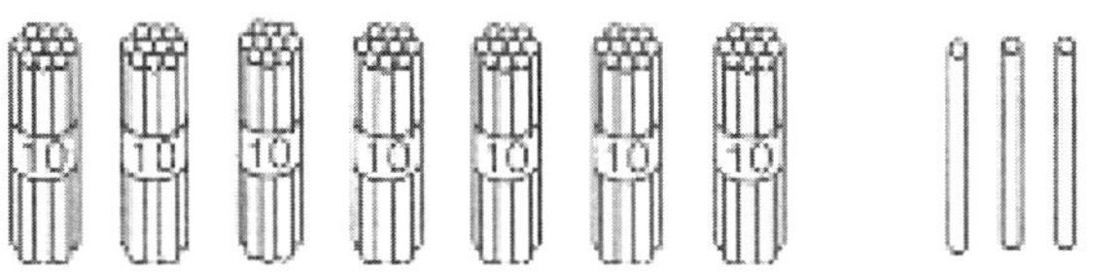

⇒ 10개씩 (7) 묶음
낱개는 (3) 개이다.

넓이 모델

분수를 지도하는 모델은 영역 모델, 길이 모델, 집합 모델, 넓이 모델이 있는데, 넓이 모델(a model of area)은 영역 모델을 포함하는 보다 더 일반적인 모델이다. 즉, 영역 모델에서는 등분할 된 각 부분의 크기와 모양이 같아야 하지만, 넓이 모델에서는 각 부분의 모양과 크기는 상관없이 단지 넓이만 같으면 된다. 이 모델은 넓이에 대한 학습이 이루어진 후에 활용할 수 있다.

보기 넓이 모델의 예

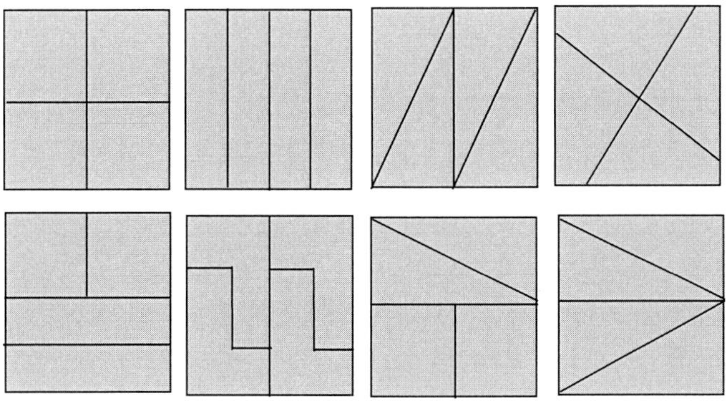

네 자리 수의 덧셈

네 자리 수끼리 즉, 천 단위까지의 수로된 합을 의미한다. 네 자리의 수는 1000~9999 까지의 수이다.

보기 받아 올림이 네 번 있는 (네 자리 수) + (네 자리 수)

```
    8275             8275 = 8000 + 200 + 70 + 5            8275
  + 7856      ⇒    + 7856 = 7000 + 800 + 50 + 6          + 7856
-----------       ------------------------------         ------
                      15000 + 1000 + 120 + 11    ←→          11
    8275                                                    120
  + 7856                                                   1000
-----------                                               15000
      ①1        =(5+6)                                   ------
     ①20        =(70+50)                                  16131
    ①000        =(200+800)            8275
   ①5000        =(8000+7000)        + 7856
----------------------------       --------
   16131                             16131
```

* 네 자리 수의 덧셈은 '(네 자리 수) + (한 자리 수)'부터 '(네 자리 수) + (네 자리 수)'까지의 덧셈으로 생각 할 수 있다.

다스

12개를 묶어 세는 단위를 다스(dozen)라 한다.

보기 연필 12자루를 우리는 1다스라 한다.

다진수(여러 자리의 수)

두 자리 이상의 수를 다진 수(multidigit number)라 한다.

보기 54, 345, 6874, 23567 등은 두 자리 이상의 수로서 다진 수이다.

단위 분수

단위 분수(unit fraction)는 1을 몇 등분하였을 때, 한 등분의 크기를 나타내므로 분자가 1인 분수를 의미한다. 즉, 분자가 1인 분수를 단위 분수라 한다.

보기 1 $\frac{1}{2}, \frac{1}{3}, \frac{1}{4}, \frac{1}{5}, \frac{1}{6}, \frac{1}{7}, \cdots\cdots$ 등이 단위 분수이다.

보기 2 다음에서 색칠한 부분을 분수로 나타내어 보자.

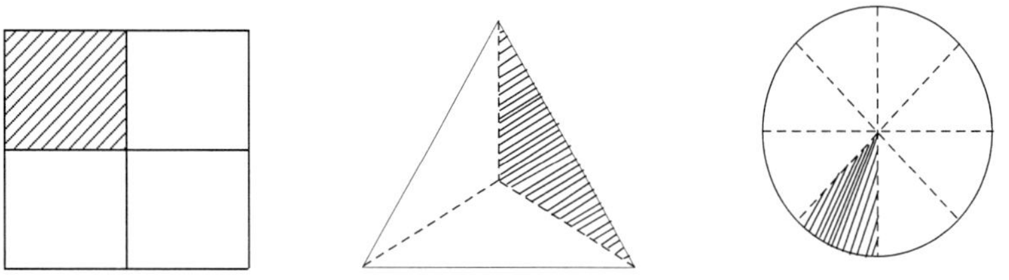

($\frac{1}{4}$) ($\frac{1}{3}$) ($\frac{1}{8}$)

참고

- 단위분수는 분모가 클수록 분수의 크기는 작아지고, 분모가 작을수록 분수의 크기는 크다.

단위 분수의 대소비교

단위분수에서는 분모가 클수록 그 크기는 더 작아진다. 아래 그림처럼 분수 띠를 이용하여 단위분수의 크기를 비교할 수 있는데, 이 경우 분모가 큰 분수가 더 작다는 사실을 학습자들이 쉽게 이해할 수 있다.

보기 분수 띠를 활용한 단위분수의 대소 비교

활동1 $\frac{1}{2}$과 $\frac{1}{3}$ 중에서 어느 분수가 더 큰지 알아보시오.

- $\frac{1}{2}$과 $\frac{1}{3}$만큼 각각 색칠하시오.

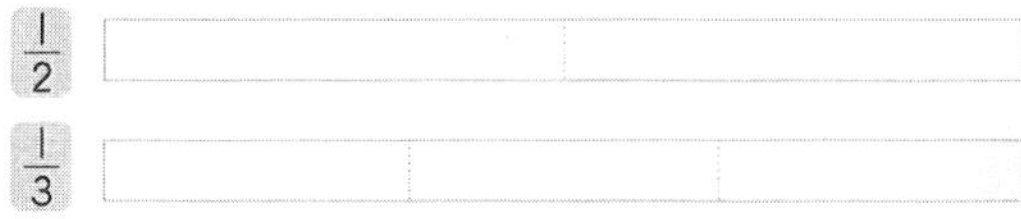

- $\frac{1}{2}$과 $\frac{1}{3}$ 중에서 어느 분수가 더 큽니까?

활동2 민재네 모둠에서는 색 테이프의 $\frac{1}{5}$을 사용했고, 윤지네 모둠에서는 색 테이프의 $\frac{1}{4}$을 사용했습니다. $\frac{1}{5}$과 $\frac{1}{4}$ 중에서 어느 분수가 더 큰지 알아보시오.

- $\frac{1}{5}$과 $\frac{1}{4}$만큼 각각 색칠하시오.

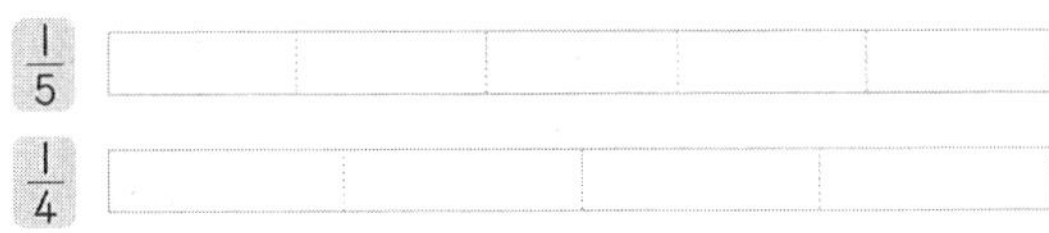

- $\frac{1}{5}$과 $\frac{1}{4}$ 중에서 어느 분수가 더 큽니까?
- 분수의 크기를 비교하는 방법을 이야기해 보시오.

대분수

자연수와 진분수의 합으로 나타낸 분수를 대분수(mixed fraction)라 한다.

보기 1, 2, 3, 4, 5, 6, …… 등은 자연수이고, $\frac{1}{2}$, $\frac{2}{3}$, $\frac{3}{4}$, $\frac{4}{5}$…… 등은 진분수이다.

여기서, 자연수와 진분수의 합으로 나타낸 분수 $1\frac{1}{2}$, $2\frac{2}{3}$, $3\frac{3}{4}$, $2\frac{4}{5}$, …… 등이 대분수이다.

참고

- $\frac{7}{4}$은 $1+\frac{3}{4}$과 같다.

$1+\frac{3}{4}$을 '$1\frac{3}{4}$'이라 쓰고, '1과 4분의 3'이라고 읽는다.

대분수의 뺄셈

분수 중에서 자연수와 진분수의 합으로 된, 둘 이상의 대분수끼리의 차를 의미한다.

* 대분수의 뺄셈은 분모가 같은 동분모 분수와 분모가 다른 이분모 분수의 뺄셈으로 나눈다.

① 받아 내림이 없는 동분모 분수의 뺄셈

$$4\frac{5}{7} - 2\frac{2}{7} = (4-2) + \frac{5-2}{7} = 2 + \frac{3}{7} = 2\frac{3}{7}$$

$$4\frac{6}{7} - 3\frac{3}{7} = 1\frac{3}{7}$$

② 받아 내림이 있는 동분모 대분수의 뺄셈

$$9\frac{2}{5} - 6\frac{3}{5} = 8\frac{7}{5} - 6\frac{3}{5} = (8-6) + \frac{7-3}{5} = 2 + \frac{4}{5} = 2\frac{4}{5}$$

* 받아 내림이 있는 같은 분모의 대분수의 뺄셈은 피감수의 자연수 부분을 1만큼 받아내려 가분수로 고쳐서 뺄셈을 한다.

③ 받아 내림이 있고 분모가 다른 대분수의 뺄셈하기

$$5\frac{1}{4} - 2\frac{2}{5}$$

방법 1 감수 자연수 부분을 1 받아 내려서

$$5\frac{1}{4} - 2\frac{2}{5} = 5\frac{5}{20} - 2\frac{8}{20}$$ ································· 대분수를 통분

$$= 4\frac{25}{20} - 2\frac{8}{20}$$ ································· 1을 받아 내림

$$= (4-2) + \left(\frac{25}{20} - \frac{8}{20}\right)$$ ···················· 자연수끼리, 분수끼리 뺄셈

$$= 2 + \frac{17}{20} = 2\frac{17}{20}$$ ····························· 자연수와 진분수의 합

방법 2 가분수로 고쳐서

$$5\frac{1}{4} - 2\frac{2}{5} = \frac{21}{4} - \frac{12}{5} \quad \cdots\cdots \text{가분수로 고침}$$

$$= \frac{105}{20} - \frac{48}{20} \quad \cdots\cdots \text{통분}$$

$$= \frac{57}{20} \quad \cdots\cdots \text{가분수}$$

$$= 2\frac{17}{20} \quad \cdots\cdots \text{가분수를 대분수로}$$

덧셈

둘 이상의 수나 식을 합하는 계산 즉, 더하기로 하는 셈을 덧셈(addition, 加法)이라고 한다. 덧셈의 기호로는 '+'를 쓰며, 덧셈의 방법은 첨가, 합병 등의 방법이 있다.

즉, 덧셈은 주어진 것에 더 보태는 경우(첨가)와 동시에 주어진 두 양을 한데 합칠 때(합병)의 덧셈이 있다.

보기 덧셈의 두 가지 유형

① 더 보태는 경우(첨가)

나뭇가지에 참새가 5마리 앉아 있습니다. 2마리가 또 날아 왔습니다. 참새는 모두 몇 마리일 까요?

$5 + 2 = 7$

② 한데 합치는 경우(합병)

흰 강아지 3마리와 검은 강아지 5마리가 있습니다. 강아지는 모두 몇 마리인지 알아보시오. 와 같이 동시에 동적인 상태로 합병시키는 문제유형을 합병형의 문제라고 한다.

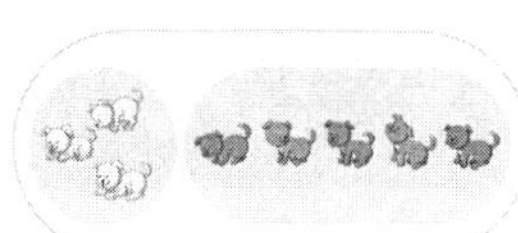

$3 + 5 = 8$

덧셈구구

한자리 수끼리의 간단한 덧셈으로

$$0 + 0 = 0,\ 0 + 1 = 1,\ \cdots,\ 9 + 9 = 18 \text{ 등}$$

총 100개가 여기에 해당하며 이것 모두를 덧셈구구(addition fact)라 한다.

덧셈과 뺄셈의 관계

덧셈과 뺄셈의 관계는 서로 역연산의 관계이다. 즉, '$4 + 2 = 6 \leftrightarrow 6 - 4 = 2$'인 경우이다.

보기 그림으로 덧셈과 뺄셈의 관계를 알아보자.

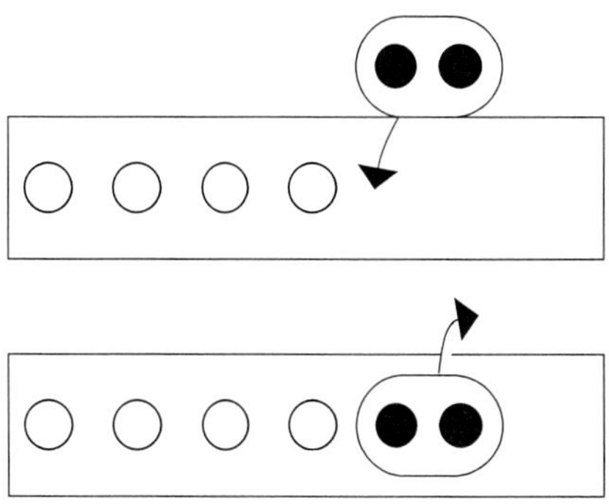

공이 4개 있습니다.
공 2개를 더 더하면 모두 몇 개입니까?

$4 + 2 = 6$

공이 모두 6개 있습니다.
공 2개를 덜어 내면 몇 개 남습니까?

$6 - 2 = 4$

여기서 덧셈과 뺄셈의 관계는?

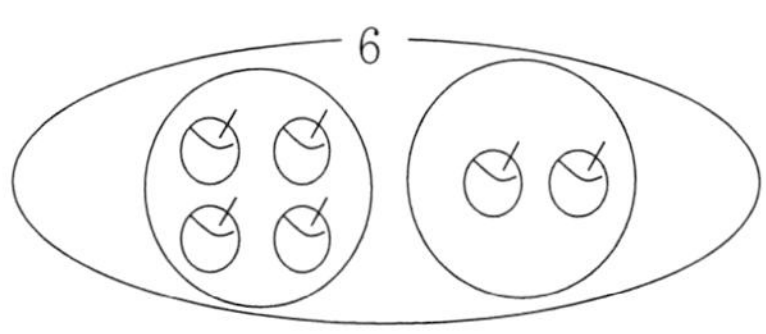

$4 + 2 = 6 \longleftrightarrow 6 - 2 = 4$

$2 + 4 = 6 \longleftrightarrow 6 - 4 = 2$

참고

▸ 뺄셈은 덧셈의 역연산의 관계에 있고, 덧셈은 뺄셈의 역연산의 관계에 있다.

도형수

삼각수, 사각수, 오각수, 육각수 등과 같이 배열하였을 때 다각형 모양으로 표현되는 수들을 도형수(figurate number)라 한다.

보기 ① 삼각수

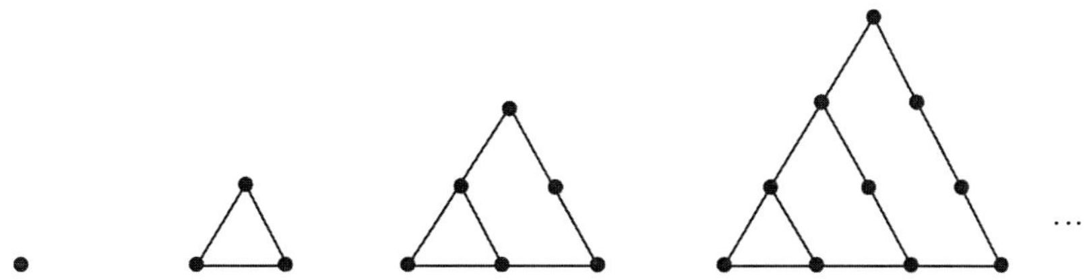

1 3 6 10 …

② 사각수

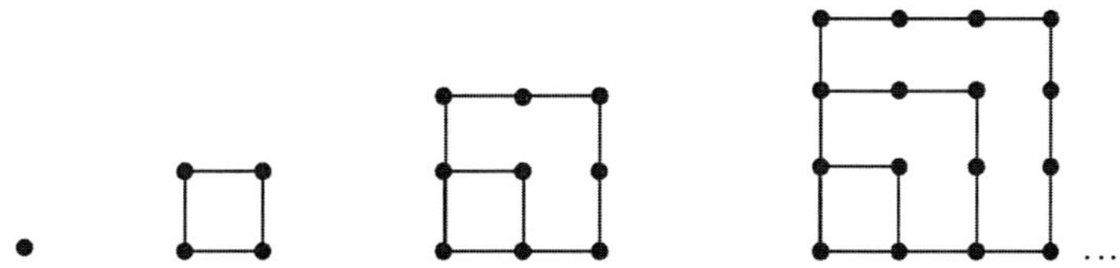

1 4 9 16 …

동분모 분수

둘 이상의 분수에서 분모가 서로 같은 분수이다. 동분모 분수(like fraction)[1]의 분모를 공통분모(common denominator)라고도 한다.

보기 $\frac{1}{5}$, $\frac{2}{5}$, $\frac{3}{5}$, $\frac{4}{5}$, $\frac{5}{5}$, ……와 같은 분수는 분모가 모두 5로써 동분모 분수이다.

참고

- 분수의 덧셈, 뺄셈은 동분모 분수 일 때, 분자끼리의 합과 차로 한다.
  * 분모의 크기가 다른 분수를 이분모 분수(unlike fraction)라고 한다.
  * 한 개를 똑 같은 크기로 4등분하여보자.

1) 영어의 'like'는 본래 사전적으로 '좋아하다'의 의미로 사용되지만 분수에서는 '같다'의 의미로 사용된다.

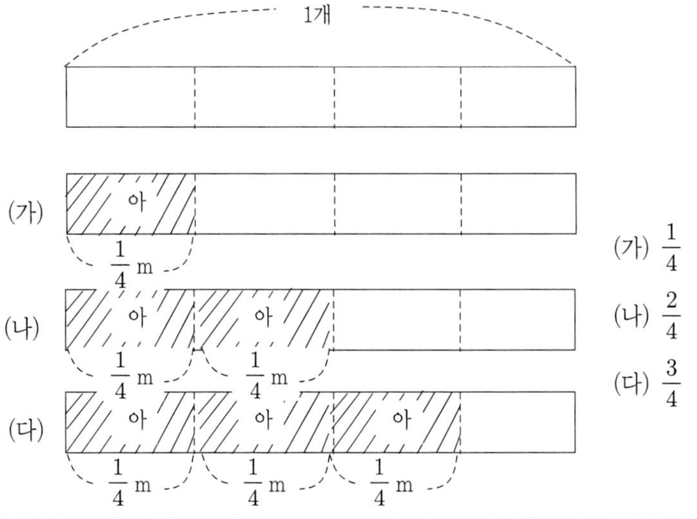

참고

- $\frac{2}{5}$와 $\frac{4}{10}$는 분모 크기가 다르지만 $\frac{2}{5}$의 분자, 분모에 각각 2배하면 $\frac{4}{10}$가 되므로 같은 분수이다. 즉, $\frac{2}{5} = \frac{4}{10}$

동분모 분수의 대소 비교

분모의 크기가 같은 분수끼리의 크기(大小)를 비교하는 것을 말한다. 동분모 분수는 분모의 크기가 같으므로 단위 분수의 크기가 같다. 그러므로, 대소 비교는 단위의 개수를 나타내는 분자의 크기를 비교하면 된다.

보기 다음 분수의 크기를 비교해 보자.

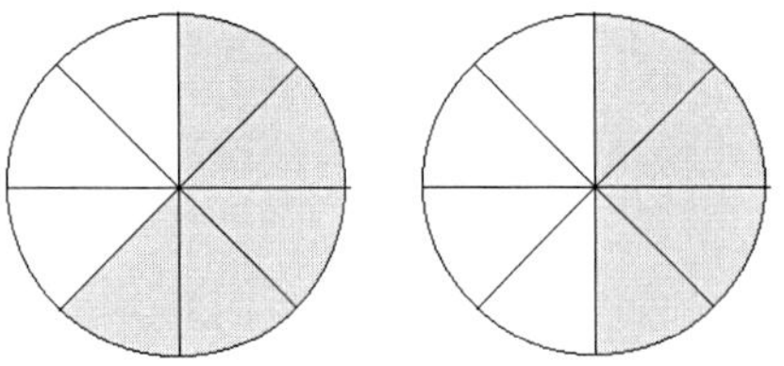

$\frac{4}{8}$는 $\frac{1}{8}$이 4
$\frac{5}{8}$는 $\frac{1}{8}$이 5

$\frac{4}{8} < \frac{5}{8}$ ⇒ $\frac{4}{8}$는 $\frac{5}{8}$보다 작습니다.

참고

- 분수의 대소를 나타내는 기호는 < (~보다 작습니다), > (~보다 큽니다), = (~와같습니다), ≤ (~보다 작거나 같습니다), ≥ (~보다 크거나 같습니다), ≠ (~와 같지 않습니다) 등을 쓴다.

동수누가

같은 수를 반복해서 더하는 것을 동수누가(同數累加, repeated addition)라 한다.

보기 3 + 3 + 3 + 3 = 3 × 4로 나타낸다.

동수누감

같은 수를 거듭해서 빼는 것을 동수누감(同數累減, repeated subtraction)이라 한다.

보기 15 − 5 − 5 − 5 = 0

동치분수

크기가 같은 분수를 동치분수(equivalent fraction)라 한다.

보기 $\frac{1}{3}$, $\frac{2}{6}$, $\frac{3}{9}$, $\frac{4}{12}$, ··· 등은 모두 동치분수이다.

동치비

비의 값이 같은 둘 이상의 비를 동치비(equal ratio)라 한다.

보기 1 : 2, 2 : 4, 3 : 6, 4 : 8 등은 비의 값이 $\frac{1}{2}$로 모두 같은 동치비이다.

뒤의 수

뒤의 수(next number)는 수 계열에서 어떤 수의 바로 다음 수이다. 즉, 어떤 수보다 큰 수이다.

* 자연수에서는 1씩 커가는 계열이므로, 주어진 수의 바로 뒤의 수는 1큰 수이다.

참고

- 자연수에서 앞의 수는 어떤 수보다 1 작은 수이다.

보기 어떤 수의 앞의 수와 뒤의 수 알아보기

(64) -------- (65) --------- (66)

앞의 수 (어떤 수) 뒤의 수

↓ ↓

(어떤 수보다 1 작은 수) (어떤 수보다 1 큰 수)

참고

- 바로 앞의 수, 뒤의 수읽기
  - 64는 65의 바로 앞의 수이다.
  - 66은 65의 바로 뒤의 수이다.

등분제

등분제(partitive division problem)는 a를 b등분하면 그 하나치는 얼마인가를 알아보는 것으로, 주어진 것을 등분한다는 의미의 나눗셈을 말한다. 이러한 등분제 상황은 분배하고, 시행착오를 통하여 해결한다.

활동2 바둑돌 8개를 두 접시에 똑같이 나누어 보시오.

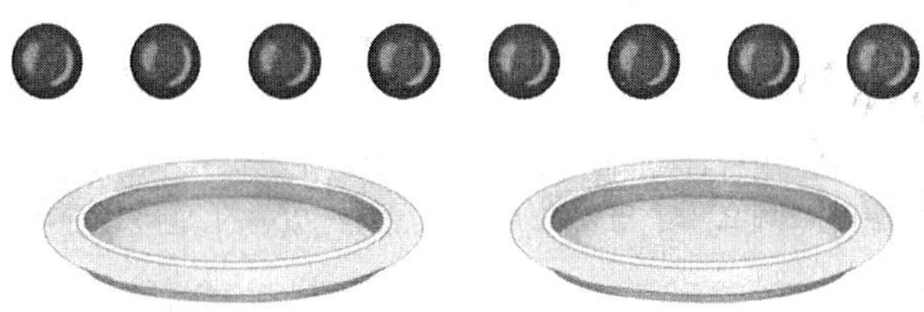

- 한 접시에 바둑돌을 몇 개씩 놓았습니까?
- 어떤 방법으로 나누었습니까? 다른 방법도 생각해 보시오.

이 문제는 $8=x\times 2$인 형태로 기준량, 즉 한 접시에 담는 양 그 자체가 미지수로 되어있는 경우로 등분제이다.

등분할

똑같이 나누는 것을 등분할(equal partition)이라하며 주로 분수지도시에 많이 사용되는 용어이다.

등호

'등호'는 한자 等號의 음역으로 기호 '='로 표현하고 있다. 등(等)은 '같음'을 호(號)는 '기호'를 의미하므로, 등호(equality sign)는 같음을 나타내는 기호라는 뜻이다.

참고

- 등호 ' = '를 처음으로 사용한 사람은 영국의 수학자이자 의사인 레코드 (Robert Recorde, 1510?~1558)이다. 그는 1557년 영국 최초의 대수학책인 「지혜의 숫돌(Whetstone of Witte)」이라는 책에서 길이가 같은 평행한 두 선분을 나타내기 위하여 ' = '를 등호로 사용하였다(출처, 네이버 지식백과 등호 [等號] (학습용어 개념사전, 2010. 8. 5., (주)북이십일 아울북).
- 등호는 '과정으로서의 같다'가 아니라 '결과로서 같다'로 생각하여야 한다. 이를테면 3 + 4 = 10 − 3에서 왼쪽의 식 3 + 4는 덧셈 상황이고 오른쪽 식의 10 − 3은 뺄셈 상황이기 때문에 두 상황은 같을 수 없다. 단지 같다는 것은 덧셈의 상황이나 뺄셈의 상황에서 계산된 결과가 7로서 서로 같다는 것이다. 따라서 등호란 연산의 과정으로서의 기호가 아니라 결과로서 등호(=)를 기준으로 양쪽이 '같다'를 의미하는 것이다.
- Freudenthal(1983)은 같다는 기호 '='는 본래 모호해서 맥락에 따라 여러 가지 의미를 가질 수 있다고 하였다. Smith(2006)는 맥락에 따라 등호의 의미가 달라진 이유를 시대를 흘러오면서 수학적 기호가 다소 무질서하게 발달한 것에 기인한 것이라고 설명하면서 등호를 정의하는 기호(defining symbol), 연산하는 기호(operation symbol), 관계를 나타내는 기호(relational symbol)로 나누었다.
- 그러나 '같다'는 뜻의 등호는 그 해석이 미묘할 때가 있다. 예를 들어 항등식의 등호는 좌변과 우변이 항상 같음을 보이기 위해 사용될 수 있으나 기하 영역에서는 △ABC=△DEF의 등호의 의미는 두 삼각형의 모양(길이, 높이, 각의 크기 등)이 아니

라 넓이가 같음을 의미한다. 이와 같이 학교수학에서는 수학 개념마다 등호의 의미가 약간씩 다르고 미묘하게 해석되며, 이것은 학생들이 등호 개념을 잘못 이해하게 할 수 있다. 즉 등호의 개념은 단순히 '같다'의 의미로만 파악될 수 없으며, 등호가 어떤 상황에서 사용되고 학생들이 그 상황에서 어떤 개념을 적절하게 선택하고 올바르게 사용하는지가 함께 고려되어야 한다.

등화 유형

뺄셈의 한 유형으로 두 양 사이의 차를 없애려는 상황을 등화 유형(equalization)이라한다. 즉, 더 많은 양과 같게 만들기 위해서 적은 양에 얼마를 더해주어야 하는지(또는 적은 양과 같게 만들기 위해서 많은 양에서 얼마를 빼야 하는지)를 결정하는 것이다.

보기 원영이는 사탕 8개를 가지고 있다. 지희는 사탕 5개를 가지고 있다. 지희가 사탕 몇 개를 더 사면 원영이와 같아지겠는가?

뛰어 세기

뛰어 세기(skip counting)란 수를 차례대로 하나씩 헤아리지 않고, 두 수씩 혹은 세 수씩 등으로 건너 뛰어 세는 것을 의미한다.

참고

- 뛰어 세기는 다음 그림처럼 수직선에서 하는 것이 쉽다.

보기 수직선에서 뛰어 세기

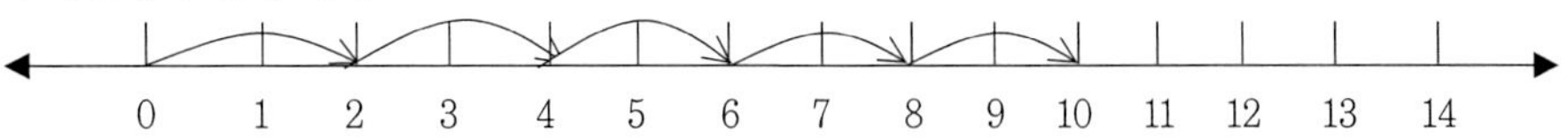

- 몇 번 뛰었는가? (5)번
- 몇 씩 뛰었는가? (2)씩
- 2씩 5번 뛰어서 세어 보자. 2, 4, 6, 8, 10
- 모두 얼마입니까? (10)
- 2씩 5번: 덧셈식으로 → 2 + 2 + 2 + 2+ 2 = 10

  곱셈식으로 → 2 × 5 =10

러시아 농부의 계산법

격자법 또는 Napier의 방법이라고도 한다. 이 방법은 아래와 같이 피승수(곱하여지는 수)와 곱하는 수(승수)의 자리 수만큼 격자를 만들어 빈 곳에 각각의 곱을 쓴 다음, 오른쪽 위에서 왼쪽 아래로 대각선 방향에 있는 수를 더한다. 10이 되면 받아 올림을 한다.

보기 74 × 538을 격자법으로 계산해보시오.

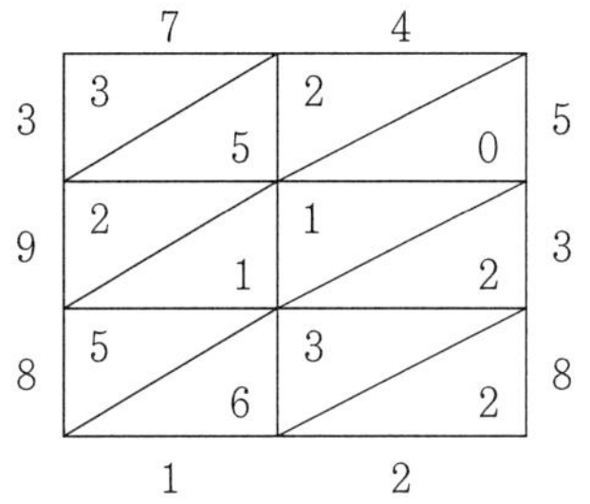

74 × 538 = 39812

로마기수법

아래와 같이 기본 숫자를 더하는 방식으로 다른 수를 나타내는 방법이다.

I	II	III	IIII 또는 IV	V	…	X	XI	XII	XIII	…
1	2	3	4	5	…	10	11	12	13	…
XX	XXI	XXII	…	XXX	XXXX	L	LI	LII	…	
20	21	22	…	30	40	50	51	52	…	
C	CC	CCC	CCCC	D						
100	200	300	400	500						

보기 347을 로마 기수법으로 나타내면 CCCXXXXVII이 됨을 알 수 있다.

마이너스

뺄셈기호, 음수를 나타내는 기호(minus, −)이다.

머리셈

머리셈(mental math)은 외부적으로 기억하는 장치(이를테면, 종이와 연필 등)가 없이 머리로만 계산하는 셈을 말한다.

멱, 거듭제곱

같은 수 또는 같은 문자를 여러 번 곱한 것을 지수를 이용해 표현하는 방법을 멱 또는 거듭제곱(power)이라 한다.

보기 2^5, n^4, 5^m

명목수

사물의 이름 대신에 쓰이는 수이다.

보기 전화번호, 아파트의 동·호수, 차량번호 등에 사용되는 자연수를 명목수(nominal number)라고 하며, 교재에 따라서는 이름수, 명칭수, 명명수 등 여러 가지 용어를 사용하기도 한다.

명수법

수를 읽는 방법을 명수법(numeration system)이라 한다. 나라마다 자연수를 읽는 방법은 각각 다르다.

보기 1, 2, 3, 4, 5, …를 우리나라에서는 일(하나), 이(둘), 삼(셋), …과 같이 읽는다.

몫

어떤 양을 여럿으로 분배하여 가지는 각 부분의 분량을 '몫(quotient)'이라고 한다. 몫은 나눗셈에서 피제수(나누어지는 수)를 제수(나누는 수)로 나누어 얻은 수이다.

보기 (나누어지는 수) (나누는 수) (몫)

↓ ↓ ↓

20 ÷ 5 = 4 ⇒

$$\begin{array}{r} 4 \\ 5\overline{)20} \\ 20 \\ \hline 0 \end{array}$$

* 읽기 → 20을 5로 나눈 몫은 4이다.

* 몫을 쓰는 위치를 주의하여야 한다.

참고

▸ 나눗셈에서 '몫'이라는 용어는 나눈 결과의 정수 부분만을 의미한다.

무리수

무리수(irrational number)는 실수 가운데 두 정수의 비, 즉 분수로 표현할 수 없는 수로서 소수로 바꾸었을 때 비 순환 무한소수가 되는 수를 말한다.

보기 초등수학에서 원주율을 나타내는 π=3.1415926…가 대표적인 예이다.

참고

> ▸ 모든 분수는 소수로 나타낼 수 있지만, 반대로 소수 중에서 비 순환 무한소수(무리수)는 분수로 나타낼 수 없다.

무한

끝이 없는 상태를 무한(infinite)이라 한다.

보기 자연수 집합은 1, 2, 3, … 등과 같이 원소의 개수가 무한인 집합이다.

참고

> ▸ 무한을 나타내는 수학기호는 '∞'이다.

무한소수

소수점 아래의 숫자가 끝없이 계속되는 소수를 무한소수(nonterminating decimal)라 한다.

보기 $\frac{1}{3}$ = 0.333333…, π = 3.141592…

받아 내림

뺄셈을 할 때 윗자리의 한 묶음의 수를 아랫자리의 수로 내려 나타내는 것을 받아 내림(borrowing)이라 한다.

* 받아 내림은 뺄셈에서 같은 자리의 수로 뺄 수 없을 때, 윗자리에서 빌려와서 빼는 방법이다. 십진수에서 빌려온 수는 아랫자리에서 10단위의 수가 된다.

보기 41 − 16 과 763 − 482 를 계산하여 보시오.

①			②		
	41	(30 + 11)		763	(600 + 160 + 3)
	− 16	− (10 + 6)		− 482	− (400 + 80 + 2)
	25	(20 + 5) = 25		281	(200 + 80 + 1) = 281

받아 올림

덧셈을 하는 과정에서 같은 열의 수끼리의 합이 10이거나 10보다 크면 바로 윗 열로 10을 올려주는 것을 받아 올림(carrying)이라 한다.

* 받아 올림은 덧셈에서 같은 자리의 수가 10단위가 넘을 때, 아랫자리에서 올려 주는 방법이다. 십진수에서 아랫자리의 10단위의 묶음 수는 윗자리의 수로 올라간다.

보기 47 + 25 와 461 + 373을 계산하여 보시오.

①			②		
	47	(40 + 7)		461	(400 + 60 + 1)
	+ 25	(20 + 5)		+ 373	(300 + 70 + 3)
	72	(60 + 12) → 72		834	(700 +130 + 4) → 834

배(몇)

배(times)는 갑절 혹은 곱절을 의미한다.

즉, (○ ○) 의 2배는 (○ ○) (○ ○) 로써 '○'가 2개에서 4개가 되는 것을 의미한다. 여기서, 주어진 구체물을 몇 번 나타내게 되는 것을 '몇 배'라고 한다.

보기 4의 3배를 알아보자.

(♤♤♤♤) 의 3배는 (♤♤♤♤) (♤♤♤♤) (♤♤♤♤)

이다. 즉, 4의 3배는 12이다.

참고

- 분리량을 이용해 '~의 ~배는 몇이다'를 학습할 때 구체물을 이용하는 것이 효과적이다.

배수

어떤 수의 갑절이나 곱절수를 배수(multiple)라 한다. 2의 배수는 1배, 2배, 3배, 4배, 5배 등에 따라 2, 4, 6, 8, 10, ··· 등이 된다.

보기 3의 배수를 구하여보시오.

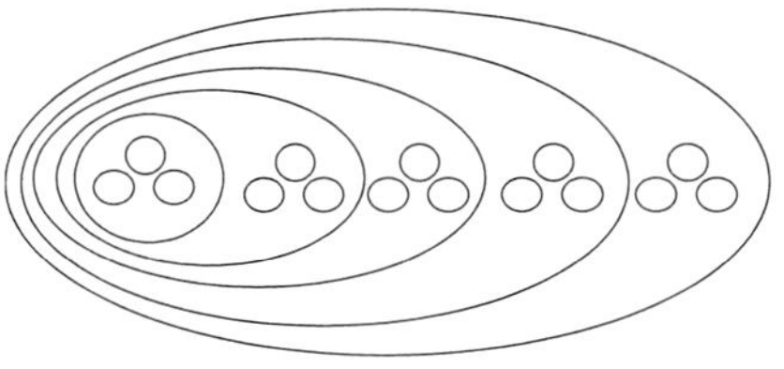

3의 1배는 3 × 1 = 3
3의 2배는 3 × 2 = 6
3의 3배는 3 × 3 = 9
3의 4배는 3 × 4 = 12
3의 5배는 3 × 5 = 15
⋮ ⋮

이와 같이 3을 1배, 2배, 3배, ··· 한수 3, 6, 9, ···를 '3의 배수'라고 한다. 초등수학에서 배수는 곱셈식을 써서 지도하며 어떤 수의 배수는 무한히 많다.

배수판정법

어떤 수가 다른 수로 나누어떨어진다는 것을 알면 편리할 때가 많다. 다시 말해 어떤 수가 주어진 수의 배수가 되는지 아닌지를 판별하는 방법을 배수판정법(divisibility tests)이라 한다. 아래 표의 배수 판정법을 알고 있으면 실제로 계산하지 않고 나누어떨어지는지를 쉽게 알 수 있다.

숫자	배수판정법
2의 배수	마지막 숫자가 짝수(이를테면 0, 2, 4, 6, 8)
3의 배수	숫자의 총합이 3의 배수
4의 배수	마지막 두 자리 숫자가 00이거나 4의 배수
5의 배수	마지막 숫자가 0 또는 5
6의 배수	2의 배수이고 3의 배수
7의 배수	abcde에서 abcd−2×e가 7의 배수
8의 배수	마지막 세 자리 숫자가 000이거나 8의 배수
9의 배수	숫자의 총합이 9의 배수
10의 배수	마지막 숫자가 0
11의배수	홀수 자리 숫자들의 합과 짝수 자리 숫자들의 합의 차이가 11의 배수
100의배수	마지막 두 자리 숫자가 모두 0

배열

학교 운동장의 어린이들이 줄을 맞추어 서있거나, 자동차 주차와 같이 어떤 사물을 순서대로 늘어놓은 모양을 배열(array)이라 한다.

보기 3행 5열을 3 × 5와 같은 식으로 나타낸다.

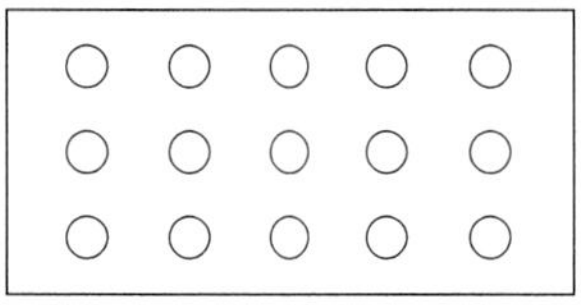

백 모형

십진법 체계모형에서 열 개의 십 모형으로 이루어지는 것이 백 모형(hundred flats)이다.

백만

천의 1,000 배, 즉 10^6을 백만(million)이라 한다.

범자연수

자연수의 집합에 0을 추가해 놓은 집합을 범자연수(whole number)의 집합이라 한다.

보기 $A = \{0, 1, 2, 3, 4, \cdots\} = \{0\} \cup N$, 여기서 N은 자연수전체의 집합

보수

보수(補數, complement)는 보충을 해주는 수를 의미한다.

보기 1 10에 대한 1의 보수는 9, 15에 대한 5의 보수는 10, 3에 대한 1의 보수는 2이다.

보기 2 초등 수학교과서 수와연산 영역에는 네 자릿수의 뺄셈 문제를 다루고 있다. 이를테면, 6235 − 2976 의 계산 방법을 알아봅시다. 에서 교과서에 제시한 해결방법은 아래와 같다.

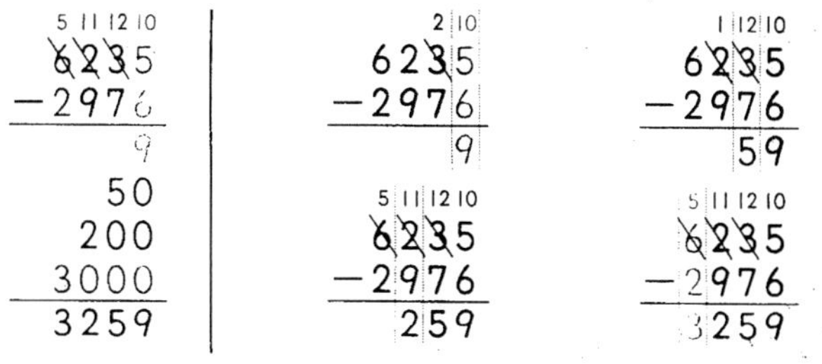

그러나 저학년에서 배운 보수(여기서는 9의 보수) 관계를 이용한 뺄셈의 알고리즘도 나름대로의 사고를 아이들에게 요구하면서 흥미로운 개인 또는 소그룹 활동이 될 수 있다. 위의 문제를 해결하기위하여 아래와 같은 알고리즘을 사용할 수 있다(초등수학교육 이론과 실제, 전평국, p. 329 참고)

이 방법은 감수를 감수의 보수로 대치하고 피 감수에 더하는 방법이다. 두 개의 한 자릿수끼리의 합이 9일 때, 이 두 수는 9에 대하여 서로 보수 관계이다. 이를테면

기본숫자 : 0 1 2 3 4 5 6 7 8 9
보수　　 : 9 8 7 6 5 4 3 2 1 0

위의 뺄셈 문제를 9의 보수 관계를 이용하여 한번 생각해 보자.

6235 − 2976 7023	수들을 자리에 맞추어 쓴다. 감수를 선으로 지운 다음 각 자리의 수의 9에 대한 보수를 그 밑에 쓴다.
⇓	
6235 + 7023 13258	새로이 만든 수를 피 감수에 더한다.
⇓	
13258 + 1 3259	합의 가장 왼쪽에 있는 숫자(이것은 1일 것이다)를 지우고, 답을 구하기 위해 1을 더한다.

보통분수

오늘날 분수에서 사용되고 있는 용어 진분수를 보통분수(common fraction)라 한다. 주로 무역에서 많이 사용하였다.

부분집합

두 집합 A, B에 대하여 A의 모든 원소가 B에 속할 때, A를 B의 **부분집합**(subset)이라 하고 $A \subseteq B$ 또는 $B \supseteq A$로 나타낸다.

* 부분집합의 기호는 '⊆ 또는 ⊇'를 쓰며, 읽기는 '포함된다.' 혹은 '포함한다.'로 읽는다.
$A \subseteq B$ → 집합 A는 집합 B에 포함된다. ⇒ 집합 A는 집합 B의 부분집합이다.

보기 10 미만의 자연수의 집합을 'A', 10 미만의 홀수의 집합을 'B'라 하면,

A= {1,2,3,4,5,6,7,8,9}

B= {1,3,5,7,9}이다.

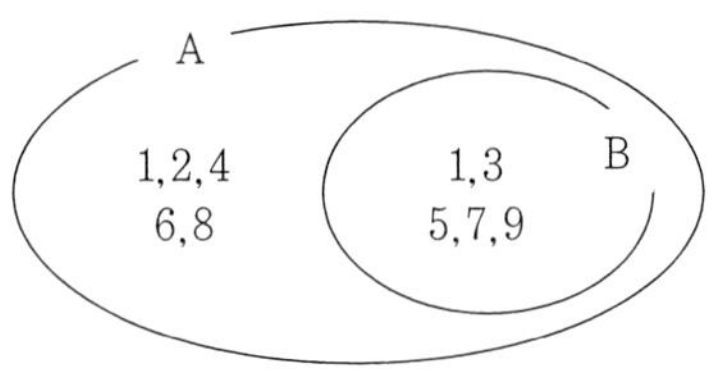

이 때, 'B'의 모든 원소는 'A'의 원소이다. 따라서 집합 'B'는 집합 'A'의 '부분집합'이다.

부부수

한 쌍의 자연수가 있을 때 어느 한 자연수의 1과 자기 자신을 제외한 약수들의 총합이 나머지 자연수와 같은 경우를 부부수(betrothed number)라 한다.

보기 48과 75는 부부수이다.

부분차를 이용한 뺄셈법

뺄셈에서 아래와 같이 부분차를 구하여 계산하는 방법을 부분차를 이용한 뺄셈(partial-differences method)이라 한다.

보기

	628	
	− 352	
백의 자리 수끼리 빼기	+ 300	600−300
십의 자리 수끼리 빼기	− 30	20−50
일의 자리 수끼리 빼기	+ 6	8−2
부분차를 더하기	276	

부분곱을 이용한 곱셈

곱셈에서 아래와 같이 부분곱(partial product method)을 이용하여 계산하는 방법을 말한다.

보기

43	
$\times$ 54	
2000	40×50
160	40×4
150	3×50
12	3×4
2322	

부분 합을 이용한 덧셈

덧셈에서 부분 합(partial sum)을 더하여 답을 얻는 방법이다.

보기 37 + 56을 계산할 때, 아래와 같이 30 + 50, 7 + 6을 먼저구하고, 그 부분 합을 더하여 답을 얻는다.

37	
+ 56	
80	30 + 50
+ 13	7 + 6
93	

부신 숫자 체계

세어질 각 물건 하나에 대응하여 한 번 줄을 긋는 형식으로 물건의 개수를 세거나 수를 인지하는 방법을 부신 숫자 체계(tally numeration system)라 한다.

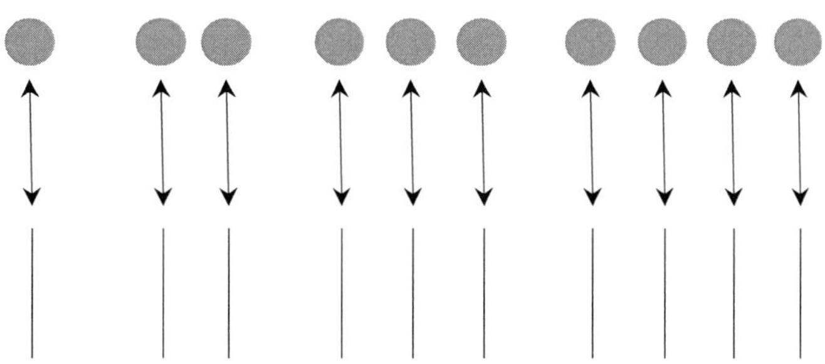

보기 아래 부신으로 된 수는 어떤 수인가?

위의 부신은 5개의 부신을 묶음으로 아래와 같이 나타낼 수 있다.

이와 같이 부신을 몇 개씩 묶음으로 나타내면 구하고자하는 수를 훨씬 더 쉽게 구할 수 있다.

참고

> ▸ 부신 숫자 체계는 단순하다는 장점은 있지만 큰 수를 나타내는 데 많은 개별적인 기호들이 요구되고, 각수를 읽는데 어렵다는 것이 단점이다.

부족수

한 자연수의 모든 약수의 합계(단, 자신은 포함하지 않는다)가 그 자신보다 작을 때 부족수(deficient number)라고 한다.

보기 모든 소수(prime number)는 부족수이다.

분모

분수 또는 분수식에서 가로 선분의 아래에 적는 수를 분모(denominator)라 한다.

참고

> ▸ 가로 선분의 위쪽 수를 '분자'라 한다.
>
> **보기** 분수 : 2 ← 분자
>
> 　　　　 7 ← 분모

* 7등분 된 일곱 양 중의 두 양을 취하여 $\frac{2}{7}$으로 나타낸 분수에서 등분할 된 일곱 양 7은 분수의 가로 선분 아래쪽의 자리에 있는 수로서 분모를 나타낸다.

분수

어떤 수를 다른 수로 나누는 것을 분자와 분모로 나타낸 것이다. 분수(fraction)는 그 어원이 fractus, 즉 쪼개다 의뜻을 지닌 것처럼 분수는 분할하는 과정에서 발생하였다. 전체보다 작은 양을 나타내는 것으로 쪼개진 일부를 나타내기 위해 만들어 진 용어이다. 그러므로 처음에는 분자가 분모보다 작은 양을 나타내는 수, 진분수(진짜분수, proper fraction)로 사용되다가 나중에 분자가 분모보다 큰 분수, 가분수(가짜분수, improper fraction)를 만들게 되었다.

보기 분수를 알아보자

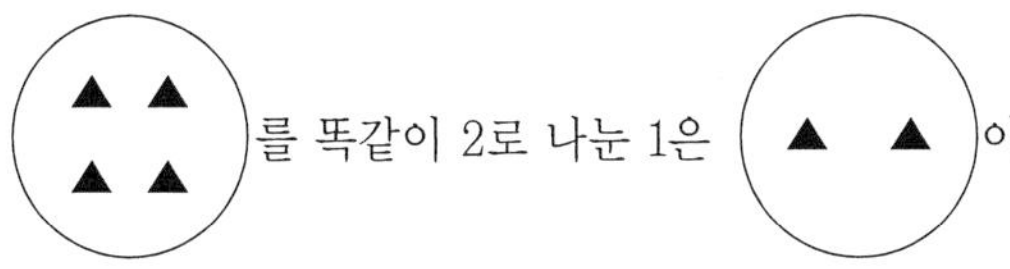

○ (▲▲▲▲)를 똑같이 2로 나눈 1은 (▲▲)이다.

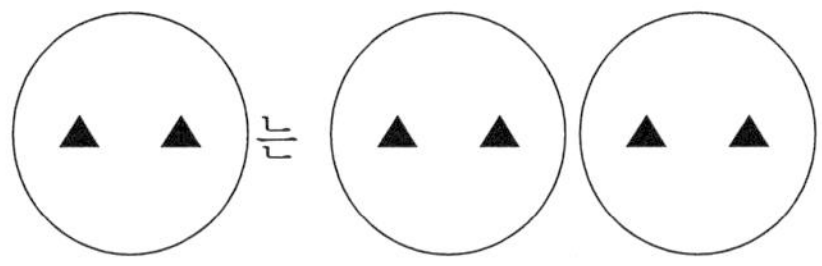

○ (▲▲)는 (▲▲)(▲▲)의 '$\frac{1}{2}$'이라고 쓰고, '2분의 1'이라고 읽는다.

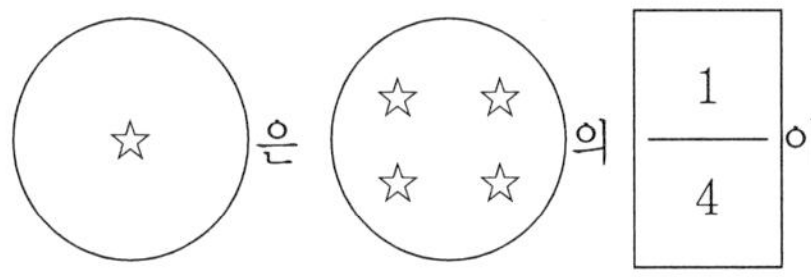

○ (☆)은 (☆☆☆☆)의 $\frac{1}{4}$이다.

* 9의 $\frac{1}{3}$ ⇒ 9개는 3개씩 3묶음으로 나누어진다.

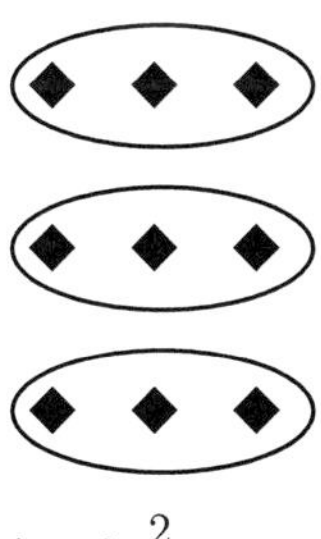

9개의 $\frac{1}{3}$은 3이다.

9의 3분의 1은 3이다.

* 9의 $\frac{2}{3}$

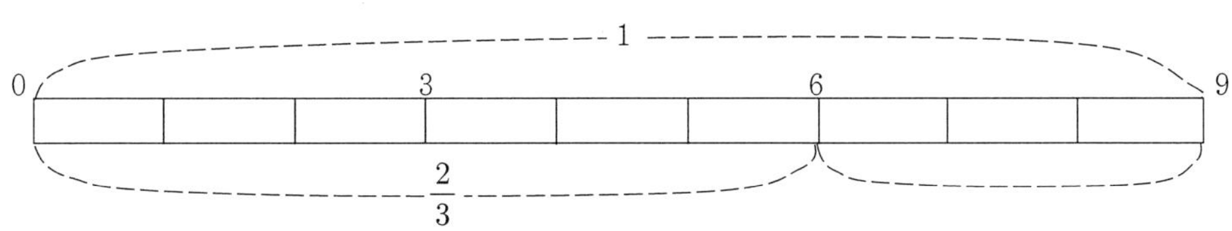

⇒ 9의 $\frac{2}{3}$는 6이다.

참고

- 분수는 유리수를 나타내는 한 표현 기호이다.
- 분수는 양으로서의 분수, 몫으로서의 분수, 측정으로서의 분수, 비율로서의 분수, 연산자의 의미로서의 분수 등으로 생각할 수 있다.
- $\frac{1}{3}$은 (—— → $\frac{}{3}$ → $\frac{1}{3}$)의 순서로 쓴다.

분수막대

분수 $\frac{b}{a}$에서 가운데 있는 a와 b사이의 막대를 분수막대(fraction bar)라 한다.

보기 분수 :

```
  2    ← 분자
 ───   ← 분수막대
  7    ← 분모
```

분수모델

분수 모델(fractional model)은 분수의 덧셈과 뺄셈을 쉽게 학습 할 수 있는 교구이다.

보기 막대를 이용한 분수모델

1									
1/2	1/2								
1/3	1/3	1/3							
1/4	1/4	1/4	1/4						
1/5	1/5	1/5	1/5	1/5					
1/6	1/6	1/6	1/6	1/6	1/6				
1/8	1/8	1/8	1/8	1/8	1/8	1/8	1/8		
1/10	1/10	1/10	1/10	1/10	1/10	1/10	1/10	1/10	1/10

분수와 소수의 대소비교

분수와 소수의 크기를 견주어 보는 것이다.

* 분수와 소수의 크기를 비교하는데 사용하는 기호는 > (큽니다), = (같습니다), < (작습니다)를 쓴다.

보기 $\frac{2}{3} > 0.33$, $1.683 < 1\frac{8}{10}$ 등이다.

참고

① 분수와 소수의 대소를 비교할 때에는 분수 혹은 소수의 어느 한 가지로 통일하여 비교하면 쉽게 비교할 수 있다.

② 분수를 소수로 바꾸기가 어려울 때는 소수를 10, 100, 1000, 10000 등의 단위로 하여 분수로 바꾼 다음, 비교하는 분수와 통분하여 크기를 비교한다.

분수의 곱셈

분수끼리의 곱이다. 둘 이상의 분수와의 곱은 (진분수) × (자연수), (대분수) × (자연수), (자연수) × (진분수), 단위분수끼리의 곱셈, 진분수끼리의 곱셈, 대분수끼리의 곱셈으로 나눌 수 있다.

① (진분수) × (자연수)

$$\frac{2}{5} \times 4 = \frac{2}{5} + \frac{2}{5} + \frac{2}{5} + \frac{2}{5} = \frac{2+2+2+2}{5} = \frac{2\times 4}{5} = \frac{8}{5}$$

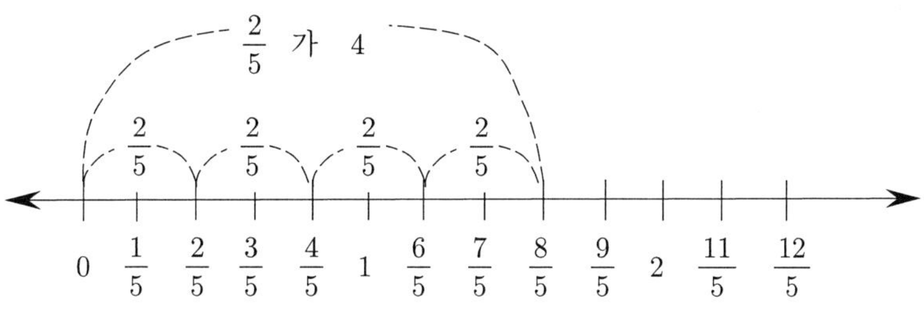

② (대분수) × (자연수)

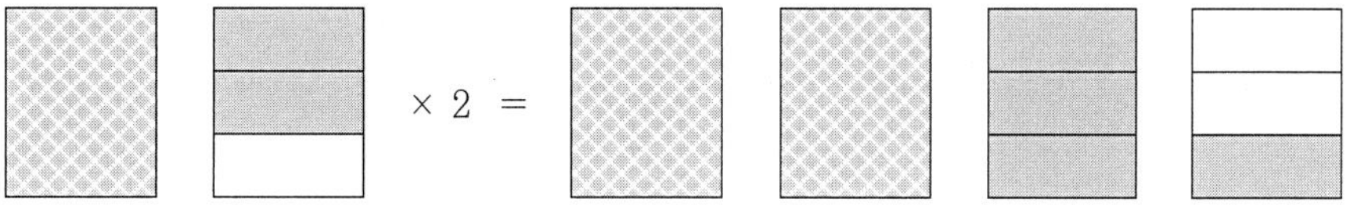

$$1\frac{2}{3} \times 2 = (1 + \frac{2}{3}) \times 2 = (1 \times 2) + (\frac{2}{3} \times 2)$$
$$= 2 + \frac{4}{3} = 2 + 1\frac{1}{3} = 3\frac{1}{3}$$

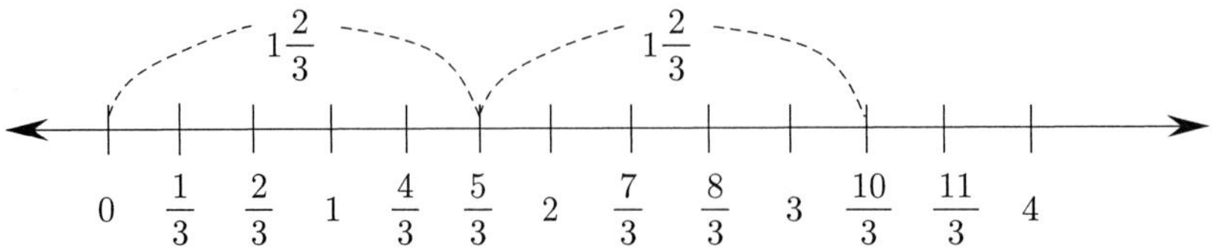

$$1\frac{2}{3} \times 2 = \frac{5}{3} \times 2 = \frac{10}{3} = 3\frac{1}{3}$$

③ (자연수) × (진분수)

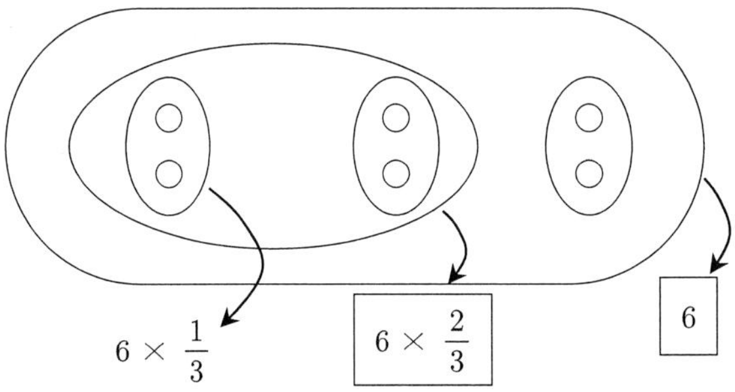

6의 $\frac{2}{3}$는 $6 \times \frac{2}{3}$이며, $6 \times \frac{2}{3}$는 4임을 알 수 있다.

$6 \times \frac{2}{3} = \frac{6 \times 2}{3}$	$\bigcirc \times \frac{\triangle}{\square} = \frac{\bigcirc \times \triangle}{\square}$

④ (단위 분수) × (단위 분수)

* $\frac{1}{3} \times \frac{1}{2}$

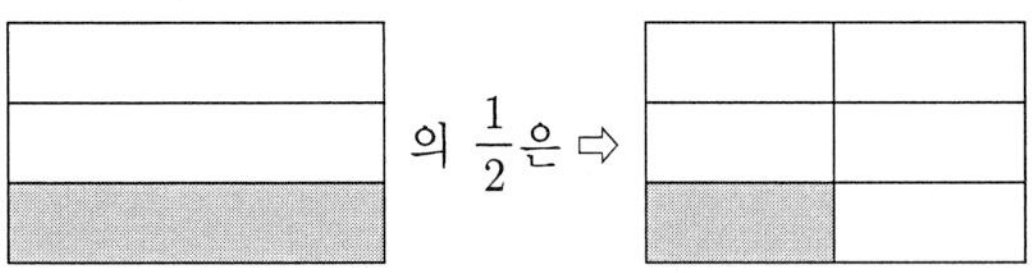

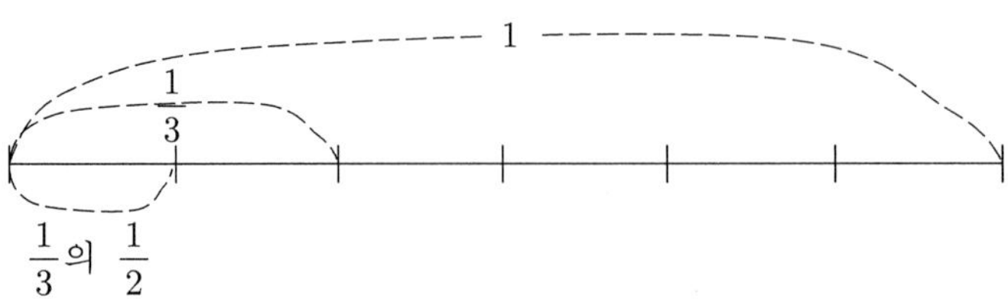

⑤ (진분수) × (진분수)

* $\frac{4}{5} \times \frac{2}{3}$

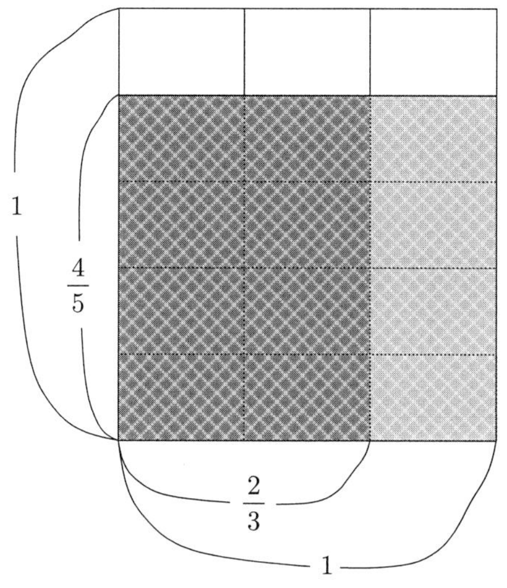

$\frac{8}{15}$ 이다.

$\frac{4}{5}$ 의 $\frac{2}{3}$ 는 $\frac{4}{5} \times \frac{2}{3}$ 이다.

$\frac{4}{5} \times \frac{2}{3} = \frac{8}{15}$

전체 조각의 개수는 5×3=15이고, 알아보려는 조각의 개수는 4×2=8이므로,

$$\frac{4}{5} \times \frac{2}{3} = \frac{4 \times 2}{5 \times 3} = \frac{8}{15}$$

$$\frac{▲}{□} \times \frac{▼}{○} = \frac{▲ \times ▼}{□ \times ○}$$

⑤ (대분수) × (대분수)

* $1\frac{4}{5} \times 2\frac{1}{3}$

$$\begin{aligned} 1\frac{4}{5} \times 2\frac{1}{3} &= \frac{9}{5} \times \frac{7}{3} \\ &= \frac{9 \times 7}{5 \times 3} \\ &= \frac{63}{15} \\ &= 4\frac{1}{5} \end{aligned}$$

※ 대분수는 가분수로 고쳐서 계산한다.

분수의 나눗셈

둘 이상의 분수끼리 나누어 몫을 구하는 것을 분수의 나눗셈(division of fraction)이라 한다.

* 분수의 나눗셈은 나누는 수의 역수의 곱으로 한다.

$\frac{2}{3} \div \frac{3}{5} = \frac{2}{3} \times \frac{5}{3} = \frac{10}{9} = 1\frac{1}{9}$과 같은 경우이다.

* 분수의 나눗셈도 분수의 종류에 따라 여러 가지로 구별할 수 있다.

① (진분수) ÷ (자연수)

• $\frac{3}{5} \div 4$

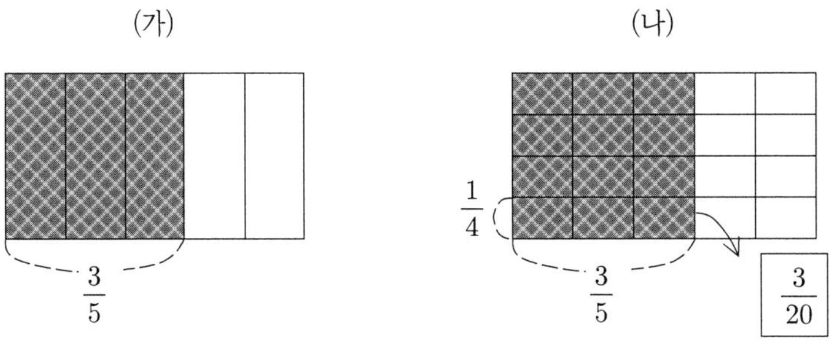

(가)는 $\frac{3}{5}$을 나타낸 것이다. 이것을 4등분 한 $\frac{3}{5} \div 4$는 (나)에서 볼 수 있는 것과 같이 $\frac{3}{5}$의 $\frac{1}{4}$, 즉 $\frac{3}{5} \times \frac{1}{4}$이 된다.

$$\frac{3}{5} \div 4 = \frac{3}{5} \times \frac{1}{4} = \frac{3 \times 1}{5 \times 4} = \frac{3}{20}$$

$$\frac{\bullet}{\square} \div \blacktriangle = \frac{\bullet}{\square} \times \frac{1}{\blacktriangle}$$

② (대분수) ÷ (자연수)

• $2\frac{3}{4} \div 6$

$$2\frac{3}{4} \div 6 = \frac{11}{4} \div 6 = \frac{11}{4} \times \frac{1}{6} = \frac{11}{24}$$

③ (자연수) ÷ (진분수)

2L의 우유를 $\frac{1}{3}$L 들이의 병에 나누어 담으면 몇 병에 넣을 수 있는지 알아보자

$2 \div \frac{1}{3} = 6$

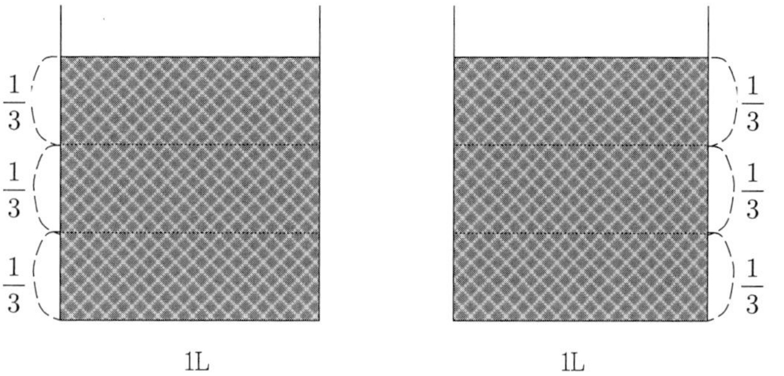

2L는 $\frac{1}{3}$L가 6이다.

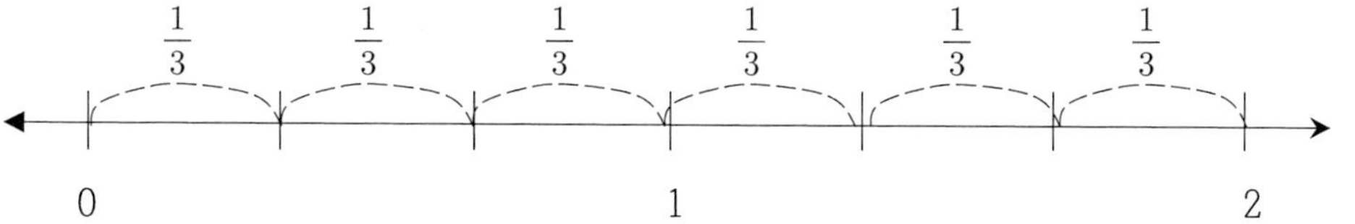

$2 \div \frac{1}{3} = 6$

④ (진분수) ÷ (진분수)

- $\frac{2}{3} \div \frac{1}{3}$

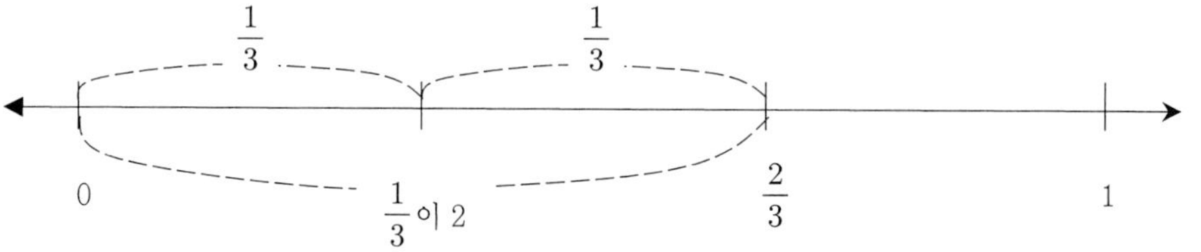

$\frac{2}{3} \div \frac{1}{3} = 2$ $\qquad$ $\frac{2}{3} \times \frac{3}{1} = 2$

$\frac{2}{3} \div \frac{1}{3} = \frac{2}{3} \times \frac{3}{1}$

$$\frac{\triangle}{\bigcirc} \div \frac{☆}{\square} = \frac{\triangle}{\bigcirc} \times \frac{\square}{☆}$$

분수의 뺄셈

둘 이상의 분수끼리의 뺄셈을 의미한다.

* 분수끼리의 뺄셈은 분수의 종류에 따라 여러 가지 형태가 있다.

① 분모가 같을 때(동분모 분수일 때)

분모는 그대로 두고 분자 끼리 뺄셈을 하여 그 차를 분자로 한다.

- $\frac{4}{5} - \frac{1}{5} = \frac{4-1}{5} = \frac{3}{5}$

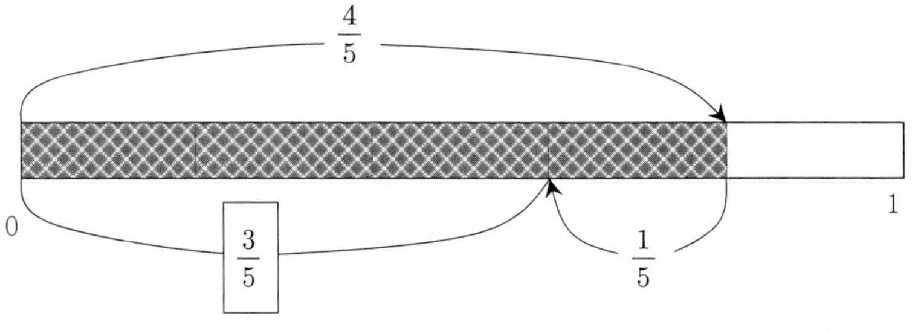

② 분모가 다른 단위 분수의 뺄셈

분수의 분모가 다를 때에는 통분하여 분모를 같게 한 다음 뺄셈을 한다.

- $\frac{1}{3} - \frac{1}{4}$

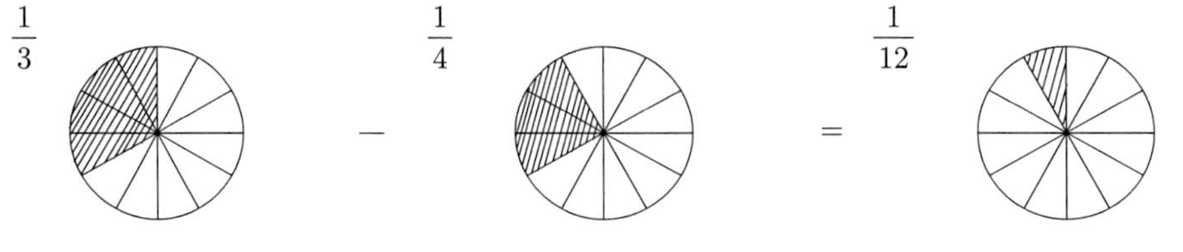

$$\frac{4}{12} - \frac{3}{12} = \frac{1}{12}$$

$$\frac{1}{3} \Rightarrow \{ \frac{1}{3}, \frac{2}{6}, \frac{3}{9}, \boxed{\frac{4}{12}}, \frac{5}{15}, \frac{6}{18}, \cdots\cdots \}$$

$$\frac{1}{4} \Rightarrow \{ \frac{1}{4}, \frac{2}{8}, \boxed{\frac{3}{12}}, \frac{4}{16}, \frac{5}{20}, \frac{6}{24}, \cdots\cdots \}$$

$$\frac{1}{3} - \frac{1}{4} = \frac{4}{12} - \frac{3}{12} = \frac{1}{12}$$

③ 분모가 다른 진분수의 뺄셈

- $\frac{3}{4} - \frac{2}{5}$

$$\frac{3}{4} \Rightarrow \{ \frac{3}{4}, \frac{6}{8}, \frac{9}{12}, \frac{12}{16}, \boxed{\frac{15}{20}}, \frac{18}{24}, \cdots\cdots \}$$

$$\frac{2}{5} \Rightarrow \{ \frac{2}{5}, \frac{4}{10}, \frac{6}{15}, \boxed{\frac{8}{20}}, \frac{10}{25}, \frac{12}{30}, \cdots\cdots \}$$

$$\frac{3}{4} - \frac{2}{5} = \frac{15}{20} - \frac{8}{20} = \boxed{\frac{7}{20}}$$

④ 받아 내림이 있는 동분모 분수의 뺄셈

- $1\frac{1}{4} - \frac{3}{4}$

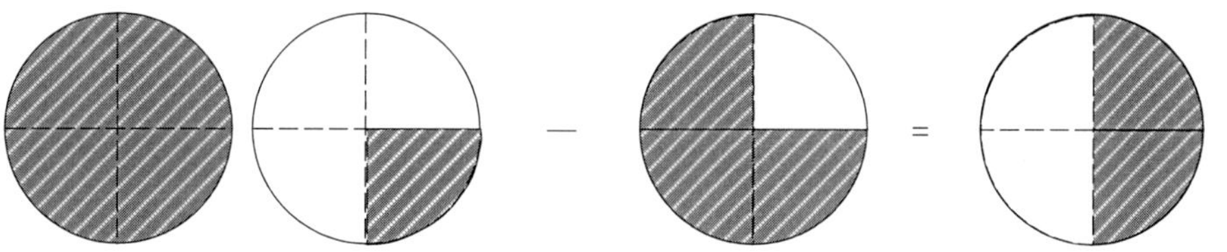

⑤ 받아 내림이 없는 동분모 대분수의 뺄셈

- $2\frac{5}{8} - 1\frac{3}{8}$

$$2\frac{5}{8} - 1\frac{3}{8} = (2 + \frac{5}{8}) - (1 + \frac{3}{8})$$

$$= (2 - 1) + (\frac{5}{8} - \frac{3}{8})$$

$$= 1 + \frac{2}{8} = 1\frac{1}{4}$$

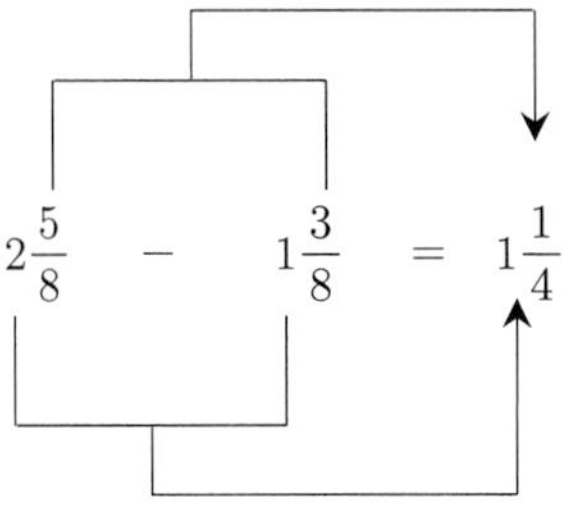

⑥ 받아 내림이 있는 동분모 대분수의 뺄셈

- $4\frac{1}{6} - 2\frac{3}{6}$

$$4\frac{1}{6} - 2\frac{3}{6} = 3\frac{7}{6} - 2\frac{3}{6}$$

$$= (3 + \frac{7}{6}) + (2 + \frac{3}{6})$$

$$= (3 - 2) + (\frac{7}{6} - \frac{3}{6})$$

$$= 1 + \frac{4}{6} = 1\frac{4}{6}$$

⑦ 분모가 다른 진분수의 뺄셈

분모가 다른 분수의 뺄셈을 할 때에도 두 분수를 통분하여 계산한다.

- $\frac{4}{5} - \frac{1}{3}$

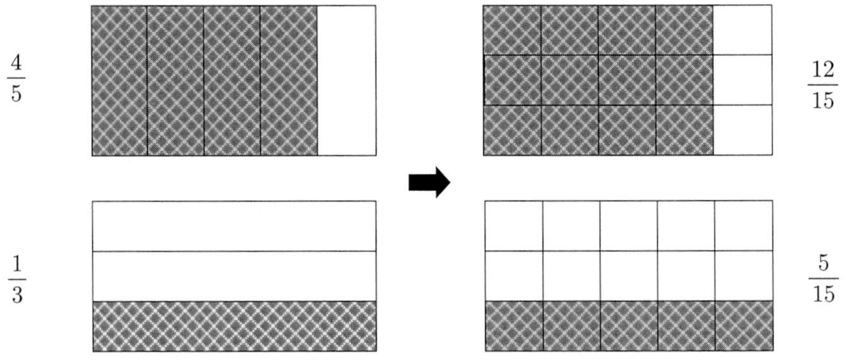

$$\frac{4}{5} - \frac{1}{3} = \frac{12}{15} - \frac{5}{15} = \frac{7}{15}$$

⑧ 분모가 다른 단위 분수의 뺄셈

공통분모는 분모들의 최소공배수로 하는 것이 단순하다. 또, 여러 가지로 뺄셈한 차는 기약 분수로 나타내면 같아진다.

- $\frac{1}{4} - \frac{1}{6}$

$$\frac{1}{4} - \frac{1}{6} = \frac{6}{24} - \frac{4}{24} = \frac{2}{24} = \frac{1}{12}$$

$$\frac{1}{4} - \frac{1}{6} = \frac{3}{12} - \frac{2}{12} = \frac{1}{12}$$ (분모 4와 6의 최소공배수인 12로 통분)

⑨ 받아 내림이 있는 분모가 다른 대분수의 뺄셈

분모를 통분한 후 자연수는 자연수 끼리, 분수는 분수 끼리 계산한다. 분수끼리 계산할 수 없을 때는 대분수를 가분수로 고쳐서 계산한다.

$$4\frac{1}{8} - 2\frac{1}{4} = 4\frac{1}{8} - 2\frac{2}{8} = 3\frac{9}{8} - 2\frac{2}{8}$$

$$= (3 - 2) + \left(\frac{9}{8} - \frac{2}{8}\right)$$

$$= 1 + \frac{7}{8} = 1\frac{7}{8}$$

분수의 덧셈

둘 이상 분수 끼리를 한데 모으는 것을 의미한다.

* 분수의 덧셈은 분수의 종류에 따라 여러 가지 형태가 있다.

① 분모가 같은 대분수의 덧셈

- $2\frac{1}{5} + 1\frac{3}{5}$

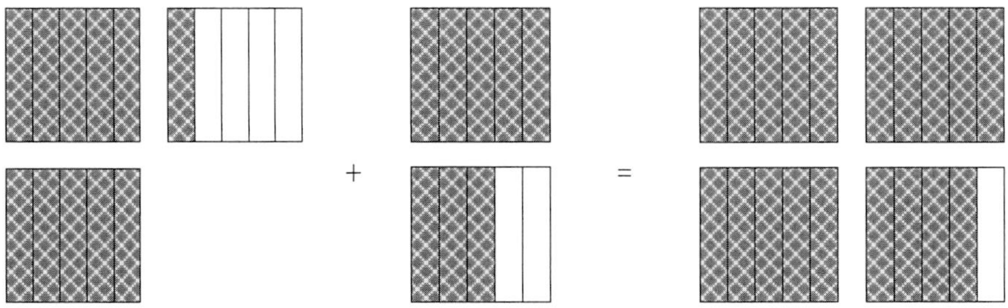

$$2\frac{1}{5} + 1\frac{3}{5} = (2 + \frac{1}{5}) + (1 + \frac{3}{5})$$
$$= (2 + 1) + (\frac{1}{5} + \frac{3}{5})$$
$$= 3 + \frac{4}{5} = 3\frac{4}{5}$$

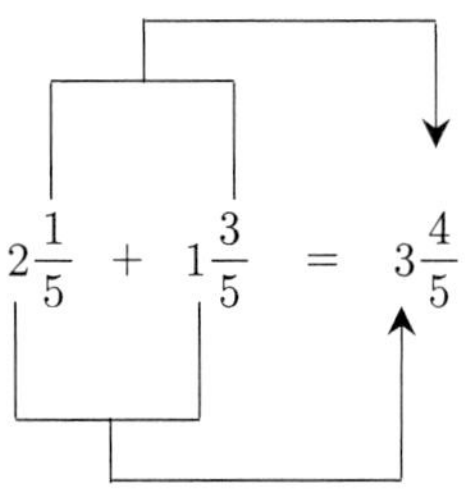

② 분모가 다른 대분수의 덧셈

- $2\frac{3}{4} + 3\frac{2}{5}$

$$= (2 + \frac{3}{4}) + (3 + \frac{2}{5})$$
$$= (2 + 3) + (\frac{3}{4} + \frac{2}{5})$$
$$= (2 + 3) + (\frac{15}{20} + \frac{8}{20})$$
$$= 5 + \frac{23}{20} = 5 + \frac{20}{20} + \frac{3}{20}$$
$$= 6 + \frac{3}{20}$$
$$= 6\frac{3}{20}$$

③ 분모가 같은 진분수의 덧셈

- $\frac{2}{6} + \frac{3}{6}$의 계산

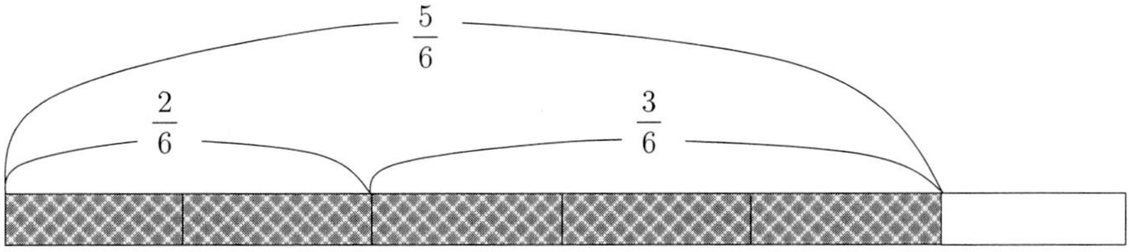

$$\frac{2}{6} + \frac{3}{6} = \boxed{\frac{5}{6}}$$

④ 분모가 다른 진분수의 덧셈

- $\frac{1}{2}$과 $\frac{1}{3}$의 합

$\frac{1}{2}$ $\frac{1}{3}$ $\frac{5}{6}$

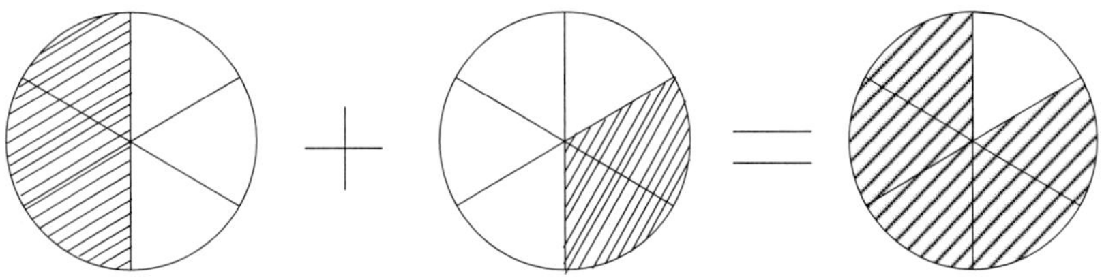

$$\boxed{\frac{3}{6} + \frac{2}{6} = \frac{5}{6}}$$

$$\frac{1}{2} \Rightarrow \left\{ \frac{1}{2}, \frac{2}{4}, \boxed{\frac{3}{6}}, \frac{4}{8}, \frac{5}{10}, \boxed{\frac{6}{12}}, \frac{7}{14} \cdots\cdots \right\}$$

$$\frac{1}{3} \Rightarrow \left\{ \frac{1}{3}, \boxed{\frac{2}{6}}, \frac{3}{9}, \boxed{\frac{4}{12}}, \frac{5}{15}, \frac{6}{18}, \frac{7}{21} \cdots\cdots \right\}$$

$$\frac{1}{2} + \frac{1}{3} = \frac{3}{6} + \frac{2}{6} = \frac{5}{6}$$

참고

▸ 분모가 다른 분수의 덧셈을 할 때에는 두 분수를 통분하여 계산한다.

* $\frac{1}{4}$과 $\frac{1}{6}$의 합

$$\frac{1}{4} + \frac{1}{6} = \frac{6}{24} + \frac{4}{24} = \frac{\cancel{10}^{5}}{\cancel{24}_{12}} = \frac{5}{12}$$

$$\frac{1}{4} + \frac{1}{6} = \frac{3}{12} + \frac{2}{12} = \frac{5}{12}$$ (4와 6의 최소공배수로 통분)

참고

- 분모가 서로 다른 분수를 통분하는 방법은 분모의 공배수로 통분할 수 있지만, 분모들의 최소공배수로 통분하는 것이 가장 간단하다. 또, 여러 가지로 덧셈한 합은 기약분수로 나타내면 같아진다.

⑤ 받아 올림이 없는 이분모 분수의 덧셈

$$\begin{aligned} 2\frac{3}{4} + 1\frac{1}{6} &= 2\frac{9}{12} + 1\frac{2}{12} \\ &= (2 + \frac{9}{12}) + (1 + \frac{2}{12}) \\ &= (2 + 1) + (\frac{9}{12} + \frac{2}{12}) \\ &= 3 + \frac{11}{12} \\ &= 3\frac{11}{12} \end{aligned}$$

참고

- 분모가 다른 대분수의 덧셈은 분모를 통분한 후에 자연수는 자연수 끼리, 분수는 분수끼리 더해주면 간편하게 계산할 수 있다.

분수의 여러 가지 의미

분수 개념은 초등학교 학생들이 어려워하는 개념 중의 하나인 이유는 분수 자체가 가지고 있는 여러 가지 의미 때문이다. 분수의 의미는 대체적으로 전체 – 부분, 몫, 비, 측정(양), 연산자의 의미 등으로 소개되고 있다.

① 전체 – 부분[2]

전체–부분의 의미는 분수 개념에서 가장 기초적이고 중요한 개념이며, 분수 개념을 도입할 때 가장 자연스러운 방법이다. 전체에 대한 부분을 분수 기호로 나타내는 능력은 연속량이나 이산량을 같은 크기를 갖는 부분이나 집합으로 분할하는 능력과 관련되고, 이것은 나중에 분수를 읽는데 중요한 역할을 한다. 또한, 전체 – 부분 관계가 중요한 것은 무엇보다, 전체에 대한 부분의 관계를 양화함으로써 분수 개념을 기를 수 있으며, 분수의 양적인 개념은 크기 비교, 동치분수, 연산 학습을 의미 있게 하는 데 중요한 역할을 하기 때문이다.

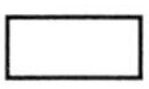은 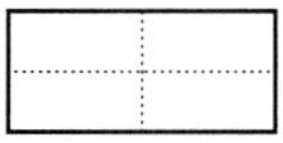의 얼마인가?

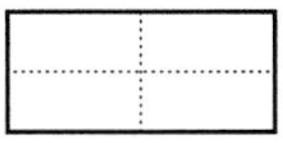이 1이면 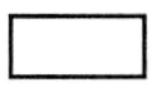은 얼마인가?

② 몫

정수에서의 나눗셈은 피제수가 제수보다 작거나 둘 사이의 공배수가 없을 때는 나머지 없이 그 결과를 나타낼 수 없다. 이런 경우에 그 결과를 몫으로 나타낼 수 있도록 확장시킨 것이 분수의 몫의 의미이다. 즉, 분수 $\frac{a}{b}$는 $a \div b$의 의미로 쓰인다.

> ▸ 3÷5를 분수로 나타내어라.
>
> 
>
>
> - 수 막대 3개를 각각 똑같이 5로 나누어라.
> - 그 중 한 개는 분수로 얼마인가?
> - 3÷5는 분수로 얼마라고 생각하는가?
> - 왜 그렇게 생각하는가?

2) 분수를 읽을 때 미국에서는 관습상 분자부터 말하고 분모를 나중에 읽어주므로 부분–전체(part–whole)라는 표현을 사용하지만, 우리나라에서는 반대로 분모를 먼저 읽고 분자를 나중에 읽기 때문에 우리나라의 관습을 고려하여 전체–부분이라고 하였다.

③ 비

두 양의 크기를 비교하는 방법에는 두 가지가 있다. 하나는 덧셈적인 구조로 비교하는 것이고, 다른 하나는 곱셈적인 구조로 비교하는 것이다. 예를 들어, 교실에 남학생 5명과 여학생 10명이 있을 때 남학생과 여학생의 수를 비교해 보자. 먼저, 덧셈적인 구조로 비교하면 '남학생은 여학생보다 5명이 적다' 또는 '여학생은 남학생보다 5명이 많다' 등 두 양의 차로써 그 크기를 비교할 수 있다. 두 양의 크기를 곱셈적인 구조로 비교하는 방법으로 두 가지 경우가 있다. 하나는 포함(inclusive)의 경우이고, 다른 하나는 분리(exclusive)의 경우이다(Vergnaud, 1983).

포함의 경우, 남학생은 전체의 $\frac{5}{15}$이고, 여학생은 전체의 $\frac{10}{15}$이다. 분리의 경우, 남학생을 기준으로 하면 여학생은 2이고, 여학생을 기준으로 하면 남학생은 $\frac{5}{10}$이다.

곱셈적인 구조로 비교하는 방법에서 포함의 경우, 전체와 부분이 같을 경우에는 약분하여 1이 되지만, 그렇지 않을 경우 항상 1보다 작다. 따라서 전체와 부분의 관계를 나타낼 때, 진분수 형태로만 나타낼 수 있으므로 분수 학습에서 제한적이다.

④ 측정(양)

분수의 역사를 살펴보면, 분수는 배분 상황과 측정 상황에서 도입되었다. 단위로 주어진 양을 측정하였을 때, 단위로 측정하고 남은 부분을 나타내기 위해서 새로운 단위를 도입하여 원래의 단위와 나머지를 새로운 단위로 나타내면서 분수가 발생되었다. 어떤 막대의 길이를 재기 위해서는 적절한 단위가 필요하고, 그 단위를 반복적으로 사용하여 측정 결과를 단위의 자연수 배로 나타낼 수 있을 때 그 양을 그 단위에 의한 측도라고 한다.

예를 들어, 다음 그림에서 막대의 길이는 단위의 3배이다.

단위 :

막대 :

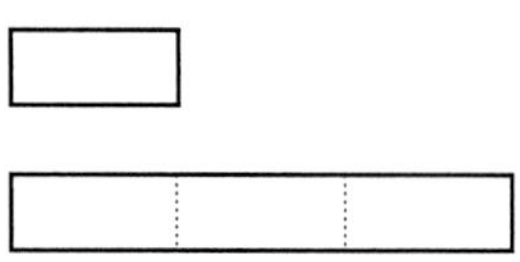

그러나 단위를 반복적으로 사용하여 측정 결과가 자연수 배인 경우는 드물다. 예를 들면, 주어진 단위의 정확한 자연수 배가 아닌 어떤 길이를 재는 경우, 학생들은 '3

번하고 조금 더 된다' 또는 '약 3번'이라고 어림할 것이다.

단위의 자연수 배만큼 재고, 남는 부분을 재기 위해서는 처음에 재었던 단위보다 더 작은 단위가 있어야 할 것이다.

단위

단위의 3배와 남는 부분

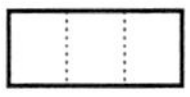
단위를 3등분하였더니 남는 부분은 단위의 $\frac{1}{3}$

더 작은 단위로 재어야 한다는 생각은 단위가 나누어질 수 있는 것이라고 생각할 수 있어야 한다. 등분할에 대한 인식이 여기에서 필요하다. 남는 부분의 길이를 재기 위해서는 단위 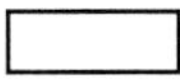를 2등분한 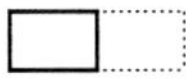 단위로 재어보고 잴 수 없으면 3등분한 의 단위로 잰다. 따라서 위의 재고자 하는 길이는 단위 길이의 $3\frac{1}{3}$이다. 이와 같이 단위분수는 단위보다 작은 부분을 측정하는데 가장 기본적이다.

⑤ 연산자

연산자의 의미로서 분수는 유한 집합에서 유한 집합으로의 사상이나 유클리드 평면에서 유클리드 평면으로의 사상이라고 할 수 있다. 도형을 $\frac{p}{q}$만큼 축소, 확대시키거나, 한 집합을 그 집합의 원소의 개수의 $\frac{p}{q}$배한 다른 집합으로 줄이거나 늘이는 함수로서 $\frac{p}{q}$를 생각할 수 있다.

연산자의 의미를 이산량에 대해서 알아보자. 다음 그림에서 '18의 $\frac{2}{3}$는 얼마인가?'의 문제에서 $\frac{2}{3}$라고 하는 것은 '셋마다 둘' 또는 '셋에 대해 둘'을 의미한다. 따라서 원래 집합의 원소의 수 3에 대하여 새로운 집합의 원소의 수 2를 만든다. 새로운 집합의 원소는 12개가 되므로 18의 $\frac{2}{3}$는 12가 된다. 새로운 집합의 크기는 원래 집합 크기의 $\frac{2}{3}$로 축소된다.

원래의 집합	●●●	●●●	●●●	●●●	●●●	●●●
연산자 $\frac{2}{3}$	↓	↓	↓	↓	↓	↓
새로운 집합	●●	●●	●●	●●	●●	●●

초등수학에서 연산자의 의미로서 분수 개념은 학생들이 이후에 학습할 도형의 합동, 또한 확대, 축소 등의 개념과 연관되는 닮음을 이해하는데 필수적이다. 8cm의 $\frac{3}{4}$을 그리는 것은 4cm에 대하여 3cm만큼 그리는 것을 의미한다. 이 결과는 원래의 길이보다 줄어드는 축소의 의미를 담고 있다. 또 9cm의 $\frac{4}{3}$를 그리는 것은 3cm에 대하여 4cm를 그리는 것을 의미하므로 12cm가 되어 원래보다 늘어난 확대이다.

분수의 종류

* 분수의 종류는 다음과 같다.

① 진분수(proper fraction): 분자가 분모보다 작은 분수

보기 $\frac{1}{2}, \frac{2}{5}, \frac{7}{10}, \cdots$

② 가분수(improper fraction): 분자가 분모와 같거나 또는 분자가 분모보다 큰 분수

보기 $\frac{3}{3}, \frac{8}{7}, \frac{3}{2}, \cdots$

③ 대분수(mixed fraction): 자연수와 진분수의 합으로 된 분수

보기 $1\frac{1}{2}, 2\frac{3}{4}, 1\frac{2}{5}, \cdots$

④ 단위분수(unit fraction): 분자가 1인 분수

보기 $\frac{1}{6}, \frac{1}{4}, \frac{1}{12}, \cdots$

⑤ 동치 분수(equivalent fraction): 크기가 같은 분수

보기 $\frac{1}{2}, \frac{2}{4}, \frac{3}{6}, \cdots$

⑥ 여분수(complementary fraction): 어떤 분수와 더했을 때 1이 되는 분수를 그 분수의 여분수라 한다.

보기 $\frac{1}{4}$은 $\frac{3}{4}$의 여분수이다.

⑦ 동분모분수(like fraction): 분모가 서로 같은 분수를 말한다.

보기 $\frac{1}{4}$, $\frac{3}{4}$, $\frac{7}{4}$, …

⑧ 이분모분수(unlike fraction): 분모가 서로 다른 분수를 말한다.

보기 $\frac{1}{4}$, $\frac{2}{5}$, $\frac{3}{8}$, …

⑨ 역수(reciprocal): 1을 어떤 수로 나눈 값을 그 수의 역수라고 한다.

보기 자연수 2의 역수는 $\frac{1}{2}$이고, $\frac{2}{5}$의 역수는 $\frac{5}{2}$가 된다. 0의 역수는 없다.

분수의 혼합 계산

분수의 연산에 있어서 덧셈, 뺄셈, 곱셈, 나눗셈이 하나의 식에 두 가지 또는 그 이상이 섞여 있는 식의 계산을 말한다.

* 분수의 혼합 계산에는 일정한 규칙이 있다. 가령, 덧셈과 곱셈이 함께 들어 있다면, 곱셈을 하고 난 후에 덧셈을 해야 한다.

① 세 분수의 혼합 계산 방법(×, ÷의 순)

$$\begin{aligned}&\frac{4}{5}\times\frac{1}{3}\div\frac{2}{15}\\&=\left(\frac{4}{5}\times\frac{1}{3}\right)\div\frac{2}{15}\\&=\frac{4}{15}\times\frac{15}{2}\\&=\frac{{}^{2}4\times15^{1}}{{}_{1}15\times2_{1}}=\frac{2}{1}=2\end{aligned}$$

$$\begin{aligned}&\frac{4}{5}\times\frac{1}{3}\div\frac{2}{15}\\&=\frac{4}{5}\times\frac{1}{3}\times\frac{15}{2_{1}}\\&=\frac{{}^{2}4\times1\times15^{3}}{{}_{1}5\times3\times2_{1}}\\&=\frac{2}{1}=2\end{aligned}$$

참고

- $\frac{4}{5} \times \frac{1}{3} \div \frac{2}{15}$와 같은 계산에서는 ×, ÷ 순서대로, 즉 ×, ÷의 순으로 교과서와 같이 두 수씩 계산하는 것이 원칙이지만, 만약 순서를 바꾸어서 ÷, × 순으로 계산하여도 결과는 같아진다는 것을 알 수 있다.
- 그러나, 끝에 있는 분수의 나눗셈은 곱셈으로 고쳐서 세 분수를 $\frac{4\times1\times15}{5\times3\times2}$와 같이 하나의 분수로 고친다음 약분되는 수가 있으면 약분한 다음에 곱하는 계산 방법이 간편하다.

② 네 분수의 혼합 계산 방법(×, ÷, ×의 순)

$$4\frac{1}{2} \times \frac{5}{8} \div 3\frac{3}{4} \times 1\frac{1}{4} = \frac{9}{2} \times \frac{5}{8} \div \frac{15}{4} \times \frac{\square}{4}$$
$$= \frac{9\times5\times4\times\square}{2\times8\times15\times4} = \frac{\square}{\square}$$

$4\frac{1}{2} \times \frac{5}{8} \div 3\frac{3}{4} \times 1\frac{1}{4}$와 같은 계산에서는 순서대로 두 수씩 계산한다면 계산하는 횟수가 많아져서 번거로워지므로 분수의 나눗셈을 곱셈으로 고쳐서 네 분수를 $\frac{9\times5\times4\times5}{2\times8\times15\times4}$와 같이 하나의 분수로 나다내어 약분할 수가 있으면 약분한 다음에 곱하는 계산 방법으로 할 수 있다.

③ 세 분수의 혼합 계산 방법(÷, × 의 순)

○ $\frac{5}{7} \div \frac{5}{13} \times \frac{7}{9} = \frac{5}{7} \times \frac{13}{5} \times \frac{7}{9}$

$$= \frac{5^1\times13\times7^1}{7^1\times5^1\times9}$$
$$= \frac{13}{9} = 1\frac{4}{9}$$

○ $\frac{5}{7} \div \frac{5}{13} \times \frac{7}{9}$와 같은 계산에서는 순서대로 세 분수를 한 분수에 나타내어 계산한다.

참고

- 이 때, 분수의 나눗셈은 곱셈으로 바꾸어야 하고, 약분할 수가 있으면 약분한 다음에 계산하는 것을 잊지 않도록 특히 유의해야 한다.
- 만약 ÷, ×순으로 계산하지 않고 바꾸어서 ×, ÷순으로 계산한다면 결과가 달라지므로 나눗셈, 곱셈의 순일 때에는 괄호가 있는 경우를 제외하고는 반드시 주어진 순서대로 계산한다.

④ 네 분수의 혼합 계산 방법(÷, ×, ÷ 의 순)

○ $1\frac{2}{3} \div 2\frac{1}{4} \times \frac{3}{5} \div 2\frac{1}{3} = \frac{5}{3} \div \frac{9}{4} \times \frac{3}{5} \div \frac{7}{3}$

$$= \frac{\cancel{5}^1 \times 4 \times \cancel{3}^1 \times \cancel{3}^1}{\cancel{3}^1 \times \cancel{9}^3 \times \cancel{5}^1 \times 7} = \frac{4}{21}$$

참고

- $1\frac{2}{3} \div 2\frac{1}{4} \times \frac{3}{5} \div 2\frac{1}{3}$와 같은 계산에서도 두 수씩 순서대로 계산한다면 훨씬 복잡하다. 따라서, 분수의 나눗셈만 역수의 곱으로 고쳐서 계산한다. 이 때, 약분이 되면 더욱 간편해진다. 계산을 다하고 난 후에는 반드시 가분수는 대분수로 고치고 약분이 되는지 확인한다.

⑤ 세 분수의 나눗셈 계산 방법

○ $\frac{3}{2} \div \frac{3}{10} \div \frac{1}{2} = \frac{\cancel{3}^1}{\cancel{2}^1} \times \frac{10}{\cancel{3}^1} \times \frac{\cancel{2}^1}{1} = \frac{10}{1} = 10$

○ $\frac{3}{2} \div \frac{3}{10} \div \frac{1}{2}$과 같은 계산에서는 순서대로 나누는 수를 역수의 곱으로 모두 고친 후 계산을 한다. 그리고, 결과는 반드시 대분수로 나타내고 약분이 되는지 확인한다.

분자

분수에서 가로 선분의 위쪽의 수를 '분자(numerator)'라 한다.

보기

3	← 분자	: 나누어지는 수
4	← 분모	: 나누는 수

* 똑같이 5등분된 다섯 양 중의 두 양을 취하여 $\frac{2}{5}$로 나타낸 분수에서 다섯 양 중의 두 양을 나타내는 수 2는 가로 선분의 위쪽의 자리에 있는 수로써 분자를 나타낸다.

뺄셈

수량과 수량을 비교하여 그 차를 구하는 방법을 뺄셈(subtraction)이라 한다. 즉, 몇 개의 수나 식에서 빼는 셈을 말한다.

* 뺄셈의 기호는 '-'로 쓰고, '빼기'라고 읽는다.

① (두 자리 수) - (한 자리 수)

$$\begin{aligned}17 - 3 &= (10 + 7) - 3\\ &= 10 + (7 - 3)\\ &= 10 + 4\\ &= 14\end{aligned}$$

② 받아내림이 한 번 있는 (두 자리 수) - (한 자리 수)

$$\begin{aligned}37 - 8 &= (20 + 17) - 8\\ &= 20 + (17 - 8) = 20 + 9 = 29\end{aligned}$$

③ 받아내림이 한 번 있는 (두 자리 수) - (두 자리 수)

$$\begin{aligned}65 - 36 &= (60 + 5) - (30 + 6)\\ &= (50 + 15) - (30 + 6)\\ &= (50 - 30) + (15 - 6)\\ &= 20 + 9\\ &= 29\end{aligned}$$

④ 받아내림이 없는 (세 자리 수) - (세 자리 수)

357 - 243 = 114

$$\begin{array}{r} 357 \\ -\ 243 \\ \hline 114 \end{array}$$

357 - 243 = (300 + 50 + 7) - (200 + 40 + 3)
= (300 - 200) + (50-40) + (7-3)
= 100 + 10 + 4
= 114

⑤ 받아내림이 한 번 있는 (세 자리 수) - (두 자리 수)

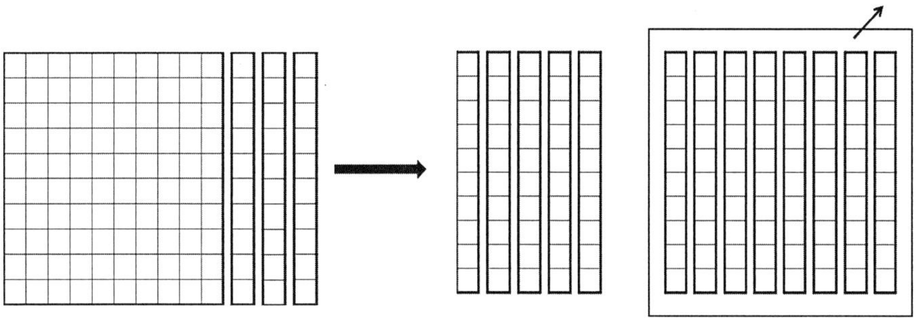

130 - 80 = 50

130 - 80 = 50

13 - 8 = 5

$$\begin{array}{r} 130 \\ -\ 80 \\ \hline 50 \end{array}$$

⑥ 받아내림이 두 번 있는 (세 자리 수) - (두 자리 수)

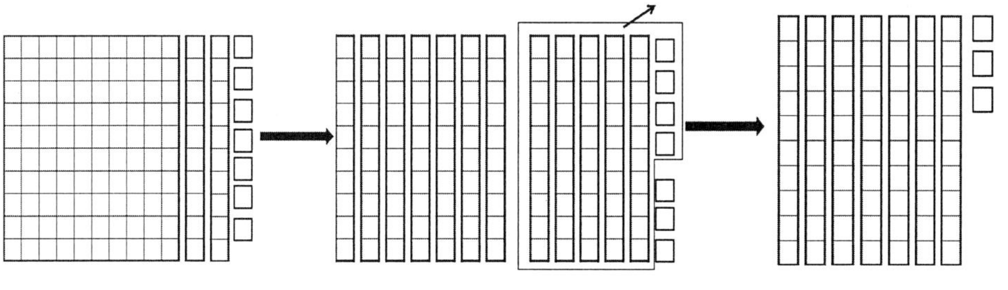

127 - 54 = 73

$$\begin{aligned}127 - 54 &= (120 + 7) - (50 + 4)\\ &= (120 - 50) + (7 - 4)\\ &= 70 + 3\\ &= 73\end{aligned}$$

$$\begin{array}{r}127\\ -\ 54\\ \hline 73\end{array}$$

⑦ 받아내림이 한 번 있는 (세 자리 수) − (한 자리 수)

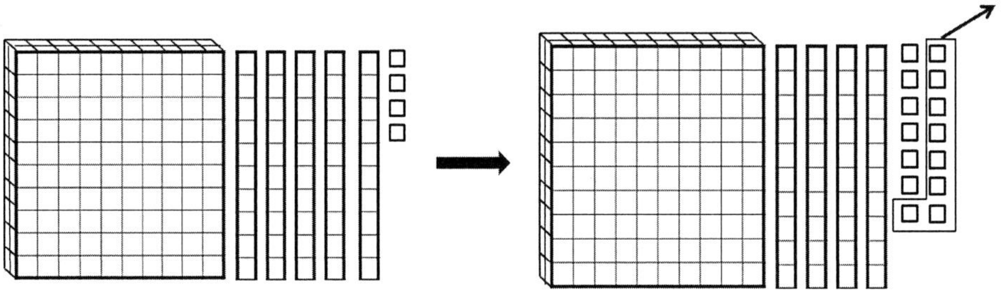

254 − 8 = 246

$$\begin{aligned}254 - 8 &= (200 + 50 + 4) - 8\\ &= 200 + 40 + (14 - 8)\\ &= 200 + 40 + 6\\ &= 246\end{aligned}$$

$$\begin{array}{r}254\\ -\ \ 8\\ \hline 246\end{array}$$

⑧ 받아내림이 두 번 있는 (세 자리 수) − (두 자리 수)

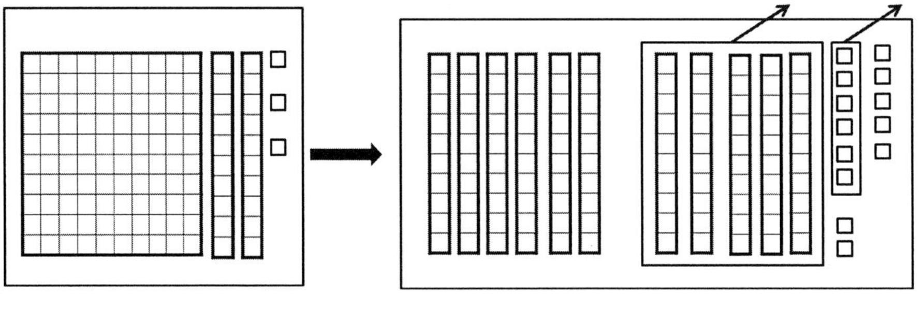

123 − 56 = 67

$$\begin{aligned}123 - 56 &= (110 + 13) - (50 + 6)\\ &= (110 - 50) + (13 - 6)\\ &= 60 + 7\\ &= 67\end{aligned}$$

$$\begin{array}{r} 123 \\ -\ \ 56 \\ \hline \end{array} \qquad \begin{array}{rr} & 100 + 20 + 3 \\ -) & 50 + 6 \\ \hline & ? \end{array} \qquad \begin{array}{r} 123 \\ -\ \ 56 \\ \hline 67 \end{array}$$

$$\begin{array}{rr} & 100 + 20 + 3 \\ -) & 50 + 6 \\ \hline & ? + \square \end{array} \quad \Rightarrow \quad \begin{array}{rr} & 110 + 13 \\ -) & 50 + 6 \\ \hline & 60 + \square \end{array}$$

$$\begin{array}{r} 123 \\ -\ \ 56 \\ \hline \end{array} \qquad \begin{array}{r} 123 \\ -\ \ 56 \\ \hline 7 \\ 60 \\ \hline 67 \end{array} \quad \Bigg| \quad \begin{array}{r} 123 \\ -\ \ 56 \\ \hline 67 \end{array}$$

$$\begin{array}{r} 123 \\ -\ \ 56 \\ \hline \end{array} \Rightarrow \begin{array}{r} 123 \\ -\ \ 56 \\ \hline 7 \end{array} \Rightarrow \begin{array}{r} 123 \\ -\ \ 56 \\ \hline 67 \end{array}$$

⑨ 받아내림이 세 번 있는 (네 자리 수) − (세 자리 수)

1324 − 748

$$\Rightarrow \begin{array}{rr} & 1000 + 300 + 20 + 4 \\ -) & 700 + 40 + 8 \\ \hline & ? \end{array}$$

$$\Rightarrow \begin{array}{rr} & 1000 + 300 + 20 + 4 \\ -) & 700 + 40 + 8 \\ \hline & ? + ? + \square \end{array}$$

$$\Rightarrow \begin{array}{rr} & 1200 + 110 + 14 \\ -) & 700 + 40 + 8 \\ \hline & \square + \square + \square \end{array}$$

```
      1 10           2 11 10          12 11 10     |
  1 3 2 4          1 3 2 4          1 3 2 4       |
-   7 4 8   ⇨   -   7 4 8   ⇨   -   7 4 8       |      12 11 10
  .......          .......          .......       |    1 3 2 4
        6                6                6       |  -   7 4 8
                       7 0              7 0       |    .......
                                      5 0 0       |      5 7 6
                                    .......       |
                                      5 7 6       |
```

```
                      1 10            2 11 10          12 11 10
  1 3 2 4          1 3 2 4          1 3 2 4          1 3 2 4
-   7 4 8   ⇨   -   7 4 8   ⇨   -   7 4 8   ⇨   -   7 4 8
  .......          .......          .......          .......
                                                       5 7 6
```

⑩ 받아내림이 세 번 있는 (네 자리 수) − (네 자리 수)

* 5267 − 2689

```
      5 10           1  5 10         4 11 15 10        4 11 15 10
  5 2 6 7          5 2 6 9          5 2 6 9          5 2 6 9
- 2 6 8 9   ⇨   - 2 6 8 9   ⇨   - 2 6 8 9   ⇨   - 2 6 8 9
  .......          .......          .......          .......
        8              7 8            5 7 8          2 5 7 8
```

⑪ 받아내림이 네 번 있는 (다섯 자리 수) − (네 자리 수)

* 13261과 8574의 차

```
         5 10            1 15 10          2 11 15 10         12 11 15 10
  1 3 2 6 1          1 3 2 6 1          1 3 2 6 1          1 3 2 6 1
-   8 5 7 4   ⇨   -   8 5 7 4   ⇨   -   8 5 7 4   ⇨   -   8 5 7 4
  .........          .........          .........          .........
          7                8 7              6 8 7            4 6 8 7
```

참고

- 뺄셈의 성질
  - 모든 자연수의 집합은 뺄셈에 관하여 닫혀있지 않다.
  - 뺄셈은 교환 법칙이 성립하지 않는다.

- 뺄셈은 결합 법칙이 성립하지 않는다.
- 뺄셈과 덧셈은 서로 역연산 관계에 있다.

사각수

정사각형 모양으로 배열해서 나타낼 수 있는 수를 사각수(square number) 또는 제곱수라 한다.

보기 1, 4, 9, 16, 25, …와 같은 수가 사각수이다. 이와 같은 사각수는 연이은 홀수들의 합으로 표시할 수 있다.

사이의 수

순서상 두 수의 벌어진 사이에 들어 있는 수(a number between two number)이다.

보기 아래의 경우 8과 10의 사이의 수는 9이다.

[8] - [9] - [10]

○ 9는 8과 10의 사이에 있다.
○ 이때, 9를 '8과 10의 사이의 수'라 한다.

사칙계산

사칙계산(four fundamental rules of arithmetics)이란 더하기(+), 빼기(−), 곱하기(×), 나누기(÷)의 4가지 셈을 말한다.

* 사칙이란 수 연산에서 가, 감, 승, 제를 말하며, 가, 감, 승, 제의 뜻은 두 수의 순서쌍에 대하여 하나의 수를 대응 시키는 관계이다.

① 덧셈(가)의 경우 : (3, 5) → (8)

3	+	5	=	8
피가수		가수		합

② 뺄셈(감)의 경우 : (6, 4) → (2)

6	−	4	=	2
피감수		감수		차

③ 곱셈(승)의 경우 : (4, 5) → (20)

4	×	5	=	20
피승수		승수		곱

④ 나눗셈(제)의 경우 : (12, 4) → (3)

12	÷	4	=	3
피제수		제수		몫

참고

① 초등학교의 사칙계산은 4학년까지 조 단위까지의 범위에서 자연수의 사칙계산을 완성하고 소수, 분수, 정수의 사칙계산으로 나아간다.

② 사칙계산은 덧셈, 뺄셈, 곱셈, 나눗셈의 계산과 이들의 둘 이상의 혼합계산을 포함하고 있다.

사칙 혼합 계산

덧셈(+), 뺄셈(−), 곱셈(×), 나눗셈(÷)이 일정한 순서 없이 하나의 식에 섞여 있는 식을 뜻한다.

보기 사칙 혼합 계산식은 $200 - \{6 \times (3 + 4) \div 3\}$과 같은 것이다.

* 자연수의 사칙 혼합계산은 다음과 같이 계산하는 순서가 있다.

① 덧셈과 뺄셈이 섞여 있는 경우는 왼쪽부터 차례로 계산한다.

$$\begin{aligned}78 + 17 - 16 &= 95 - 16\\ &= 79\end{aligned}$$

단, (　　)가 있으면 (　　)부터 먼저 계산한다.

$$\begin{aligned}57 + (34 - 16) &= 57 + 18\\ &= 75\end{aligned}$$

② 곱셈과 나눗셈이 섞여 있는 경우는 순서대로 차례로 계산한다.

$$25 \times 8 \div 4 = 200 \div 4$$
$$= 50$$

단, (　　)가 있으면 (　)부터 먼저 계산한다.

$$5 \times (30 \div 3) = 5 \times 10$$
$$= 50$$

③ 덧셈, 뺄셈, 곱셈이 섞여 있는 경우는 곱셈을 먼저 하고 덧셈, 뺄셈은 순서대로 한다.

$$3000 - 400 \times 2 + 500 = 3000 - 800 + 500$$
$$= 2200 + 500$$
$$= 2700$$

④ 덧셈, 뺄셈, 나눗셈이 섞여 있는 경우는 나눗셈을 먼저 하고 덧셈, 뺄셈은 순서대로 한다.

$$700 + 800 \div 5 - 600 = 700 + 160 - 600$$
$$= 860 - 600$$
$$= 260$$

⑤ (　)가 없고 덧셈, 뺄셈, 곱셈, 나눗셈이 섞여 있는 경우는 곱셈, 나눗셈을 덧셈, 뺄셈보다 먼저 한다.

$$90 \times 3 - 72 \div 6 + 35 = 270 - 12 + 35$$
$$= 258 + 35$$
$$= 293$$

⑥ (　)와 {　} 가 있는 식의 계산은 (　)안을 먼저 계산하고 {　} 안을 그 다음에 계산한다.

$$200 - \{6 \times (4 + 5) \div 3\} = 200 - (6 \times 9 \div 3)$$
$$= 200 - 54 \div 3$$
$$= 200 - 18$$
$$= 182$$

참고

> ▸ 자연수뿐만 아니라 분수, 소수, 정수 또는 이들의 혼합계산에 있어서도 계산의 순서는 동일하다.

산술

자연수, 정수, 분수, 소수 등과 같은 수와 이 수들의 덧셈, 뺄셈, 곱셈, 나눗셈과 같은 기본적인 계산을 다루는 수학을 산술(arithmetic)이라 한다.

삼각수

피타고라스의 수에 대한 발견 중 아주 흥미 있는 내용이 바로 도형수에 관한 것이다. 피타고라스는 수는 일정한 모양을 갖는다고 생각하였으며 그래서 삼각수(triangular number), 사각수, 오각수 등의 도형수를 생각하였다. 이를테면, 삼각수는 점을 배열해서 정삼각형 모양으로 나타냈을 때의 점의 수를 말한다.

보기 아래 그림과 같이 1, 3, 6, 10, 15, 21, … 등이 삼각수이다.

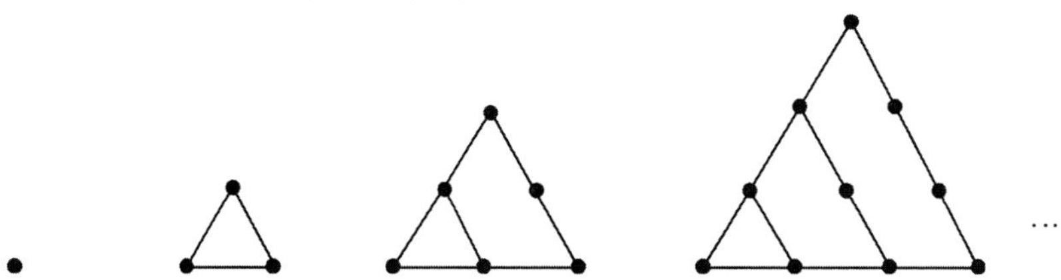

1 3 6 10 …

세로덧셈법

덧셈을 할 때 수를 세로로 나열한 후, 자릿값이 같은 수끼리 더하는 계산방식을 세로 덧셈법(column addition method)이라 한다.

보기

$$\begin{array}{rr} 3 & 7 \\ +5 & 6 \\ \hline 8 & 13 \\ \hline 9 & 3 \end{array}$$

셈수

사물을 셀 때 사용하는 수를 셈수(counting numbers)라 하는데, 일반적으로 {1, 2, 3, …}과 같이 자연수를 의미하지만, 때로는 0을 포함시키는 경우도 있다.

세제곱(삼승)

같은 수를 세 번 연달아 곱하는 것을 세제곱(cube)이라 말한다.

보기 $5 \times 5 \times 5 = 5^3$

소수

일의 자리보다 작은 자릿값을 가진 수 0.1, 0.2, 0.3, 0.4, 0.5, 0.6, 0.7 ……등을 소수(小數, decimal number)라 한다. 소수에 관한 개념은 네덜란드의 수학자 스테빈(Simmon Stevin, 1548~1620)에 의하여 확립되었다. 영어의 의미 즉, 십진 분수에서도 알 수 있듯이, 서양의 소수는 분수의 특별한 형태인 분모가 10씩 커지는 분수 즉, 십진 분수에서 비롯된 것으로 볼 수 있다.

- 소수 0.1을 '영점 일'로 읽으며, '.'을 '소수점'이라 한다.
- 0.6에서 6은 소수 첫째자리 또는 0.1의 자리이다.
- $\frac{6}{10}$은 '0.6'과 같은 수이다.
- 0.6은 '영점 육'이라고 읽는다.

* 분모가 10인 분수와 소수와의 관계

0	0.1	0.2	0.3	0.4	0.5	0.6	0.7	0.8	0.9	1
0	$\frac{1}{10}$	$\frac{2}{10}$	$\frac{3}{10}$	$\frac{4}{10}$	$\frac{5}{10}$	$\frac{6}{10}$	$\frac{7}{10}$	$\frac{8}{10}$	$\frac{9}{10}$	$\frac{10}{10}$

- $\frac{3}{10}$은 0.3이고, $\frac{3}{10}$은 $\frac{1}{10}$이 3개 모인 수이므로, 0.3은 0.1이 3개 모인 수이다.

* 분모가 100인 분수와 크기가 같은 소수를 알아보자.

○ $\frac{1}{100}$은 소수 0.01로 나타내고, '영점 영일'이라고 읽는다.

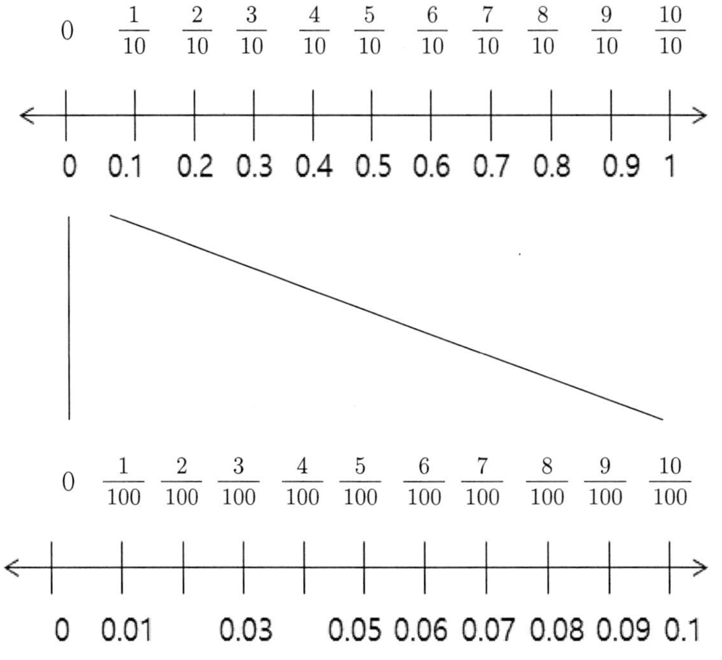

$\frac{7}{100}$은 $\frac{1}{100}$이 7 $\Rightarrow$ 0.07은 0.01이 7

* 소수로 47.23은 '사십 칠점 이삼'이라고 읽는다.

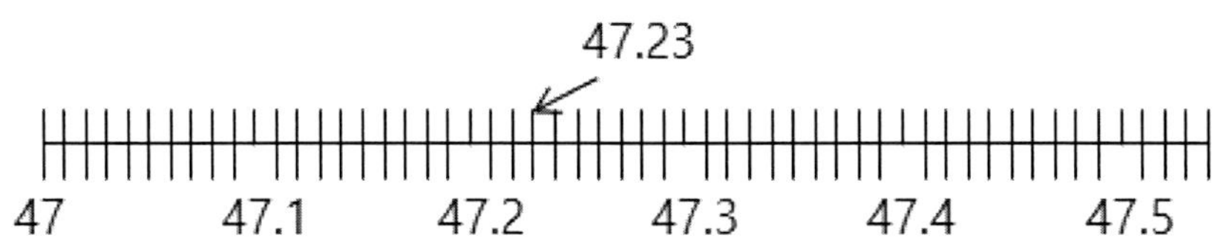

○ 47.23 = 40 + 7 + 0.2 + 0.03

└ 0.01의 자리

└ 0.1의 자리

* 분모가 1000인 분수를 소수로 나타내기

○ $\frac{65}{1000}$은 0.065로 쓰고, '영점 영육오'로 읽는다.

○ 소수로 5.264는 '오점 이육사'라고 읽는다.

5.264 = 5 + 0.2 + 0.06 + 0.004

5.264에서 일의 자리의 숫자는 5, 0.1의 자리의 숫자는 2, 0.01의 자리의 숫자는 6, 0.001의 자리의 숫자는 4이다.

5	.	2	6	4
일의자리	소수점	0.1의자리	0.01의자리	0.001의자리

참고

▸ 소수란 유리수를 나타내는데 자릿값으로 쓰는 십진수이다.
즉, 확장된 십진 기수법으로 쓴 수이다.

○ 0.4, 0.6 과 같이 1보다 작은 수 또는 2.15, 10.32와 같이 자연수와의 합으로 된 수들이다.

○ 326.425는 다음과 같다.

	정수 부분			소수 부분		
	3	2	6	4	2	5
단위의 크기	100	10	1	0.1	0.01	0.001
수	300	20	6	0.4	0.02	0.005

참고

▸ 소수의 종류
① 순소수 ········ 1 보다 작은 소수 (0.32, 0.24 등)
② 혼소수 ········ 자연수와 소수의 합으로 표시된 수 (5.13 등)

③ 대소수 ········· 3.14나 9.072와 같이 정수부분이 0이 아닌 소수를 대소수(帶小數, mixed decimal)라 한다.

④ 유한 소수 ········· 소수점 아래로 몇 째 자리에서 끝나는 소수

⑤ 무한 소수 ········· 소수점 아래로 한없이 계속되는 수, 이를테면 $\frac{1}{3} = 0.3333\cdots$ 와 같이 소수점 아래 0이 아닌 숫자가 무한히 계속된다.

⑥ 순환 소수 ········· 무한 소수 중에서 어떤 자리 이하에 몇 개의 숫자가 같은 순서로 되풀이 되는 소수

⑦ 비순환무한소수 ········· 0.202200222000 …이나 $\pi = 3.14159265358979\cdots$와 같이 순환하지도 않는 소수를 비순환무한소수라 한다. 비순환무한소수는 무리수이다.

참고

- 1과 자기자신이외에 약수를 가지지 않는 수를 소수(prime number)라 한다. 이를테면, 2, 3, 5, 7, 11, 13, … 등이 소수이며 소수의 개수는 무한임이 밝혀져 있다.

소수의 자릿값

소수 62.379에서 6은 십의 자리 숫자이고, 60을 나타내며, 2는 일의 자리 숫자이고, 2를 나타낸다. 3은 0.1의 자리 또는 소수 첫째 자리 숫자이고, 0.3을 나타낸다. 7은 0.01의 자리 또는 소수 둘째 자리 숫자이고, 0.07을 나타낸다. 9는 0.001 또는 소수 셋째 자리 숫자이고, 0.009를 나타낸다. 이와 같이 소수의 각 자리의 숫자가 나타내는 값을 소수의 자릿값(place value of decimal fraction)이라 한다.

소수와 분수 사이의 관계

유리수인 소수와 분수 사이의 어떠한 관계성을 의미한다.

* 소수와 분수는 둘 다 유리수로서 표현하는 방법이 다를 뿐 두 수 사이에는 밀접한 관계가 있다.

* 분모가 10인 분수와 소수와의 관계

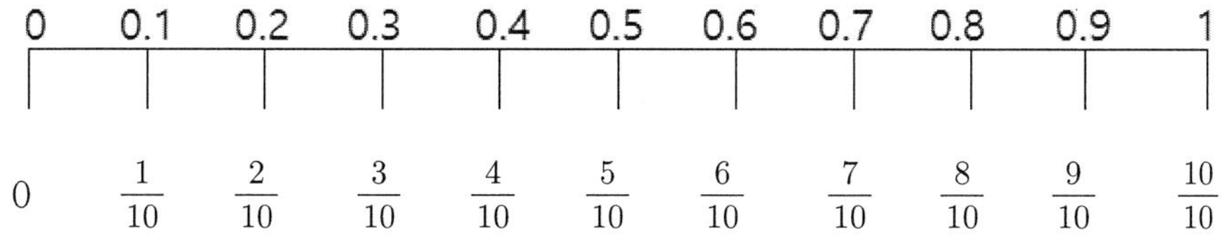

* 분수를 같은 크기의 소수로 표현 방법을 바꿀 수 있고, 반대로 소수를 같은 크기의 분수로 표현할 수 있다.

참고

- 유리수는 조밀성을 가진다.

소수의 곱셈

두 소수끼리 혹은 자연수, 분수 또는 소수와의 곱이다.

* 소수의 곱셈은 자연수와 소수 혹은 소수끼리의 곱으로 할 수 있다.

* 26 × 0.2

$$26 \times 0.2 = 26 \times \frac{2}{10} = \frac{(26 \times 2)}{10} = \frac{52}{10} = 5.2$$

$$\begin{array}{r} 26 \\ \times 0.2 \\ \hline \end{array} \Longrightarrow \begin{array}{r} 26 \\ \times \;\; 2 \\ \hline 52 \end{array} \Longrightarrow \begin{array}{r} 26 \\ \times 0.2 \\ \hline 5.2 \end{array}$$

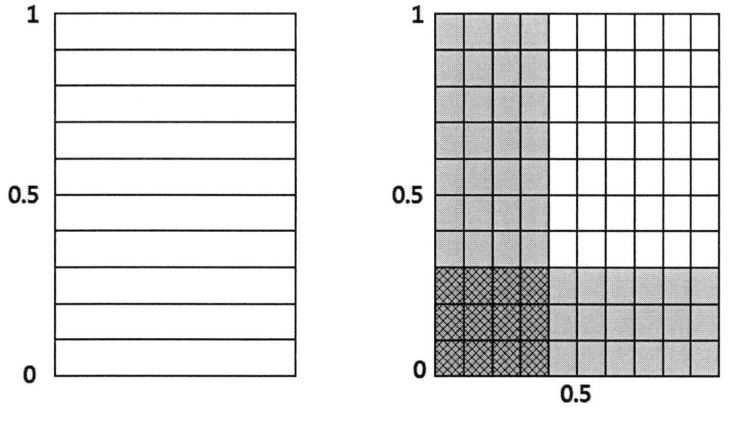

$$* \ 0.3 \times 0.4 = \frac{3}{10} \times \frac{4}{10} = \frac{12}{100} = 0.12 \qquad \begin{array}{r} 0.3 \\ \times 0.4 \\ \hline 0.12 \end{array}$$

$$\begin{array}{r} 0.3 \\ \times \ 0.4 \\ \hline \\ \end{array} \Rightarrow \begin{array}{r} 3 \\ \times \ \ 4 \\ \hline 12 \end{array} \Rightarrow \begin{array}{r} 0.3 \\ \times 0.4 \\ \hline 0.12 \end{array} \quad \begin{array}{l} \rightarrow \text{소수점 아래 한 자리} \\ \rightarrow \text{소수점 아래 한 자리} \\ \rightarrow \text{소수점 아래 두 자리} \end{array}$$

소수의 나눗셈(몫)

소수를 자연수나 분수 혹은 소수로 나누어 몫을 구하는 것이다.

보기 1 3.6 ÷ 2 어떻게 계산하는지를 알아보자
수직선에서 알아보면 3.6 ÷ 2 = 1.8가 된다.

보기 2 소수의 나눗셈은 소수를 분수로 고쳐서 계산해도 된다.
3.6 ÷ 2 = 1.8
$\frac{36}{10} \div 2 = \frac{36}{10} \times \frac{1}{2} = \frac{18}{10} = 1.8$ (그 결과는 소수로 나타낸다.)

소수의 크기비교

두 소수를 견주어 크고 작음을 비교하는 것이다.

* 소수의 대소 비교는 '큽니다(>)와 작습니다(<)'를 사용한다.

* '0.8 > 0.6'을 '0.8은 0.6보다 큽니다.'로 읽는다.

참고

- 소수는 십진법 체계에서 십진 기수법으로 표기하기 때문에 자연수의 크기 비교와 같은 방법을 택하게 됨을 아는 것이 중요하다. 두 수의 크기를 비교하는 방법을 발견하기 위해서 조작활동으로 수 막대에서 두 소수의 위치를 표시하거나 색칠해 볼 수도 있고, 수직선에서 소수의 위치를 표시하고 직관적으로 알아보면서 오른쪽에 있는 소수가 더 크다는 것을 알 수 있다. 또는 자릿값을 활용해서 소수의 크기를 비

교할 수도 있다. 그러나 쉬운 방법을 교사가 제시하는 것이 아니라 아동 스스로 발견하도록 도와주어야 한다.

소수의 덧셈

두 소수 이상의 수를 더하는 것을 말한다.

보기 수직선에서 0.2 + 0.3을 구하여 보자.

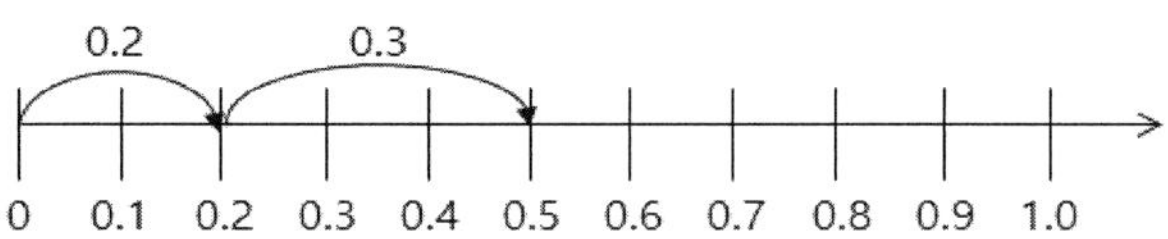

0.2는 0.1이 2이고, 0.3은 0.1이 3이므로 모두 0.1이 5이다. 그러므로, 0.5가 된다.

* 소수의 덧셈은 소수점자리를 항상 맞추어 계산한다.

소수의 몫과 나머지

소수가 있는 나눗셈의 계산 결과 몫과 나머지이다.

보기 1.3 ÷ 0.3 = 4 ···0.1에서 4가 몫이고, 0.1이 나머지이다.

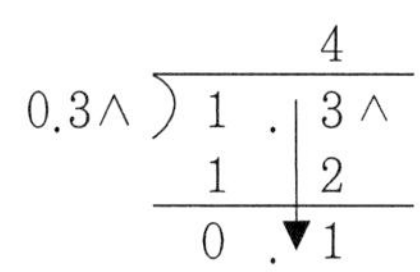

참고

- 몫의 소수점은 옮긴 피제수의 소수점을 찍는다.
  * 소수점은 원래의 소수점을 찍는다.

소수의 뺄셈

소수끼리의 차를 의미한다.

보기 0.8과 0.2의 차를 구하여 보시오.

0.8 − 0.2 = 0.6

0.8은 0.1이 8
> ⇨ 0.8 − 0.2 = 0.6
0.2는 0.1이 2

$$\begin{array}{r} 0.8 \\ -\,0.2 \\ \hline 0.6 \end{array}$$

* 소수의 뺄셈은 항상 소수점의 자리를 맞추어 계산하여야 한다.

소수의 자리(소수의 자리 잡기 원리)

소수가 어떤 자리에 속하는가의 위치를 나타내는 것이다. 즉, 소수도 십진 기수법의 확장된 수이므로 소수의 자리에 따른 자릿값이 있다.

보기 0.47132의 자리를 보면

- 4 ─ 0.1 혹은 10분의 1의 자리
- 7 ─ 0.01 혹은 100분의 1의 자리
- 1 ─ 0.001 혹은 1000분의 1의 자리
- 3 ─ 0.0001 혹은 10000분의 1의 자리
- 2 ─ 0.00001 혹은 100000분의 1의 자리 등이다.

참고

▸ 소수 0.47132 = 0.4 + 0.07 + 0.001 + 0.0003 + 0.00002

0.1이 4

0.01이 7

0.001이 1

0.0001이 3

0.00001이 2인 수이다.

소수의 크기비교

두 소수를 견주어 크고 작음을 비교하는 것이다.

* 소수의 대소 비교는 '큽니다(>)와 작습니다(<)'를 사용한다.

* '0.8 > 0.6'을 '0.8은 0.6보다 큽니다.'로 읽는다.

참고

▸ 소수는 십진법 체계에서 십진 기수법으로 표기하기 때문에 자연수의 크기 비교와 같은 방법을 택하게 됨을 아는 것이 중요하다. 두 수의 크기를 비교하는 방법을 발견하기 위해서 조작활동으로 수 막대에서 두 소수의 위치를 표시하거나 색칠해 볼 수도 있고, 수직선에서 소수의 위치를 표시하고 직관적으로 알아보면서 오른쪽에

있는 소수가 더 크다는 것을 알 수 있다. 또는 자릿값을 활용해서 소수의 크기를 비교할 수도 있다. 그러나 쉬운 방법을 교사가 제시하는 것이 아니라 아동 스스로 발견하도록 도와주어야 한다.

소수의 혼합계산

소수들로서 덧셈(+), 뺄셈(−), 곱셈(×), 나눗셈(÷)이 일정한 순서 없이 섞여 있는 식의 계산을 말한다.

보기 3.2 − {0.6 × (0.3 + 0.5) ÷ 3}과 같은 것이 소수의 사칙 혼합계산이다.

* 소수의 사칙 혼합계산은 다음과 같이 계산하는 순서가 있다.

① 덧셈과 뺄셈이 섞여 있는 경우는 왼쪽부터 차례로 계산한다.

$$\begin{aligned} 0.67 + 0.25 - 0.16 &= 0.92 - 0.16 \\ &= 0.76 \end{aligned}$$

단, (　　)가 있으면 (　　)안을 먼저 계산한다.

$$\begin{aligned} 0.58 + (0.26 - 0.18) &= 0.58 + 0.08 \\ &= 0.66 \end{aligned}$$

② 곱셈과 나눗셈이 섞여 있는 경우는 왼쪽부터 차례로 계산한다.

$$\begin{aligned} 0.25 \times 0.8 \div 0.5 &= 0.2 \div 0.5 \\ &= 0.4 \end{aligned}$$

단, (　　)가 있으면 (　　)안을 먼저 계산한다.

$$\begin{aligned} 0.3 \times (10 \div 2) &= 0.3 \times 5 \\ &= 1.5 \end{aligned}$$

③ 덧셈, 뺄셈, 곱셈이 섞여 있는 경우는 곱셈을 먼저 하고 덧셈, 뺄셈은 순서대로 한다.

$$\begin{aligned} 2 - 0.2 \times 0.6 + 0.4 &= 2 - 0.12 + 0.4 \\ &= 1.88 + 0.4 \\ &= 2.28 \end{aligned}$$

④ 덧셈, 뺄셈, 나눗셈이 섞여 있는 경우는 나눗셈을 먼저 하고 덧셈, 뺄셈은 순서대로

한다.

$$\begin{aligned} 0.5 + 0.9 \div 0.5 - 0.8 &= 0.5 + 1.8 - 0.8 \\ &= 2.3 - 0.8 \\ &= 1.5 \end{aligned}$$

⑤ (　　)가 없고 덧셈, 뺄셈, 곱셈, 나눗셈이 섞여 있는 경우는 곱셈, 나눗셈을 덧셈, 뺄셈보다 먼저 한다.

$$\begin{aligned} 0.7 \times 3 - 0.84 \div 0.6 + 0.65 &= 2.1 - 1.4 + 0.65 \\ &= 0.7 + 0.65 \\ &= 1.35 \end{aligned}$$

⑥ (　　)와 {　　　　　　} 가 있는 식의 계산은 (　　)안을 먼저 계산하고 {　　} 안을 그 다음에 계산한다.

$$\begin{aligned} 1 - \{0.8 \times (0.4 + 0.2) \div 3\} &= 1 - (0.8 \times 0.6 \div 3) \\ &= 1 - 0.48 \div 3 \\ &= 1 - 0.16 \\ &= 0.84 \end{aligned}$$

* 소수뿐만이 아니라 자연수, 분수, 정수 또는 이들의 혼합계산에 있어서도 계산의 순서는 동일하다.

소수점

소수를 나타낼 때 소수부분과 정수부분을 구별하기 위하여 찍는 점을 소수점(decimal point)이라 한다.

보기 5.126에서 보이는 '.'이 소수점이다.

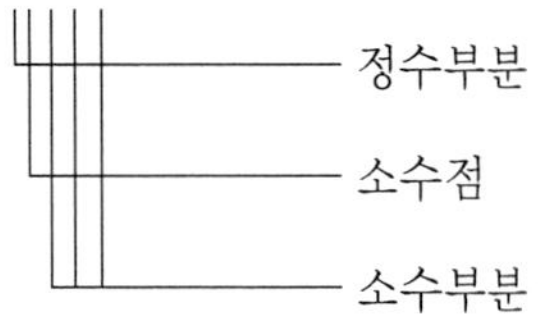

소인수 분해

어떤 수의 약수인 인수가 소수 일 때 그것을 소인수(prime factor)라하고 1보다 큰 자연수를 소수들의 곱으로 나타내는 것을 소인수 분해(prime factorization)라 한다.

참고

> ▸ 소수(prime number)란 1보다 큰 자연수 중에서 1과 자신의 수만을 약수로 가지는 수로 2, 3, 5, 7, 11, … 등이 소수이다.

보기 350을 소인수분해 하시오.

① 약수의 소수를 찾아서 나눈다.
② 몫이 소수가 될 때까지 계속한다.
③ 제수와 끝의 몫을 곱한다.

```
5 ) 350
5 )  70
2 )  14
      7
```

∴ 350 = 2 × 5 × 5 × 7와 같이 소인수 분해되고 소인수의 집합은 {2, 5, 7}이 된다.

소수점의 위치

소수가 어떤 자리에 속하는가의 위치를 나타내는 것이다.

* 즉, 소수도 십진 기수법의 확장된 수이므로 소수의 자리에 따른 자릿값이 있다.

보기 0.21548의 자리를 보면

- 0.1 혹은 10분의 1의 자리
- 0.01 혹은 100분의 1의 자리
- 0.001 혹은 1000분의 1의 자리
- 0.0001 혹은 10000분의 1의 자리
- 0.00001 혹은 100000분의 1의 자리 등이다.

참고

> ▸ 소수 0.21548 = 0.2 + 0.01 + 0.005 + 0.0004 + 0.00008
>
> 0.1이 2

> 0.01이 1
> 0.001이 5
> 0.0001이 4
> 0.00001이 8인 수이다.

수

모임들의 모임의 공통점으로서 일반적으로 양의 크기를 나타내는 것이 수(number)이다.

보기 1, 2, 3, 4 등은 자연수이고, 0.5, 0.9 등은 소수, −4, −1, 0, 6, ··· 등은 정수이다.

* 수의 분류는 다음과 같다.

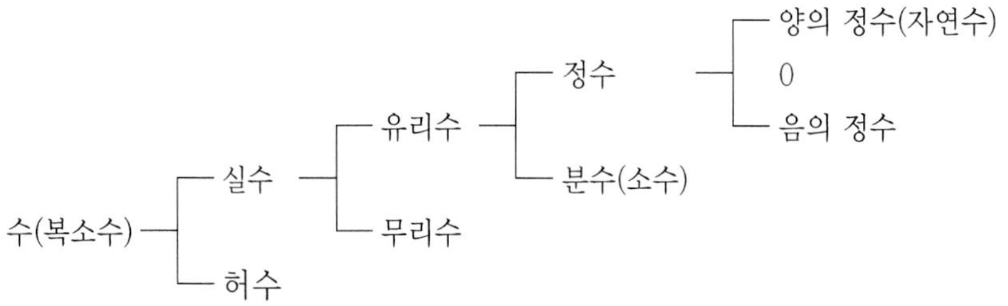

참고

> ① 초등학교는 (양의)유리수 범위까지의 사칙연산 등을 다루며, 소수(prime number)는 취급하지 않는다.
> ② 수와 숫자는 다르다. 467200에서 천의 자리 숫자는 7이고, 이 숫자 7이 나타내는 수는 7000이다.
> ③ 자연수는 일반적으로 집합수, 순서수, 이름수의 의미로 사용된다.
> ④ 0과 자연수는 크기만 가진 수이고, 정수는 방향과 크기, 유리수는 비(比)의 성질을 가진 수, 합성수는 1과 소수를 제외한 수이다.

수 감각

수에 대한 직관(intuition)으로서 수를 이해하고 수를 일상생활에서 효과적으로 사용할 수 있는 능력을 수 감각(number sense)이라고 말한다.

보기 80의 25%는 얼마인가의 문제를 해결함에 있어서 평범한 아이들은 25%를 소수로 고쳐서 80 × 0.25를 계산하여 답을 구하려고 한다. 그러나 수 감각이 발달된 아이들은 25%는 분수로 $\frac{1}{4}$이므로, 즉, 80의 25%는 80의 $\frac{1}{4}$과 같으므로 암산으로 20임을 알아낸다.

참고

- 수 감각이 잘 발달되려면 다음과 같은 요소들이 충족되어야 한다.

① 수의 다양한 의미를 이해하고 있어야 한다.
집합수, 순서수, 측정수, 이름수에 대한 직관적인 이해가 필요하다.

② 수들의 관계를 잘 파악하고 있어야 한다.
수와 수 사이의 관계를 다양하게 파악하고 있어야 한다. 이를테면, 30은 20보다 10이 큰 수, 60의 반, 3배하면 90, 5 × 6 = 30, 30 × 30 = 900 등 다양하게 이들 사이의 관계를 알고 있어야 적절하게 또한 자유자재로 사용할 수 있다.

③ 수의 상대적인 크기를 이해하고 있어야 한다.
수의 크기나 위치에 대한 느낌을 가지고 있어야 한다. 52는 5의 10배 정도, 50과 거의 비슷하다, 수직선에서 60의 왼쪽, 100의 반보다 조금 크다 등이다.

④ 계산의 상대적인 효과를 잘 파악하고 있어야 한다.
수관계를 충분히 파악하고 있으면 효율적으로 계산할 수 있다. 이를테면, '80의 25%는 얼마인가?'에서 수 감각이 잘 발달된 학생은 $80 \times \frac{1}{4}$로 계산하지만 그렇지 못한 학생은 80×0.25 또는 $80 \times \frac{25}{100}$로 계산한다.

⑤ 측정에 대한 감각이 있어야 한다.
양에 대한 적절한 감각을 가지고 있어야 한다. 어떤 사람을 처음 보고 '저 사람의 키는 170 cm정도이다. 왜냐하면 나보다 약간 크기 때문이다'라고 판단할 수 있으려면 측정과 양에 대한 감각이 필요하기 때문이다.
수 감각은 타고나는 능력이 아니라 학습자의 경험을 통하여 발달시킬 수 있는 능력이며, 수 감각의 발달은 수업 내용이 아니라 교사가 어떻게 수업을 하느냐 즉, 수업 방법에 상당부분 의존한다고 볼 수 있다. 학습자의 수 감각을 발달시킬 수 있는 수업은 다음과 같은 사실에 초점을 두고 지도하여야 한다.

• 탐구를 통하여 비형식적 전략을 구성하게 한다.

- 수와 연산에 대하여 활발한 언어 상호작용이 있어야 한다.
- 질적인 추론을 자극한다.
- 계산 절차와 결과에 대해 성찰하게 한다.
- 다양한 방법으로 계산해보게 한다.

수 계열

수가 일정한 규칙으로 구성되어 있는 체계를 수 계열(number sequence)이라 한다.

* 우리가 사용하고 있는 수는 0, 1, 2, 3, 4, 5, 6, 7, 8, 9 의 10개로 모든 수를 나타내는 십진법의 수이다.

보기 수는 왼쪽으로 한 자리씩 일 십 백 천으로 올라가면서 만, 억, 조의 큰 수가 된다.

		억				만				일
3	1	6	4	5	8	3	7	7	5	2
백억의 자리	십억의 자리	일억의 자리	천만의 자리	백만의 자리	십만의 자리	일만의 자리	천의 자리	백의 자리	십의 자리	일의 자리

수모형

수 또는 자연수의 연산을 지도하는데 쓰이는 교구로 낱개모형[3], 십 모형, 백 모형, 천 모형 등으로 구성되어있으며 십진블록(base-ten block)이라고 하기도 한다.

보기

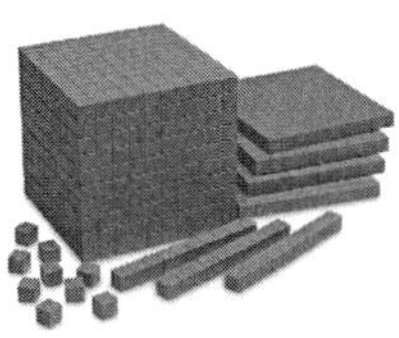

3) 2015 개정 교육과정의 초등수학교과서에서는 일 모형으로 표현하였다.

수사

수에 붙여주는 이름을 수사(number name)라 한다.

보기 자연수 3은 삼 또는 셋이라고 읽는다. 여기서 삼 또는 셋이 수에 붙여주는 이름 즉, 수사이다.

수식

수들 사이의 관계를 연산기호(+, −, ×, ÷)와 관계기호(≤, =, ≥)를 사용하여 나타낸 식을 수식(number sentence)이라 한다.

보기 $3 + 4 = 7$, $9 \times 3 \leq x$, $4 + (7 - 2) = 9$

참고

- 수학에서 식에 해당하는 영어 표현은 expression과 sentence가 있는데 일반적으로 관계기호(≤, =, ≥)를 포함하지 않는 식을 expression이라하고, 관계기호(≤, =, ≥)를 포함하는 식을 sentence라고 한다.

수의 가르기

하나의 수를 두 수로 가르기(분해)하는 것을 수의 가르기(decompose of number)라 한다.

활동2 두 수로 갈라 보시오. 준비물 8~9쪽

수의 모으기

두 수를 하나로 모으기(합성)를 수의 모으기(compose of number)라 한다.

활동3 두 수를 모아 보시오.

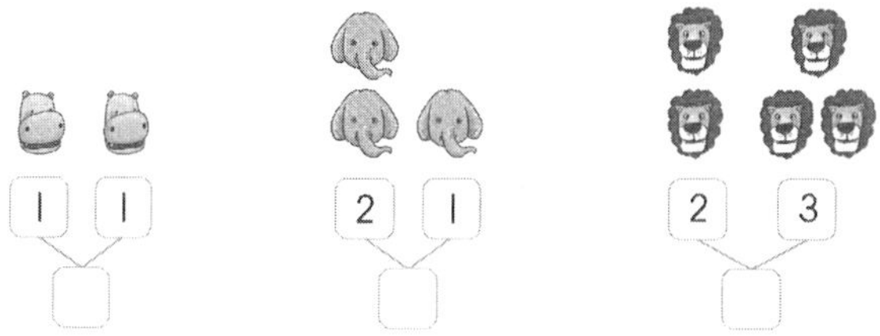

수직선

한 직선 위에 눈금을 매기고, 여기에 실수를 대응시킨 직선을 수직선(number line)이라 한다.

보기 정수를 수직선 위에 나타내면 아래와 같다.

이처럼 수를 수직선에 나타내면 수의 연속성을 알 수 있다.

* 수직선은 수와 수의 성질을 나타내 보이기 위한 기하학적인 모형이다. 직선 위의 점과 실수는 일대일 대응이 된다.

* 수직선에서 나타나는 수는 조밀하다. 무수히 많은 수들이 빽빽하게 들어 있다.

주의

- 수직선은 수를 수직선에 나타낸 것이기에 '수 + 직선'으로 생각해야 한다. 그런데 대부분의 학생들은 읽을 때 도형에서의 수직으로 읽거나(수직 + 선) 혼동하는 사람들이 많으므로 주의를 요한다.

수판

셈을 하는데 쓰이는 간편한 도구이다. '산판', '셈판', '주판(abacus)'이라고도 하는데, 우리나라, 중국, 일본 등에서 주로 사용하였다. 최근에는 계산기나 각종 컴퓨터 프로그램 등이 대량으로 나와 있어 사양길에 접어들었으나, 기초적인 수 개념을 형성하는 데는 아직도 가끔씩 쓰이고 있다.

참고

- 수판의 각 부분의 이름

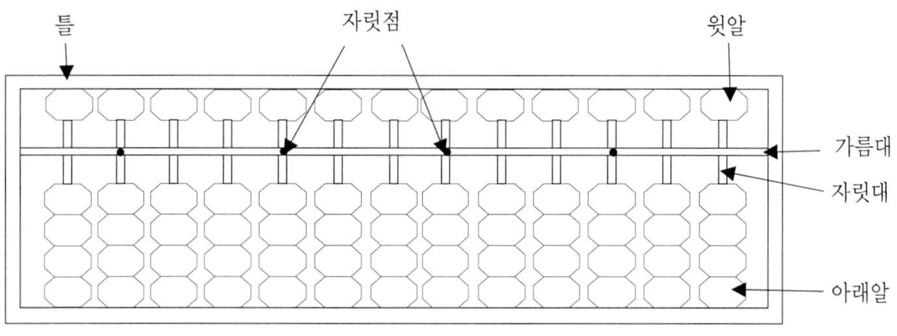

- 수판의 아래알 한 개는 1을 나타내고, 윗알 한 개는 5를 나타낸다. 가름대의 자릿점은 네 자리마다 찍혀 있고, 수를 놓을 때는 자릿점을 기준으로 일의 자리를 정하며, 왼쪽으로 십, 백, 천, 만, ⋯의 자리가 된다. 수판에 수를 놓고 떨 때는 엄지손가락과 집게손가락만을 사용한다.

수판셈

수판을 써서 하는 셈을 의미한다. 이것을 '주산'이라고 한다.

참고

- 수판을 놓는다는 수판으로 셈을 한다는 것이고, 수판질은 수판을 놓는 일이다.
  * 수판셈은 수판으로 덧셈, 뺄셈, 곱셈, 나눗셈을 모두 할 수 있으나, 곱셈, 나눗셈

은 초등학교에서 다루지 않는다.

① 덧셈의 경우

12 + 65

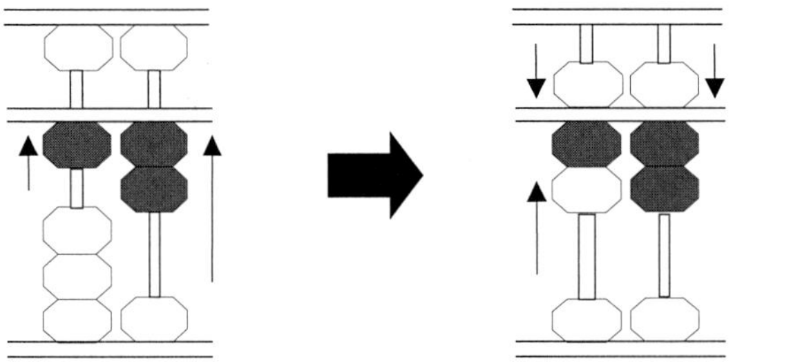

12를 놓는다. 60을 놓고, 5를 놓는다.

12 + 65
= 12 + 60 + 5
= 77

② 뺄셈의 경우

37 − 15

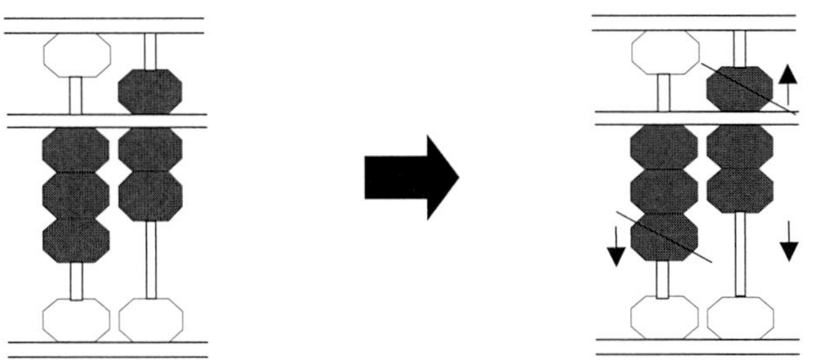

37을 놓는다. 10을 떨고, 5를 떤다.

37 − 15
= 37 − 10 − 5
= 22

수 패턴

수가 가지고 있는 일정한 규칙을 수 패턴(number pattern)이라 한다.

보기 1, 1, 2, 3, 5, 8, ____, ____, ____ 는 바로 앞의 두 수를 더한 것이 그 다음 수가되는 수 패턴을 가지고 있다.

순서수

'첫째, 둘째, 셋째, …'와 같이 사물의 차례 또는 순서를 나타낼 때 사용되는 자연수를 순서수(ordinal number)라 한다.

보기 초등학교 운동회에서 달리기를 한 후 1등, 2등, 3등, …과 같은 자연수 1, 2, 3, …은 순서수이다.

순환소수

순환되는 숫자를 가진 소수를 순환소수(repeating decimals)라 한다.

보기 분수 $\frac{1}{3}$의 값을 구해보면 0.33333 …과 같이 소수점아래 3이 계속된다. 이러한 소수를 순환소수라 한다.

숫자

수를 기호로 나타낸 것을 말한다.

보기 1, 2, 3, 4, 5, 6, 7, … 一, 二, 三, …, 九 따위를 '숫자(numeral)'라 한다.

참고

① 기본 숫자 : 수를 기록하기 위해서 명수체계에서 사용되는 기호이다.
② 아라비아의 기본 숫자는 0, 1, 2, 3, 4, …, 9로서 모두 10개이다.
③ 한 숫자에서는 一, 二, 三, …, 九와 十, 百, 千, 萬 등 십의 거듭제곱을 나타내는 숫자가 있어야 기수가 가능하다.
④ 이론적으로 보면 기호 5는 숫자이지 수가 아니다. 숫자 5는 오라 불리는 수(추상적 개념)을 나타내기 위한 이름이다. '오'를 나타내는 또 다른 이름은 |||||, 3 + 2, 6 − 1, 10 ÷ 2 등이 있다. 교사는 수와 숫자를 정확하게 사용하려고 노력해야 하며, 아이들에게는 쓰여진 수를 수가 아니라 '숫자'라고 굳이 말하게 하거나 수 라고해도 교정해 줄 필요는 없다.

승법적 기수법

곱셈의 원리에 의한 수를 기록하는 방법을 승법적기수법(multiplicative numeration system)이라 한다.

보기 532를 한 숫자로 나타내면 五百三十二가 되고, 이것은 百의 5곱과 十의 3곱과 2가 있다는 뜻이다. 다시 말해, 五 × 百 (+) 三 × 十 (+) 二에서 곱셈기호 ×를 생략한 것이 五百三十二이다.

승수

곱셈에서 곱하는 수를 승수(multiplier)라 한다.

보기 3 × 8 = 24에서 8이 승수에 해당된다.

3	×	8	=	24
피승수		승수		곱

십의 거듭제곱

어떤 수를 나타낼 때, 10을 여러 번 곱하여 나타내는 것을 십의 거듭제곱(power of ten)이라 한다.

보기 863562는 다음과 같이 십의 거듭제곱으로 나타낼 수 있다.

$$\begin{aligned}863562 &= 800000 + 60000 + 3000 + 500 + 60 + 2\\ &= 8 \times 100000 + 6 \times 10000 + 3 \times 1000 + 5 \times 100 + 6 \times 10 + 2\\ &= 8 \times 10^5 + 6 \times 10^4 + 3 \times 10^3 + 5 \times 10^2 + 6 \times 10^1 + 2\end{aligned}$$

* 10이 아닌 다른 수도 거듭제곱으로 나타낼 수 있다.

십진 기수법

십진수를 나타내는 방법이다. 다시 말해, 10씩 묶기를 기반으로 하는 수표기 방식을 말한다. 십진 기수법(base–ten numeration system)을 '십진법'이라 한다.

* 십진 기수법은 숫자 0, 1, 2, 3, 4, 5, 6, 7, 8, 9로 모든 수를 표현하는 방법이다.

십진법

0, 1, 2,⋯,9의 10개의 숫자를 한 묶음으로 하여 1자리 올려가는 방법이다. 사람의 손가락 수에 의해 유래하였다. 1, 10, 100, 1,000,⋯과 같이 10배마다 새로운 자리로 옮겨가는 기수법이다. 십진법(decimal system)을 십진 기수법이라고도 한다.

* 십진법은 숫자 0, 1, 2, 3, 4, 5, 6, 7, 8, 9 로 모든 수를 표현하는 방법이다.

십진 기수법(십진법)의 원리

십진 기수법의 원리(principle of base-ten numeration system)란 십진법으로써 십진수를 나타내는 방법이다.

* 십진 기수법의 원리는 0, 1, 2, 3, 4, 5, 6, 7, 8, 9의 10개 숫자로써 모든 수를 표현하는데 9다음에는 한자리를 올려 10으로 적고, 10이 10배가 되면 100 등 10씩 모일 때마다 한자리씩 올려 세는 방법이다. 즉, 10씩 묶기에 근간을 둔 수 표기체계로, 왼쪽으로 한 칸 이동할 때마다 자릿값이 10배 증가한다.

십진 기수법의 전개식

십진수를 십의 거듭제곱으로 나타내는 방식이다.

보기 $857632 = 800000 + 50000 + 7000 + 600 + 30 + 2$
$= 8 \times 100000 + 5 \times 10000 + 7 \times 1000 + 6 \times 100 + 3 \times 10 + 2$
$= 8 \times 10^5 + 5 \times 10^4 + 7 \times 10^3 + 6 \times 10^2 + 3 \times 10^1 + 2$과 같은 방식이다.

십진분수

분모가 10 혹은 10의 거듭제곱인 분수 또는 그와 동치인 소수나 퍼센트를 십진분수(decimal fraction)라 한다.

보기 $\frac{1}{10}$ 또는 0.1, $\frac{1}{100}$ 또는 0.01 등은 십진분수이다. 하지만 $\frac{2}{3}$나 $\frac{7}{5}$ 등과 같은 수는 십진분수가 아니다.

십진블록

일, 십, 백, 천에 해당하는 모델이 각각 블록 모양으로 만들어진 수학교구 중의 하나로 현장 학교에서는 십진블록(base-ten blocks)이라는 용어보다는 수모형이라는 용어로 더 널리 사용되고 있다.

십진수

십진법으로 나타낸 수이다. 십진법이란 정수, 소수와 같이 0, 1, 2, 3, 4, 5, 6, 7, 8, 9로서 모든 수를 표현하는데, 0, 1, 2, 3, 4, 5, 6, 7, 8, 9 다음에 한자리를 올려 10으로 적고, 10이 10배 되면 100으로 적듯이, 10씩 모일 때마다 한자리씩 올려 세는 방법이고, 이와 같은 방법으로 나타낸 수가 십진수(decimal number)이다.

1을 10배하면 → $1 \times 10 = 10$

10을 10배하면 → $10 \times 10 = 100$

100을 10배하면 → $100 \times 10 = 1000$

1000을 10배하면 → $1000 \times 10 = 10000$

⋮ ⋮

현재, 우리가 쓰고 있는 0, 1, 2, 3, ··· ,10, ··· ,100, ··· ,1000, ··· 등은 십진수이며

다음과 같은 형식으로 전개한다(십진 기수법의 전개식).

$$\begin{aligned}864872 &= 800000 + 60000 + 4000 + 800 + 70 + 2\\ &= 8 \times 100000 + 6 \times 10000 + 4 \times 1000 + 8 \times 100 + 7 \times 10 + 2\\ &= 8 \times 10^5 + 6 \times 10^4 + 4 \times 10^3 + 8 \times 10^2 + 7 \times 10^1 + 2\end{aligned}$$

쌍둥이 소수

두 수의 차가 2인 소수(prime number)의 쌍, 즉 (p, p+2)를 쌍둥이 소수(twin prime)라 한다.

보기 (3, 5), (5, 7), ··· 등은 쌍둥이 소수이다.

암산

계산기구나 필산(筆算)으로 하지 않고 머리로 계산하는 것을 암산(mental computation)이라 한다. 속셈이라고도 한다. 암산에는 다른 사람이 읽어주는 수를 들으면서 계산하는 청암산(聽暗算)과 쓰인 수를 보면서 계산하는 시암산(視暗算)이 있다.

참고

- 암산을 하는 주요 전략은 다음과 같다.
  ① 큰 수부터 더하기
  큰 수부터 더하는 전략이 널리 이용된다. 68 + 36은 60 + 30 = 90이고, 8 + 6 = 14이므로 104이다.
  ② 잘라서 더하기/빼기
  더하는 수의 일부를 먼저 더한 다음, 나머지 수를 더하는 전략이다. 87 + 36은 87 + 30 = 117이고, 117 + 6 = 123이므로 합은 123이다. 87−36은 87−30 = 57이고, 57−6 = 51이므로 51이다.
  ③ 몇 십으로 만들어 더하기/빼기
  암산하기 쉽도록 두 수를 몇 십으로 만들어 계산하는 전략이다. 87 + 36을 계산하기 위하여 90 + 33으로 하거나 83 + 40으로 바꾸어 계산한다. 81−39를 계산하기 위하여 82−40으로 바꾸어 계산한다.
  ④ 보수 이용하기
  합이 100이 되는 수(100의 보수)들을 모아 계산하는 전략이다.
  33 + 56 + 34 + 44 + 67을 계산하기 위하여 합이 100이 되는 수끼리 모아 (33 + 67) + (56 + 44) + 34로 계산한다. 이 전략은 일반적으로 사용되는 전략은 아니다.

알고리즘

유한번의 단계를 거쳐서 어떤 계산결과에 이르는 계산과정 또는 절차를 알고리즘(algorithm)이라 한다. 이 용어는 처음에는 종이위에 연필로 계산하는 필산을 뜻했다. 오늘날 우리가 학교에서 사용하는 계산 알고리즘 가운데 상당수는 인도의 수학자들이 만든 것이지만, 아이러니컬하게도 알고리즘이라는 용어는 19세기 아라비아 수학자 알 콰리즈미(Mohammed al-Khowarizmi)의 이름에서 유래하였다.

보기 3948 + 2749를 세로 셈으로 계산해보자.

$$\begin{array}{r} {\scriptstyle 1\ \ \ 1\ \ \ \ \ \ \ } \\ 3\ 9\ 4\ 8 \\ +\ 2\ 7\ 4\ 9 \\ \hline 6\ 6\ 9\ 7 \end{array}$$

제 1단계: 일의 자리를 더하면 17이므로 이 중에서 10은 십의 자리에 1을 올려 쓰고 일의 자리 아래에 7을 쓴다.
제 2단계: 받아올림과 함께 십의 자리를 더하면 9이므로 십의 자리 아래에 9를 쓴다.
제 3단계: 백의 자리를 더하면 16이므로 이 중에서 1000은 천의 자리에 1을 올려 쓰고 6은 백의 자리 아래에 쓴다.
제 4단계: 받아올림과 함께 천의 자리끼리 더하면 6이므로 천의 자리 아래에 6을 쓴다.

이와 같은 계산과정 또는 절차를 알고리즘 이라하며 덧셈 이외에도 뺄셈, 곱셈, 나눗셈에서도 마찬가지로 생각할 수 있다.

앞의 수

수를 차례로 나열하였을 때, 어떤 수를 기준으로 먼저 있는 수를 앞의 수(number of front)라 한다.

보기 아래 수직선에서 기준수를 6으로 하였을 때, 앞의 수는 5이다.

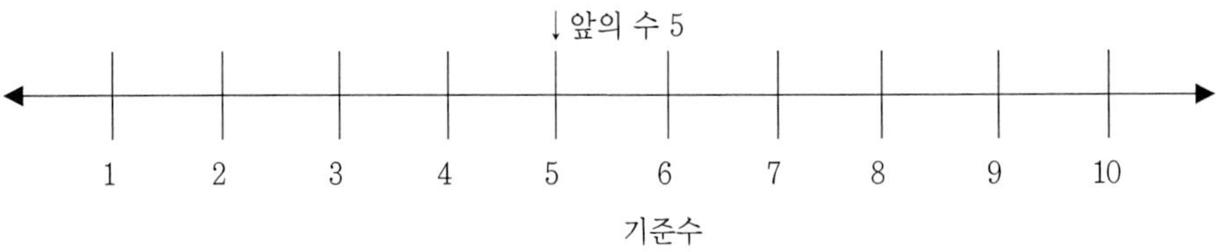

위의 수직선에서 4 앞의 수는3, 3앞의 수는 2이다. 또 6뒤의 수는 7, 7뒤의 수는 8, 8뒤의 수는 9, 9뒤의 수는 10이다. 1, 2, 3, 4, 5, 6, 7, … 에서 4앞의 수를 모두 말해 보면, 3, 2, 1이다.

참고

- '앞' 반대의 뜻은 '뒤'이므로, 앞의 수와 뒤의 수는 서로 반대가 된다. 앞의 수와 뒤의 수 사이에 어떤 수가 있는데, 그 수를 '사이의 수'라고도 한다.

약분

분수의 분모와 분자를 그 공약수로 나누어 분수의 값을 변화시키지 않고 분수를 간단히 하는 것을 약분(reduction of a fraction)이다. 약분하여 더 이상 약분되지 않을 때 그 분수를 기약분수라 한다.

보기 다음 분수를 약분하여 보시오.

$\frac{12}{18} = \frac{12 \div 2}{18 \div 2} = \frac{6 \div 3}{9 \div 3} = \frac{2}{3}$ (분자, 분모에 똑같이 2로 나누고, 그 다음 3으로 나누었다)

$\frac{12}{18} = \frac{12 \div 6}{18 \div 6} = \frac{2}{3}$ (분자. 분모에 한 번 만에 6으로 나누었다.)

(12의 약수 : 1, 2, 3, 4, 6, 12)

→ 1, 2, 3, 6은 12와 18의 공통된 약수이다.

(18의 약수 : 1, 2, 3, 6, 9, 18)

참고

› 위의 1, 2, 3, 6처럼 공통된 약수를 '공약수'라 한다.

약수

어떤 수를 나누어떨어지게 하는 수를 약수(divisor)라 한다.

보기 1은 모든 수의 약수이고, 어떤 수는 자기 자신의 약수이다.

참고

› 어떤 정수도 0으로 나눌 수 없다.

약수의 합

어떤 수의 약수들의 총 합 즉, 약수들을 모두 합한 수를 약수의 합(sum of divisor)이라 한다.

보기 6과 8의 약수의 합을 알아보자.

6의 약수는 1, 2, 3, 6이므로 6의 약수의 합은 (1 + 2 + 3 + 6) = 12이다.

8의 약수는 1, 2, 4, 8이므로 약수의 합은 (1 + 2 + 4 + 8) = 15이다.

즉, (6의 약수) + (8의 약수) = (1 + 2 + 3 + 6) + (1 + 2 + 4 + 8)

= 12 + 15

= 27

따라서 6과 8의 약수의 합은 27이다.

양의 정수

양의 정수(positive integer)는 정수에서 0보다 큰 수를 말한다.

양의 정수를 양수(positive number) 또는 자연수(natural number)라 한다.

참고

- 0보다 작은 수를 음의 정수(negative integer) 또는 음수라고 한다.
- 0과 양의 정수, 음의 정수를 통틀어 정수(integer)라고 한다.

보기 아래 수직선상에서 원점의 오른쪽에 표시한 수, 1, 2, 3, 4, …를 '양수'라 한다. 0은 양수도 음수도 아닌 수이며, 원점에서 왼쪽의 수가 음수, 즉 음의 정수이다.

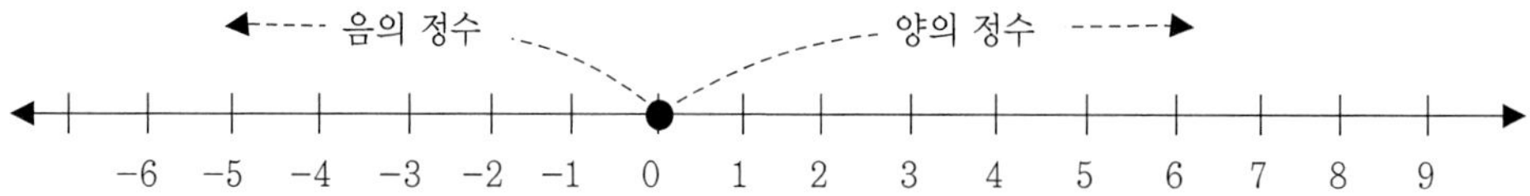

양의 유리수

양의 유리수(positive rational number)는 0보다 큰 정수와 분수를 통틀어 일컫는 말이다.

보기 양의 유리수를 수직선 위에 나타내면 다음과 같다.

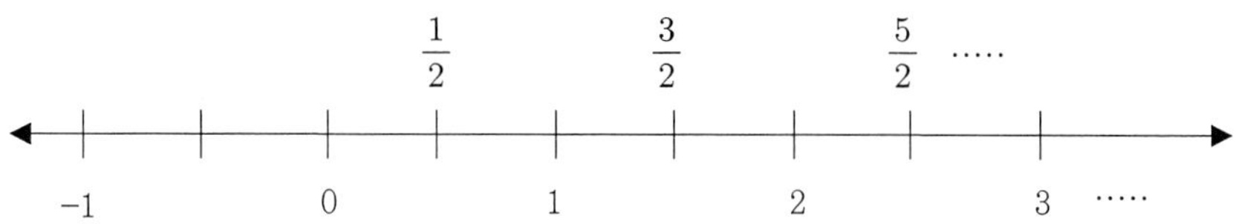

참고

- 양의 유리수에는 0보다 크고 1보다 작은 유리수가 무한히 존재한다.
  즉 정수와 정수 사이에는 유리수가 무수히 많으며 이러한 성질을 유리수의 조밀성(density)이라 한다.

양의 유리수의 혼합계산

0보다 큰 정수와 분수의 덧셈, 뺄셈, 곱셈, 나눗셈이 함께 섞여 있는 계산을 의미한다.

보기 양의 유리수 혼합식 $6 - 5 \times \frac{5}{42} \div \frac{1}{4}$과 같은 식의 계산이다.

자연수, 분수와 소수가 섞인 사칙 혼합 계산을 연습한 다음 유리수(분수)만의 혼합계산을 완성하는 것이 좋다.

참고

- 혼합계산의 순서

① 괄호(　)가 있으면 (　)를 먼저 푼다. 괄호는 대괄호 안의 중괄호, 중괄호 안의 소괄호를 먼저 푼다. 즉, 소괄호, 중괄호, 대괄호의 순으로 계산한다. 여기서 (　)는 소괄호, {　}는 중괄호, [　]는 대괄호이다.

② 곱셈, 나눗셈은 덧셈, 뺄셈보다 먼저 앞에서부터 차례대로 계산한다.

③ 덧셈, 뺄셈도 앞에서부터 차례로 계산한다. 이를테면, 아래에 주어진 식은 표시한 순서대로 계산한다.

$$6.5 \quad - \quad 4.2 \quad \times \quad \frac{5}{36} \quad \div \quad \frac{1}{6} \quad + \quad \frac{1}{5}$$

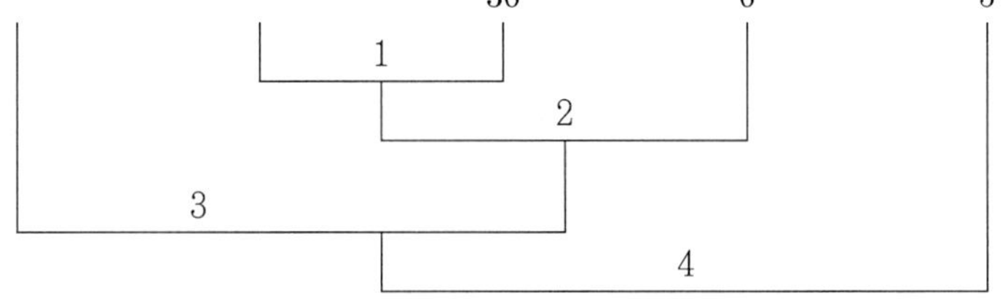

어떤 수

어떤 수는 알 수 없는 임의의 수를 의미한다. 어떤 수는 (　)나 □ 또는 문자 x, y, z 등으로 나타낸다.

보기 '4와 어떤 수와의 합은 9이다.'를 식으로 나타내면 다음과 같다.

4 + □ = 9　또는　4 + x = 9

　↓ 어떤 수　　　↓ 어떤 수

어림

어림(estimation)은 수의 크기, 측정이나 계산 결과 등에 대한 판단으로 '얼마쯤 되겠다'를 뜻한다.

참고

- 어림하는 능력을 개발하기 위해서는 다음과 같은 탐구적인 방법으로 수업을 전개하여야 한다.
  - 다양한 주제와 상황 속에서 어림을 하게 한다.
  - 어림하는 방법은 다양하며, 방법의 선택은 문제의 목적, 상황에 따라야 함을 알게 한다.
  - 정확한 답보다는 대략적인 답에 초점을 맞춘다.
  - 저학년부터 전 교육과정에 걸쳐 통합적으로 지도한다.

참고

- 어림의 주요 전략은 다음과 같다.

① 왼쪽–오른쪽 전략(front–end strategy)

지필계산은 자릿값이 낮은 자리에서 높은 자리로 올라가면서 계산을 하지만 이 전략은 높은 자리(왼쪽)에서 낮은 자리(오른쪽)로 내려가면서 계산하는 방법이다. 답에 가장 영향을 주는 것은 낮은 자리 보다 높은 자리에 있기 때문이다.

보기 396+263+537을 어림할 때, 백의 자리만 계산하면 300+200+500이므로 약 1000이라고 할 수 있고, 좀 더 자세히 계산하기 위하여 십의 자리까지 고려한다면(십의 자리에서 반올림) 400+300+500이므로 약 1200이라고 할 수 있다.

② 조화수 전략(compatible number)

자연스럽게 어울리는 수끼리 묶어서 어림하는 방법이다.

보기 23+39+32+64+49를 어림하기 위하여 어울리는 수 (39+64)+(23+32+49)로 묶어서 어림하면 100+100이므로 200쯤 된다.

③ 군집 어림(clustering)

이 전략은 크기가 비슷한 수끼리 묶어 평균을 이용하여 어림하는 방법으로 평균 이용하기 또는 평균 전략이라고도 하며 다음의 두 과정을 거쳐 수들의 합을 어림 할 수 있다.

- 수들의 평균, 즉 수들이 모여 있는 특정 값을 어림 한다.
- 수의 개수를 곱한다.

보기 620+584+651+552+631을 어림하기 위하여 크기를 비교한다. 다섯 수의 평균은 약 600이므로 합을 어림하면 약 600 × 5=3000이다.

④ 융통성 있는 끝수처리(rounding)

어림하기 쉬운 수로 만들기 위하여 끝수처리를 한다.

보기 42 × 61을 어림하기 위하여 끝수처리를 하여 40 × 60 = 2400이 되므로 42 × 61은 2400보다 조금 크다고 어림 할 수 있다.

어림셈

어림셈(computational estimation)이란 주어진 수들의 어림으로 근삿값들을 사용하여 덧셈, 뺄셈, 곱셈, 나눗셈을 하는 것을 말한다. 즉, 계산의 결과를 어림해 보는 셈을 말한다.

보기 어림셈에서는 근삿값으로 연산을 하며 여기서 말하는 근삿값이란 올림, 반올림, 버림을 하여 얻은 수 값을 의미한다. '346 + 462'를 십의 자리에서 반올림하여 계산하면 '300 + 500 = 800'이다.

참고

① 올림의 경우

5461을 약 6000으로 보는 경우는 백의 자리 이하를 올리는 어림수이다.

② 반올림의 경우

6371을 약 6400으로 보는 경우는 십의 자리에서 반올림한 어림수이다.

③ 버림의 경우

4362를 약 4000으로 보는 경우는 백의자리 이하를 버리는 어림수의 결과이다.

어림수

어림수(round numbers or approximate numbers)란 대강 짐작으로 잡은 수 또는 어림하여 나타낸 수를 말한다. 초등수학에서는 주로 올림, 버림, 반올림 등을 통하여 구한수를 어림수라 한다.

어울리는 수

같이 묶어서 계산하면 보다 쉽게 계산을 할 수 있는 수의 쌍을 어울리는 수(compatible) 또는 친화수라고 한다.

보기 (345 + 345 + 345 + 345) × 25 = (345 × 4) × 25
= 345 × (4 × 25)
= 345 × 100
= 34500

억

억(hundred millions)이란 수에 있어서 99,999,999 다음의 수이며, 1,000,000의 100배인 수 100,000,000이다. 100,000,000을 억 또는 일억이라고 읽는다.

억 단위의 자리를 나타낸 표를 아래와 같이 나타낼 수 있다.

억				만				일			
천	백	십	일	천	백	십	일	천	백	십	일
	8	1	5	0	0	0	0	0	0	0	0

815억 ⇒ 팔 백 십 오 억

- 100만이 10이면, 1000만이다.
- 1000만이 9이면, 9000만이다.
- 1000만이 10이면, '억 또는 일억'이라 하고, '100000000'이라고 쓴다.
  ⇒ 이것은 1만의 10000배와 같다.

에라토스테네스의 체

에라토스테네스가 구안한 그리스 시대부터 알려진 소수를 찾는 교구의 이름이 에라토스테네스의 체(sieve of Eratosthenes)이다.

참고

- 활동지를 사용하여 소수를 구하는 경우는 아래와 같은 단계를 거쳐 진행된다.
  1단계: 1은 건너뛴다(1은 소수도 아니고 합성수도 아니다).
  2단계: 2에 ○ 표를 하고, 2 다음에 나타나는 2의 배수를 모두 × 표한다.

3단계: 3에 ○ 표를 하고, 3 다음에 나타나는 3의 배수를 모두 × 표한다.
4단계: 이런 방식으로 × 표 되지 않은 수로 이와 같은 과정을 반복한다.
결과적으로 ○ 표 된 남아있는 수들이 소수가 된다.

역수

곱해서 그 결과가 1이 되도록 만드는 수를 원래 수에 대한 역수(reciprocal)라 한다.

보기 5의 역수는 $\frac{1}{5}$이며, $\frac{2}{3}$의 역수는 $\frac{3}{2}$이다.

역연산

연산 후의 결과를 연산 이전의 결과로 만들어주는 연산을 역연산(inverse operation)이라 한다. 초등수학에서 덧셈과 뺄셈, 곱셈과 나눗셈 등이 서로 역연산 관계이다.

보기 2 + 3 = 5 와 5 − 3 = 2는 서로 역연산이다. 왜냐하면 연산 후의 결과를 연산 이전의 결과로 만들어 주기 때문이다.

연산

어떤 수의 집합에 속하는 두 개의 원소 a, b의 순서쌍 (a, b)에 대응하는 원소 c를 그 집합의 원소 중에 일의적으로 결정하는 조작으로 설명할 수 있다. 이를테면, 집합 A에서 정의역이 $A \times A$이며, 변역이 A인 함수 $f : A \times A \rightarrow A$가 존재하면 이 함수 f를 이항연산(binary operation)이라고 한다.

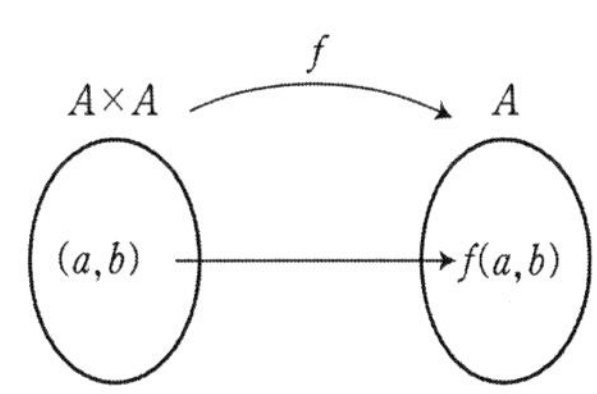

보기 자연수의 집합 N에서의 순서쌍 (15, 3)에 더하기의 관계를 적용시키면, '18'이라는 제3의 수와 대응된다.
즉, 15 + 3 = 18이다. 그리고 빼기, 곱하기, 나누기라는 관계를 적용시키면, '12, 45, 5'라는 수와 대응된다.
즉, 15 − 3 = 12, 15 × 3 =45, 15 ÷ 3 = 5이다. 이들은 모두 두 수에서 한 수가 결정되는 것이므로 이항 연산이다.

참고

▸ 연산은 계산과 혼용해서 사용하나 계산보다 더 포괄적인 의미이다.

연산자

연산자(operator)란 어떤 대상에 작용하여 그 대상을 변화시키는 것을 말한다.

보기 곱셈의 본질적인 개념은 배의 개념인데 여기서 배는 연산자의 의미이다. 즉, 3배라는 것이 어떤 대상에 작용하면 그만큼 수를 늘이거나 확장시키게 된다.

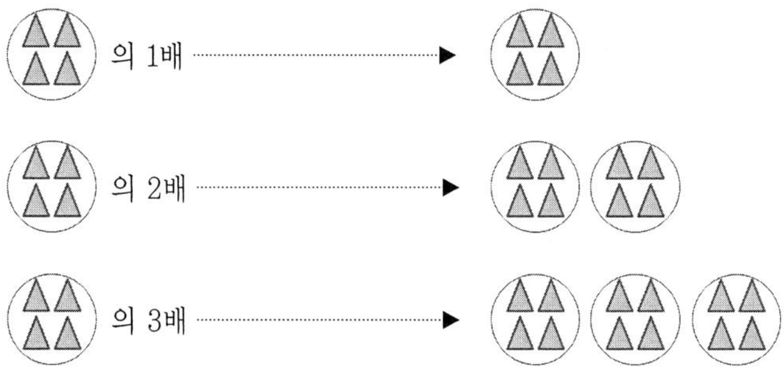

영

아무것도 없음을 나타내는 수를 영(zero)이라 한다. 십진기수법에서는 자릿값에 해당하는 수가 없음을 나타내는 숫자이다.

보기 세자리 수 503에서 0의 의미는 십의 자리가 아무것도 없음, 즉 '십의자리가 비어있음'을 나타낸다.

영역모델

분수를 지도하기 위한 구체적인 모델중의 하나로 가장 구체적인 형태이고 아동이 가장 쉽게 조작할 수 있는 것이다. 영역은 전체(단위)이고, 그것을 등분할한 부분들은 같은 크기와 모양을 가지고 있다. 영역 모델은 원, 직사각형, 정사각형, 삼각형 등 어떤 형태도 될 수 있다. 영역 모델을 사용할 때에는 다양한 모델을 다룸으로써 학생들이 분수는 항상 '파이의 한 부분'이라는 생각을 갖지 않게 해야 한다.

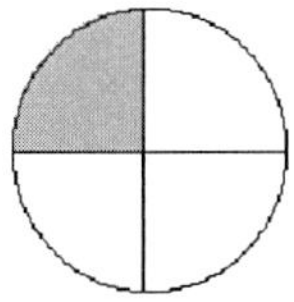	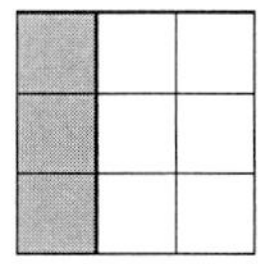	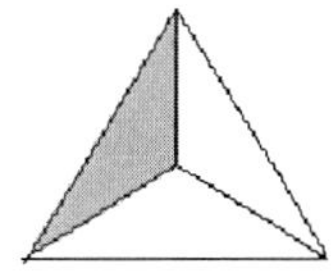
원 : 전체를 파악하기 쉽다. 그러나 등분할하기 어렵다.	직사각형 : 등분할하기 쉽다. 그러나 전체로 파악하기 쉽지 않다.	삼각형 : 등분할하기 어렵고 전체로 파악하기 쉽지 않다.

〈영역 모델의 예와 특성〉

오각수

피타고라스는 모든 수에 특별한 의미를 부여하였다. 특히 규칙적인 모양으로 배열된 도형의 개수에 삼각수, 사각수, 오각수(五角數, pentagonal number)등의 이름을 붙여 새로운 수의 체계를 만들려고 하였다. 오각수는 일정한 크기의 ●를 배열하였을 때 그 모양이 오각형인 수이다.

보기 오각수의 수열은 1, 5, 12, 22, 35, …와 같이 만들어진다.

완전수

한 자연수의 자기 자신을 제외한 약수의 합이 자신과 같을 때를 완전수(perfect number)라 한다.

보기 6의 약수는 1, 2, 3, 6인데 6을 제외한 약수의 합이 6이므로 6은 완전수이다.
이 외에도 28, 496, 8128 등이 있다.

원소

여러 개의 모임에서 모임을 이루는 낱낱의 대상이나 요소를 원소(elements)라 한다. 집합이나 모임을 이루는 개개의 사물을 의미한다.

보기 집합 A와 B가 아래와 같을 때 즉,
$A = \{ \frac{1}{4}, \frac{5}{6}, \frac{3}{7} \}$, $B = \{ 1\frac{2}{5}, 2\frac{1}{3}, 3\frac{3}{4} \}$에서 $\frac{1}{4}, \frac{5}{6}, \frac{3}{7}$을 집합 A의 '원소'라 하고,
'$\frac{1}{4} \in A$, $\frac{3}{7} \in A$'와 같이 나타낸다. $\frac{1}{4} \in A$를 '$\frac{1}{4}$은 집합 A의 원소이다.'라고 읽는다.

유리수

유리수(有理數, rational number)에서 한자의 '有理'는 '이치 또는 사리에 맞음'을 뜻한다. 영어의 'rational'도 사전을 보면 '이성적인, 합리적인' 뜻을 가지고 있으므로 어느 정도 연관성을 가지고 있음을 알 수 있다. 그러나 유리수는 'rational'에서도 알 수 있듯이 '비(ratio) 또는 비율'을 나타내는 말에서 유래하였으며 '비로 표시 되는 수'의 의미로서 상대적인 크기를 나타낸다고 볼 수 있다.

보기 범자연수, 정수, 유리수를 수직선에 나타내 보면 다음과 같다.

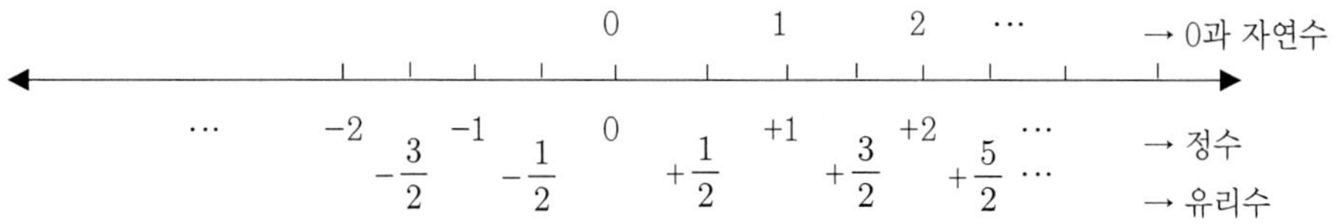

유클리디언 알고리즘

최대공약수를 구하는 방법 중의 하나로

a, b가 정수이고, $a \geq b$이고 $a = bq + r(r < b)$이면, $\gcd(a, b) = \gcd(r, b)$ 이다.

이와 같이 최대공약수를 구하는 것을 유클리디언 알고리즘(Euclidean algorithm) 또는 유클리디언 호제법이라 한다.

보기 343과 280의 최대공약수를 유클리디언 알고리즘으로 구하여보시오.

$343 = 280 \cdot 1 + 63$

$280 = 63 \cdot 4 + 28$

$63 = 28 \cdot 2 + 7$

$28 = 7 \cdot 4$

$\therefore \gcd(343, 280) = \gcd(280, 63) = \gcd(63, 28) = \gcd(28, 7) = 7$이 된다.

참고

- 현재 초등수학에서 다루고 있는 최대공약수를 구하는 방법은 큰 수인 경우 최대공약수를 구하기가 어려워진다. 유클리디언 알고리즘을 활용하면 어떤 경우이건 손쉽게 최대공약수를 구할 수 있다.

유한집합

집합 A가 그와 대등한 진부분집합 B가 존재할 때, 집합 A를 무한집합(infinite set)이라하고, 무한집합이 아닌 집합을 유한집합(finite set)이라 한다. 즉, 원소의 개수를 하나하나 모두 셀 수 있을 때 유한집합이라 한다.

보기 A = {1, 2, 3}은 유한집합이다.

이름수

사물의 이름 대신에 부여한 수로서 양을 나타내거나 연산의 대상은 아니지만 자료를 정리할 때 중요하게 활용된다.

보기 학번, 전화번호, 아파트 동 호수, 각자 가지고 있는 주민등록 번호 등이 이름수(nominal number)이다. 6번 버스, 우리가 살고 있는 아파트 102동 등은 모두 사물의 이름 대신에 부여한 이름수[4] 이다.

201701010
010-3127-5443

인수

정수 a(≠0), b에 대하여 b = ac인 정수 c가 존재할 때, a는 b를 나눈다고 말한다. 이 때 a를 b의 약수 또는 인수(factor)라 하고 b를 a의 배수라 한다.

보기 6 = 2 × 3으로 표현되므로 2는 6의 약수 또는 인수이다.

---

4) 이름수를 교재에 따라서는 명목수 또는 명칭수라 부르기도 한다.

참고

> ▶ 0을 제외한 모든 정수는 0의 약수이고, 또한 0은 0이 아닌 모든 정수의 배수이다. 그러나 초등수학에서는 약수와 배수를 정수의 집합이 아닌 자연수의 집합에서만 다룬다. 이를테면, 초등수학에서 6의 약수는 1, 2, 3, 6이 답이지만, 정수의 집합에서 생각하면 그 답은 −6, −3, −2, −1, 1, 2, 3, 6 모두가 약수가 된다.

음의 정수

0보다 작은 수로서 양의 정수의 반대 대는 수이다.

보기 …, −5, −4, −3, −2, −1 과 같이 '−'와 자연수가 함께 결합되어 0보다 작은 수가 음의 정수(negative integer), 음수이다.

* 음의 정수는 수직선에서 기준점 (0, 원점)의 왼쪽에 위치하는 수이다. 수직선의 원점과 거리가 멀수록, 왼쪽으로 갈수록 작은 수를 나타낸다.

참고

① 정수의 대소

$$-5 < -4 < -3 < -2 < -1 < 0 < +1 < +2 < \cdots$$

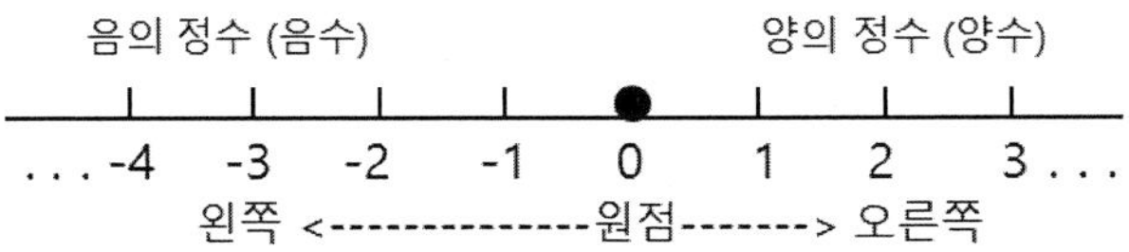

② 정수의 성질

성질이 서로 반대되는 수나 양을 비교할 때, 한 쪽을 양수 (+)로 정하면 다른 한 쪽을 '음수(−)'로 표시한다.

양수(+)	동 쪽	북 쪽	남 자	전 진	상 승
음수(-)	서 쪽	남 쪽	여 자	후 퇴	하 강
양수(+)	영 상	온 다	출 생	우 측	이 익
음수(-)	영 하	간 다	사 망	좌 측	손 해

③ 정수에는 양의 정수(양수, 자연수), 음의 정수(음수) 그리고 0으로 되어 있다.

이분모 분수

둘 이상의 분수에서 분모가 서로 다른 분수를 이분모 분수(unlike fraction)라 한다.

보기 두 분수 $\frac{1}{4}$과 $\frac{3}{5}$에서 $\frac{1}{4}$의 분모는 4이고, $\frac{3}{5}$의 분모는 5이다.

4와 5는 분모로서 서로 다른 수이므로 $\frac{1}{4}$과 $\frac{3}{5}$은 이분모 분수이다.

참고

- 분모가 다른 분수의 덧셈, 뺄셈은 분모를 같게 해야 연산을 할 수 있다.
  ① 분모가 다를 때, 분모를 같게 하는 것을 '통분'이라고 한다.
  ② 이분모 분수의 분모를 같게 하는 방법은 분모의 공배수를 공통분모로 한다. 그러나 일반적으로 최소공배수로 통분하는 것이 제일 간편하다.

이중괄호

소괄호 (( )), 중괄호({ }), 대괄호([ ])등 여러 개의 괄호 들이 서로 겹쳐있는 경우를 이중괄호(nested parentheses)라 한다.

보기 $[3 +[6 - (10-8)\} = 2 + (6 - 2) = 2 + 4 = 6$

참고

- 여러 개의 괄호가 섞여 있는 경우, 계산의 순서는 가장 안쪽에 있는 괄호부터 먼저 계산하고 그 다음 바깥쪽에 있는 괄호로 진행한다.

이항 연산

이항 연산(二項演算, binary operation)은 두 대상으로부터 하나의 대상을 얻는 연산이다. 즉, 어떤 집합의 곱집합에서 그 집합으로 가는 함수이다.

보기 이항 연산은 두 개의 원소의 순서쌍 (a, b)를 일의적으로 정의된 셋째의 원소 c에 대응시키는 규칙이다.

$a + b = c$, $a - b = c$, $a \times b = c$, $a \div b = c$

$2 + 5 = 7$, $(2, 5) \rightarrow 7$ $3 \times 5 = 15$, $(3, 5) \rightarrow 15$

자릿값

십진 기수법에 따른 숫자의 위치가 갖는 값을 자릿값(place value)이라 한다. 자릿값은 기수법의 한 성질로 숫자에 기본 숫자가 갖는 자리에 따라 기본 숫자의 값이 다르다.

보기 수 437의 4는 백이 넷, 3은 십이 셋, 7은 일이 일곱임을 나타내는데 백, 십, 일 등이 자릿값이다.

$$437 = 400 + 30 + 7$$
$$= (4 \times 100) + (3 \times 10) + (7 \times 1)$$

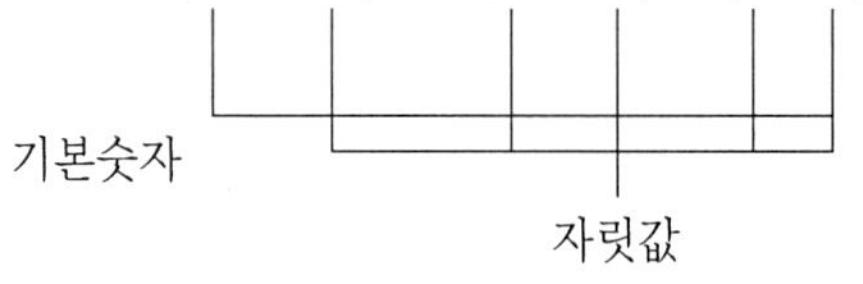

자리의 수(자리 수)

10진법에 따른 자리 수이다. 10진법에서 일의 자리, 십의 자리, 백의 자리, 천의 자리 ··· 등 왼쪽으로 가면서 자리 수를 세고, 소수에서는 오른쪽으로 가면서 0.1의 자리(소수 첫째 자리 또는 $\frac{1}{10}$의 자리) 수, 0.01의 자리(소수 둘째 자리 또는 $\frac{1}{100}$의 자리) 수, 0.001의 자리(소수 셋째 자리 또는 $\frac{1}{1000}$의 자리) 수 ··· 등으로 센다.

참고

- 자리 수는 자릿값과 같이 십진수의 전개식에서 많이 쓰인다.

자리의 숫자

10진법에 따른 각 자리의 숫자이다.

보기 6743에서 천의 자리의 숫자는 6이고, 6이 나타내는 값은 6000이다.

참고

- 수와 숫자는 다르다.
  - 수(number)는 '모임들의 모임의 공통점'으로서 양의 크기를 나타내며 이러한 수를 기호 5, Ⅴ, 五, 𝍸 등으로 나타낸 것이 숫자(numeral)이다.

자리 잡기(자리 계산)

자리 잡기(deciding place value)란 십진 기수법에서 여러 유형에 따라 자리 잡기의 원리를 적용하여 나타내는 것이다.

보기 56473을 자리 잡기의 원리를 적용하여 나타내면 다음과 같다.

만의 자리	천의 자리	백의 자리	십의 자리	일의 자리
5	6	4	7	3
5	0 6	0 0 4	0 0 0 7	0 0 0 0 3

자연수

양의 정수를 통틀어 이르는 말이다. 수의 체계는 앞의 수를 참고하기 바란다.

보기 1, 2, 3, 4, 5, ···, 100 따위의 수를 '자연수(natural number)'라 한다.

참고

① 자연수의 (홀수) + (짝수)의 덧셈은 홀수이고, (짝수) + (짝수), (홀수) + (홀수)인 경우는 짝수이다.

② 홀수와 짝수의 곱셈에서는 (홀수) × (홀수)만 홀수이고 (홀수) × (짝수), (짝수) × (짝수)인 경우는 모두 짝수가 된다.

③ 0이나 분수, 소수는 자연수가 아니다.

자연수와 분수의 덧셈

1, 2, 3, 4, ⋯와 같은 자연수와 $\frac{1}{2}$, $\frac{2}{3}$, $\frac{3}{4}$, ⋯와 같은 분수와의 덧셈을 말한다.

보기 $5 + \frac{2}{3} = 5\frac{2}{3}$와 같은 것이다.

자연수와 소수의 덧셈

자연수와 소수 혹은 소수와 자연수의 합을 의미한다.

보기 1, 2, 3, 4, 5, ⋯와 같은 자연수와 0.1, 0.2, 혹은 2.32, 6.521 등의 소수와의 합을 말한다.

참고

① 자연수와 소수의 덧셈도 세로셈으로 계산하면 소수점 자리 맞추기가 쉽다.

$$\begin{array}{r} 5 \\ +\ 3.27 \\ \hline 8.27 \end{array}$$

② 자연수와 소수의 덧셈은 소수점의 자리를 자연수의 일의 자리 끝에 맞추어야 하며 소수점 이하의 합은 10이 되면 받아 올린 수만큼 자연수에 더해준다.

자연수와 소수의 뺄셈

자연수와 소수 혹은 소수와 자연수의 차를 의미한다.

이를테면, 1, 2, 3, 4, 5, ⋯와 같은 자연수와 4.12, 5.3 등과 같은 소수의 차를 말한다.

보기 $5.25 - 2 = 5 + 0.25 - 2$

$= 5 - 2 + 0.25$

= 3 + 0.25

= 3.25 로 자연수는 자연수끼리, 소수는 소수끼리의 차를 구한다.

이것을 세로셈으로 계산하면,

$$\begin{array}{r} 5.25 \\ -\ 2 \\ \hline 3.25 \end{array}$$

뺄셈도 덧셈과 마찬가지로 소수점의 자리를 맞추어 자연수는 자연수끼리, 소수는 소수끼리의 뺄셈을 한다.

참고

① 바로 빼지 못하고 필요시 받아 내림해서 뺄셈을 하는 경우도 있다.

즉, 3 − 0.2 와 같은 경우는 2 + 1 − 0.2 = 2 + 0.8

= 2.8이다.

$$\begin{array}{r} 3 \\ -\ 0.2 \\ \hline 2.8 \end{array} \rightarrow \begin{array}{r} 2.10 \\ -\ 0.\ 2 \\ \hline 2.\ 8 \end{array}$$

② 3 − 0.2는 빼는 수를 바꾸어 '0.2 − 3'처럼 계산하면 답이 달라진다.

③ 뺄셈에 있어서는 두 수를 바꾸어 뺄 수 없다.

정수

자연수(양의 정수)와 자연수에 대응하는 음의 정수 및 0(영)을 통틀어 정수(integer)라 한다.

보기 수직선에서 정수 표현 및 대소

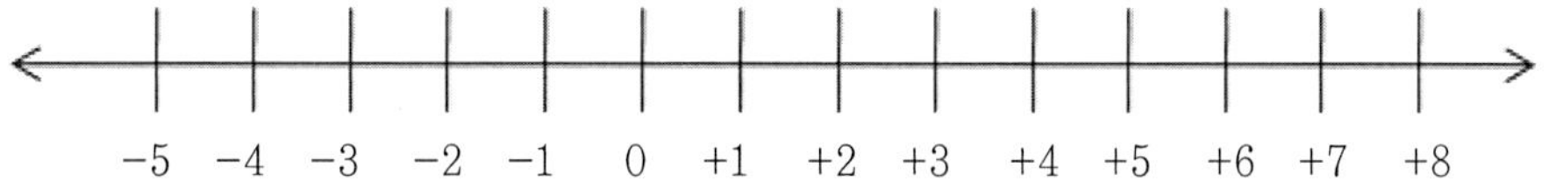

- 기준점 0에서 오른쪽으로 양의 정수(양수, 자연수), 왼쪽으로 음의 정수(음수)이다.
- 오른쪽으로 갈수록 큰 수이고, 왼쪽으로 갈수록 작은 수이다.
- 자연수는 정수에서 양의 정수를 의미한다.

참고

① 정수는 0과 양의 정수(양수), 음의 정수(음수)로 구성되어 있다.

② 0은 양의 정수(양수), 음의 정수(음수)도 아니다.

③ 정수의 성질은 덧셈, 뺄셈, 곱셈에 대하여 닫혀 있지만 나눗셈은 닫혀있지 않다. 즉, 두 정수의 합, 두 정수의 차, 두 정수의 곱은 항상 정수이다.

제거형

초등수학의 뺄셈의 한 유형으로 제거(take-away), 즉 뺀 나머지(구잔)를 구하는 상황이다.

보기 '연못에 오리가 8마리 있습니다. 그 중에서 3마리가 집으로 돌아갔습니다. 연못에 있는 오리는 몇 마리입니까?'라는 지문의 문제를 해결하기 위하여 모델 8개를 놓은 다음, 거기서 3개를 제거하고 남은 개수를 구한다.

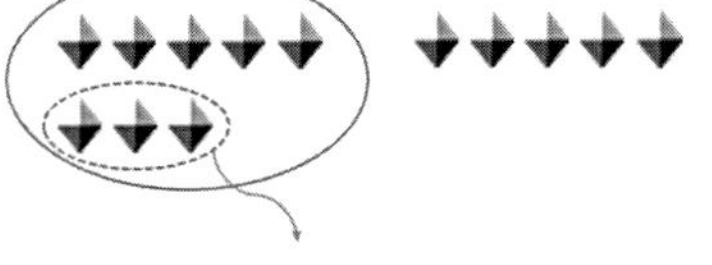

제곱

제곱(自乘, square)의 自는 '스스로'의 뜻이며, 乘은 '곱'이라는 뜻이다. 그러므로, 自乘은 '스스로의 곱'을 뜻한다.

보기 2의 제곱이란 2의 스스로의 곱 2 × 2으로서 2^2으로 나타낸다.

제곱수

제곱수(square number)는 어떤 정수의 제곱이 되는 정수를 말하며, 완전제곱수라고 하기도 한다. 다시 말하면 제곱수는 어떤 정수에 자기 자신을 한 번 더 곱해 만들어지는 정수이다.

보기 4, 9, 16, … 등이 제곱수이다.

제수

나눗셈에서 나누는 바로 그 수를 제수(divisor)라고 한다. 어떤 수나 양을 몇 등분으로 나눌 때, 나누는 수나 등분이 제수이다.

보기 20 ÷ 3 = 6 … 2

피제수 ÷ 제수 = 몫 … 나머지

즉, 제수는 피제수를 나누는 수, 20 ÷ 3에서 3이 제수이다.

참고

> ➤ 검산은 (제수) × (몫) + (나머지) = (피제수)이다.
> 3 × 6 + 2 = 20

조

조(兆, trillion) 또는 일조는 억의 만 곱절로 일, 만, 억 다음의 수를 부를 때 쓰는 십진수의 단위이다.

참고

> ① 영문 trillion에서 'tri'는 3을 의미 한다. 그러므로, 1,000옆에 1,000이 3개 더 붙어 있다는 뜻으로 해석할 수 있다.
> ② 조 다음의 수를 쓸 때, 단위는 경을 쓰나 일상생활에서는 잘 쓰지 않는다.

조밀성

조밀성(density)이란 유리수와 실수 집합이 갖는 성질로서 임의의 두 유리수 사이에는 반드시 다른 유리수가 존재한다는 성질이다. 즉, 서로 다른 두 유리수 a, b 사이에는 이들과 다른 유리수 $\frac{a+b}{2}$가 존재한다.

참고

> ① 유리수에는 수직선에서 보는 바와 같이 조밀성이 있고, 실수에는 연속성이 있다.
> ② 자연수를 수직선에 나타내면 2와 3사이, 3과 4사이에 어떤 다른 자연수도 존재하지 않는다. 따라서 자연수의 집합에서는 이산적인 성질을 갖는다.

중괄호

괄호 중에서{ }를 '중괄호(a brace)'라 한다. 중괄호는 '{ }'모양의 묶음표이다.

참고

① 괄호 안에는 대괄호 [ ], 중괄호 { }, 소괄호 ( )로 나눈다.

② 괄호가 있는 식의 계산 순서를 보면 소괄호 ( ), 중괄호 { }, 대괄호 [ ]의 순서대로 한다.

$$[\{(32 - 5) + 8\} \div 4] + 2 \times 8 = 45$$

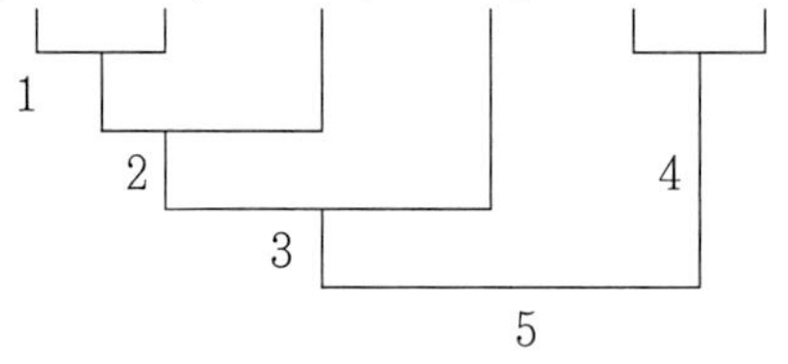

중복구구

한 자리수의 중복 덧셈 구구 혹은 중복 곱셈 구구를 중복구구(double fact)라 한다.

보기 $1 + 1 = 2$, $2 + 2 = 4$, $3 + 3 = 6$, ··· 등과 같은 덧셈 구구와 $1 \times 1 = 1$, $2 \times 2 = 4$, $3 \times 3 = 9$, ···와 같은 곱셈구구를 중복구구라 한다.

지수

a^b에서 b를 지수(exponent)라 한다.

보기 $2 \times 2 \times 2 \times 2 \times 2 = 2^5$에서 2를 밑(base), 5를 지수라 한다.

진법

수를 표기하는 기수법 중의 하나이다. 현대 기수법은 자릿값 체계로 10진법(decimal system), 2진법(binary system), 5진법 등이 있다.

참고

① 2진법은 0, 1로 나타내는데 가장 단순하면서 가장 널리 응용되고 있다. 컴퓨터는 2진법을 쓴다.

② 10진법은 0, 1, 2, 3, 4, 5, 6, 7, 8, 9의 10개의 수로서 모든 수를 표현한다. 우리가 일상생활에서 쓰는 수는 바로 이 10진 기수법이다.

진분수

분자가 분모보다 작은 분수를 진분수(proper fraction)라 한다.

보기 $\frac{1}{2}$, $\frac{2}{3}$, $\frac{3}{4}$, $\frac{4}{7}$, $\frac{5}{9}$ 등은 모두 진분수이다.

참고

① 분수는 가로선 위쪽을 분자, 아래쪽을 분모라 한다.
② 분수의 종류에는 진분수, 가분수, 대분수로 나누고 특히 분자가 1인 분수를 '단위 분수'라 한다.
③ 대분수는 (자연수) + (진분수)의 형태이다.
④ 가분수는 분자가 분모와 같거나 큰 분수이다.

진소수

분수는 일정한 양의 전체를 등분한 것 중에서 몇 개를 택하여 $\frac{4}{5}$와 같이 나타내었다. 이와 같은 분수를 가분수나 대분수와 구별하기 위하여 진분수라고 하였다. 마찬가지로 소수에서도 분수 $\frac{4}{5}$를 0.8로 생각할 수 있다. 이와 같은 소수 0.8을 3.82와 같은 소수와 구별하기 위해서 진소수(proper decimal)라고 말한다.

진약수

자기 자신을 제외한 약수를 진약수(proper factor)라 한다.

보기 8의 약수는 1, 2, 4, 8이다. 이 중에서 8을 제외한 1, 2, 4가 8의 진약수이다.

집합

집합(set)이란 '우리의 직관 또는 사고의 대상이며, 명확하고 또 식별할 수 있는 물건들을 모아놓은 전체'를 말한다.

보기 0보다는 크고 100보다 작은 자연수 중에서 짝수들의 모임

참고

① 철수네 반에서 키가 큰 어린이의 모임, 머리카락이 짧은 학생의 모임 등은 조건이나 범위가 확실하지 않기 때문에 집합이 아니다.

② 집합 속에 들어 있는 하나, 하나를 '원소'라 하고, 원소와 원소 사이를 ' , '로 나타내며, 중괄호 { }로 묶어 표현한다. 즉, 연필, 필통, 자, 지우개, 각도기 등을 '학용품의 집합'이라고 할 때, 지우개, 자, 연필 등은 '학용품의 집합'의 원소이다.

학용품의 집합 = {연필, 필통, 자, 지우개, 각도기}

③ 집합의 원소의 수가 유한개이면 유한집합이고, 무한이면 무한집합이다.

집합 수

양을 나타내는 수로서 어떤 집합의 원소가 몇 개(how many~)인가를 나타내는 수를 집합 수(cardinal number)라 한다.

보기 집합 A = { 1, 2, 3 }인 경우, A의 집합 수는 3이다.

집합적 사고

수학을 학습하는데 있어서 집합적으로 보고 생각함으로써 보다 발전적이고 창의적인 생각이 길러진다고 보는 사고를 집합적 사고(set theoretical thinking)라 한다.

보기 '모든 자연수는 유리수이다'는 집합적사고를 함으로서 참임을 말할 수 있다.

짝수

어떤 수를 2로 나누었을 때 나머지가 남지 않는 자연수이다.

보기 자연수 중에서 2, 4, 6, 8,…등을 '짝수(even number)'라 한다. 즉, 짝수는 2의 배수이다.

참고

① 자연수에서 짝수가 아닌 수를 '홀수(odd number)'라 하며 홀수는 1, 3, 5, 7, 9, ⋯ 와 같은 수이다.

② 자연수는 짝수와 홀수로 이루어진 수이다.

③ 초등수학에서 짝수와 홀수를 지도하는 방법은 위에서와 같이 약수와 배수를 사용하지 않고, 주어진 물건의 개수를 양쪽으로 똑같이 나눌 수 있으면 짝수이고 그렇지 않으면 홀수이다. 와 같이 지도할 수도 있다.

차

뺄셈식 a − b = c에서 a − b를 'a 빼기 b'라고 읽고, c를 차(difference)라고 한다.

보기 뺄셈식 7 − 2 = 5에서 5를 7과 2의 차라고 한다.

천 모형

십진법 체계에서 열 개의 백 모형으로 이루어지는 입방체(cube)를 천 모형이라 한다.

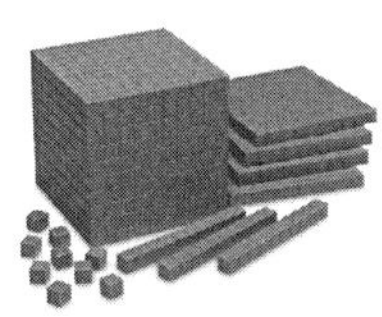

보기 오른쪽 그림은 낱개모형, 십 모형, 백 모형, 천 모형을 나타낸다.

첨가형

덧셈의 유형 중에 하나로 하나의 부분에 다른 부분을 첨가해서 전체를 알아내는 조작을 첨가형(addition type)이라 한다.

보기 '연못에 오리가 3마리 놀고 있습니다. 2마리가 더 들어왔습니다. 연못에는 오리가 몇 마리 있습니까?'라는 문제를 해결하기 위해서는 모델 3개를 놓은 다음, 2개를 더 놓는다. 그리고 모두 몇인지 세어서 답을 구한다.

최대공약수

두 수의 약수들 가운데 공통으로 가지는 약수를 '공약수'라 하고, 이들 공약수 중에서 가장 큰 수가 최대공약수(greatest common divisor)이다. 공약수 중에서 절대치가 가장 큰 약수이며, 'G.C.D'로 표현하기도 한다.

참고

▸ 최대공약수를 구하는 방법은 다음과 같다.

① 소인수 분해로 구하기

36	=	2	×	2	×	3	×	3
60	=	2	×	2	×	3	×	5
		↓		↓		↓		
		2	×	2	×	3	=	12 ···최대공약수

② 공약수의 집합 만들기로 구하기

36의 약수의 집합 = {1, 2, 3, 4, 6, 12, 36}

60의 약수의 집합 = {1, 2, 3, 4, 5, 6, 10, 12, 15, 20, 30, 60}

→ 두 집합의 공통 약수(1, 2, 3, 4, 6, 12)중에서 가장 큰 수 12가 최대공약수이다.

③ 연제법으로 구하기

```
2 ) 36, 60
2 ) 18, 30
3 )  9, 15
     3,  5
```

2 × 2 × 3 = 12가 최대공약수이다.

④ 유클리디언 알고리즘(유클리디언 호제법)으로 구하기

gcd(60, 36) = gcd(36, 24) = gcd(24, 12) = 12

위의 4가지 방법 중 초등수학에서의 지도방법은 ②번과 같이 지도한다.

최소공배수

2개 이상의 수의 배수들 중에서 공통인 배수가 되는 수들을 '공배수'라 하고 공배수들 중에서 가장 작은 수를 최소공배수(least common multiple)라 한다. 최소공배수는 'L.C.M' 으로도 표기하기도 한다.

참고

- 최소공배수를 구하는 방법은 다음과 같다.

① 소인수 분해로 구하기

36	=	2	×	2	×	3	×	3
60	=	2	×	2	×	3	×	5

$2 \times 2 \times 3 \times 3 \times 5 = 180$ ··· 최소공배수

② 배수의 집합 만들기로 구하기

4의 배수의 집합 = { 4, 8, 12, 16, 20, 24, ··· }

6의 배수의 집합 = { 6, 12, 18, 24, 36, ··· }

4와 6의 공배수의 집합 = { 12, 24, ··· }

이때, 공배수 중에서 제일 작은 12가 최소공배수이다.

③ 연제법으로 구하기

```
2 ) 36, 60
2 ) 18, 30
3 )  9, 15
      3,  5
```

$2 \times 2 \times 3 \times 3 \times 5 = 180$

위의 3가지 방법 중 초등수학에서의 지도방법은 ②번과 같이 지도한다.

측정수

측정수(measuring number)란 연속량인 대상을 측정한 결과를 나타내는 수이다. 길이, 무게, 부피, 시간 등은 세어서 나타내는 것이 아니라 재어서 나타내는 것(how much~)이므로 측정수라고 한다.

보기 6m, 6kg, 6시간, 6달 등의 6은 모두 연속량을 잰 결과를 나타낸 측정수이다.

친화수

친화수(親和數, friendly number)는 두 수의 쌍이 있어, 어느 한 수의 진약수를 모두 더하면 다른 수가 되는 것을 말한다.

보기 220과 284의 쌍이 그 예이다. 220의 진약수는 1, 2, 4, 5, 10, 11, 20, 22, 44, 55, 110로 모두 더하면 284가 된다. 반대로 284의 모든 진약수 1, 2, 4, 71, 142를 모두 더하면 220이 된다.

크기가 같은 분수

분모와 분자가 크기는 달라도 절대 값이 같은 분수를 말한다.

보기 $\frac{1}{4}, \frac{2}{8}, \frac{3}{12}$과 같은 분수이다. 크기가 같은 분수를 '동치 분수(equivalent fraction)'라 한다.

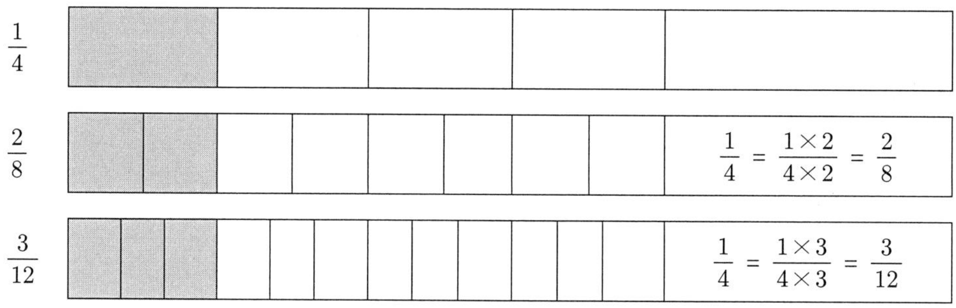

이와 같이 분자와 분모에 0이 아닌 같은 수를 곱하면 크기가 같은 분수가 된다.

퀴즈네어 색막대

이 색막대(colored rods)는 벨기에의 수학교육자 퀴즈네어(G. Cuisenaire)가 음악의 악보에서 음의 높낮이에 힌트를 착안하여 수들의 관계를 서로 다른 높낮이와 길이, 색깔로 나타낸 수학학습 교구로서 현재 세계적으로 널리 사용되고 있다. 이것은 한 변이 1cm인 정사각형이고 길이가 1cm에서 10cm까지의 10종류의 직육면체 막대로서 그 구성은 주황색, 파란색, 갈색, 검은색, 녹색, 노란색이 각각 4개씩 있고, 보라색 6개, 연두색이 10개, 빨간색 12개, 흰색 22개 등 모두 74개로 구성되어 있다(최창우, 2014).

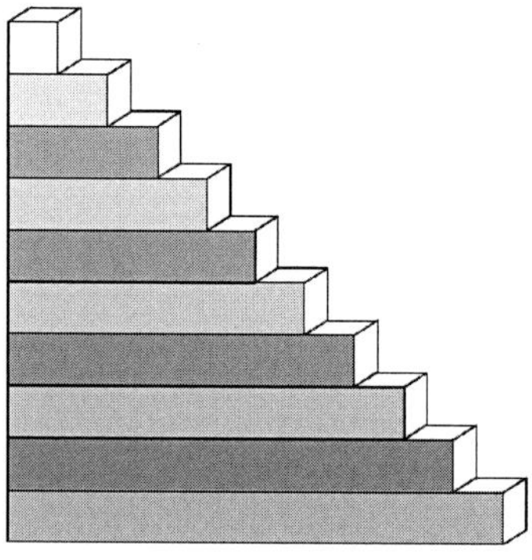

색	길이	개수
흰 색	1cm	22개
빨간색	2cm	12개
연두색	3cm	10개
보라색	4cm	6개
노란색	5cm	4개
녹 색	6cm	4개
검은색	7cm	4개
갈 색	8cm	4개
파란색	9cm	4개
주황색	10cm	4개

참고

▸ 퀴즈네어 색막대 활용이 가능한 초등수학의 내용

퀴즈네어 색막대를 활용할 수 있는 초등수학의 내용	교육과정 영역	해당학년
막대(임의의 측정단위)를 이용한 길이 측정 및 길이 어림	측정	1~2학년군
(한 자리 수)자연수의 덧셈, 뺄셈	수와 연산	1~2학년군
막대를 이용한 주어진 공간 채우기	도형	1~2학년군
자릿값 및 십진수의 지도	수와 연산	2~3학년
분수로 나타내기	수와 연산	3~4학년군
자연수의 곱셈과 나눗셈, 곱셈의 교환법칙의 표현	수와 연산	3~4학년군
막대그래프로 나타내기	자료와가능성	3~4학년군
패턴 익히기(증가, 반복, …)	규칙성	1 ~ 4학년
분수의 의미, 분수의 크기 비교	수와 연산	3~4학년군
동치분수 찾기	수와 연산	3~4학년군
회전이동, 대칭이동	도형	3 ~ 6학년
분수의 덧셈, 뺄셈	수와 연산	5~6학년군
선대칭 익히기	도형	5~6학년군
흰 막대를 단위 부피로 생각하여 직육면체의 부피 구하기	측정	5~6학년군
약수와 배수, 공약수와 공배수, 최대공약수와 최소공배수	수와 연산	5~6학년군
평균 구하기	자료와가능성	5~6학년군
비와 비율(비의 표현 및 비례식)	규칙성	5~6학년군
쌓기로 모양 만들기	도형	5~6학년군

큰 수

9999보다 큰 수로 만 이상의 수이다. 실생활에 쓰이는 큰 수는 만, 억, 조 등이며, 이보다 더 큰 수를 나타낼 때는 단위를 천, 만, 등으로 하여 나타낸다.

참고

① 십진수는 0에서 9까지의 10개의 숫자를 사용해서, 10배하면 한 자리씩 위로 올라가는 수의 체계이다.

② 초등학교에서 지도하는 큰 수의 단위는 조(兆, trillion)까지이며, 만 이상의 큰 수를 읽을 때 우리나라의 명수법 체계는 일, 십, 백, 천이 반복되며, 4자리마다 새로운 수의 단위가 도입된다. 그러므로 큰 수는 읽을 때 뒤에서부터 차근차근 4자리씩

끊어 읽거나 쓰면 편리하다. 예를 들어, 2980001423458002을 읽는 방법을 다음과 같은 절차로 지도하면 효과적이다.

2980001423458002 → 2980 0014 2345 8002 → 2980 0014 2345 8002

조 억 만

→ 이천구백팔십조 십사억 이천삼백사십오만 팔천이

반대로, '사천십오조 구백십억 이십삼만 사'를 수로 나타내는 방법을 다음과 같은 절차로 지도하면 좋을 것이다.

사천십오조 구백십억 이십삼만 사

				조				억				만					
→	천	백	십	일	천	백	십	일	천	백	십	일	천	백	십	일	→
	4	0	1	5		9	1	0			2	3				4	

			조				억				만					
천	백	십	일	천	백	십	일	천	백	십	일	천	백	십	일	→
4	0	1	5	0	9	1	0	0	0	2	3	0	0	0	4	

4015091000230004

타일

벽이나 바닥 따위에 붙이는 것으로써 점토를 구워 만든 작고 얇은 판이다. 타일(tile)은 수 개념을 형성하는데, 낱개나 10단위에서 100단위까지 십진수의 덧셈, 뺄셈의 구체물 자료로 많이 쓰인다.

보기 그림타일을 이용한 자연수 만들기

3장의 수 타일 [1], [0], [4] 로 만들 수 있는 세 자리의 수를 모두 알아보자.
(100의 자리의 수가 0일 때에는 안 된다.)

백의 자리 숫자	1	1	4	4
십의 자리 숫자	0	4	0	1
일의 자리 숫자	4	0	1	0
만들어진 수	104	140	401	410

∴ 만들 수 있는 세 자리의 수는 104, 140, 401, 410이다.

참고

① 수를 세는 데 쓰이는 타일을 '수 타일'이라 한다.

이는 타일을 대신하여 그림과 같이 너비가 1cm정도의 긴 종이를 사용하며 분리량과 연속량의 연결을 짓는다.

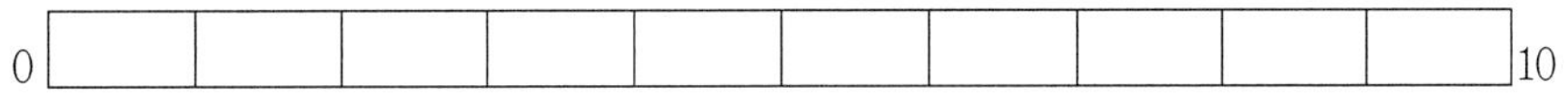

② 초등학교 1, 2학년에서는 자연수의 개수를 분리량으로 취급하지만, 자연수가 길이를 나타낸다는 생각도 필요하다. 타일의 사용은 이 두 가지 사고 방법의 가교 역할을 한다.

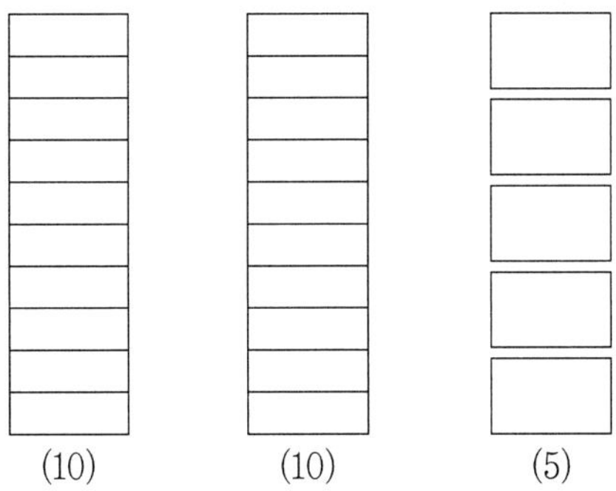

통분(통분한다)

통분(reduction of fractions to a common denominator)이란 두 개 이상의 분수에서 분모가 다를 때, 그 크기를 바꾸지 않고 분모를 같게 하는 것을 '통분한다.'고 한다. 즉, 분모가 다른 분수를 같은 분모로 고치는 것을 '통분한다'고 하고, 통분한 분모를 '공통분모'라고 한다. 통분은 분자와 분모에 0이 아닌 수를 곱하여 할 수 있으며, 공통분모는 각 분모의 공배수 중에서 가장 작은 수(최소공배수)로 하면 편리하다.

보기 $\frac{1}{3}$과 $\frac{3}{5}$의 통분

$$\frac{1}{3}=\frac{2}{6}=\frac{3}{9}=\frac{4}{12}=\frac{5}{15}=\frac{6}{18}=\frac{7}{21}=\frac{8}{24}=\frac{9}{27},\ \cdots$$

$$\frac{3}{5}=\frac{6}{10}=\frac{9}{15}=\frac{12}{20},\ \cdots$$

$$\frac{1}{3}=\frac{1\times5}{3\times5}=\frac{5}{15},\ \frac{3}{5}=\frac{3\times3}{5\times3}=\frac{9}{15}$$

포함제

a에는 b가 몇 번 포함되어 있는가를 알아보는 나눗셈을 의미한다. 포함제(measurement division problem) 상황은 할당과 동수누감을 통하여 해결한다.

활동2 바둑돌 18개를 3개씩 나누어 보시오.

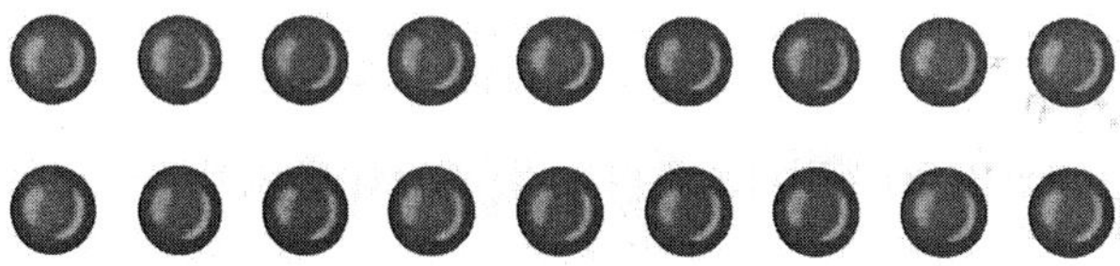

- 18에서 3을 몇 번 빼면 0이 됩니까?

  18−□−□−□−□−□−□=0

- 3개씩 묶으면 몇 묶음입니까?

- 나눗셈식으로 나타내어 보시오.

- 어떤 방법으로 나누었습니까?

이 문제는 $18=3\times x$인 형태로 기준량의 몇 개분(개수) 쪽이 미지수로 되어있는 경우로 포함제이다.

플러스

덧셈기호 즉, 양수를 나타내는 기호를 플러스(plus)라 한다.

보기 5 + 7은 덧셈식으로, 이때 '+' 기호는 5에다 7을 더하라는 기호이다.

피가수

덧셈식 a + b = c에서 수 a + b를 'a 더하기 b'라 읽고, c를 합(sum)이라고 한다. 또, a를 a + b의 피가수(被加數, addend)라 한다.

보기 3 + 5 = 8에서 3을 3 + 5의 피가수라 한다.

피감수

뺄셈식 a − b = c에서 a − b를 'a 빼기 b'라고 읽고, c를 차(difference)라고 한다. 또, 빼지는 수 a를 a − b 의 피감수(被減數, minuend)라 한다.

보기 7 − 5 = 2에서 7을 피감수라 한다.

피승수

곱셈에서 두인자 중의 하나로, 곱하는 수와 곱해지는 수중 곱해지는 수를 피승수(被乘數, multiplicand)라 한다.

보기 4 × 5 = 20에서 우리나라에서는 4의 5배로 해석하며 4를 피승수, 5를 승수라 한다. 그런데 미국과 영국을 포함한 서양에서는 5의 4배로 해석하며, 5를 피승수, 4를 승수라 한다.

피제수

나눗셈에서 나누어지는 수를 피제수(dividend)라고 한다.

보기 72 ÷ 9에서 72가 피제수이다.

참고

① 나눗셈은 피제수, 제수, 몫, 나머지로 이루어진다.

② 제수는 나누는 수이다.

72 ÷ 9 = 8
(피제수) (제수) (몫)

③ 검산은 나눗셈과 몫과 나머지가 맞는지를 확인해 보는 방법이다. 검산 방법은 몫과 제수를 곱하여 나머지를 더하면 피제수가 되어야 한다.

(나눗셈) 48 ÷ 5 = 9 ··· 3 (검산) 9 × 5 + 3 = 48

필산

종이와 연필을 이용하여 하는 계산을 필산(paper and pencil calculation)이라 한다.

참고

» 필산은 큰 수나 복잡한 수의 계산을 체계적으로 할 수 있다는 장점이 있다. 그러나, 계산 결과에 대한 수 감각을 느낄 수 없을 뿐만 아니라 계산하는 데 많은 시간을 필요로 한다는 단점이 있다.

합

덧셈식 a + b = c에서 수 a + b를 'a 더하기 b'라 읽고, c를 합(sum)이라고 한다. 즉, 어떤 수나 양을 더하는 것을 뜻한다. 다른 말로 나타내면 '합치다', '더하기', '덧셈'의 의미를 나타낸다. (피가수 + 가수 = 합)

합병형

덧셈의 유형 중에 하나로 동시에 존재하는 두 양을 한데 합친 크기를 구하는 상황을 말한다.

보기 '오른손에 구슬 3개를 들고 있고, 왼손에 2개를 들고 있습니다. 손에 들고 있는 구슬은 모두 몇 개입니까?'라는 문제를 해결하기 위해서는 모델 3개를 놓고 또 2개를 놓는다. 그리고 모두 몇인지 세어서 답을 구한다.

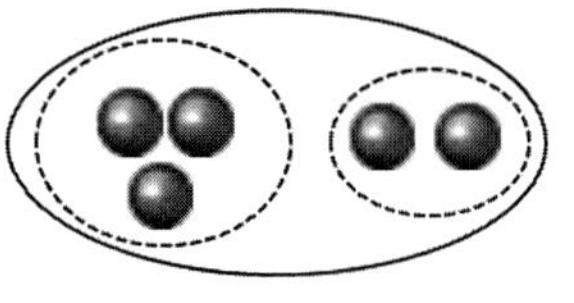

합성

둘 이상이 합하여 하나가 되거나 하나로 만드는 것을 합성(composition)이라 한다. 합성으로 덧셈의 개념을 형성하며 초보적인 덧셈에 주로 많이 이용한다.

보기 ●●●●● 와 ☆☆☆ 의 합성은 ●●●●●☆☆☆이다. 5 + 3 = 8

합성수

1과 자기 자신 이외의 약수를 적어도하나 가지는 자연수를 합성수(composite number)라고하며, 모두 소수의 곱으로 분해할 수 있다.

보기 4, 6, 8, 9, 10, … 등은 1과 자기자신이외에 적어도 하나의 약수를 가지므로 모두 합성수이다.

합집합

두 집합의 원소들을 합쳐서 새로 모음을 뜻한다. 두 집합 'A'와 'B'가 있을 때, 적어도 집합 'A'와 'B'의 어느 한 쪽에는 속해있는 원소들로 이루어진 새로운 집합을 'A와 B의 합집합(union)'이라고 한다. 합집합의 기호는 ∪이다. 이것을 기호로 나타내면 'A∪B'로 나타내고 'A와 B의 합집합'이라고 읽는다.

보기 A = {1, 3, 4, 6, 7}, B = {2, 3, 5, 6, 8}일 때, A∪B = {1, 2, 3, 4, 5, 6, 7, 8}이 된다.

항등원

어떤 자연수 a에 대하여 $a \times 1 = 1 \times a = a$인 1이 유일하게 존재한다. 이때, 1을 항등원(identity)이라고 한다. 즉, 어떤 수에 1을 곱하면 그 자신의 수가 된다는 것이다.

형상수

피타고라스는 수는 일정한 모양을 갖는다고 생각하였는데, 그 모양이 삼각형이면 삼각수, 사각형이면 사각수, …와 같다. 이와 같이 수를 도형과 관련시켜 붙인 이름을 도형수라 하는데 다른 말로 형상수(figurate number)라고 하기도 한다.

혼 소수

자연수와 소수의 합으로 된 소수를 혼 소수(decimal mixed number)라 한다.

보기 3.62는 자연수 3과 소수 0.62의 합으로 되어 있으므로 혼소수이다.

혼합 계산

수의 연산에 있어서 덧셈, 뺄셈, 곱셈, 나눗셈이 하나의 식에 두 가지 또는 그 이상의 연산이 섞여있는 계산을 말한다.

보기 '(36 + 27) × 5 ='와 같이 하나의 식에 덧셈, 곱셈 등 두 가지 이상의 연산이 있는 것을 말한다. 혼합 계산은 자연수끼리는 물론, 분수와 자연수, 분수와 소수, 자연수와 소수 또, 정수와 이들 간의 혼합 계산도 있다.

홀수

2로 나누어떨어지지 않는 정수이다.

보기 … −5, −3, −1, 1, 3, 5, … 등은 모두 홀수이다.

참고

- 초등수학에서는 음수를 취급하지 않으므로 자연수 중에서 2의 배수가 짝수(even number)이고, 짝수가 아닌 수는 홀수(odd number)이다. 와 같이 약속하고 있다. 즉, 자연수 전체 집합에서 2로 나누어떨어지지 않는 수 또는 2로 나눌 때 나머지가 1인 수의 집합을 '홀수'라고 한다.

  보기 초등수학에서는 1, 3, 5, 7, 9, 11, 13, 15, …등이 모두 홀수가 된다.

참고

① 자연수 집합은 여러 가지 방법으로 분류할 수 있다. 예를 들어 자연수 집합은 {1}과 소수의 집합, 합성수의 집합으로 분류할 수 있다. 또, 3의 배수 집합과 3의 배수가 아닌 집합으로도 분류할 수 있다. 같은 방법으로 자연수 집합은 2의 배수 집합과 2의 배수가 아닌 집합으로 분류할 수도 있다. 이때, 2의 배수의 집합을 짝수라 하고, 2의 배수의 집합이 아닌 집합을 홀수라고 한다.

② 홀수는 2로 나누어 나머지가 1인 수 이므로, '(짝수) + 1'로 나타낼 수도 있다.

③ 자연수의 연산에서 홀수가 나올 수 있는 경우는

(짝수) + (홀수) = (홀수)

(홀수) × (홀수) = (홀수)인 경우이다.

회문수

회문수(回文數, palindromic number) 또는 대칭수(對稱數)는 왼쪽에서 오른쪽으로 읽은 수와 오른쪽에서 왼쪽으로 읽은 수가 일치하는 수를 말한다.

보기 24542은 회문수이고, 45678은 회문수가 아니다.

힌두-아라비아 수 체계

힌두-아라비아 수 체계 또는 십진법은 아시아와 중동 지역에서 발생하였다. 초기 발달은 인디아에서 A.D. 600년 무렵 발생하였는데 위치적 기수법의 구조를 가진 수 체계이었다.

참고

- 힌두-아라비아 수 체계의 특징은 다음과 같다.
  ① 기본수(10)가 있다. 처음 수를 셀 때 손가락을 이용하였을 것이다. 손가락 10개가 모두 사용되면 더 이상 셀 수 없으므로 그 때까지 센 것을 기록할 필요가 있었다. 따라서 10개씩 묶는다는 것은 매우 자연스러운 일이다.
  ② 영에 대한 숫자가 있다. 0은 없음을 나타내기도 하지만 302처럼 0은 10묶음이 없다는 자릿값을 나타낸다.
  ③ 숫자 1, 2, 3, 4, 5, 6, 7, 8, 9, 0이 사용된다.
  ④ 자릿값 구조는 오른쪽에는 낱개를 나타내고, 왼쪽으로 한 자리씩 옮길 때마다 10배씩 큰 수를 나타낸다. 어떤 위치에서든 왼쪽에 있는 수는 오른쪽에 있는 수보다 10배 큰 수 있다. 이것은 소수를 나타낼 때에도 마찬가지이다.
  ⑤ 알고리즘을 사용하여 지필 계산이 가능하다. 계산기나 컴퓨터를 사용함으로써 지필 계산의 중요성이 떨어지기는 하지만 학생들은 연산에 대한 알고리즘을 배워야 한다.

C·H·A·P·T·E·R 2

도형 영역의 용어해설

가로

가로(width)란 직사각형이나 정사각형과 같은 네모모양의 평면도형에서 옆으로 수평 방향 즉, 왼쪽에서 오른쪽방향의 변 또는 그 길이를 말한다.

보기 아래 평면 및 입체도형에서 변ㄱㄴ과 변ㄷㄹ이 가로이다.

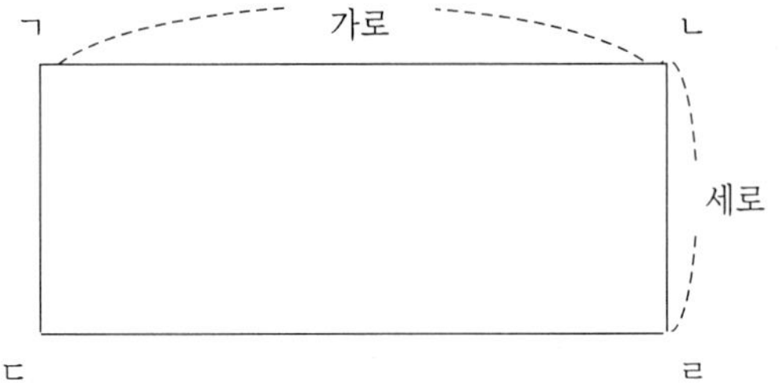

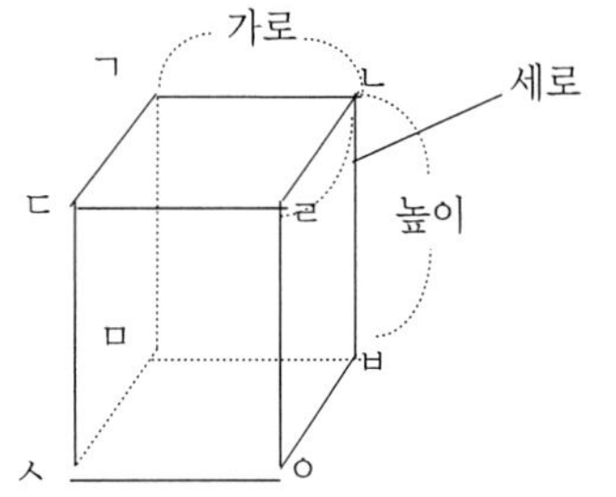

위의 입체 도형에서 모서리 ㄱㄴ, ㄷㄹ, ㅁㅂ, ㅅㅇ도 가로이다.

참고

- 입체 도형의 앞뒤나 또는 상하에 대하여 왼쪽에서 오른쪽으로의 방향도 가로이다. 일반적으로 평면 도형에서는 상하의 변을 '세로'라고 하고, 입체 도형에서는 '높이'라고 말한다. 우리나라에서는 직사각형의 가로와 세로가 정해져있지만, 영미 권에서는 직사각형의 length와 width가 정해져있지 않다. width는 주로 직사각형의 두 변 중 짧은 쪽을 말한다.

가로 좌표

좌표 평면 위에서 가로축에 대응되는 점의 위치를 가로 좌표(coordinates of width)라고 말한다.

보기

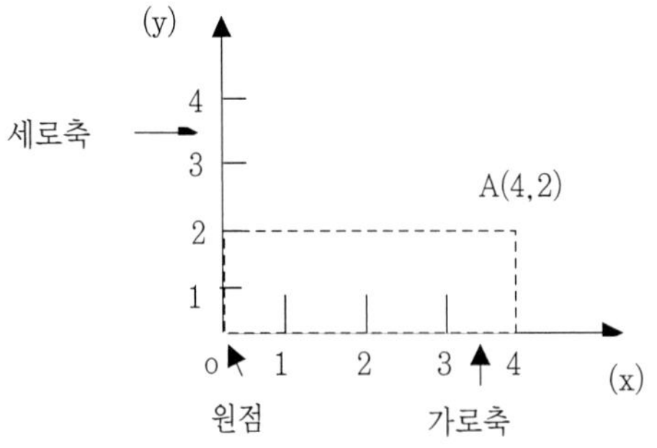

위의 그림에서 좌표 평면에 있는 점 A의 좌표는 (4, 2)이다. 이때 4를 '가로 좌표', 2를 '세로 좌표'라고 한다.

* 순서쌍으로 표시할 때 가로 좌표는 순서쌍에서 앞의 자리에 쓰고, 세로 좌표는 뒤의 자리에 쓴다.

참고

- 왼쪽 좌표 평면에 있는 점 B의 가로 좌표는 (4), 세로 좌표는 (2)이다. 그러므로, 점 B의 좌표는 (4, 2)이다.

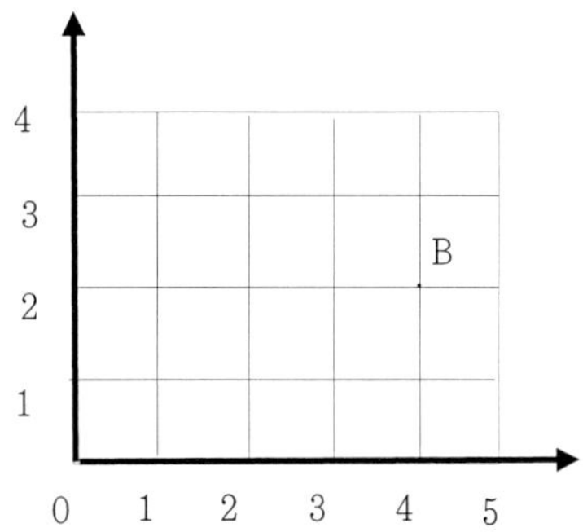

각5)

한 점에서 그은 두 반직선 또는 직선으로 이루어진 도형을 각(angle)이라고 한다. angle의 어원은 그리스어 'ankylos'로서 그 의미는 'bent(구부러져 있다)'이다.

* 다음 그림은 각을 나타내고 있다.
오른쪽의 그림에서 점 ㄱ을 각의 '꼭짓점'이라 하고 반직선 ㄱㄴ, ㄱㄷ을 '변'이라고 한다. 이때, 이 각을 '각ㄴㄱㄷ' 또는 '각ㄷㄱㄴ'이라고 읽는다. 간단히 '각 ㄱ'이라고 읽기도 한다.

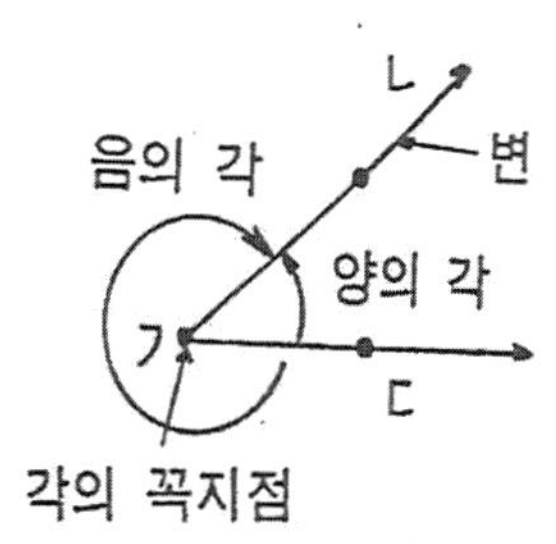

참고

① 1직각 = 90°, 2직각 = 180°, 3직각 = 270°, 4직각 = 360°

② 위의 각을 도형으로서 '각'이라고 말하며, 회전량으로서의 각은 선분 ㄱㄷ이 점 ㄱ

5) 각은 교육과정이 바뀔 때마다 조금씩 다르게 정의되었다. 2007 개정 교육과정에서는 한 점에서 그은 두 직선으로 이루어진 도형을 각으로 정의하였으나 2009 개정 교육과정에서는 반직선을 새로 도입하여 한 점에서 그은 두 반직선으로 이루어진 도형을 '각(angle)'이라고 정의 하였다.

을 중심으로 선분 ㄱㄴ에 포개어질 때까지 회전할 때, 회전의 방향이 시계 바늘과 반대 방향으로 회전해서 생긴 각을 '양(+)의 각', 시계 바늘과 같은 방향으로 회전해서 생긴 각을 '음(−)의 각'이라고 한다.

③ 각은 도형 영역에 속하며 각의 크기인 각도는 측정영역에 속한다.

각기둥

두 밑면이 합동이고 평행인 입체도형을 각기둥(prism)이라 한다. 각기둥의 옆면은 직사각형이나 평행사변형이다.

보기 다음 도형에서 가, 나, 다와 같이 밑면이 다각형인 입체도형이 각기둥이다.

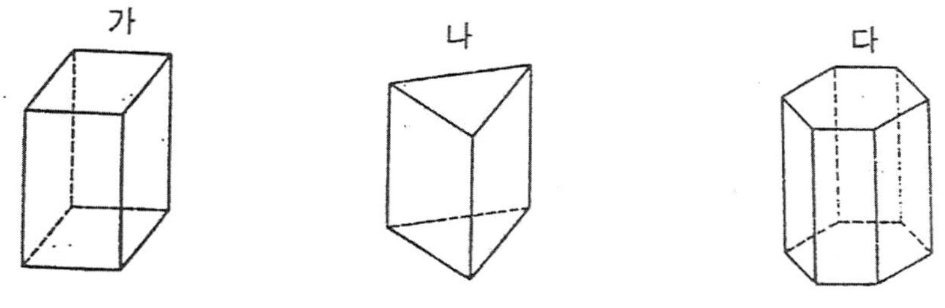

원기둥과의 차이점은 원기둥은 밑면이 원인 경우이다.

참고

- 각기둥에서 위와 아래에 있는 면을 '밑면'이라고 하고, 옆으로 둘러싸인 직사각형 모면과 면이 만난 선을 '모서리', 모서리와 모서리가 만난점을 '꼭짓점'이라 한다. 또 두 밑면에 수직인 선분의 길이를 '높이'라고 한다.

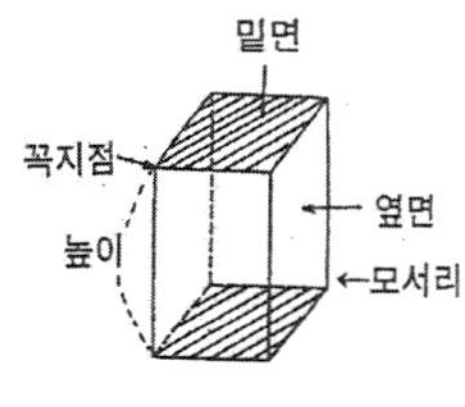

(사각기둥)

참고

- 각기둥의 이름은 밑면의 모양에 따라 '삼각기둥', '사각기둥', '오각기둥', '육각기둥'으로 부른다.

  ① 밑면이 삼각형이면 ⇒ 삼각기둥

② 밑면이 사각형이면 ⇒ 사각기둥
③ 밑면이 오각형이면 ⇒ 오각기둥
④ 밑면이 육각형이면 ⇒ 육각기둥

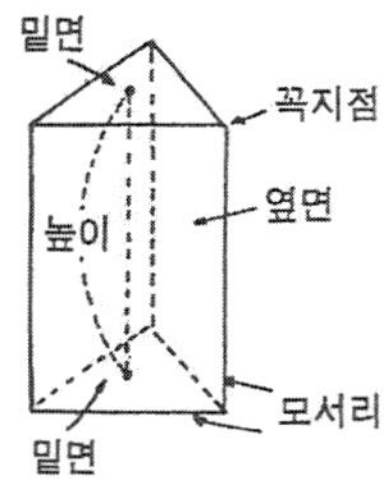

참고

▶ 각기둥에서 밑면, 옆면, 모서리, 꼭짓점의 수는 아래 표와 같다.

		삼 각 기 둥	사 각 기 둥	오 각 기 둥	육 각 기 둥
밑면	수	2	2	2	2
	모 양	삼 각 형	사 각 형	오 각 형	육 각 형
옆면	수	3	4	5	6
	모 양	직 사 각 형	직 사 각 형	직 사 각 형	직 사 각 형
모서리의 수		9(3×3)	12(4×3)	15(5×3)	18(6×3)
꼭짓점의 수		6(3×2)	8(4×2)	10(5×2)	12(6×2)
밑면과 밑면		평		행	
밑면과 옆면		수		직	

각뿔

밑면은 다각형이고, 옆면이 삼각형으로 둘러싸인 다면체를 각뿔(pyramid)이라고 한다.

각뿔은 밑면의 모양에 따라 '삼각뿔, 사각뿔, 오각뿔, 육각뿔……'이라고 한다. 각뿔에서 면과 면이 만난 선분을 '모서리'라 하고, 모서리와 모서리가 만난점을 꼭짓점, 옆면을 이루는 삼각형의 공통인 꼭짓점을 '각뿔의 꼭짓점'이라 한다.

보기 여러 가지 각뿔과 각뿔의 구성 요소

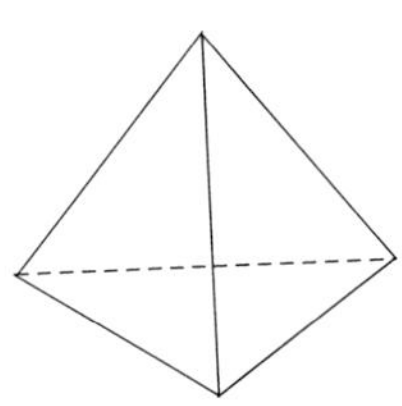
(삼각뿔)

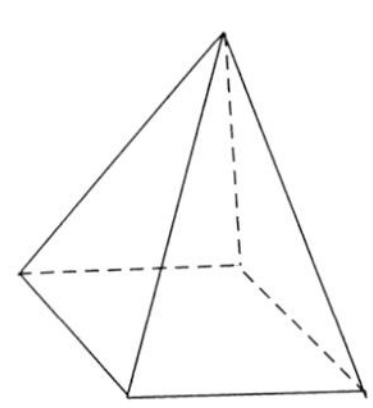
(사각뿔)

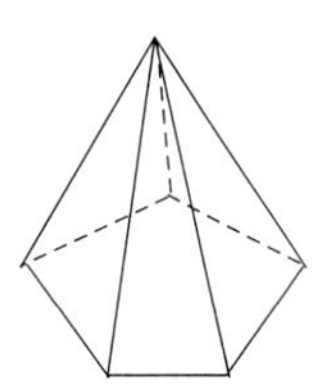
(오각뿔)

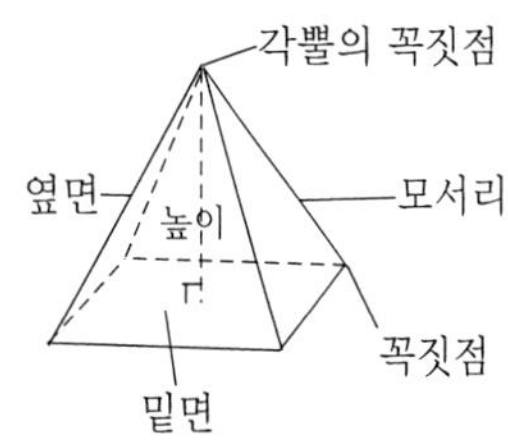

(각뿔의 구성요소)

참고

① 각뿔의 높이는 각뿔의 꼭짓점에서 밑면에 수직으로 그은 선분의 길이이다.

② 각뿔의 입체도형에서 밑면, 모서리, 꼭짓점, 면의 수는 다음과 같다.

입 체 도 형	밑면의 수	모서리의 수	꼭짓점의 수	면의 수
삼 각 뿔	1	6	4	4
사 각 뿔	1	8	5	5
오 각 뿔	1	10	6	6
육 각 뿔	1	12	7	7

각뿔의 꼭짓점

각뿔에서 옆면을 이루는 모든 삼각형의 공통인 꼭짓점 또는 밑면으로부터 가장 높은 곳에 있는 점을 각뿔의 꼭짓점(an apex of prism)이라고 한다. 각기둥에서와 마찬가지로 면과 면이 만난 선을 '모서리'라 하고, 모서리와 모서리가 만난점을 '꼭짓점'이라고 한다.

보기 옆면인 삼각형들이 한 점에서 만나는 공통된 꼭짓점이 바로 '각뿔의 꼭짓점'이다.
각뿔에는 그림에서와 같이 꼭짓점이 여러 개 있지만 '각뿔의 꼭짓점'은 오직 1개뿐이다.

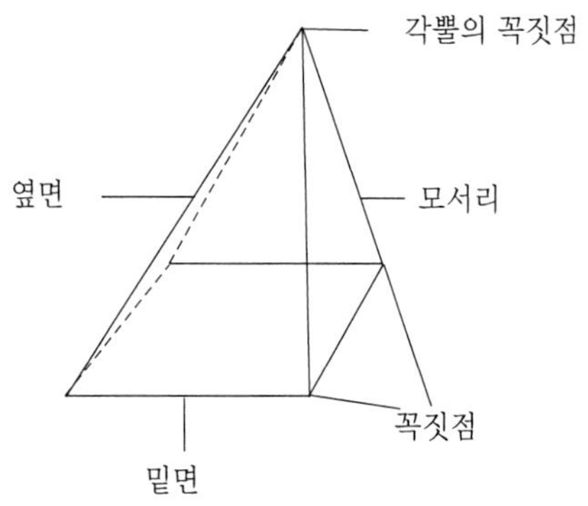

참고

• 아래 그림에서 삼각뿔의 경우는 4개의 면이 모두 삼각형이므로, 어느 면을 밑면으로 하느냐에 따라 옆면도 달라지고, 각뿔의 꼭짓점도 달라진다.
  - 오른쪽 그림에서 삼각형 ㄱㄴㄷ을 밑면으로 하면 각뿔의 꼭짓점은 점ㄹ이 되고, 삼각형 ㄱㄴㄹ을 밑면으로 하면 점ㄷ이 각뿔의 꼭짓점이 된다.

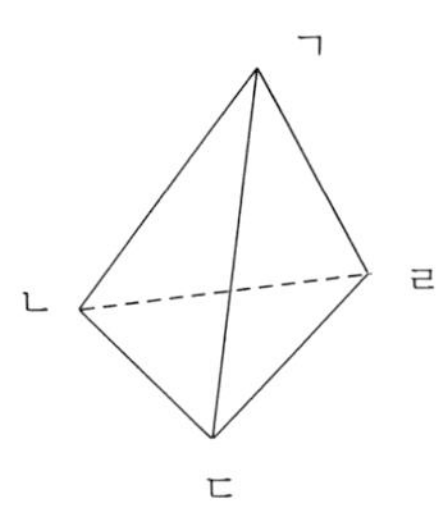

각뿔의 높이

각뿔의 꼭짓점에서 밑면에 수직으로 그은 선분의 길이를 각뿔의 높이(altitude of pyramid)라고 한다.

보기 다음은 각뿔의 높이다.

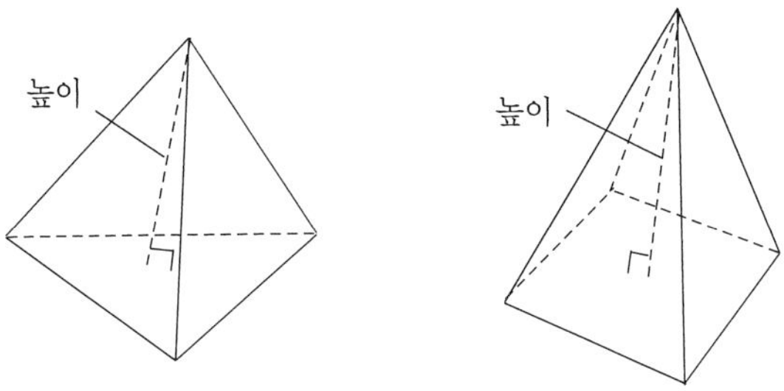

〈각뿔의 높이〉

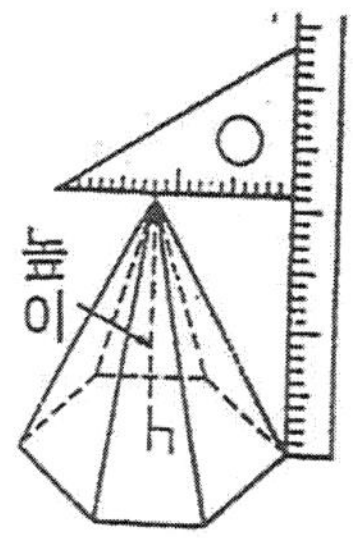

〈각뿔의 높이 재기〉

* 각뿔의 높이는 위의 오른쪽 그림과 같이 잰다.

* 각뿔의 높이는 겨냥도에서는 나타낼 수 있지만, 실제의 모형이나 구체물에서는 나타낼 수 없으므로 위의 그림과 같이 간접적인 방법으로 각뿔의 높이를 재면 편리하다.

참고

▸ 각뿔의 높이 재는 방법

① 자를 밑면에 수직이 되게 세워서 놓는다.

② 각뿔의 꼭짓점과 자를 잇는 선분이 자와 수직으로 만나도록 맞춘다.

③ 삼각자의 직각을 이루는 꼭짓점이 닿는 곳의 눈금을 읽어 높이를 구한다.

각뿔의 전개도

입체 도형을 구성하고 있는 면을 펼쳐서 나타낸 그림을 '전개도'라고 하며, 각뿔의 펼친그림을 각뿔의 전개도(net of pyramid)라고 한다.

보기 밑면의 한 변이 4cm인 정사각형이고 옆면은 두 변이 각각 7cm인 이등변 삼각형으로 이루어진 사각뿔의 전개도는 다음과 같다.

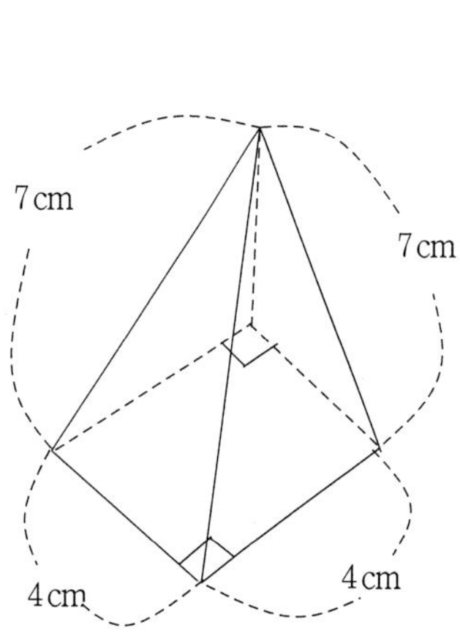

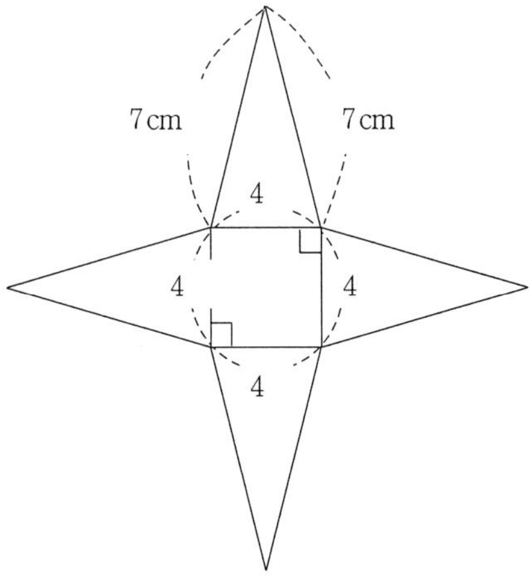

* 각뿔의 전개도에서 옆면은 모두 삼각형이고, 정각뿔(정삼각뿔, 정사각뿔, 정오각뿔 …)은 모두 합동인 이등변 삼각형이다.

참고

▶ 색종이를 잘라 사각뿔 만들기

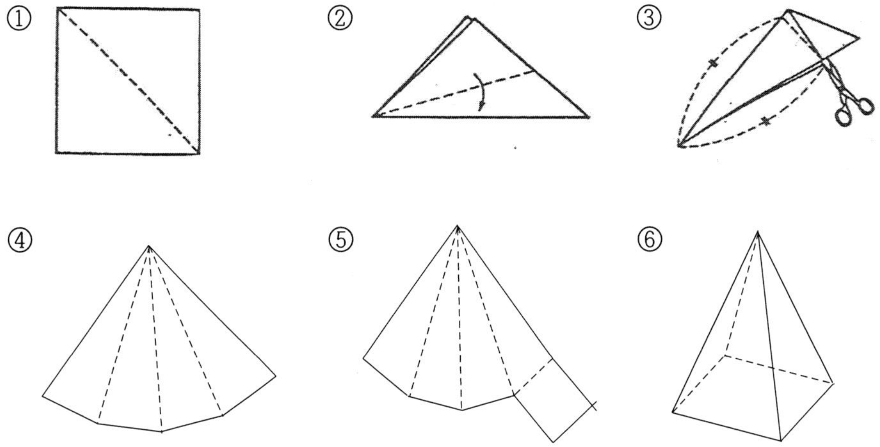

– 각뿔의 전개도는 오리는 방법에 따라서 여러 가지 모양이 될 수 있다.

참고

▸ 사각뿔의 여러 가지 전개도

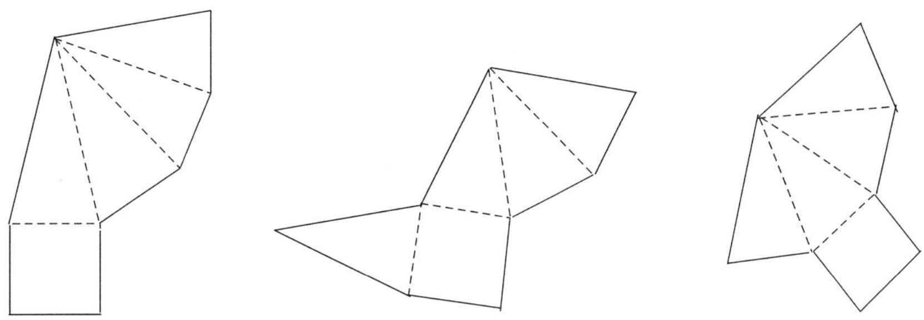

각의 꼭짓점

각을 이루고 있는 두 변이 만난 점 ㄱ을 각의 꼭짓점(an apex of angle)이라고 한다.

보기 각의 꼭짓점은 다음과 같다.

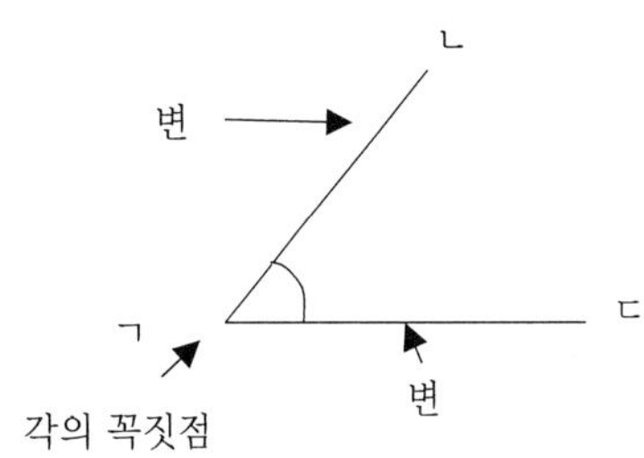

각의 변

각을 구성하고 있는 두 반직선을 각의 변(a side of angle)이라 한다.

보기 다음에서 각의 변은 직선ㄱㄴ과 직선ㄱㄷ이다.

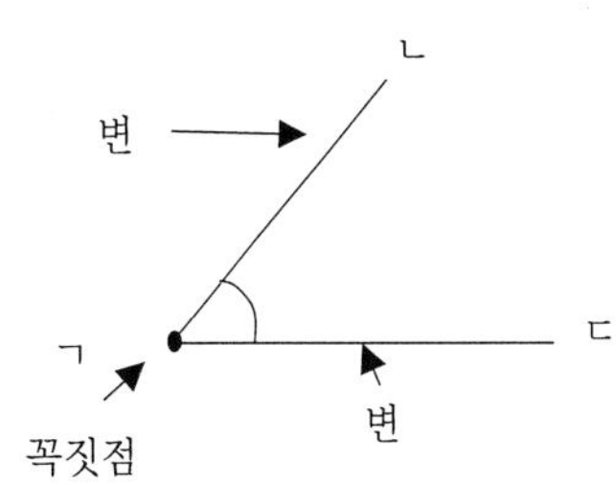

각 읽기

각의 크기가 얼마인지를 각도기로 측정하여 읽는 것을 의미한다. 각도는 각의 꼭짓점에 각도기의 중심을 맞추고, 각의 한 변을 각도기의 밑금에 맞추어 벌어진 정도의 눈금을 '몇 도(°)'로 읽는다.

보기 다음 각도는 60°이다. 60°는 '60도'라고 읽는다.

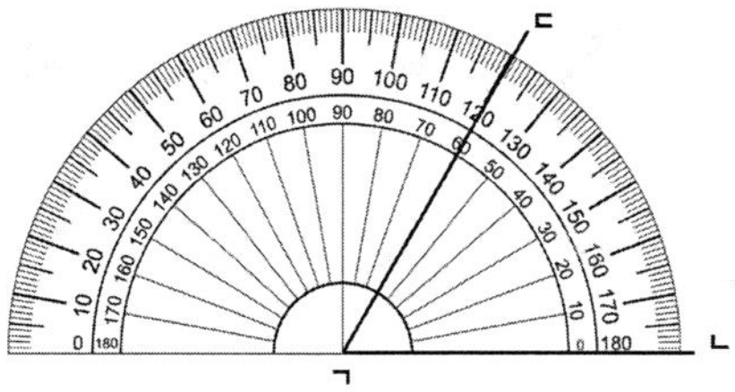

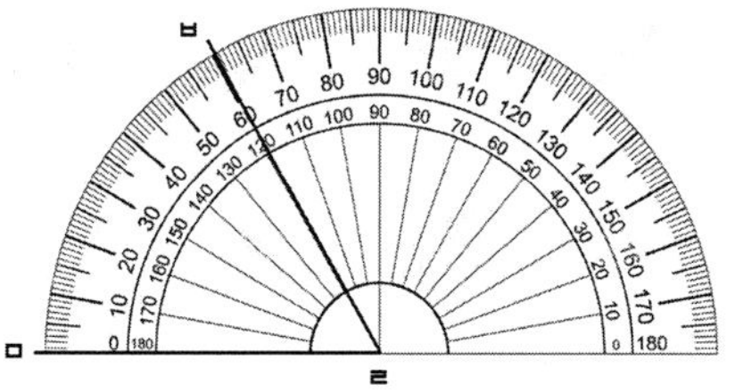

각 ㅇㅅㅈ의 각도는 120°이다. 120°는 '120도'라고 읽는다.

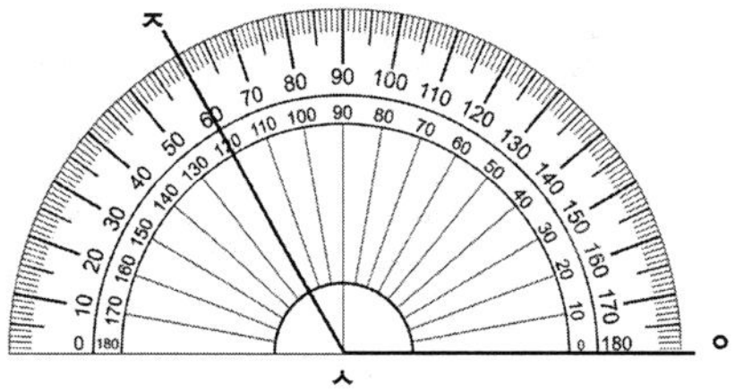

참고

▸ 직각 삼각자로도 다음의 각도를 재어 읽을 수 있다.

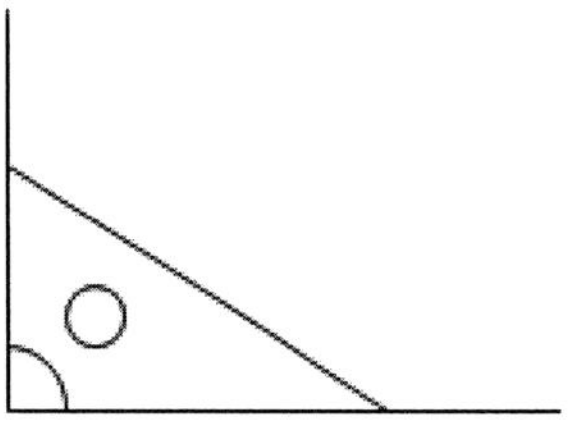

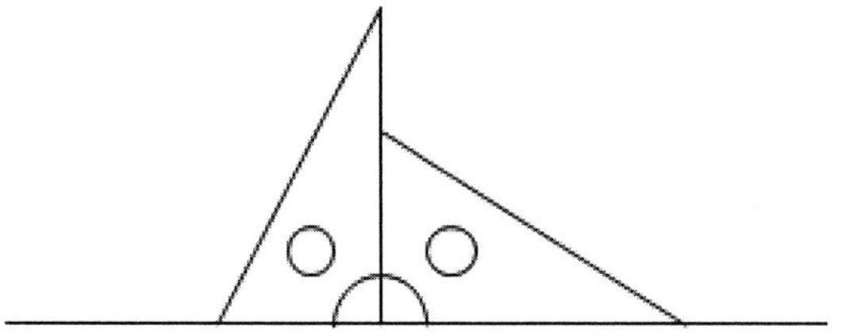

○ 1직각 = 90도(90°)　　○ 2직각 = 180도(180°)

○ 3직각 = 270도(270°)　　○ 4직각 = 360도(360°)

개 반직선

개 반직선(half-line)은 직선 위에서 주어진 점(자신의 점은 제외)의 한 방향에 있는 직선 위의 모든 점을 포함하는 집합이다.

보기 개 반직선

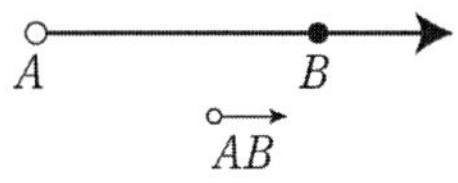

겉면

물체의 바깥으로 드러나 보이는 바깥 부분을 겉면(surface) 또는 표면이라 한다. 겉면은 물체의 안쪽(속)부분과 반대되는 말이다.

보기 아래 입체도형의 겉면은 다음과 같다.

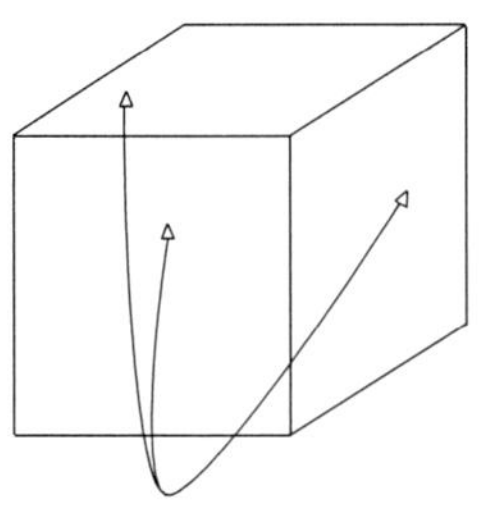

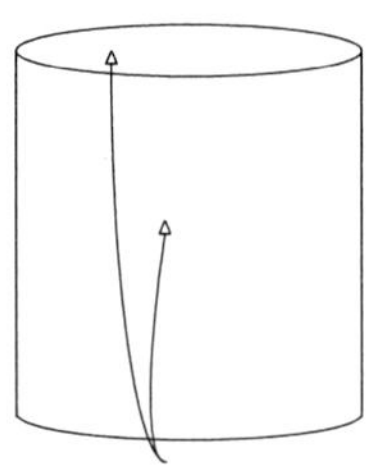

* 상자의 바깥부분도 겉면이다. 상자에는 6개의 겉면이 있다.
* 직육면체나 각기둥 등의 입체 도형에서 옆면과 밑면은 모두 겉면이다.

참고

- 각기둥의 밑면과 옆면을 '겉면'이라고 하는데, 겉면의 수는 다음과 같다.

입 체 도 형	겉 면 의 수
삼 각 기 둥	5
사 각 기 둥	6
오 각 기 둥	7
육 각 기 둥	8
원 기 둥	3

겨냥도

겨냥도(a rough sketch)란 입체 도형에서 모양을 잘 알 수 있게 그린 그림이다. 다시 말해 물체를 보이는 그대로 약식으로 그린 그림을 말한다. 겨냥도는 아래 그림과 같이 보이지 않는 부분을 점선으로 그린 것이다.

보기

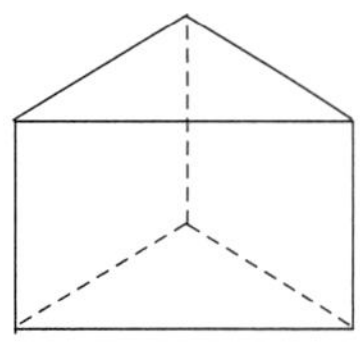

삼각기둥

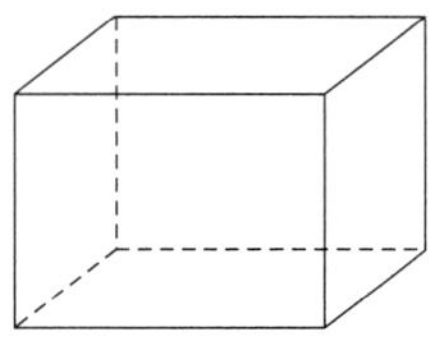

직육면체(사각기둥)

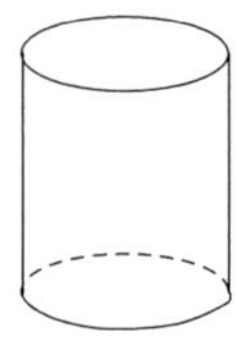

원기둥

참고

- 겨냥도를 그리는 방법은 다음과 같다.
  - ① 서로 평행인 모서리는 평행하게 그린다.
  - ② 보이는 모서리는 실선으로 그린다.
  - ③ 보이지 않는 모서리는 점선으로 그린다.
  - ④ 한 눈으로 그 모양을 잘 알 수 있도록 그린다.

  * 실제 길이와 겨냥도에서의 길이는 서로 다르다.

경도의 원

북극과 남극을 지나는 임의의 원을 경도의 원(circle of longitude)이라고 부른다. 모든 경도의 원은 대원[6]이다.

곡면

곡면(curved surface)은 곡선으로 이루어진 면, 다시 말해 평면이 아닌 굽은 면을 말한다. 평면과 반대되는 면으로 이를테면, 럭비공이나, 야구공 등의 표면 등은 모두 곡면이다.

6) 구의 지름을 포함하는 원(가장 큰 원)을 대원이라고 부른다.

보기 다음 그림에서 ④는 원기둥으로서 옆면이 곡면으로 되어 있다.

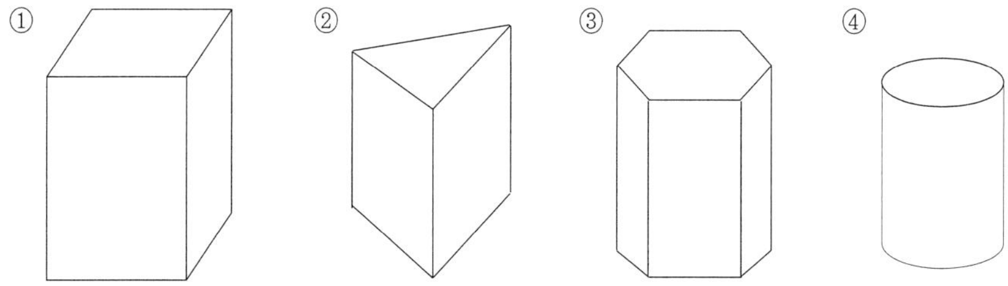

원기둥은 2개의 밑면과 1개의 곡면으로 되어 있다.

공간 감각

공간감각(spatial sense)은 공간적 상황에서 관찰자가 느끼는 직관적 느낌을 말한다. 공간 감각을 발달시키기 위해서 아동들은 도형 자체에 대한 인식과 도형 사이의 관계에 초점을 둔 많은 경험을 해야 한다. 공간 감각은 공간 지각(spatial perception) 또는 공간 시각화(spatial visualization)라고 불리기도 하며, 머릿속에서 물체를 회전시키거나 돌리는 등 가상의 조작을 함으로써 그 물체가 어떻게 움직이거나 배치되는지를 상상해보고 생각하는 것과 같은 몇 개의 공간 능력으로 특징지을 수 있다.

참고

- 초등학교 수학에서 요구되는 적절한 공간 능력은 다음과 같다.
  ① 시각과 운동 신경의 조정(eye-motor coordination) 능력은 여러 활동에서 눈과 신체의 다른 부분을 조정하는 능력이다. 이 능력은 아동들이 모양 따라 만들기(그리기, 본뜨기), 모양에 색칠하기, 성냥개비로 여러 가지 모양 만들기, 여러 조각을 이용하여 모양 만들기, 조각 그림 맞추기 활동 등을 할 때 이용될 수 있다.
  ② 도형-배경 지각(figure-ground perception) 능력은 복잡한 배경에서 도형을 확인하는 시각적 행동 능력이다. 색맹 검사, 복잡한 그림이나 교차하는 직선, 겹쳐진 도형에서 특수 도형 찾기, 칠교(tangram) 조작하기, 패턴블록 조작하기 등의 활동을 할 때, 이 능력이 잘 드러나게 된다.
  ③ 지각적 불변성(perceptual constancy)능력은 공간에서 물체나 도형의 크기, 위치, 방향이 변해도 그것을 인식할 수 있는 능력을 말한다. 지각적 불변성은 모양에 대한 형적 불변성과 길이, 넓이, 부피 등과 같은 양적 불변성으로 나누어 생

각할 수 있다. 형적 불변성을 가진 아동은 멀리서 보면 책상이 사다리꼴로 보일지라도 직사각형으로 인식한다. 멀리 있는 농구공이나 손에 있는 농구공이나 크기가 같다고 생각하는 아동은 양적 불변성을 가지고 있다고 말할 수 있다. 이런 능력을 향상시키기 위하여 다양한 자료 조작을 통한 적절한 과제가 필요하다.

④ 공간에서의 위치 지각(position-in-space) 능력은 공간에 있는 한 물체를 자기 자신과 관계 맺는 능력이다. 아동은 공간적으로 우주의 중심에 있으며, 물체를 자기를 중심으로 앞, 뒤, 좌, 우, 위, 아래 등에 있다고 지각한다. 이 능력을 포함하는 활동에는 평행이동(밀기), 회전이동(돌리기), 대칭이동(뒤집기)과 거울보기 등이 있다.

⑤ 공간 관계 지각(perception of spatial relation) 능력은 아동 자신 또는 서로와 관련하여 둘 이상의 물체를 보는 능력을 말한다. 이 능력과 관련된 활동으로는 대상의 위치 기억하기, 닮은 점이나 차이 점 찾기, 최단 거리방법 찾기, 미완성 도형을 완성하기, 점을 차례로 연결하기, 수의 규칙적 계열 완성하기, 조각 그림 조립하기 등이 있다.

⑥ 시각적 변별(visual discrimination) 능력은 물체 사이의 닮은 점과 다른 점을 구별하는 능력이다. 이 능력과 관련된 활동은 모양 따라 나무 쌓기, 속성 블럭(attribute blocks) 분류하기, 동일한 쌍 또는 다른 쌍 찾기 등이 있다.

⑦ 시각적 기억(visual memory) 능력은 오래 동안 보지 않은 물체를 회상해내는 능력이다. 이 능력과 관련된 활동은 여러 대상 중 특정 대상을 찾고 기억하기, 물건을 관찰한 후 가린 상태에서 특정 물체의 위치 기억하기 등이 있다.

이와 같이 아동의 공간 감각은 다양한 성격의 변인을 보유하기 때문에 교과서의 학습만으로 충분하다고 할 수 없으며, 실세계의 경험을 토대로 확장시킬 수 있어야 한다.

꼭지각

어떤 도형을 바르게 놓았을 때, 맨 위의 머리 부분에 있는 각을 꼭지각(a vertical angle)이라 한다.

보기 이등변 삼각형에서는 다음과 같은 것이 꼭지각이다.

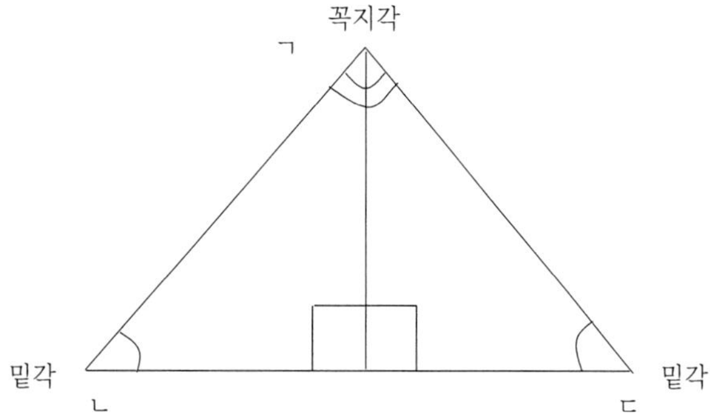

위의 삼각형 ㄱㄴㄷ에서 각 ㄴㄱㄷ이 꼭지각이다.
즉, 이등변삼각형에서 밑변에 접한 두 각을 '밑각', 밑각이 아닌 각을 '꼭지각'이라고 한다.

꼭짓점

각을 이루는 두 (반)직선이 만나는 점이나 다각면의 모서리와 모서리가 만나는 점을 꼭짓점(apex)이라 한다. 그러나 외국의 경우 초등학교 저학년에서 때로는 영어의 corner가 꼭짓점이란 의미로 apex 대신에 사용되는 경우도 있다.

보기 꼭짓점

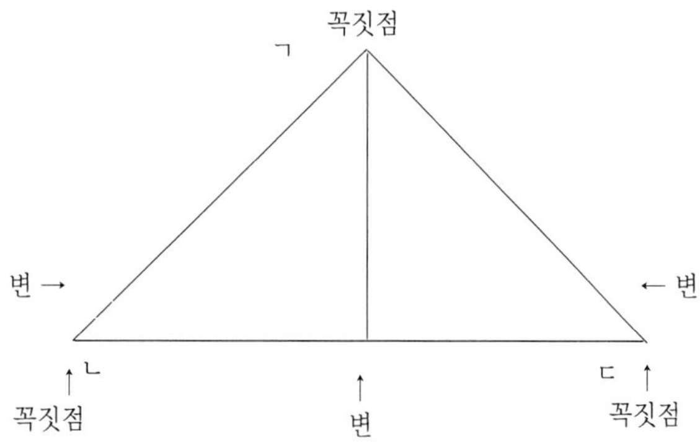

위의 삼각형에서 점 ㄱ, ㄴ, ㄷ이 꼭짓점이다.

참고

▸ 여러 도형의 꼭짓점

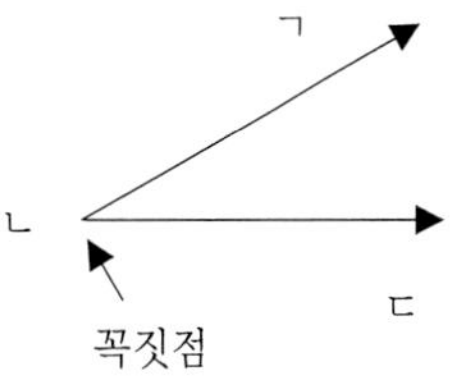

(각)

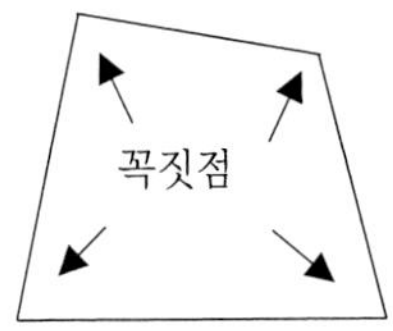

(다각형)

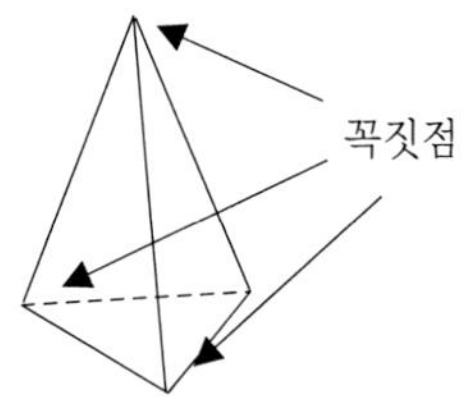

(각뿔)

① 각의 꼭짓점 ····· 각의 두 반직선이 만나는 공통된 끝 점

② 다각형의 꼭짓점 ····· 두 선분의 공통된 끝 점

③ 각뿔과 각기둥의 꼭짓점 ····· 3개 이상의 모서리의 공통된 끝 점

구

반원의 지름을 회전축으로 하여 1회전한 회전체를 구(sphere)라고 한다. 즉 3차원에서 한 점에서 같은 거리에 있는 모든 점들의 궤적(軌跡)으로 둘러싸인 입체가 '구'이다.

보기 구

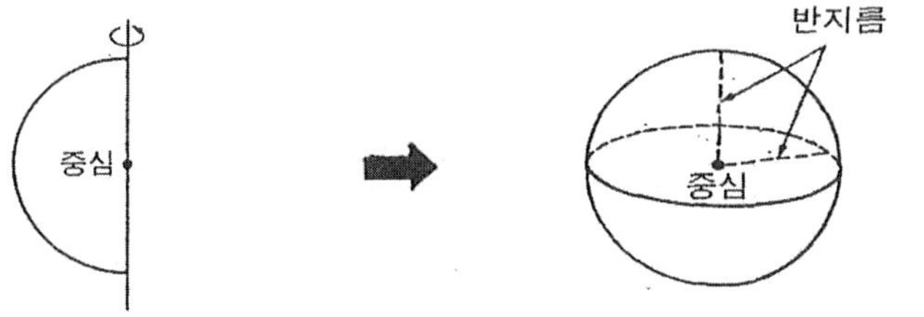

참고

① 구는 구의 어느 방향의 평면으로 잘라도 그 단면이 모두 원이다.

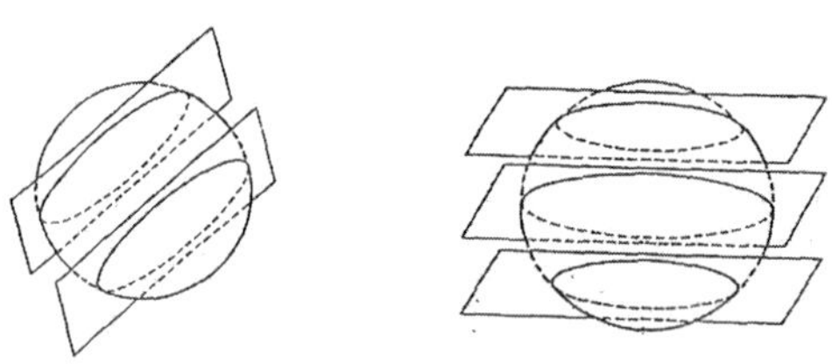

② 반원을 회전시켜 만든 구에서 처음 원의 중심은 구의 중심이 된다.
③ 처음 원의 반지름은 구의 반지름이다.

기둥

기둥은 어떠한 물건을 똑바로 곧게 받치거나 버티는 나무를 뜻하나, 수학에서는 여러 가지 기둥 모양을 비유적으로 일컫는 용어이다. 밑면을 밑면과 수직으로 이동시켰을 때 생기는 입체 도형을 기둥(pillar)이라고 한다. 밑면이 원인 경우를 원기둥, 삼각형, 사각형 등 다각형일 때는 각기둥이라 한다.

보기 다음은 여러 가지 모양의 기둥을 나타낸다.

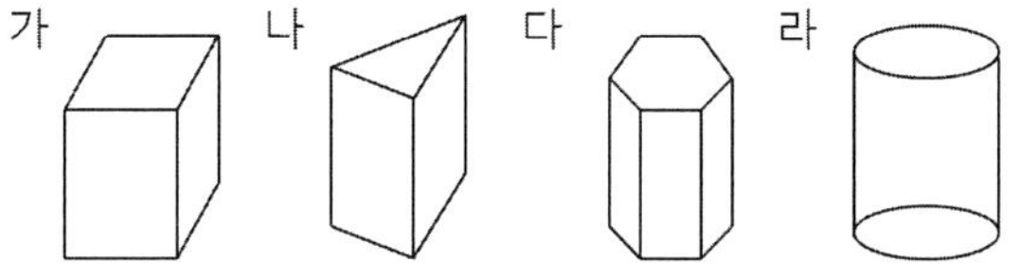

기하학

도형이 가지고 있는 성질로부터 출발하여 그것이 놓여 있는 위치의 변화 또는 모양의 변화를 탐구하는 수학의 한 분야를 기하학(geometry)이라 한다.

참고

- 기하학(geometry)의 의미는 '토지(geo)'를 '측정하다(metry)'는 의미의 합성어이다.

기하판(지오보드)

도형의 모양을 고무줄을 이용해서 못을 박은 판자위에 표현할 수 있도록 만든 교구를 기하판 또는 지오보드(geoboard)라 한다.

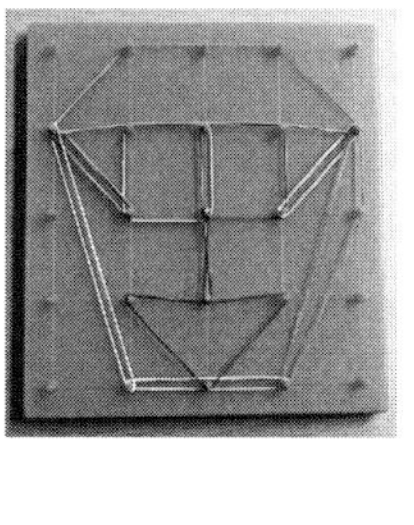

끼인 각

두 선분이나 두 변 사이에 형성되는 각이다. 즉, 두 선분의 사이 각을 끼인 각(included angle)이라 한다.

보기 다음 두 변 사이에 있는 끼인각을 알아보자.

위의 삼각형에서 변 ㄱㄴ과 변ㄴㄷ 사이의 각 ㄱㄴㄷ(60°)이 끼인 각이다.

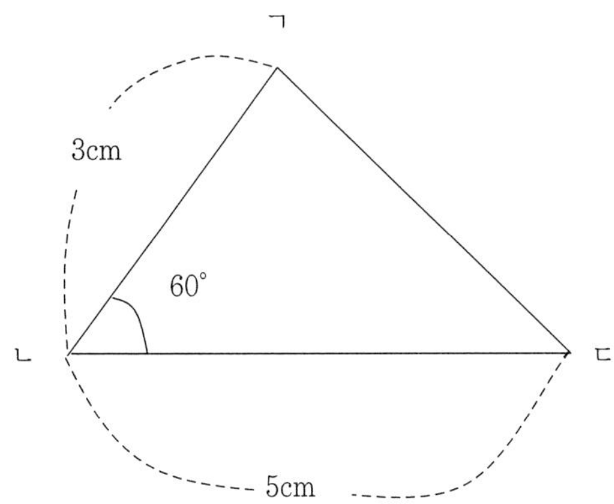

참고

- 두 변과 그 끼인 각을 알면 합동인 삼각형을 작도할 수 있다.

내각

서로 만나는 두 직선의 안쪽에 있는 각을 내각(internal angle)이라 한다. 또한, 다각형의 내부에 있는 각도 내각이라고 한다.

보기 다음 그림은 원의 중심각을 60 ° 씩 나눈 반지름이 원과 만나는 점을 차례로 이어서 만든 육각형이다.

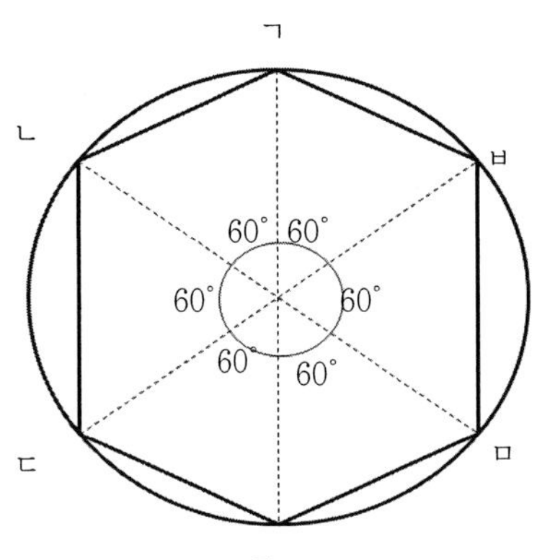

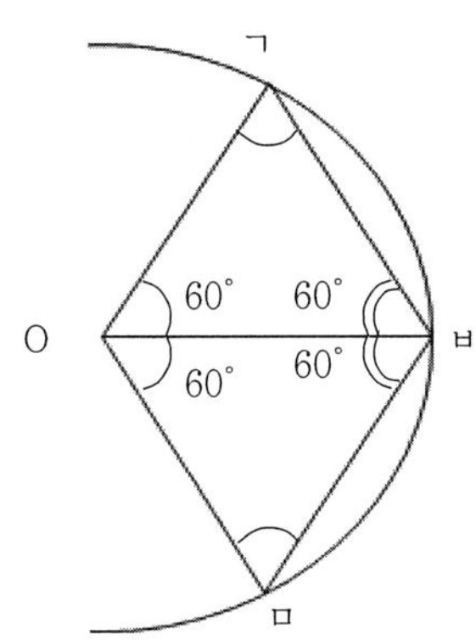

위 육각형에서 각 ㄱㄴㄷ, ㄴㄷㄹ, ㄷㄹㅁ, ㄹㅁㅂ, ㅁㅂㄱ, ㅂㄱㄴ이 모두 이 도형의 내각이다. 이 도형에서 내각은 모두 6개가 된다.

참고

① 위의 육각형에서 한 내각의 크기는 꼭지각이 60° 이므로 밑각은 (180° − 60°) ÷ 2 = 60° 따라서, 한 내각의 크기는 60° + 60° = 120° 이다.
② 내각과 외각을 구분하여라.
③ 모든 변의 길이가 같고, 모든 각의 크기가 같은 다각형을 정다각형(regular polygon)이라고 한다.

높이

어떤 도형이나 물체의 높은 정도를 높이(altitude)라 하며 도형의 높이를 나타내는 선분을 뜻하기도 하고, 선분의 길이를 뜻하기도 한다. 삼각형의 경우 한 꼭짓점에서 마주보는 변에 수직으로 그은 선분이 길이이다.

보기 삼각형에서 높이 찾기
삼각형에는 세 개의 변이 있는데, 이 중에서 어느 변이든지 밑변이 될 수 있고, 밑변이 정해지면 꼭짓점에서 그 밑변에 수직으로 선분을 그어서 높이를 찾을 수 있다.

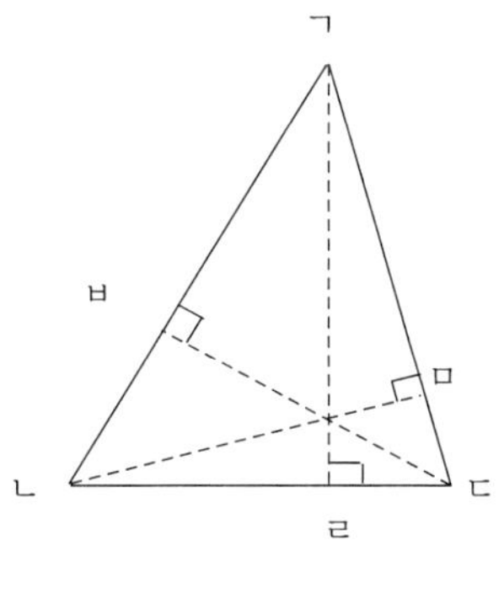

(1) 밑변이 ㄴㄷ이면 ············▶ 높이는 (ㄱㄹ)
(2) 밑변이 ㄱㄷ이면 ············▶ 높이는 (ㄴㅁ)
(3) 밑변이 ㄱㄴ이면 ············▶ 높이는 (ㄷㅂ)

이와 같이 한 도형의 높이는 밑변의 위치, 즉 밑변을 무엇으로 정하는가에 따라 높이도 달라짐을 알 수 있다.

참고

① 위에서 높이와 수직으로 만나는 변, 곧 그 꼭짓점에서 마주 보는 변을 밑변(base)

이라한다.

② 사다리꼴, 평행사변형에서 높이 찾기

삼각형과 마찬가지로 각 도형의 꼭짓점에서 밑변에 수직으로 선분을 그어서 높이를 찾는다.

③ 각뿔(원뿔 포함)에서 높이 찾기

각뿔의 꼭짓점에서 밑면에 수직으로 그은 선분을 찾는다.

다각형

3개 이상 여러 개의 선분(직선)으로 둘러싸인 도형을 다각형(polygon)이라 한다. 다각형을 이루고 있는 선분의 수에 따라 삼각형, 사각형, 오각형, … 등으로 부른다.

보기 아래 그림에서 다각형을 찾아보시오.

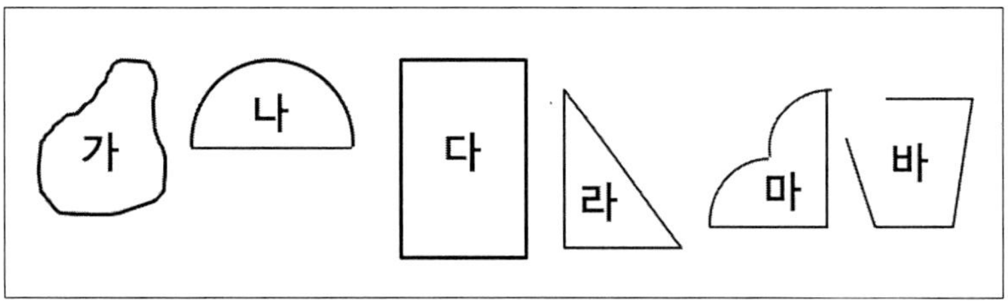

다각형인 것은 '다와 라'이다. 왜냐하면 나머지는 선분이 아닌 곡선으로 둘러싸여 있거나, '바'처럼 열려 있기 때문이다.

다면체

다면체(polyhedrons)는 다각형의 면으로 둘러싸인 입체도형으로 단순 폐곡면이다. poly라는 말은 '많은'의 의미이며 hedron은 '평행한 표면'이라는 뜻을 가지고 있다.

보기

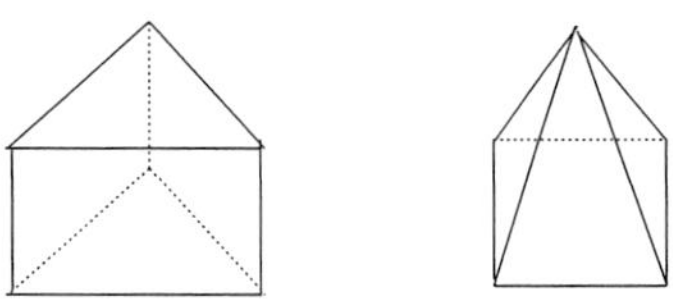

단면

어떤 물체의 자른 면(절단면)을 단면(section)이라 한다.

보기 아래 그림을 살펴보면 동일한 회전체이지만 자르는 방향에 따라 단면의 모양은 여러 가지로 나올 수도 있음을 알 수 있다.

* 원기둥의 단면	* 원뿔의 단면
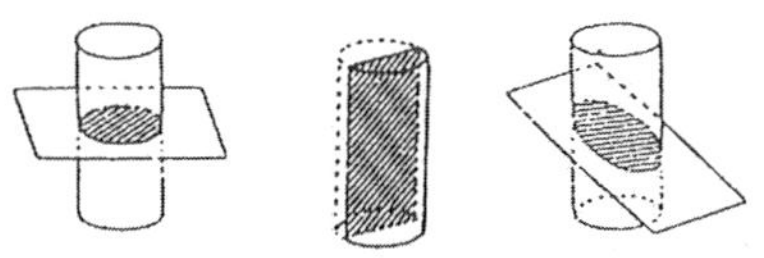 〈원〉 〈직사각형〉 〈타원〉	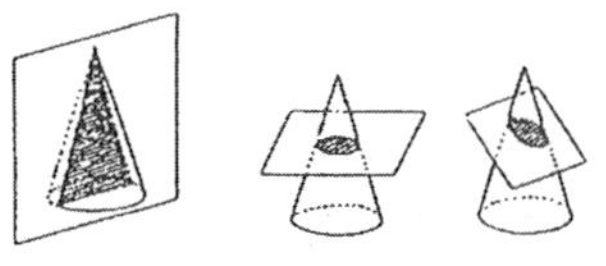 〈이등변삼각형〉 〈원〉 〈타원〉
* 구의 단면	* 회전체에 수직인 평면으로 자른 면
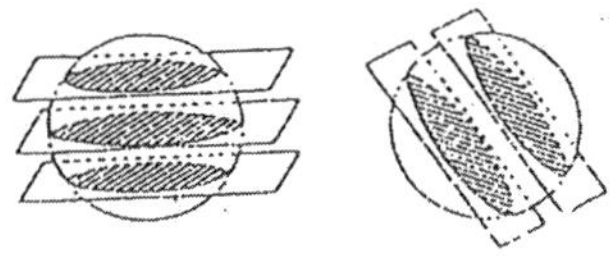 〈구의 단면은 언제나 원〉	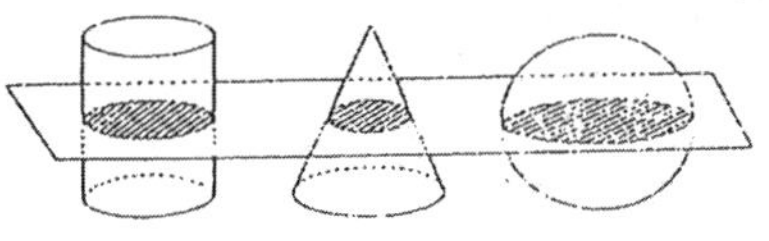 〈단면의 모양은 원〉

참고

- 회전체를 한 평면으로 잘랐을 때 생기는 도형을 '회전체의 단면'이라 한다. 제도(製圖)에서는 물체를 한 평면으로 자른 것처럼 가정하여, 그 내부 구조를 그린 그림을 '단면도(a cross section)'라 한다.

단순 폐곡면

단순 폐곡면(simple closed surface)은 꼭 하나의 내부를 가지고 있고 구멍이 없고 속이 비어 있는 것을 말한다.

보기

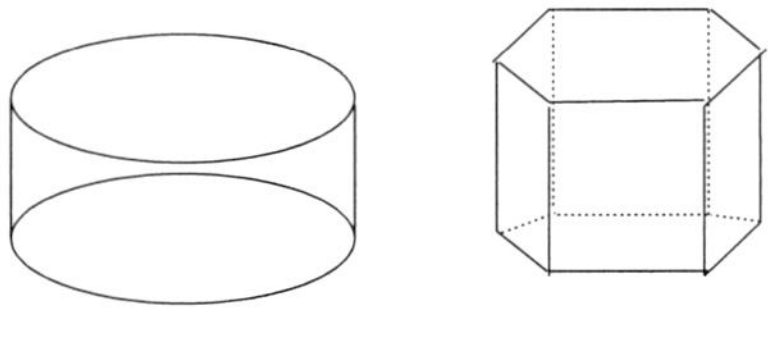

단일폐곡선

폐곡선 중 삼각형, 사각형, 원과 같이 시점·종점이 만나는 곳 이외의 중복된 점이 없는 곡선을 단일폐곡선(simple closed curve)이라 한다.

단위 각

주어진 각도의 크기를 알기 위해 어떤 기준이 되는 각의 크기를 단위 각(a unit angle)이라 한다.

보기 각 'A'는 단위 각의 몇 배인지 단위 각의 본을 떠서 알아보자.

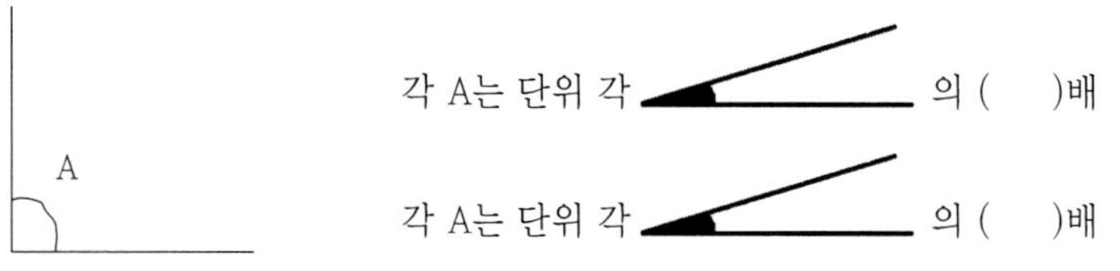

단위 각의 크기는 기준을 정하는데 따라 다르다.

닫힌곡선

평면상의 곡선은 평면상에서 연필 끝을 떼지 않고 그린 도형으로 그 점이 그 평면 위를 연속적으로 이동한 모든 점의 집합이다. 이 때 시점과 종점이 만나는 곡선을 닫힌곡선(closed curve) 또는 폐곡선이라 한다.

닮음 도형

두 도형이 서로 합동이거나, 한 도형을 일정한 비율로 확대 또는 축소하여 만든 도형이 나머지 한 도형과 합동이 될 때 이 두 도형을 서로 닮음 도형(similar figures)이라고 한다.

보기 아래 그림에서 삼각형 ㄱㄴㄷ 과 삼각형 ㄹㅁㅂ의 각의 크기와 변의 길이를 재어 보도록 하여 대응각의 크기는 모두 같고, 또 대응변의 길이의 비는 모두 1 : 2 라는 것을 발견하도록 한다.

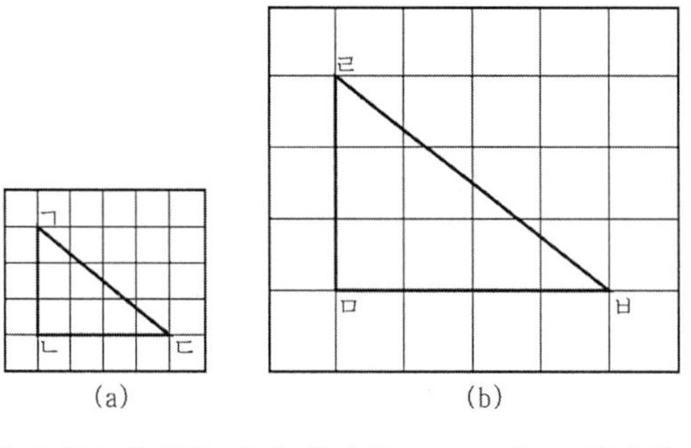

따라서 삼각형 ㄱㄴㄷ을 2배로 확대한 것이 삼각형 ㄹㅁㅂ이고, 삼각형 ㄹㅁㅂ을 $\frac{1}{2}$로 축소한

것이 삼각형 ㄱㄴㄷ이라는 것을 알게 된다. 이와 같이 한 도형을 일정한 비율로 축소 또는 확대하였을 때 두 도형은 닮았다라고 한다.

참고

- 두 다각형에서 대응되는 각이 같거나 변의 비(比)가 같은 도형이 닮음 도형이다.
- 한 도형을 일정한 비율로 확대 또는 축소하면 닮음 도형을 작도할 수 있다.

닮음비

두 도형의 닮은 정도를 비로 나타낸 것이다. 즉, 두 도형의 대응하는 변끼리의 비가 닮음비이다. 두 도형이 닮음이면 대응변의 길이의 비가 같고, 대응각의 크기가 각각 같다. 이 때, 대응하는 각 변의 길이의 비를 닮음비(similitude ratio)라고 한다.

보기 아래 닮음인 두 사각형에서 닮음비를 구하여 보시오.

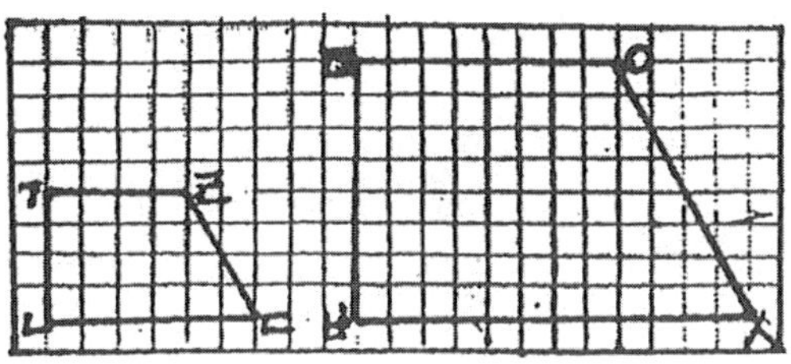

* (각 대응변의 비 찾아보기)
(변ㄱㄴ) : (변ㅁㅂ) = 4 : 8 = 1 : 2
(변ㄴㄷ) : (변ㅂㅅ) = 6 :12 = 1 : 2
(변ㄷㄹ) : (변ㅅㅇ) = 1 : 2(대각선)
(변ㄱㄹ) : (변ㅁㅇ) = 4 : 8 = 1 : 2
대응변의 비가 모두 같은가? (같다)
→ 이 때, 닮음비는 1 : 2가 된다.

닮음변환

평면 위 또는 공간에 있는 도형을 축소 또는 확대하여 이것과 닮은 도형으로 변환하는 것을 닮음변환(similarity transformation) 또는 '상사변환'이라고 한다.

닮음의 위치에 있다

닮음인 두 도형에서 대응점끼리 이은 직선들이 한 점에서 만날 때, 두 도형을 닮음의 위치에 있는 도형(shapes in the likeness of similar shapes)이라고 한다. 이 때, 한 점을 '닮음의 중심'이라 한다.

보기 두 닮은 삼각형의 대응점을 이어 세 직선이 모두 한 점에서 만나는지 알아보자.

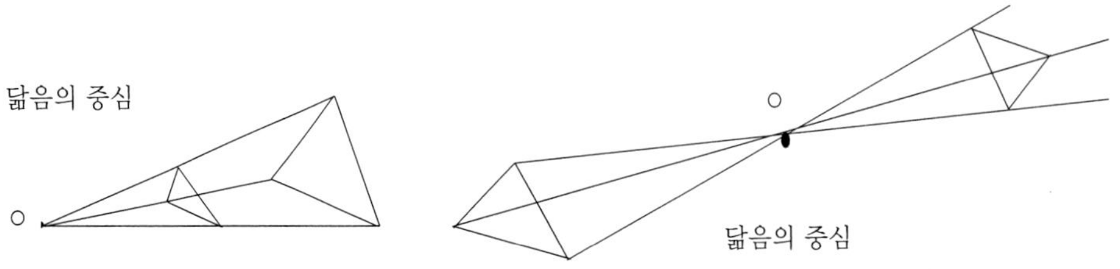

대응점을 이은 세 직선이 모두 한 점에서 만나므로 두 닮은 삼각형은 '닮음의 위치'에 있다. 그리고, 세 직선이 만나는 한 점이 바로 닮음의 중심이다.

참고

- 닮음의 중심 O와 각 대응점을 이은 선분의 길이의 비는 모두 닮음비와 같다.

닮음의 중심

닮음인 두 도형에서 대응점끼리 이은 직선들이 한 점에서 만날 때, 한 점을 닮음의 중심(center of similarity)이라 한다.

보기 아래의 닮은 삼각형의 대응점을 이은 세 직선이 모두 한 점에서 만나는지 알아보자.

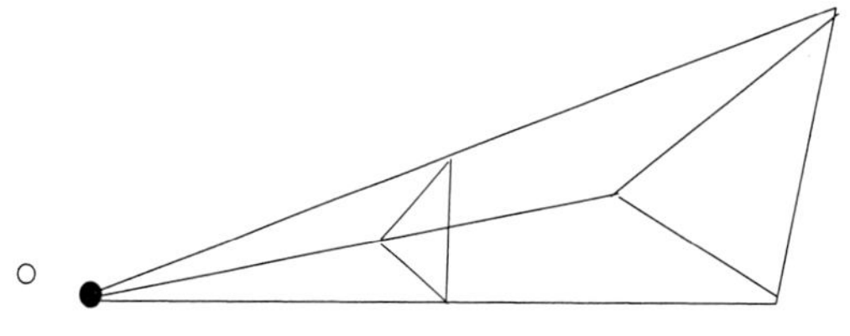

대응점을 이은 세 직선이 모두 한 점에서 만나므로 이 한 점이 바로 '닮음의 중심'이다.

대각선

다각형에서 서로 이웃하지 않는 두 꼭짓점을 잇는 직선을 대각선(對角線, diagonal)이라 한다. 여기서 '對'는 '마주 본다'는 뜻이므로, 대각선은 '마주 보는 각을 이은선' 정도로 해석할 수 있다. 한 때 대각선은 '맞모금'이라는 용어로 사용된 적이 있다.

다면체에서 같은 면에 있지 않은 두 꼭짓점을 잇는 직선 또는 맞모금도 대각선이다.

보기 다음 사각형에서 대각선을 알아보자.

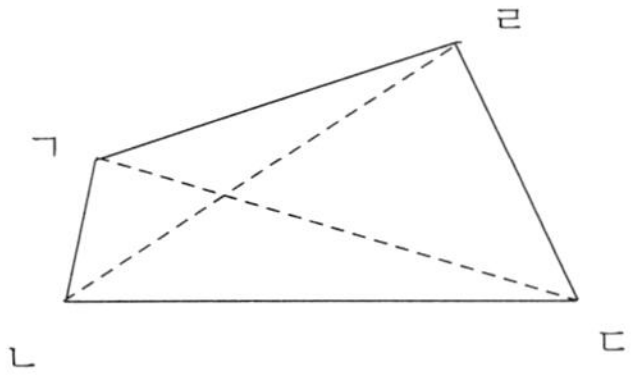

* 꼭짓점을 찾아보자. 꼭짓점은 점 ㄱ, ㄴ, ㄷ, ㄹ이다.
* 꼭짓점 ㄱ과 이웃하지 않는 꼭짓점은 ㄷ이다.
  꼭짓점과 ㄷ을 이으면 대각선이 된다.
* 위와 같이 꼭짓점 ㄴ과 ㄹ을 이어도 대각선이 된다.
* 옆의 사각형에서 대각선은 몇 개인가?　2개

참고

▸ 삼각형은 대각선이 0개, 사각형은 1개, 오각형은 2개, 육각형은 3개 ……
(대각선의 수) = (다각형의 꼭짓점의 수) − 3

대변

다각형에서 서로 마주보고 있는 변을 대변(對邊, opposite edge)이라고 한다.

대응

대응(correspondence)이란 합동이나 닮음 꼴의 두 도형에서 같은 위치의 짝을 이루는 성분끼리 서로 연결 지어 주는 것을 말한다.

보기 구체물과 반구체물의 대응

◆ ·· ○
◆ ·· ○
◆ ·· ○

대응각

두 도형이 합동이거나 닮음 꼴일 때, 서로 같은 위치에 있는 각을 대응각(corresponding angle)이라 한다.

보기 합동인 두 도형에서는 완전히 겹쳐지는 각이 '대응각'이다.

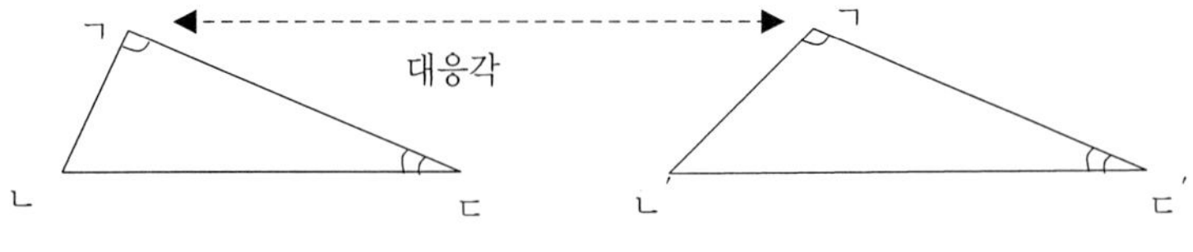

대응변

두 도형이 합동이거나 닮음 꼴일 때, 서로 대응하는 관계에 있는 변을 대응변(corresponding sides)이라 한다.

보기 두 삼각형이 완전히 포개지는 합동인 도형에서 서로 겹치지는 변이 대응변이 된다.

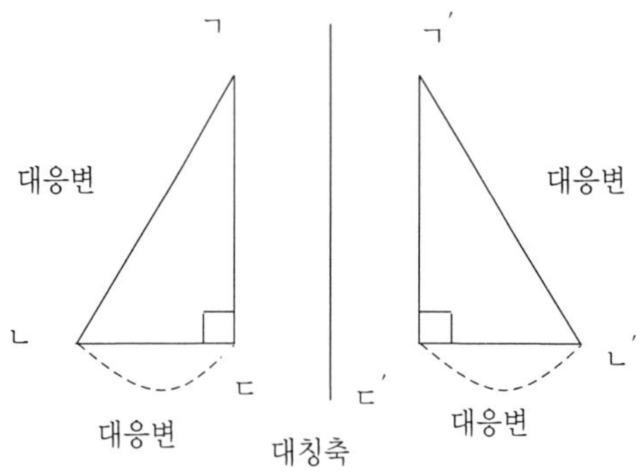

대응점

두 도형이 합동이거나 닮음 도형일 때, 서로 대응하는 같은 위치에 있는 점을 대응점(corresponding points)이라 한다.

보기 1 두 삼각형이 완전히 포개졌을 때, 이 두 삼각형은 서로 합동인데, 두 도형에서 겹쳐지는 꼭짓점을 '대응점'이라고 한다.

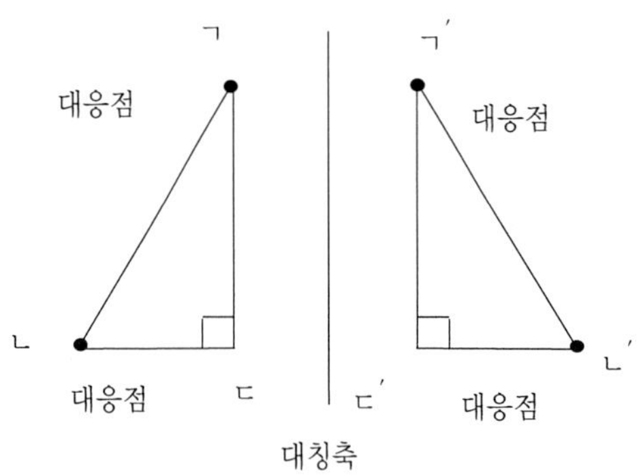

보기 2 다음 두 삼각형은 합동이다. 대응점, 대응변, 대응각을 각각 찾아보자.

* 방법 : ① 투명한 종이로 본뜨기
② 꼭 맞게 겹쳐보기

점ㄱ의 대응점은 점(ㄹ)이다.

변ㄴㄷ의 대응변은 변(ㅁㅂ)이다.
각ㄱㄴㄷ의 대응각은 각(ㄹㅁㅂ)이다.
즉, 여기서 완전히 겹쳐지는 변을 '대응변' 겹쳐지는 각을 '대응각'이라 한다.

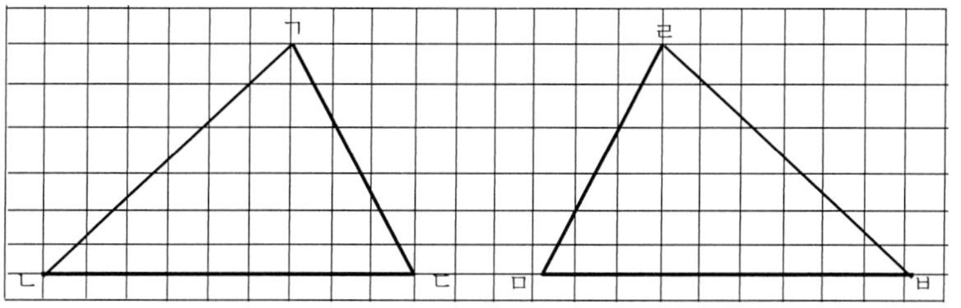

대칭

점, 선, 면 또는 이것들로 이루어진 도형이 어떤 기준이 되는 점이나 (직)선, 또는 (평)면을 중심으로 양쪽에 있는 부분이 완전히 포개어 지는 경우를 서로 대칭(symmetry)이라고 한다.

보기 아래 그림에서 삼각형 ㄱㄴㄷ 과 삼각형 ㄱ′ㄴ′ㄷ′ 는 대칭축을 중심으로 서로 대칭이다.

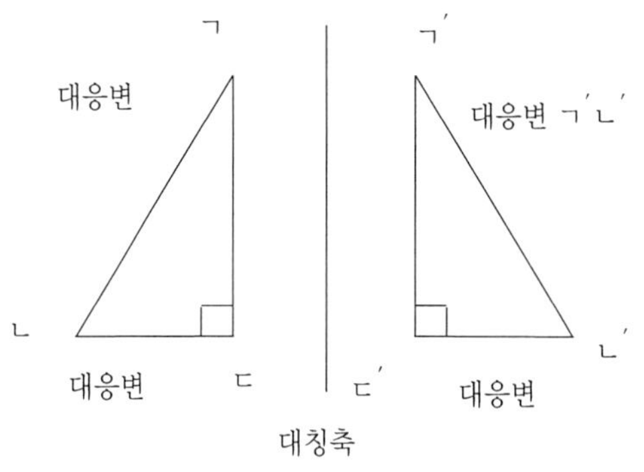

참고

① 한 점이나 직선을 중심으로 양쪽에 자리한 두 도형이 대칭되는 자리에 있을 때, 두 도형을 '대칭 도형'이라 한다. 대칭 도형에는 점대칭, 선대칭, 면대칭이 있다.
② 두 도형이 한 평면을 사이에 두고 대칭을 이룰 때의 평면을 '대칭면'이라 한다.
③ 2등분된 선분에 대하여 서로 대칭이 되어 있는 자리를 '대칭 위치'라 말한다.
④ 도형을 점, 직선, 평면 따위에 대하여 대칭이 되도록 옮기는 일을 '대칭 이동'이라 한다.

대칭의 중심

두 도형이 한 점을 사이에 두고 완전히 대칭을 이룰 때, 그 점을 대칭의 중심(center of symmetry) 또는 대칭점(symmetry point)이라고 한다.

한 도형을 한 점을 중심으로 180° 회전시켰을 때, 처음 도형과 완전히 겹쳐지는 도형을 '점대칭 도형'이라 하고, 그 점을 '대칭의 중심'이라고 한다.

보기 대칭의 중심을 찾아보자.

① 점대칭 도형에서
평행사변형에서 두 대각선을 그어 만나는 점 ㅁ을 찾고, 본을 뜬 평행사변형을 겹쳐 놓고, 점 ㅁ을 핀으로 일치시킨 다음, 본 뜬 도형을 180° 회전시키면 원래의 도형과 완전히 겹쳐진다. 이때, 점 ㅁ이 대칭의 중심이다.

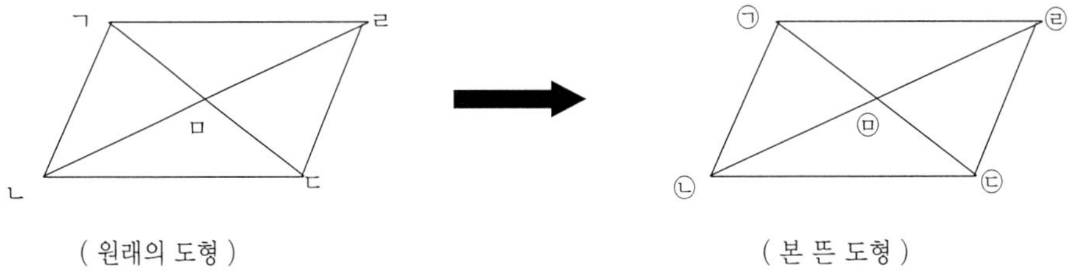

② 점대칭의 위치에 있는 도형에서

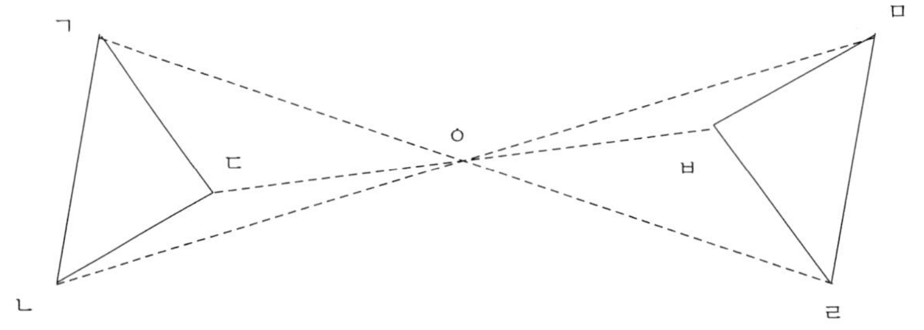

위의 두 도형은 합동인 도형이다.
삼각형ㄱㄴㄷ을 점 ㅇ를 중심으로 180° 회전시키면 완전히 겹쳐진다.
이와 같은 삼각형ㄱㄴㄷ과 삼각형ㄹㅁㅂ을 점ㅇ에 대해서 '점대칭의 위치에 있다'고 한다. 이때에도 점 ㅇ를 '대칭의 중심'이라고 한다.

대칭축

두 도형이 한 직선을 사이에 두고 대칭을 이룰 때, 다시 말해 선을 따라 도형을 접었을 때, 도형이 완전히 포개어지게 하는 직선을 대칭축(line of symmetry)이라 한다.

이를테면, 도형을 어떤 금(직선)으로 접어서 완전히 겹쳐지는 도형을 '선대칭 도형'이라 하는데 접었던 직선을 '대칭축'이라 한다.

보기 정오각형에서 대칭축 찾아보기

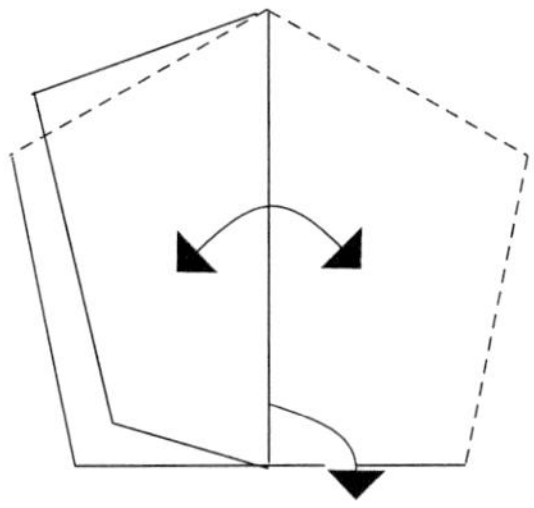

대 칭 축

대칭축 찾는 순서는 다음과 같다.

① 투명한 종이로 정확히 본을 뜬다.
② 완전히 겹쳐지도록 접어본다.
③ 또 다르게 접어본다.
④ 완전히 겹쳐질 때 접었던 직선이 대칭축이다.
대칭축의 수는? ( )

도형

점, 선분, 면, 직선, 곡선, 각, 다각형, 다면체 등 평면도형과 입체도형을 아우르는 용어로서 물체로부터 대부분의 성질은 버리고 모양과 크기만을 대상으로 하는 것을 도형(geometric figure)이라 한다.

보기 우리가 사용하는 수학책을 생각해보면 모양과 넓이라는 크기만을 생각하는 직사각형을 생각할 수 있기 때문에 직사각형은 도형이다.

도형의 변환

도형을 이동하거나 모양이나 크기를 바꾸는 것을 도형의 변환(transformation of geometric figure)이라 한다. 또, 도형을 이동하여 다른 도형이 완전히 겹칠 수 있을 때 두 도형은 합동이라 한다.

도형의 합동

두 도형을 포개었을 때, 완전히 포개어지는 두 도형을 합동(congruence)이라고 한다.

즉, 모양과 크기가 같은 두 도형을 서로 합동이라고 한다.

보기 합동인 도형을 알아보자.

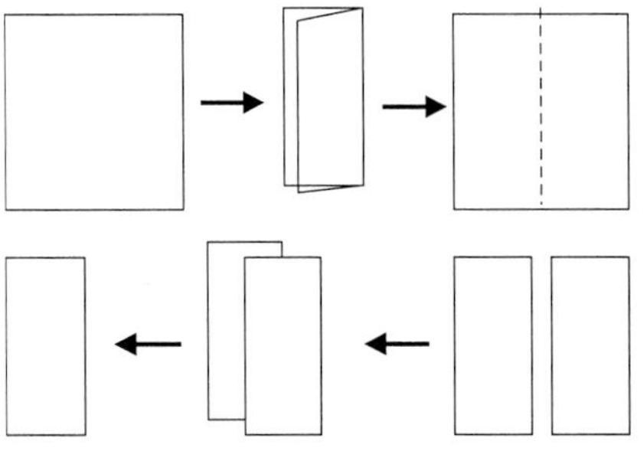

* 방법 : ① 색종이를 반으로 접는다.
② 접힌 선을 따라 가위로 자른다.
③ 2장을 겹쳐 본다.
④ 2장의 색종이가 완전히 겹쳐 졌을 때, 두 도형은 '합동이다'라고 한다.

참고

- 합동인 도형은 대응변, 대응점, 대응각이 각각 같다.

도형 학습 지도 단계

도형은 구체물에서 추상된 개념이므로 그 도입은 구체물에서 출발한다. 따라서 도형 학습 단계는 크게 구체물의 수집·관찰, 조작·실험단계, 이론화 단계로 구분 할 수 있다.

둔각

90°보다 크고 180°보다 작은 각을 둔각(obtuse angle)이라고 한다. 여기서 obtuse의 뜻은 '둔한' 또는 '무딘'의 뜻을 지닌다. 따라서 둔각은 뾰족하지 않은 모양의 각으로 해석할 수 있다.

보기 둔각은 아래 그림과 같다.

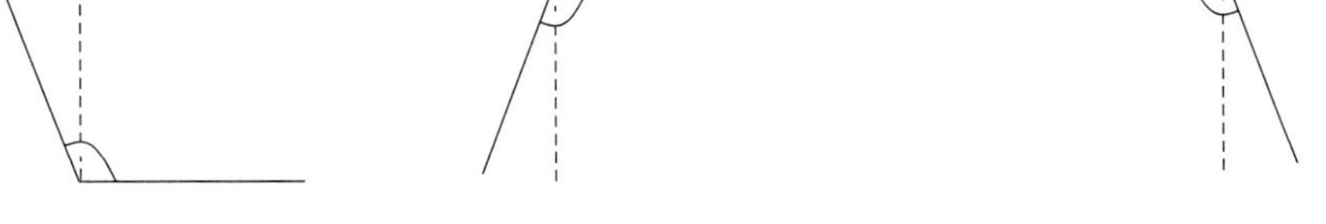

참고

- 90°보다 작은 각을 '예각'이라고 하고, 180°를 '평각'이라 한다.

뒤집기

도형의 외부에 있는 한 직선을 축으로 도형을 뒤집는 이동 또는 뒤집은 후에 생기는 이미지를 원래도형에 대한 뒤집기(flip)라 한다.

마름모

네 변의 길이가 모두 같고, 네 각이 모두 직각이 아닌 사각형을 마름모(rhombus)라고 한다. 마름모의 대각선은 서로 다른 대각선을 수직이등분하며, 길이는 서로 다르다.

보기 직사각형의 종이를 그림과 같이 두 번 접어 잘라서 마름모를 만들 수 있다.

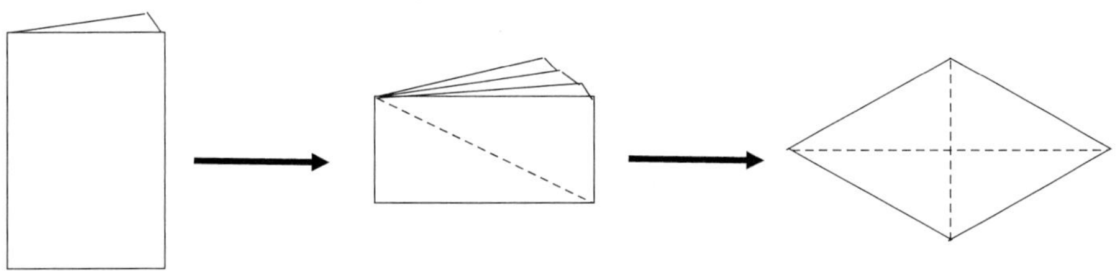

위의 오른쪽 그림과 같이 마름모에서는 마주 보는 두 쌍의 변이 각각 평행이고, 마주보는 각의 크기는 같다.

참고

- 마름모의 마름은 원래 바늘꽃과의 일년생 식물 이름으로 그 열매의 모양이 마치 현재 우리가 도형에서 알고 있는 마름모와 흡사하게 생겼기에 마름이라는 식물에서 유래하여 붙여진 이름이다.

참고

- 마름모는 다음과 같은 성질이 있다.
  ① 마주보는 두 쌍의 변이 서로 평행하다.
  ② 네 변의 길이는 같다.
  ③ 마주 보는 두 각의 크기가 같다.
  ④ 마주 보는 꼭짓점끼리 이은 선분이 서로 수직이다. 즉, 두 대각선은 서로 수직이등분 관계에 있다.

⑤ 이웃하는 각의 합은 2직각(서로 보각)이다.
⑥ 두 대각선을 대칭축으로 하는 선대칭도형이다.
⑦ 대각선의 교점을 대칭의 중심으로 하는 점대칭이다.

참고

- 마름모를 그리는 방법

변의 길이와 각의 크기가 주어진 마름모를 그려보게 한다. 이것을 완성하는 방법은 다음과 같이 두 가지 방법이 있다.

① ②

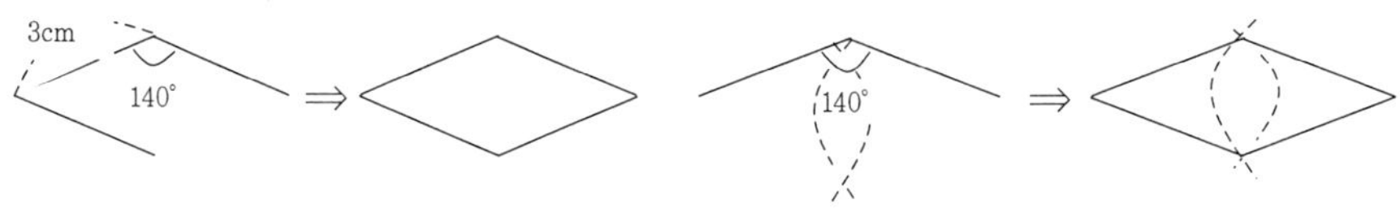

①의 방법은 삼각자를 사용하여 주어진 두변에 각각 평행인 다른 변을 그리는 방법이고, ②의 방법은 컴퍼스를 사용하여 길이가 주어진 두 변을 그려서 마름모를 완성시키는 방법인데, 여기에서는 ①의 방법으로 해결하게 하는 것이 무난하다.

맞꼭지각

아래 그림과 같이 평면에서 만나는 두 직선은 네 각을 형성한다. 아래 그림에서 네 각은 ∠1, ∠2, ∠3, ∠4이다. 이때, ∠1과 ∠3처럼 두 직선이 만남으로써 형성되는 각을 대각 또는 맞꼭지각(vertical angles)이라 한다.

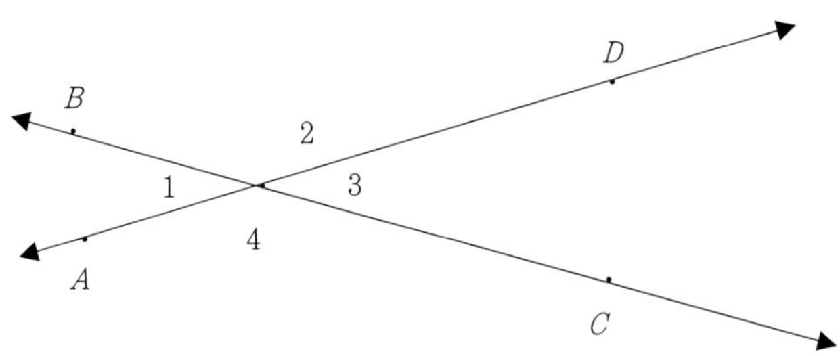

참고

- 각은 크기, 상호관계, 위치에 따른 3가지 관점에서 분류할 수 있다.

  ① 크기에 따른 분류
  - 평각: 회전에 의해 각의 두 변이 겹쳐서 한 직선을 이루었을 때의 각.
  - 직각: 평각의 반(half)인 각.
  - 예각: 0도 보다는 크고 90도 보다는 작은 각.
  - 둔각: 90도 보다는 크고 180도 보다는 작은 각.

  ② 상호관계에 따른 분류
  - 보각: 합이 180도인 두 각을 서로 보각이라고 한다.
  - 여각: 합이 90도인 두 각을 서로 여각이라고 한다. 등이 있다.

  ③ 위치에 따른 분류
  - 맞꼭지각: 두 직선이 한 점 O에서 만나서 이루는 4개의 각 가운데서 서로 마주 보는 각.
  - 동위각: 두 직선과 다른 한 직선이 만날 때 그 교점을 P, Q라 하면 P의 둘레에 4개, Q의 둘레에 4개의 각이 생긴다. 이 때 서로 같은 위치에 있는 각을 동위각이라 한다.
  - 엇각: 두 직선과 다른 한 직선이 만날 때 그 교점을 P, Q라 하면 P의 둘레에 4개, Q의 둘레에 4개의 각이 생긴다. 이 때 서로 엇갈린 위치에 있는 각을 엇각이라 한다.

보기 아래 그림에서 α 와 α', β와 β' 등이 동위각이고, γ와 α', δ와 β' 등은 엇각이 된다.

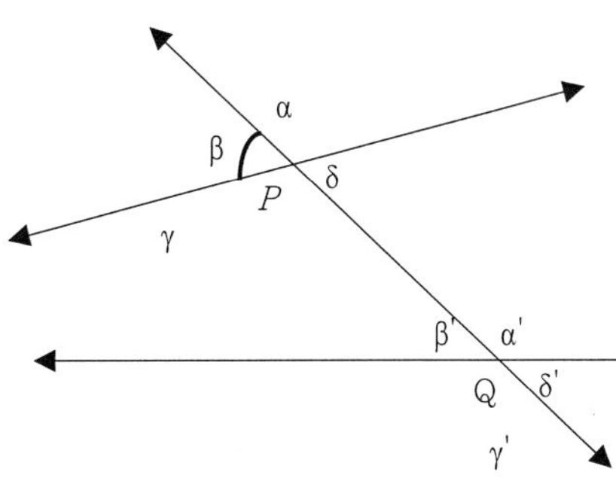

면

면(face)이란 입체의 표면으로, 겉으로 들어난 쪽의 바닥을 의미한다. 좁게는 다면체와 같은 평면만을 의미하며, 넓게는 원기둥의 옆면과 같은 곡면까지도 포함하여 말한다.

보기 아래 입체도형에서 면을 나타내면 다음과 같다.

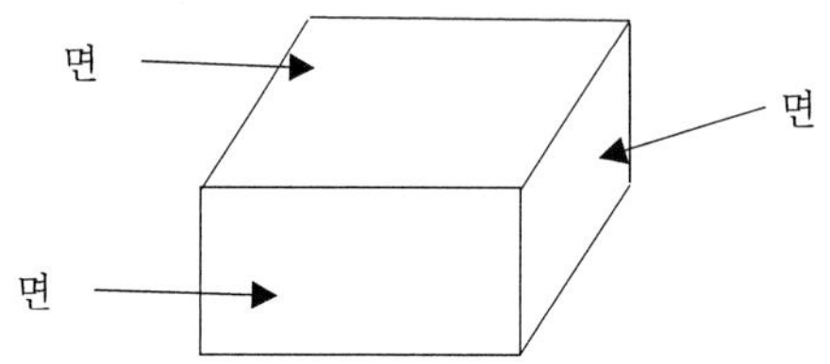

* 면은 넓이만을 생각하고 두께는 생각하지 않는다.

* 면에는 평면과 곡면이 있다. 평평한 면을 '평면'이라 하고, 울퉁불퉁한 면이나 공의 겉면과 같이 둥근면을 '곡면'이라고 한다. 평면위에서는 어느 방향으로나 직선을 그을 수 있으나, 곡면위에서는 어느 방향으로나 직선을 그을 수 없다.

각뿔 ← 옆면이 평면이다.　　　원뿔 ← 옆면이 곡면이다.

참고

▸ 선이 움직이면 면을 이룬다. 줄넘기를 할 때 줄이 움직인 자취는 곧 면이다. 가는 막대를 휘두르면 막대가 움직인 자취는 평면이 되었다가 곡면이 되었다가 한다. 정지하고 있는 수면과 같이 평평한 면을 '평면'이라하고, 공이나 전구의 표면처럼 둥그스름한 면을 '곡면'이라고 한다. 또, 선이 움직인 자리에 면이 생겼다고 볼 수 있으므로 면은 선의 집합이다. 그런데 선은 점의 집합으로 나타낼 수 있으므로 결국 '선의 집합'이라고 볼 수 있다.

면대칭

3차원에서, 한 평면을 기준으로 나누어진 두 부분이 완전히 똑같은 경우를 면대칭(plane symmetry)이라 한다.

모서리

다면체를 구성하는 다각형의 변, 다시 말해 각 면의 경계를 이루고 있는 선분들을 모서리(edge)라 한다.

보기 아래 직육면체와 같은 입체도형의 면과 면이 만나서 생기는 선을 '모서리'라고 한다.

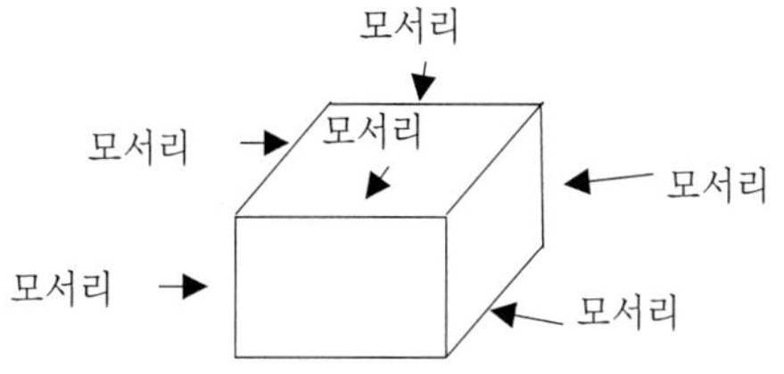

참고

① 직육면체는 사각형으로 둘러싸여 있고, 직육면체를 둘러싸고 있는 사각형을 '면'이라고 한다.
② 입체도형에서 면과 면이 만나는 선을 '모서리'라고 한다.
③ 모서리와 모서리가 만난점을 '꼭짓점'이라고 한다.

참고

- 입체도형에서 면과 면이 만나는 선은 모서리라고 설명할 때 유의할 점이 있다. 즉, 면과 면이 만나는 선을 부르지 않는 경우가 있기 때문이다. 원기둥과 원뿔에서는 옆면과 밑면이 만나는 부분은 원인데 이때 원을 모서리라고 하지 않는다. 모서리는 영어로 edge로 이것은 변이라고 해석되기도 한다. 그렇다면 모서리와 변은 서로 다른 것인가?
  혹자는 입체도형의 면과 면이 만나는 선을 모서리라하고 평면도형에서 보이는 선은 변이라고 구분하기도 하는데 수학적으로 모서리와 변은 같은 개념이다. 그래서 수학자들은 이런 혼동을 피하기 위해 입체도형에서도 모서리보다 변이라는 용어를 사용하며 일관성을 유지하기도 한다. 그럼에도 불구하고 모서리라는 용어를 사용하는 이유는 모서리는 순수 우리말이고, 입체 도형의 경우 변이라기보다 모서리라고 할 때 그 의미가 쉽게 와 닿기 때문이다. 결론적으로 모서리나 변 모두 수학적으로 아무런 차이가 없는 용어이며, 수학적으로 일관성을 유지할 경우에는 변이라는 용어를, 실생활에서 감각적인 의미를 강조할 경우에는 모서리라는 용어를 더 선호한다(이경희, 2016, 수학레시피-초등).

모선

직선의 운동으로 어떤 곡면이 생겼을 때, 그 선을 곡면에 대해서하는 말을 모선(generator)이라고 한다.

학생들이 모선과 높이를 혼동하지 않도록 주의하여야하며, 각뿔의 모서리와 원뿔의 모선이 전혀 다르다는 것을 원뿔의 원래의 정의를 통해 이해시켜야 한다. 즉, 평면 위에 한 원을 그리고, 그 원의 중심을 지나고 원에 수직인 수선 위의 임의의 점과 원둘레의 모든 점과 연결한 선분으로 이루어진 곡면을 그린다.

보기 아래 그림의 원뿔에서 꼭짓점과 밑면인 원둘레의 곡면 위의 한 점을 이은 선분을 '모선'이 된다.

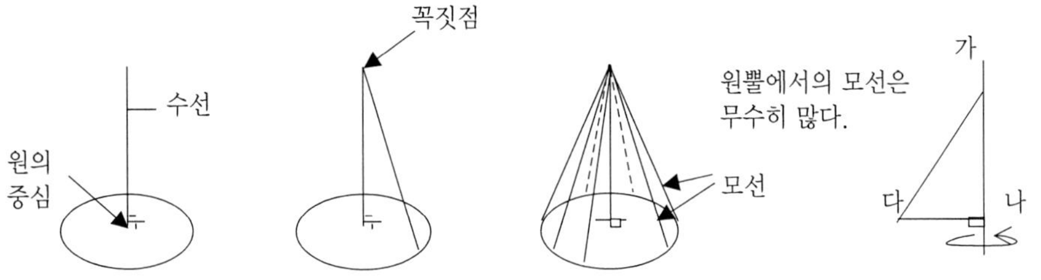

참고

- 이렇게 해서 이루어진 도형이 원뿔이며, 원뿔의 꼭짓점에서 원둘레의 한 점을 이은 선분은 원뿔로 만든 '선분'이라는 뜻으로 어미 모(母)자를 써서 모선(母船)이라고 한다.

참고

- 위의 오른쪽 그림에서 직각 삼각형 가나다를 직각을 낀 한 변 가나를 축으로 하여 회전시켜 생긴 입체도형이 원뿔인데, 이 때, 직각 삼각형 가나다의 빗변 가다를 '모선'이라 한다.

밀기(평행이동)

도형을 한 직선을 따라 평행하게 움직이는 이동을 평행이동(translation) 또는 밀기(slide)[7]라고 한다.

밑각

다각형에서 아래쪽의 밑변의 두 끝을 정점으로 하는 내각을 밑각(base angle)이라 한다.

보기 이등변삼각형 ㄱㄴㄷ에서 각 ㄱㄴㄷ과 각 ㄱㄷㄴ을 '밑각'이라고 한다.

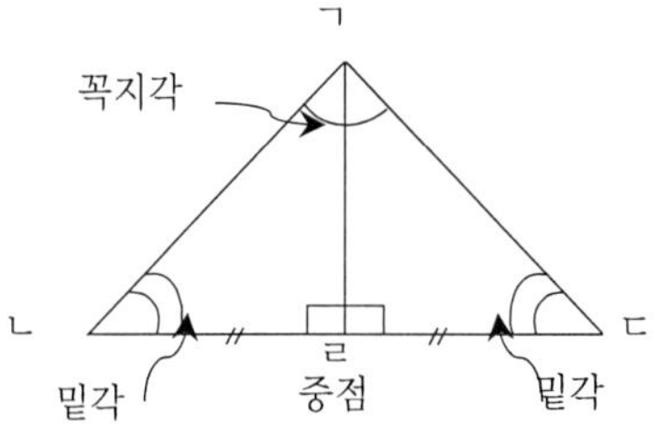

참고

- 이등변삼각형ㄱㄴㄷ은 선분 ㄱㄹ을 대칭축으로 하는 선대칭이므로 삼각형ㄱㄴㄹ과 삼각형ㄱㄷㄹ은 완전히 포개어지므로, 밑각ㄱㄴㄷ과 밑각ㄱㄷㄴ도 완전히 겹쳐지기 때문에 밑각은 서로 같다.

(밑각ㄱㄴㄷ) = (밑각ㄱㄷㄴ)

밑변

평면도형의 경우 높이를 잴 때 기준이 되는 변을 밑변(base line)이라고 한다. 이를테면, 이등변삼각형에서는 길이가 같은 두 변을 등변, 등변이 아닌 나머지 변을 밑변이라고 한다. 입체도형의 경우는 입체도형을 앉혔을 때 바닥에 놓이는 면을 주로 밑면(base)이라고 한다. 하지만 이것 역시 반드시 바닥일 필요는 없으며 자신이 기준을 삼고 싶은 면을 선택하여 밑면으로 정할 수 있다.

---

7) 밀기는 평행이동의 초등용어이다.

보기 오른쪽 그림과 같은 삼각형ㄱㄴㄷ에서 밑변을 ㄴㄷ이라고 하면 높이는 선분ㄱㄹ이고, 밑변이 변ㄱㄷ이면, 높이는 선분ㄴㅁ이며, 밑변이 변ㄱㄴ이면, 높이는 선분ㄷㅂ이다. 따라서 무엇을 밑변으로 보느냐에 따라 높이는 달라진다.

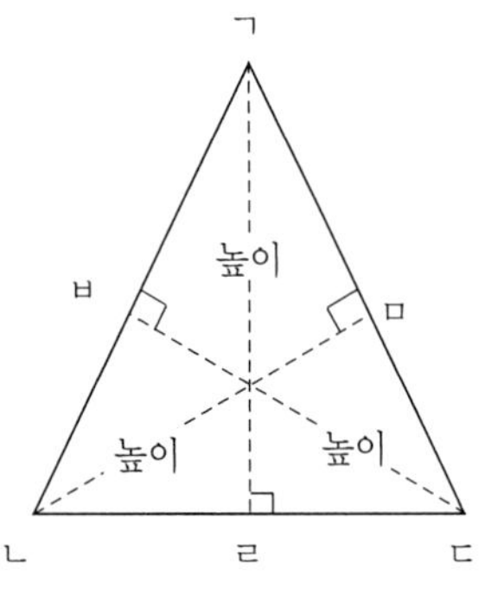

참고

- 삼각형에는 세 개의 변이 있는데, 이 중에서 어느 변이든지 밑변이 될 수 있고, 밑변이 정해지면, 꼭짓점에서 그 밑변에 수직으로 선분을 그어서 '높이'라고 한다. 또한 사다리꼴의 경우 두 밑변 가운데 위쪽에 있는 변을 윗변, 아래쪽에 있는 변을 아랫변이라 한다.

반사(거울반사)

도형의 외부에 있는 한 직선을 축으로 도형을 뒤집는 이동, 혹은 뒤집은 후에 생긴 이미지를 반사(reflection)라 한다.

참고

- 우리나라 초등수학 교과서에서는 반사(reflection)대신 뒤집기(flip)란 용어로 사용되고 있다.

반원

원을 지름을 대칭축으로 하여 접었을 때의 모양을 반원(semicircle)이라 한다.

반지름

원이나 구(球)의 중심에서 그 원주(원둘레) 또는 구면상(球面上)의 한 점에 이르는 선분의 길이를 반지름(radius) 또는 반경이라 한다.

보기 한 원에 있어서 반지름의 길이는 모두 같다.

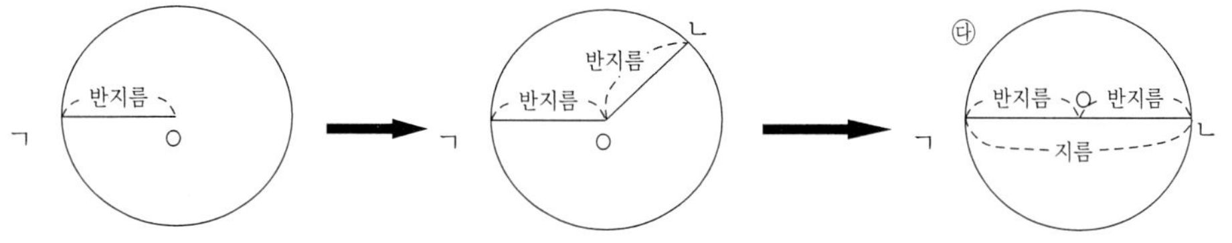

선분 ㄱㅇ을 '원의 반지름'이라고 한다. 또, 선분ㄴㅇ, ㅇㄴ, ㅇㄱ도 원의 반지름이다.

반직선

어느 한 점에서 어느 한 방향으로 곧게 뻗어 나가는 선을 반직선(ray)이라 한다.

보기 선분, 반직선, 직선

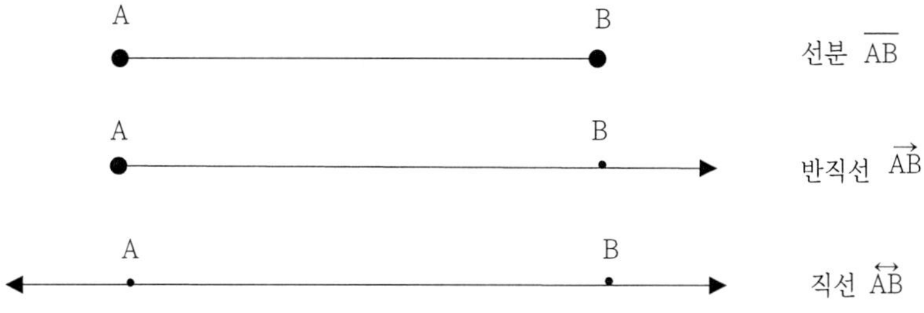

반힐의 기하 학습 수준 이론

기하 학습 수준 이론은 네덜란드 출신의 반힐 부부(Dina van Hiele Gedolf와 Pierre Marie van Hiele)가 1955년에 발표한 이론이다. 그 후 점점 전파되기 시작하여 1980년대에 이르러서는 전 세계적으로 알려지게 되었다. 반 힐 부부는 중등 수학 교사로 재직하면서 학생들이 기하 학습에서 부딪치는 어려움을 해소해줄 수 있는 방법을 다각적으로 연구하던 중 기하 학습에는 다섯 가지 수준이 있으며 아동의 기하적 사고는 이 순서를 따라서 발달한다는 것을 밝혀내었다(반힐은 처음에는 0수준에서 4수준으로 분류하였으나, 1986년 저서 '구조와 통찰'에서는 1수준에서 5수준으로 분류하였다).

배율

한 도형을 2배, 3배, …로 확대하거나 $\frac{1}{2}, \frac{1}{3}, \cdots$로 축소할 때의 비율을 배율(magnification)이라고 한다.

보기 다음 도형에서 배율을 알아보자.

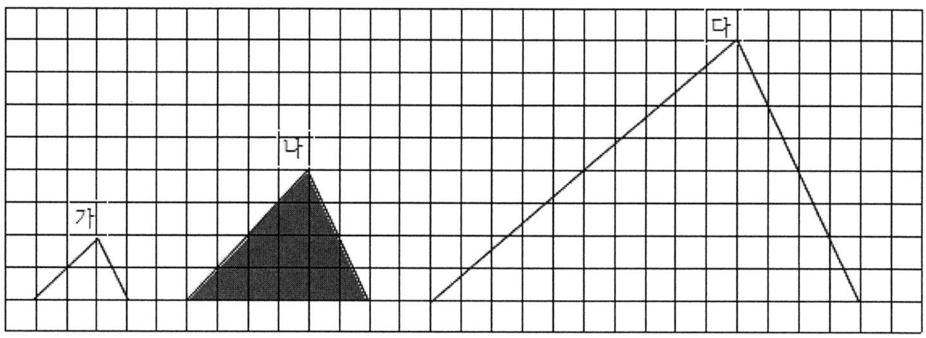

삼각형 (나)를 기준으로 생각하고 모눈의 칸 수를 세어 각 대응변의 길이의 비를 구하면 배율을 알 수 있다.
즉, 삼각형 (나)와 삼각형 (다)의 대응변의 길이의 비는 1:2이고, 삼각형 (다)는 삼각형 (나)를 2배로 확대한 것이다.
또, 삼각형 (나)와 삼각형 (가)의 대응변의 길이의 비는 2:1이고, 삼각형 (가)는 삼각형 (나)를 2분의 1로 축소한 것임을 알 수 있다.

참고

- 배율과 관련되는 기구로는 현미경, OHP, 환등기, 돋보기, … 등이 있으며, 이들은 실물을 축소 또는 확대하여 보는 기구들로 배율이 클수록 크게 보인다. 배율은 확대와 축소 모두를 포함하는 용어이다.

변

다각형을 구성하는 둘레의 선분을 변(side)이라 한다. 변은 각이나 어떤 도형에서 한 점과 다른 점의 사이를 잇고 있는 '선분'을 말한다.

보기 1 다각형에서의 변

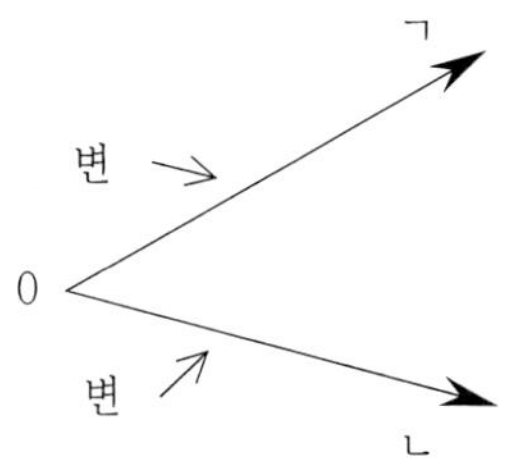

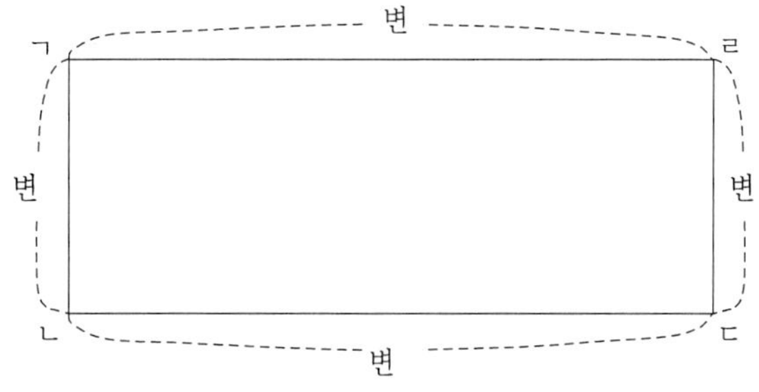

보기 2 아래 그림과 같이 삼각형의 꼭짓점이 ㄱ, ㄴ, ㄷ 일 때 이 삼각형을 '삼각형 ㄱㄴㄷ'이라고 하고, 주어진 삼각형에서 꼭짓점끼리 이어진 선분ㄱㄴ, ㄴㄷ, ㄷㄱ을 '변'이라 한다.

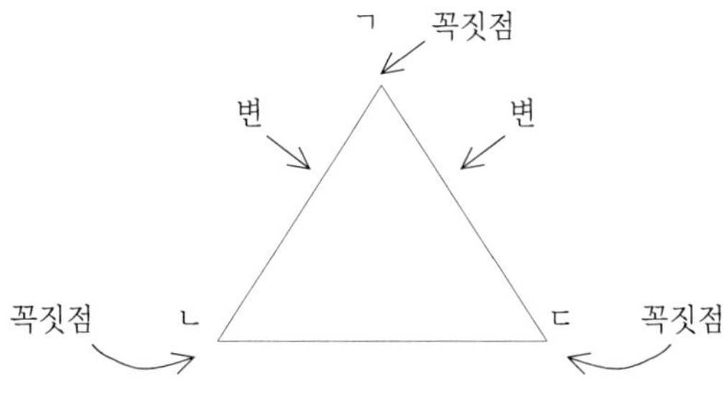

변환

어떤 사물에 가해지는 조작으로, 그 결과 새로운 이미지가 만들어지는 것을 말하는데 초등수학에서는 도형의 위치를 이동하거나 모양이나 크기를 바꾸는 것을 도형의 **변환**(transformation)이라 한다.

보기 초등수학에서 도형의 변환에는 밀기(평행이동), 뒤집기(대칭이동), 돌리기(회전이동) 등이 있다.

보각

두 각의 합이 180° 인 두 각을 보각(supplementary angle)이라 한다.

보기

볼록다각형과 오목다각형

다각형 영역[8]에서 임의의 두 점을 연결한 선분이 다각형 영역의 부분집합이 될 때, 볼록다각형(convex polygon)이라 하고, 다각형 영역의 부분집합이 아니면 다각형은 오목다각형(concave polygon)이라고 한다.

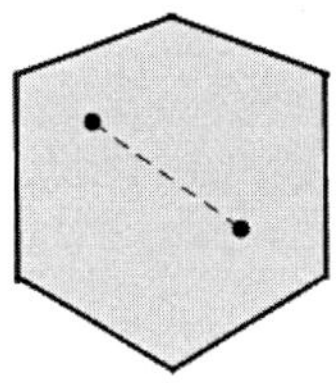

〈볼록다각형〉

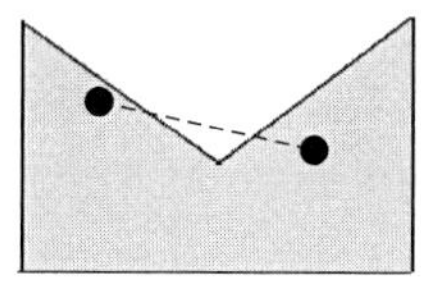

〈오목다각형〉

부등변 삼각형

세 변의 길이가 모두 다른 삼각형을 부등변 삼각형(scalene triangle)이라 한다.

부채꼴

한원에서 두개의 반지름과 그 사이에 있는 호로 둘러싸인 부채모양의 도형을 부채꼴(sector)이라 한다.

보기 부채꼴

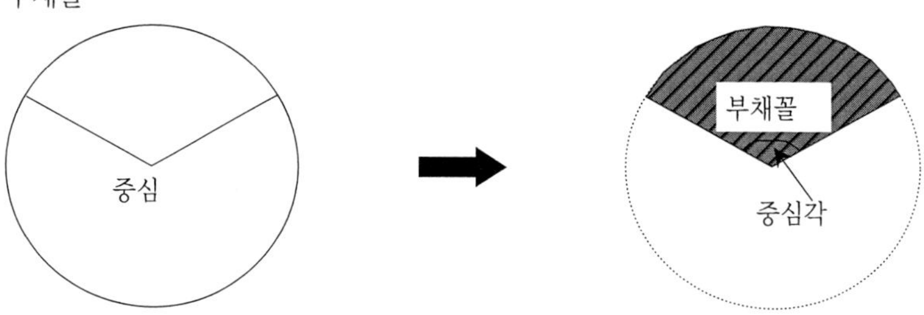

8) 다각형과 다각형의 내부를 함께 합쳐서 다각형 영역이라고 한다.

참고

① 부채꼴을 달리 표현하면, 두 개의 선분과 한 개의 곡선(호)으로 구성된 '폐곡선'이라 할 수 있다. 즉, 직선과 곡선이 섞인 도형이 부채꼴이다.

② 한 호와 그 양 끝을 지나는 두 개의 반지름으로 둘러싸인 도형을 '부채꼴'이라한다.

③ 반지름과 중심각이 같은 부채꼴은 모두 합동이다.

부채꼴의 호

한 원에서 두 개의 반지름 사이의 곡선을 호(arc) 또는 원호(圓弧)라고 한다.

보기 아래 그림에서 부채꼴 ㄱㅇㄴ의 중심각은 120°이고 반지름은 3cm이며, 곡선 ㄱㄴ은 '부채꼴 ㄱㅇㄴ의 호'라고 한다.

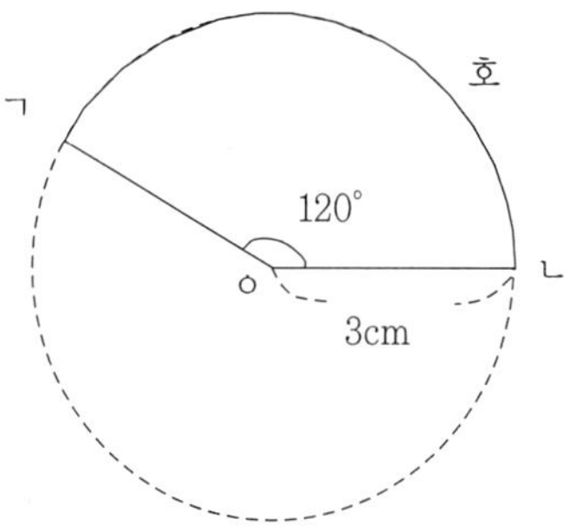

참고

▸ arc는 활을 의미하는 라틴어 arcus에서 유래한 것이다.

부채꼴의 호의 길이

한 원에서 두 개의 반지름 사이의 곡선의 길이를 부채꼴의 호의 길이(arc length)라 한다.

보기 반지름의 길이가 3cm, 중심각의 크기가 120°인 부채꼴의 호의 길이를 알아보시오.

반지름의 길이가 3cm인 원주는 (6 × 3.14)cm 이다.

중심각의 크기가 120°인 부채꼴의 호의 길이는 원주의 $\frac{120}{360}$

∴ (호의 길이) = $6 \times 3.14 \times \frac{120}{360} = 6.28$ (cm)

$$(\text{부채꼴의 호의 길이}) = (\text{원주}) \times \frac{(\text{중심각의 크기})}{360}$$

참고

- 부채꼴의 호의 길이를 유도하는 식의 과정은 다음과 같다.
  ① 한 원 또는 합동인 원(반지름의 길이가 같은 원)에서 중심각의 크기가 같은 부채꼴은 합동이다.
  ② 한 원 또는 합동인 원에서 중심각의 크기가 같은 부채꼴의 호의 길이는 같다.
  ③ 따라서, 한 원 또는 합동인 원에서 부채꼴의 호의 길이는 중심각의 크기에 비례한다.

빗각기둥

직각이 아닌, 비스듬히 기울어진 도형을 빗각기둥(oblique prism)이라 한다.

보기

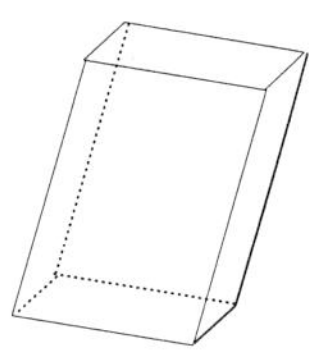

빗변

'아래쪽'을 뜻하는 'hypo-'와 '늘리다'를 뜻하는 'teinein' 혹은 '변'을 뜻하는 'tenuse'의 합성어인 고대 그리스어 단어인 'hypoteinousa'에서 유래하였으며 직각삼각형에서 가장 긴 변으로, 직각삼각형에서 직각의 마주보는 변을 빗변(hypotenuse)이라 한다.

뿔대

뿔을 밑면과 평행한 평면으로 자르면 뿔은 두 부분으로 나누어진다. 이때 뿔의 꼭짓점을 포함하지 않는 부분을 뿔대(frustum)라고 한다. 뿔의 면 부분을 옆면, 평행인 두 평면을 밑면, 두밑면 사이의 거리를 높이라고 한다. 자르기 전의 뿔이 각뿔이면 각뿔대, 원뿔이면 원뿔대라고 한다.

사각뿔

밑면이 사각형이고 옆면이 삼각형인 입체도형이 사각뿔(quadrangular pyramid)이다. 각뿔은 밑면의 모양에 따라 삼각뿔, 사각뿔, 오각뿔, 육각뿔, 팔각뿔 등으로 이름을 붙인다.

보기 사각뿔은 모서리, 꼭짓점, 각뿔의 꼭짓점, 밑면, 옆면으로 구성된다.

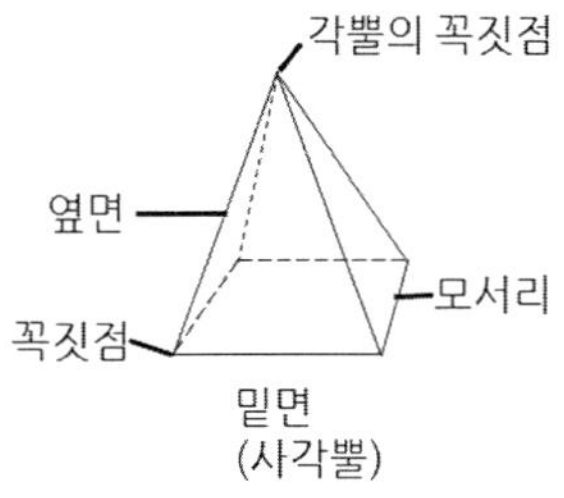

사각형

네 개의 선분으로 둘러싸인 도형을 사각형(quadrangle)이라 한다. 즉, 네 개의 모진 귀가 있는 모양으로 각(angle)이 4(quad)개인 도형을 의미하며 네모꼴 또는 네모모양이다.

보기 사각형과 사각형의 읽기

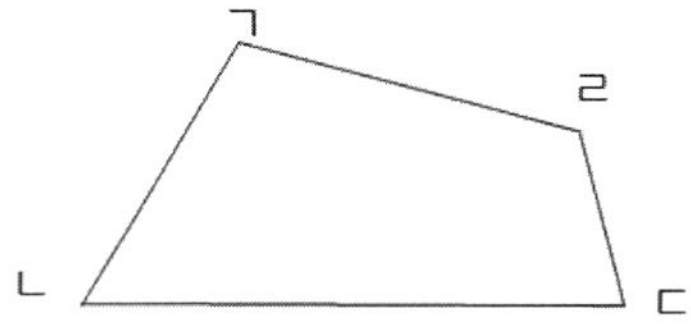

⇒ '사각형ㄱㄴㄷㄹ'이라고 읽는다.

참고

① 각이 4개이면 자동으로 변이 4개가 되고, 변이 4개이면 각이 4개가 생기므로, 우리가 흔히 말하는 사각형과 사변형은 같은 도형이다.

② 사각형은 네 개의 선분으로 이루어진 다각형이다. 사각형은 포함관계로 공부하는 것이 이해하기 쉬우며 사각형의 포함관계를 그림으로 보면 다음과 같다.

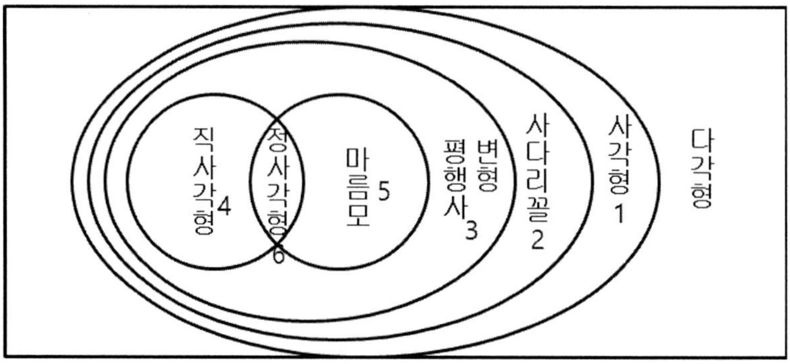

③ 사각형의 성질

종 류	변	각
사 각 형	4개	4 개
사다리꼴	1쌍의 대변이 서로 평행	각의 크기가 다르다.
평행사변형	대변끼리 서로 평행	대각의 크기가 같다.
직사각형	대변끼리 평행이고 길이가 같다.	네 각이 모두 직각
마 름 모	대변끼리 평행이고 네 변의 길이가 같다.	네 각의 크기가 같다.
정사각형	대변끼리 평행이고 네 변의 길이가 같다.	네 각이 모두 직각

④ 사각형의 성질 요약

성 질 / 사각형	대변				4변이 같음	대각이 같음	4각이 같음	대 각 선		
	1쌍만 평팽	2쌍다 평행	1쌍만 같음	2쌍다 같음				같음	직교	다른 것을 이등분
사다리꼴	○	×	×	×	×	×	×	×	×	×
등변사다리꼴	○	×	○	×	×	×	×	○	×	×
평행사변형	×	○	×	○	×	○	×	×	×	○
마 름 모	×	○	×	○	○	○	×	×	×	○
직사각형	×	○	×	○	×	○	○	○	×	○
정사각형	×	○	×	○	○	○	○	○	○	○

사각형의 포함관계[9]는 어떠한가? 위의 여러 가지 사각형의 변과 각을 비교하여 그 사이의 관계를 알아보자

9) 포함관계란 어떤 개념이 보다 일반적인 개념에 포함 또는 포함된다고 하는 종속관계를 개념의 포함관계라고 한다.

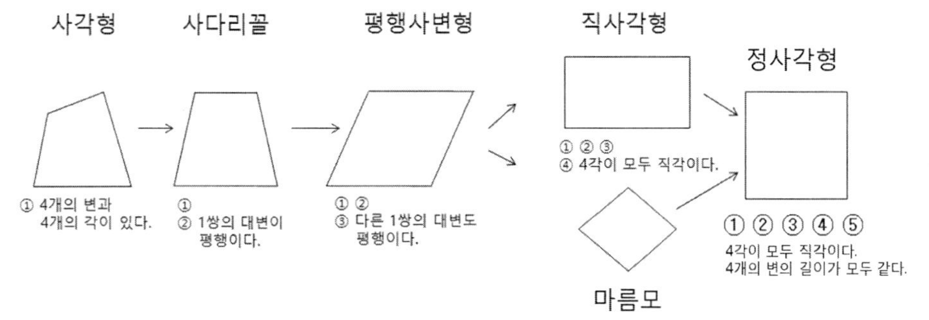

참고

- 도형의 포함관계 지도에서 초등학생들의 경우는 논리적 사고를 바탕으로 지도하기 보다는 분류나 작도 등 조작을 통하여 도형 사이의 상호관계를 지도한 후에 도형의 정의나 구성 요소들을 바탕으로 논리적으로 지도하는 것이 바람직하다.

사각형의 꼭짓점

네 개의 변이 있는 사각형에서 두 변이 만나는 점들을 사각형의 꼭짓점(vertex of a quadrangle)이라 한다.

보기 사각형은 네 귀가 있으므로 꼭짓점이 4개이다.
꼭짓점은 각을 이룬 두 선분이 만나는 점이나
평면도형에서 변과 변이 만나는 점,
그리고, 다면체에서 세 개 이상의 면이 만나는 점이다.

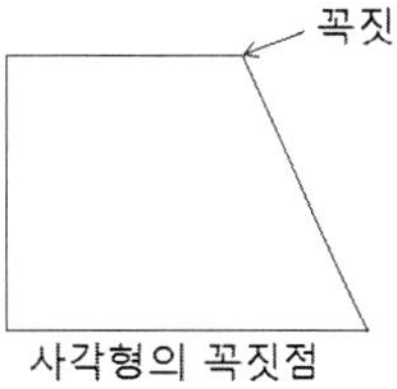

사각형의 꼭짓점

사각형의 대변과 대각

사각형에서 사로 마주 보는 위치에 있는 두 변을 대변(opposite sides)이라하고 서로 마주 보는 위치에 있는 두 각을 대각(opposite angles)이라 한다.

사각형의 변

사각형을 이루는 선분을 사각형의 변(side of a quadrangle)이라한다. 변은 다각형이나 평면도형을 이루는 하나하나의 선분을 의미한다.

보기 사각형에서 변은 4개가 있다. 그러므로 때로는 사변형이라고 하기도 한다. 하지만 사각형과 사변형은 같은 도형을 의미한다.

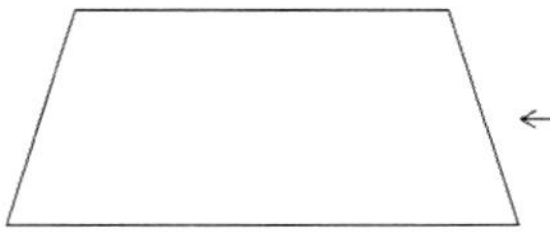

사다리꼴

사각형에서 한 쌍의 마주 보는 변이 평행한 사각형을 사다리꼴(梯形, trapezoid)이라고 한다. 梯形은 사닥다리 모양이라는 뜻이며 이것을 줄여 오늘날 사다리꼴이라고 표기하고 있다.

보기 직사각형을 그림처럼 자르면 오른쪽 사다리꼴이 된다.

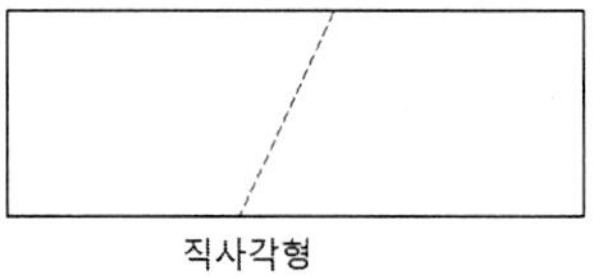

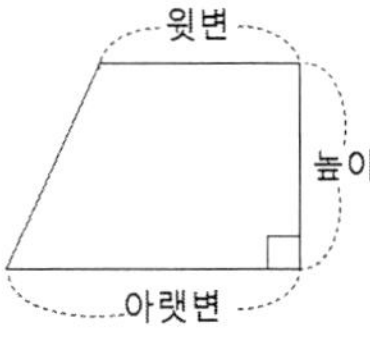

* 사다리꼴은 변이 4개, 각이 4개 마주보는 변이 2쌍이다.

* 사다리꼴의 밑변, 윗변, 아랫변, 높이

- 사다리꼴에서 평행인 두변을 '밑변'이라고 한다.
- 밑변을 위치에 따라 윗변, 또는 아랫변이라고 한다.
- 그리고, 두 밑변 사이의 거리를 '높이'라고 한다.

참고

① 사다리꼴 중에서 양 밑각이 같은 것을 등변사다리꼴(등각사다리꼴), 한 각이 직각인 것을 직각사다리꼴이라 한다. 사다리꼴에서 윗변, 아랫변은 상대적이다. 즉, 어느 한 쪽이 윗변으로 정해지면 그 반대쪽은 아랫변이 된다.

② 우리나라의 경우 평행사변형, 직사각형, 마름모, 정사각형이 모두 사다리꼴에 포함된다. 그 이유는 이 도형들은 모두 한 쌍의 대변이 평행하기 때문이다.

③ 일부 외국에서는 오직 한 쌍만이 평행인 사각형을 사다리꼴 이라고 정의하는 경우도 있다. 이 경우 평행사변형, 직사각형, 마름모, 정사각형은 사다리꼴에 포함되지 않는다.

사면체

4개의 다각형으로 둘러싸인 입체도형을 사면체(tetrahedron)라 한다.

보기 입체도형의 각 면이 다각형으로 둘러싸인 닫힌 도형을 다면체라 한다. 따라서 다면체의 각 면은 다각형이다. 특히, 모든 면이 서로 합동인 정다각형인 다면체를 정다면체라고 한다. 정다면체는 아래 그림의 왼쪽부터 차례로 정사면체, 정육면체, 정팔면체, 정십이면체, 정이십면체의 다섯 가지 종류가 있다. 정사면체는 각 면이 정삼각형으로 이루어진 사면체의 특수한 경우이다.

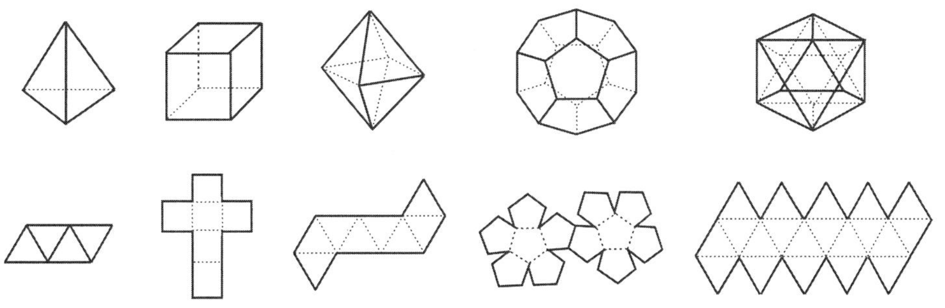

사변형

네 개의 선분으로 둘러싸인 도형을 사변형(quadrilateral)이라 한다.

보기

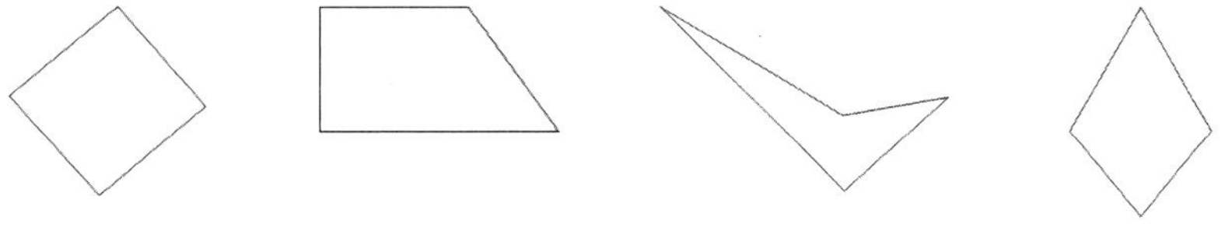

참고

> 평면도형의 이름은 주로 '각'과 '변'의 관점에서 이름이 붙여진다. 그런 의미에서 사변형은 변(lateral)이 4(quad)개인 도형이라는 뜻이며, 사각형은 각(angle)이 4(quad)개 라는 뜻이 된다. 하지만 각이 4개이면 자동적으로 변이 4개가 되고, 거꾸로 변이 4개이면 각이 4개가 되므로, 사각형과 사변형은 본질적으로 같은 도형이다. 다만 우리나라 초등학교 수학 교육과정에서는 '사각형'으로 용어를 통일하여 사용하고 있을 뿐이다.

삼각뿔

밑면이 삼각형인 각뿔, 또는 네 면이 삼각형인 사면체를 삼각뿔(triangular pyramid)이라 한다.

보기 삼각뿔은 그림과 같이 밑면이 삼각형, 옆면이 삼각형이고, 꼭짓점은 4개, 모서리가 6개, 면이 4개이다.

참고

- 각뿔은 밑면의 모양에 따라 삼각뿔, 사각뿔, 오각뿔 … 등으로 이름이 붙여진다. 각뿔에서 면과 면이 만나는 부분이 모서리, 모서리와 모서리가 만나는 부분이 꼭짓점이다.

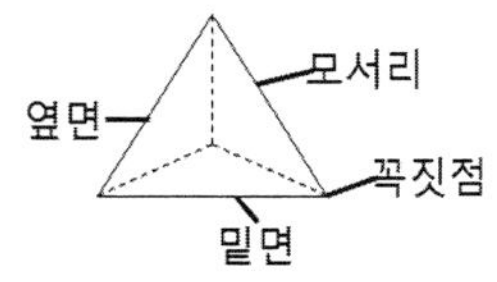

삼각형

일직선상에 있지 않은 세 개의 점을 세 선분으로 연결하여 만든 평면도형을 삼각형(triangle)이라 한다. triangle에서 tri는 3을, angle은 각을 의미한다. 따라서 말 그대로 해석하면 세 개의 각을 가진 도형을 뜻하지만, 정의는 각이 아닌 선분으로 하고 있다.

보기 아래 그림과 같이 세 선분으로 둘러싸인 도형이 삼각형이다.

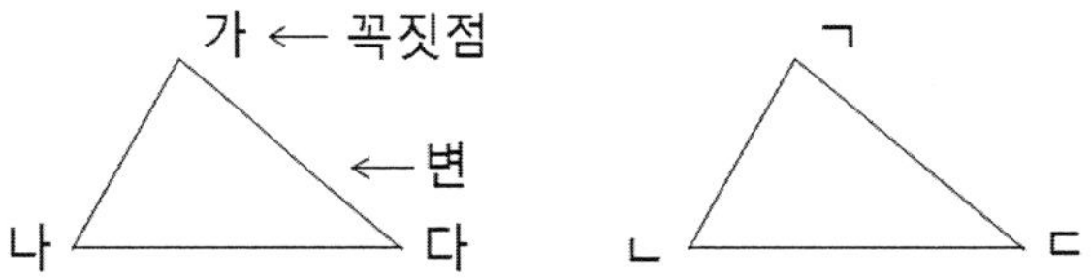

삼각형에서 점 가, 나, 다를 '꼭짓점'이라 하고, 선분가나, 나다, 다가를 '변'이라 한다.
위의 오른쪽 삼각형을 읽을 때에는 '삼각형ㄱㄴㄷ'이라고 읽는다.
(이 도형의 꼭짓점은 ㄱ, ㄴ, ㄷ이다.)

참고

① 삼각형은 변의 수가 3개인 다각형이고, 다각형 가운데 변의 수가 가장 적다.
일반적으로 3개의 선분으로 닫힌 평면도형을 '삼각형'이라 하고, 이 3개의 선분을 변, 선분의 교점을 '꼭짓점'이라 한다.

② 일직선상에 놓여 있지 않은 세 개의 점을 두 개씩 이은 세 개의 선분으로 된 폐곡선이다.

③ 삼각형은 각이 3개, 꼭짓점이 3개, 변이 3개인 도형이고, 삼각형의 세 각의 합은 180° 이다.

참고

- 삼각형은 변의 길이와 각의 크기에 따라 다음과 같이 분류할 수 있다.

  ① 변의 길이에 따른 분류

  - 삼각형
    - 부등변 삼각형
    - 이등변 삼각형
      - 밑변이 등변과 다르다.
      - 밑변도 등변과 같다(정삼각형).

  ② 각의 크기에 따른 분류

  - 예각삼각형: 3각이 모두 예각인 삼각형
  - 직각삼각형: 한 각이 직각인 삼각형
  - 둔각삼각형: 한 각이 둔각인 삼각형

삼각형의 각

삼각형의 두 변으로 만들어지는 각을 삼각형의 각(an angle of a triangle)이라고 한다.

보기 삼각형 ㄱㄴㄷ에서 변ㄴㄱ과 변ㄴㄷ을 늘여 반직선ㄴㄱ과 ㄴㄷ을 만들어 보자.
그리고, 각ㄱㄴㄷ을 찾아보자. 또, 반직선 ㄱㄷ과 반직선 ㄷㄴ을 그려서 각ㄱㄷㄴ을 찾아보자.
이와 같이 삼각형의 두 변으로 만들어지는 각을 '삼각형의 각'이라고 한다.

참고

- 삼각형에서 각은 모두 3개이고 삼각형 3각의 합은 180°이다. 삼각형의 각을 잘라 붙이면 일직선(평각)이 된다.

삼각형의 결정조건

삼각형이 하나로 유일하게 정해지는 조건을 삼각형의 결정조건이라고 하는데, 삼각형의 3변의 길이와 3각의 크기에 대한 조건을 말한다.

삼각형이 유일하게 결정되는 변의 길이와 꼭지각에 대한 조건은 합동인 삼각형을 작도하는 조건과 같은 아래 ①, ②, ③이 많이 쓰인다.

① 세 변의 길이가 주어졌을 때
② 두 변과 그 사이의 각이 주어졌을 때
③ 한 변과 그 양쪽 끝 각이 주어졌을 때
④ 세 각의 크기가 주어졌을 때
⑤ 두 변과 그 한 대각의 크기가 주어졌을 때

삼각형을 작도할 수 있다. 하지만 위의 여러 가지 경우가 주어져 있지만 무조건 삼각형이 결정되는 것은 아니며 자세한 것은 아래 삼각형 그리기(합동인 삼각형)를 참고하기 바란다.

삼각형의 꼭짓점

삼각형에서 두 변이 만나는 지점을 삼각형의 꼭짓점(a vertex of a triangle)이라고 한다.

보기 아래 그림과 같이 삼각형의 꼭짓점은 모두 3개이다.

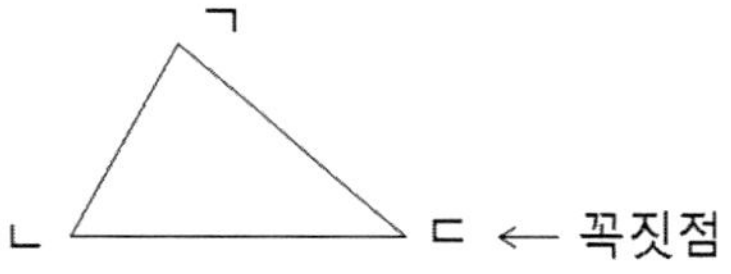

삼각형의 꼭짓점을 읽을 때에는 꼭짓점ㄱ, 꼭짓점ㄴ, 꼭짓점ㄷ 으로 읽는다.

참고

› 삼각형의 꼭짓점은 일직선상에 있을 수 없다.

삼각형 그리기(합동인 삼각형)

세 변과 세 각이 있는 삼각형을 컴퍼스, 삼각자, 각도기 등으로 그리는 것이다.

보기 합동인 삼각형을 그리는 방법

세 변의 길이가 각각 4cm, 5cm, 6cm인 삼각형을 그려보자.

① 길이가 6cm인 선분 ㄴㄷ을 그린다.

② 점ㄴ을 중심으로 반지름의 길이가 4cm인 원을 그린다.

③ 점ㄷ을 중심으로 반지름의 길이가 5cm인 원을 그린다.

④ 두 원이 만난 점ㄱ을 찾아 삼각형ㄱㄴㄷ을 그린다.

삼각형에서 세 변의 길이를 알면, 합동인 삼각형을 그릴 수 있다(SSS)

두 변의 길이가 각각 3cm, 5cm이고, 그 끼인각의 크기가 75°인 삼각형을 그려 보자.

① 길이가 5cm인 선분ㄴㄷ을 그린다.

② 각도기를 이용하여 75°인 각을 그린다.

③ 점 ㄴ에서 3cm 떨어진 점 ㄱ을 잡는다.

④ 점 ㄱ과 ㄷ을 연결하여 삼각형ㄱㄴㄷ을 그린다.

삼각형에서 두 변의 길이와 그 끼인각의 크기를 알면, 합동인 삼각형을 그릴 수 있다(SAS)

한 변의 길이가 6cm이고, 그 양끝 각의 크기가 각각 50°, 70°인 삼각형을 그려 보자.

① 먼저 길이가 6cm인 선분 ㄴㄷ을 그린다.

② 각도기를 이용하여 50°, 70°인 각을 그리고, 만나는 점 ㄱ을 찾는다.

③ 변 ㄴㄱ, 변ㄷㄱ을 그려 삼각형 ㄱㄴㄷ을 그린다.

삼각형에서 한 변과 그 양 끝각의 크기를 알면, 합동인 삼각형을 그릴 수 있다(ASA)

참고

- 다음과 같은 경우는 삼각형이 그려지지 않는다.
  ① 세 변 중에서 두 변의 길이를 합하였을 때 나머지 한 변의 길이보다 짧다. 즉, 삼각형에서 한 변이 아무리 길어도 나머지 두변의 합보다는 짧아야 삼각형을 그릴 수 있다.
  ② 두 변의 길이와 그 끼인각이 180°이다.
  ③ 한 변과 양 끝 각의 합이 180°이다.

삼각형의 내각의 크기

삼각형의 두 변이 만나서 이루어지는 각의 벌어진 정도를 의미한다.

참고

① 삼각형의 한 내각의 크기는 0°보다 크고 180°보다 작다.
② 삼각형의 내각은 모두 3개이다.
③ 삼각형 세 내각의 합은 180°이다.

삼각형의 내각의 합

삼각형의 두 변이 만나서 이루어지는 각 중에서 안쪽 각 3개를 합한 각이다. 삼각형의 내각은 모두 3개이다. 삼각형의 세 내각의 합은 180°이다.

참고

- 삼각형의 내각의 합을 지도하는 방법은 다음과 같다.
  ① 각도기를 이용하여 그 내각을 측정한다. 이 경우 측정과정에서 약간의 오차가 생길 수 있으나 내각의 합을 구하는 가장 원론적인 방법이다.
  ② 삼각형의 본을 떠서 합동인 세 개의 삼각형을 만든다. 삼각형의 세 꼭짓점을 한 점에 모아 일직선이 됨을 확인한다.
  ③ 아래 그림과 같이 삼각형의 내각을 세 조각으로 분할하여 꼭짓점을 일치시켜 본다. 이때 세 꼭지각을 한 곳에 모으면 일직선이 된다.
  ④ 삼각형을 접어 세 내각을 한 곳에 모아 일직선이 됨을 확인한다. 삼각형의 두 변의 중점을 연결한 선분을 긋고, 이 선분을 축으로 삼각형을 접어서 세 꼭지각을 한 곳에 모아 직선이 됨을 확인한다.

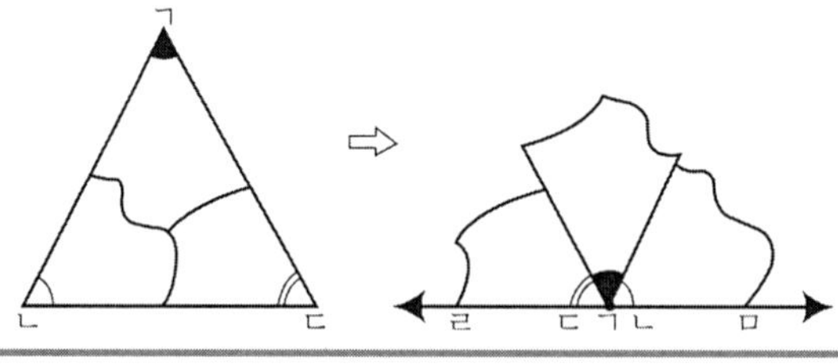

위의 어느 경우이든 일직선이므로 내각의 합은 180°가 됨을 알 수 있다.
사각형, 오각형, 육각형 등의 내각의 합을 구할 때도 이들 도형을 몇 개의 삼각형으로 잘라서 삼각형의 개수만큼 180°를 더하거나 곱해서 구한다.

삼각형의 높이

삼각형의 꼭짓점에서 밑변에 수직으로 그은 선분의 길이가 높이(altitude)이다.

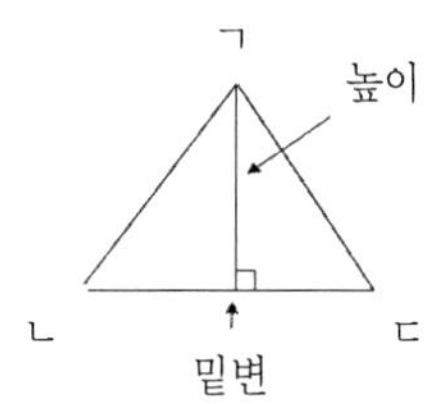

보기 삼각형 ㄱㄴㄷ에서, 변 ㄴㄷ을 밑변이라 하고, 꼭짓점 ㄱ에서 밑변에 수직으로 그은 선분ㄱㄹ을 '높이'라고 한다. 또한 삼각형 ㅁㅂㅅ에서는 밑변이 변 ㅁㅂ이면 높이가 변 ㅅㅂ이 되고, 밑변이 변 ㅂㅅ이면, 높이는 변 ㅁㅂ이 된다.

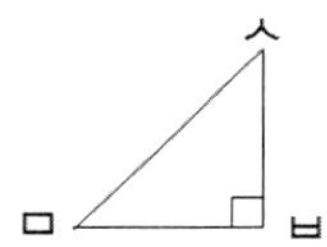

삼각형의 닮음

두 삼각형에서 대응하는 세 각의 크기가 각각 같고 대응하는 변의 길이의 비가 같을 때, 두 삼각형은 닮았다고 하며, 닮은 삼각형에서 대응변의 길이의 비를 닮음비라 한다. 삼각형 ABC 와 삼각형 DEF가 서로 닮음도형일 때, 기호로 $\triangle ABC \backsim \triangle DEF$ 로 나타낸다.

참고

- 삼각형의 닮음조건
  ① 대응하는 세 쌍의 변의 길이의 비가 같다.
  ② 대응하는 두 쌍의 변의 길이의 비와 그 사이에 끼인 각의 크기가 같다.
  ③ 대응하는 두 쌍의 각의 크기가 각각 같다.

삼각형의 대변과 대각

삼각형의 어느 한 각과 마주보는 위치에 있는 변을 대변(opposite sides)이라하고 어느 한 변과 마주보는 각을 대각(opposite angle)이라 한다.

선

양끝으로 한 없이 늘린 곧은 선, 다시 말해 그어 놓은 금이나 줄로 점의 이동에 따라 생기는 도형을 선(line)이라 한다. 선은 그림이나 도형을 그리는 데 많이 사용한다.

보기 선에는 직선이나 곡선이 있는데, 곧은 선을 직선, 굽은 선이 곡선이다.

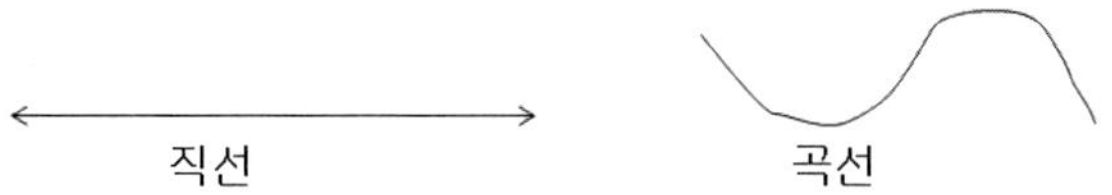

선(line) 중에서 아래와 같이 짧게 끊긴 직선을 파선이라 한다. 파선은 겨냥도 등에서 보이지 않는 부분을 그릴 때 사용한다. 파선 외에도 아래와 같이 여러 가지 종류의 선들이 있다.

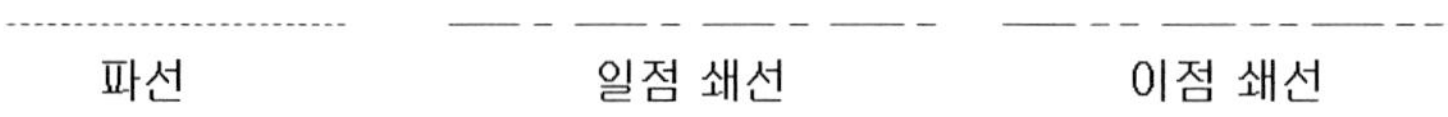

선대칭 도형

어떤 직선으로 접어서 완전히 겹쳐지는 도형을 그 직선에 대하여 선대칭(line symmetry) 도형이라 하고, 그 직선을 대칭축이라 한다. 즉, 어떤 직선으로 접었을 때, 완전히 겹쳐지는 도형을 선대칭 도형이라고 한다. 그리고 그 직선을 대칭축이라 한다.

보기 그림에서 화살표 모양의 종이는 가운데 직선으로 접으면 완전히 겹쳐진다. 선대칭 도형은 각 대응점과 대응각이 대칭축에서 같은 거리에 있으나 방향이 반대이다.

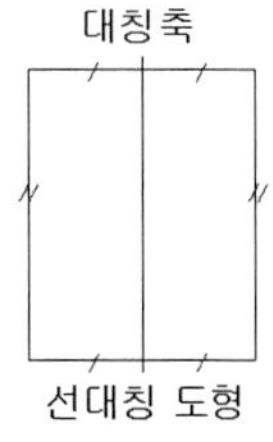

참고

- 선대칭 도형에서 대칭축의 양쪽에 2개의 부분으로 된 것을 특별히 '상호대칭'이라 하고, 대칭축이 자기도형 안에 포함되어, 도형이 둘로 떨어져 있지 않은 것을 특히 '자기 대칭'이라 한다.
  공부하는 순서는 상호대칭부터 시작한다. 그 이유로 상호대칭은 대칭축이 하나인데 자기 대칭은 대칭축을 하나 이상 갖는 경우도 많기 때문이다. 어느 경우나 대응하는 선분, 대응하는 각은 같다. 그리고 대응하는 점을 잇는 직선은 대칭축 위에서 만난다.

선대칭의 위치에 있다

여러 가지 선대칭 중에서 대칭축이 폐곡선의 외부에 있는 경우이다.

보기 오른쪽 그림을 직선 ㅅㅇ으로 접어서 겹쳐보면 삼각형 ㄱㄴㄷ과 삼각형 ㄹㅁㅂ은 완전히 겹쳐진다. 이와 같은 삼각형 ㄱㄴㄷ과 삼각형 ㄹㅁㅂ은 직선ㅅㅇ에 대해서 선대칭의 위치에 있는 도형(symmetric figure with respect to a line)이라고 한다. 이 때, 직선 ㅅㅇ을 대칭축이라고 한다. 따라서, 삼각형 ㄱㄴㄷ과 삼각형 ㄹㅁㅂ은 직선 ㅅㅇ에 대하여 선대칭의 위치에 있다. 선대칭의 위치에 있는 도형도 각 대응점과 대응각은 대칭축에서 같은 거리에 있으나 방향이 반대이다.

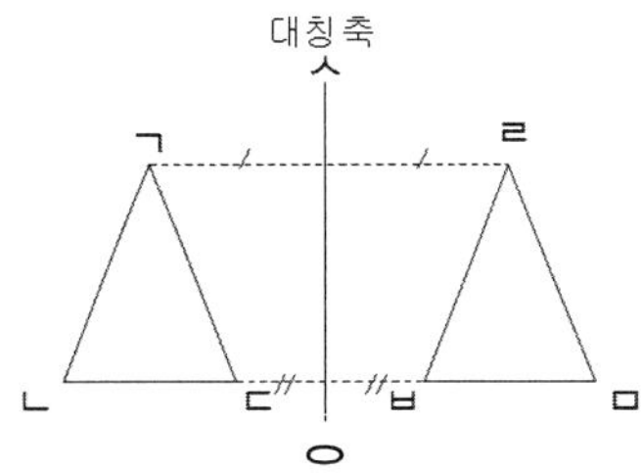

〈선대칭의 위치에 있는 도형〉

선분

두 점을 곧게 이은 선을 선분(line segment)이라하며 직선(line)의 일부분(segment)이 된다.

보기 다음 그림과 같이 점과 점을 곧게 이은 선을 선분이라 하고, 점ㄱ, 점ㄴ을 선분의 끝점이라 하며, 이것을 '선분ㄱㄴ 또는 선분ㄴㄱ'이라고 읽는다.

⟶ 읽기 : 선분ㄱㄴ 또는 선분ㄴㄱ

참고

› 합동인 선분

선분ㄱㄴ과 선분ㄷㄹ이 꼭 맞게 포개어 지는지 알아보자.

두 선분이 꼭 맞게 포개어 질 때, 선분ㄱㄴ과 선분ㄷㄹ을 '합동인 선분'이라 한다.

세로

위에서 아래로 나 있는 방향 또는 그 길이를 세로(length)라 한다.

보기 세로는 도형에 있어서 '가로'에 대응되는 이름이다.

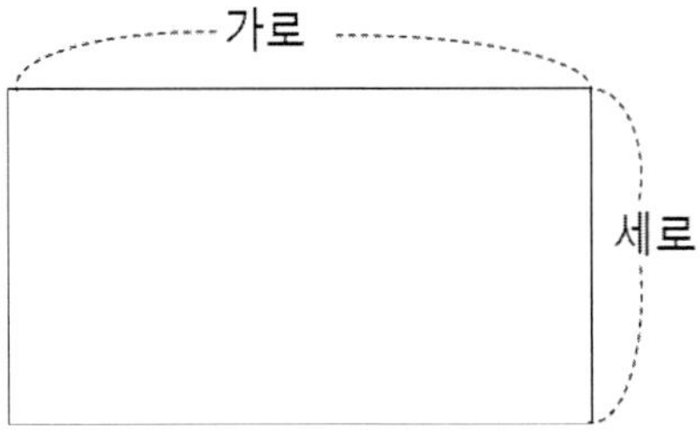

세로 좌표

좌표평면에서 순서쌍(x, y)의 y에 해당되는 점으로 세로축에 관계하는 점을 세로좌표(ordinate)라 한다.

보기 아래 오른쪽 좌표평면에서 '가'의 세로좌표는 3이다.

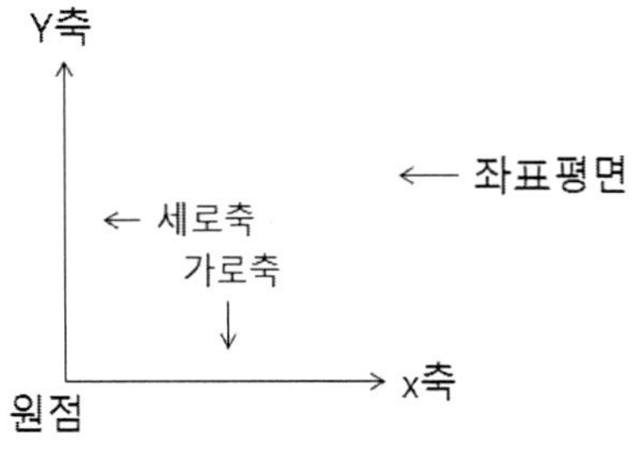

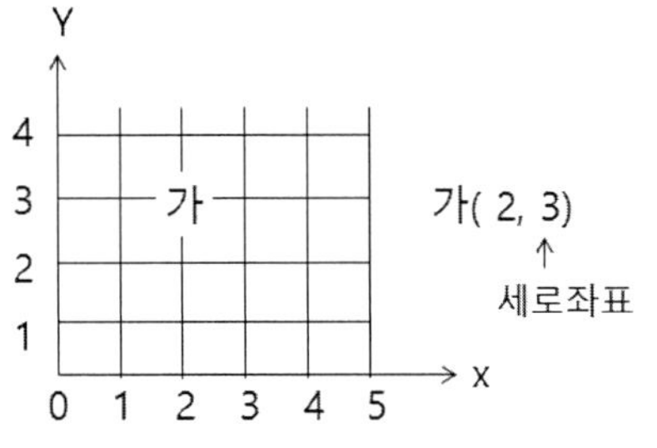

세로좌표를 'y축 좌표'라고도 한다.

수선

두 직선이 수직일 때, 한 직선을 다른 직선에 대한 수선(perpendicular line)이라고 한다.

보기 삼각자를 이용하여 수선을 그어보자.
점ㄱ에서 직선ㄴ에 수직인 직선을 그어보자. 점ㄱ을 지나고 직선ㄴ에 수직인 직선은 하나뿐이다.

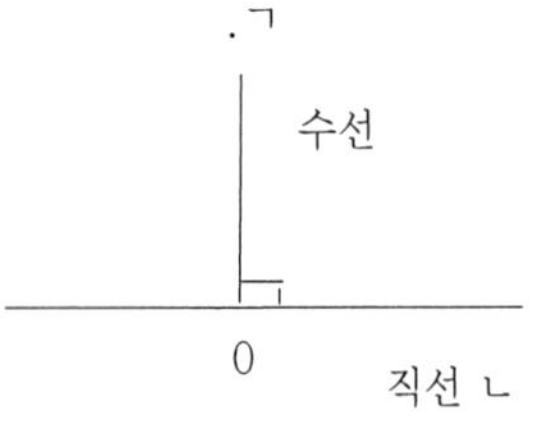

참고

› 수직이란 두 직선이 서로 90°로 만나는 경우이다. 수선과 수직은 다르다. 수직은 두 직선이 90°로 만날 때, 서로 '수직'이라고 하지만, 이 때, 수선은 한 직선을 다른 직선에 대해서 쓰는 용어이다.

수직

선과 선, 선과 면, 면과 면이 서로 만나 직각을 이룬 상태를 수직(perpendicularity)이라 한다. 즉, 수직이란 두 직선이 서로 90°로 만나는 경우이다.

보기 선과 선이 만나 수직을 이루는 경우

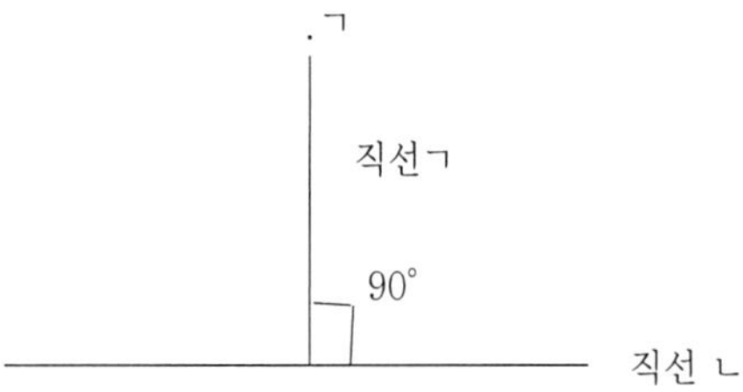

면과 면이 만나 수직을 이루는 경우

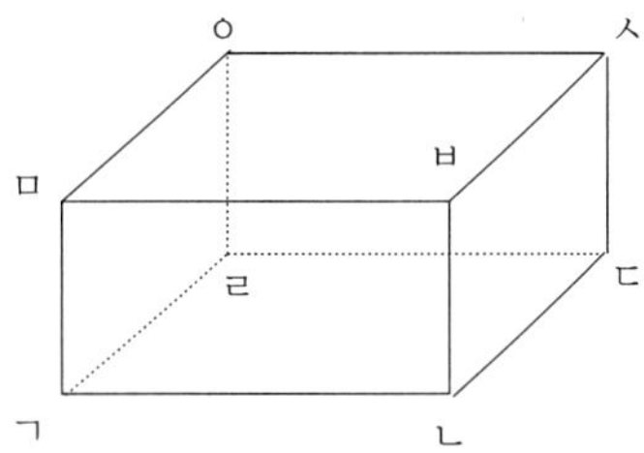

위의 그림처럼 직선과 직선이 90°로 만나므로 두 직선은 수직이다. 그리고, 직육면체의 밑면과 옆면처럼 면과 면이 서로 직각으로 만나면, 두면은 서로 수직이다. 또한 선과 면이 서로 90°로 만나도 수직이다.

참고

› 수직이란 하나의 도형에 대한 이름이 아니고, 두 도형 사이의 위치 관계를 말하는 것이다. 곧 두 직선이 '수직'이라고 하는 것은 그 두 직선의 상대적인 위치 관계의 특수한 경우이고, 길이에는 무관한 개념이다. 위의 설명처럼 수직에는 직선과 직선의 수직, 직선과 평면의 수직 및 평면과 평면의 수직관계가 있다.

수직선(수선)

수직선을 줄여서 수선(perpendicular line)이라고 한다. 수평에 대하여 직각을 이룬 직선이다. 두 직선이 만나서 이루는 각이 직각(90°)일 때, 두 직선은 서로 '수직'이라고 한다.

보기 아래 그림에서 직선ㄱ과 직선ㄴ은 서로 수직이다.

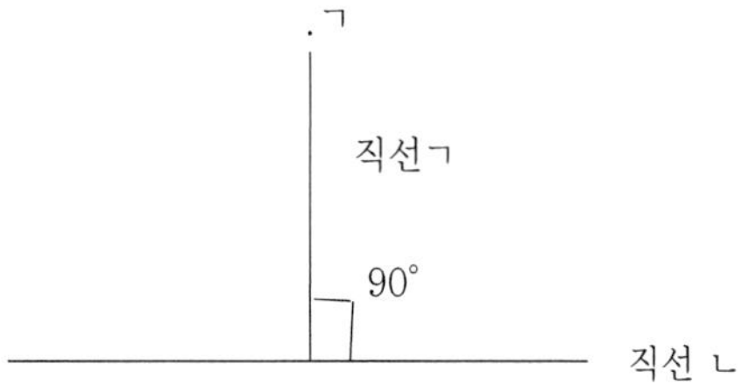

수직축

직교좌표계에서 수직인 축, 혹은 y축을 수직축(vertical axis)이라 한다.

수직 이등분 한다

어떤 도형이나 물체를 이등분 되게 직각(90°)으로 양분하여 가르는 것이다. 즉, 한 직선이 어떤 도형이나 물체의 아래 수평인 밑면에 대하여 직각이 되게 선을 긋는 경우를 수직 이등분(perpendicular bisector)한다고 한다.

보기 아래 이등변 삼각형 ㄱㄴㄷ은 각 ㄱㄹㄴ과 각 ㄱㄹㄷ은 크기가 같고, 변ㄴㄷ은 직선이므로, 각각 직각이 된다. 그러므로 변ㄴㄷ과 선분ㄱㄹ은 수직이 된다. 이와 같이, 선분ㄱㄹ이 변ㄴㄷ의 중점에서 선분ㄴㄷ과 수직으로 만날 때, 선분ㄱㄹ은 변ㄴㄷ을 '수직 이등분한다.'고 한다. 이 경우에 이등변 삼각형은 직선ㄱㄹ을 축으로 하는 선대칭도형이 된다.

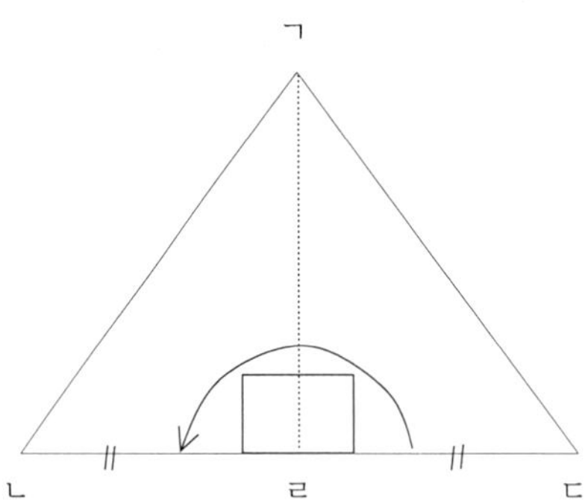

순서쌍

(3, 5), (a, b) 등과 같이 일정한 순서를 정하여 두 수 혹은 세 수를 짝지어 나타낸 것을 순서쌍(ordered pairs)이라 한다. 주로 2차원 평면 위의 한 점의 위치를 나타낼 때 많이 사용한다.

* 순서쌍은 좌표평면에서 가로축의 좌표 한 개와 세로축의 좌표 한 개씩을 (　　)로 묶어 콤마(,)로 구분하여 나타낸다.

* 가로축을 x축, 세로축을 y축이라고도 하며, 순서쌍은 (x좌표, y좌표)로 나타낸다.

보기 아래 좌표에서 ㄱ은 가로로 2, 세로로 2, ㄴ은 가로로 6, 세로로 3이다.
이것을 각각 다음과 같이 나타낸다.
점 ㄱ의 좌표 = ㄱ(2, 2), 점 ㄴ의 좌표 = ㄴ(6, 3)
이와 같이 순서를 정하여 짝을 지어 나타낸 것을 '순서쌍'이라고 한다.

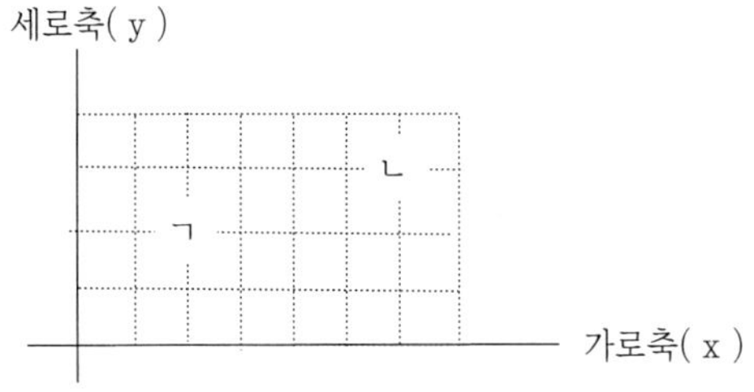

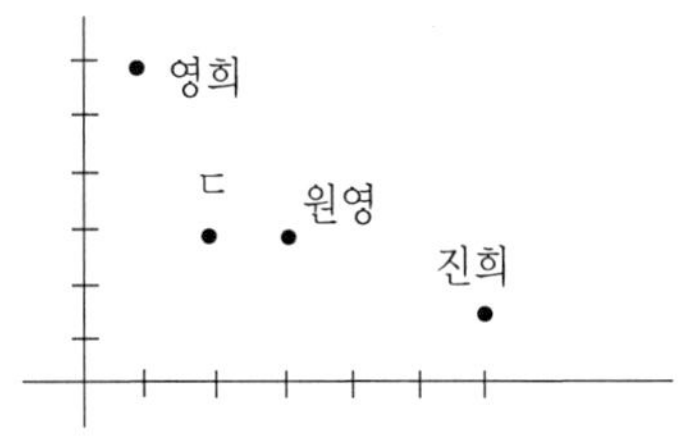

실선

실선(full line)이란 끊어진 곳이 없이 이어진 선을 말한다.

보기 입체도형의 겨냥도와 전개도에서 실선과 점선

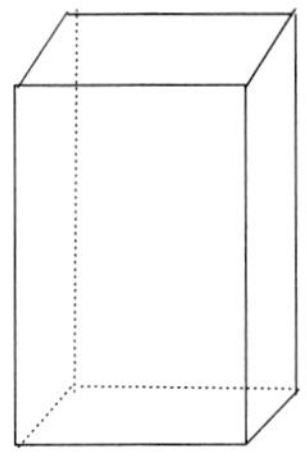

직육면체의 겨냥도

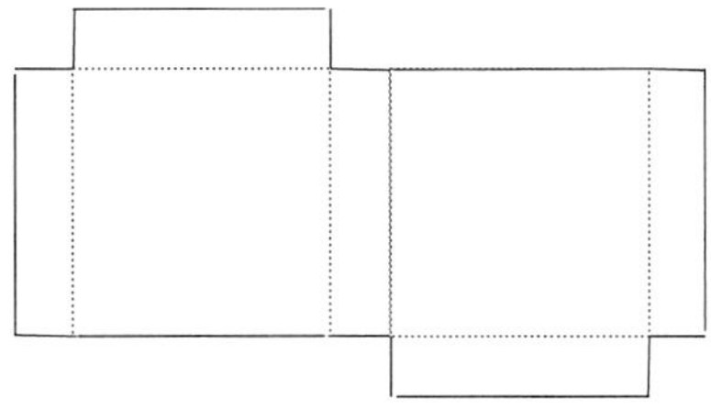

직육면체의 전개도

참고

① 입체도형의 겨냥도에서 보이는 모서리는 실선으로 그린다. 보이지 않는 모서리를 그릴 때에는 점선으로 그린다.
② 입체도형의 전개도를 그릴 때에는 접는 부분을 점선으로 그리고, 나머지 부분을 실선으로 그린다.

십이각뿔

밑면의 모양이 12각형인 각뿔을 십이각뿔(dodecagonal pyramid)이라 한다.

참고

- 십이각뿔은 옆면이 삼각형이고, 꼭짓점이 13(12+1)이며, 모서리가 24(12×2), 면이 13(12+1)개인 각뿔이다.

십이면체

12개의 다각형으로 둘러싸인 입체도형을 십이면체(dodeca-hedron)라 한다. 각 면이 합동인 정오각형으로 둘러싸인 십이면체는 5개의 정다면체(정사면체, 정육면체, 정팔면체, 정십이면체, 정이십면체)가운데 하나가 된다.

아랫변

도형의 변 중에서 위치에 따라 아래에 있는 변의 이름이다. 사다리꼴에서는 평행인 두 변을 '밑변'이라 하고, 밑변을 위치에 따라 아래에 있는 변을 아랫변(lower base)이라 한다.

보기 사다리꼴에서의 아랫변

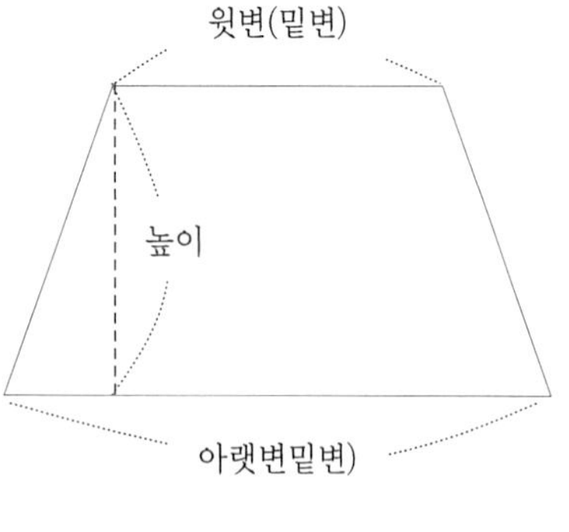

참고

> 사다리꼴에서 평행한 두 변을 '밑변'이라 한다. 두 밑변 중 위치에 따라 위에 있으면 윗변, 아래에 있으면 아랫변이다.

양 끝각

두 끝각 또는 양쪽 끝각 이라는 뜻이다. 즉, 주어진 선분의 양쪽 끝에서 이루는 각을 의미한다.

보기 양 끝각은 다음과 같다.

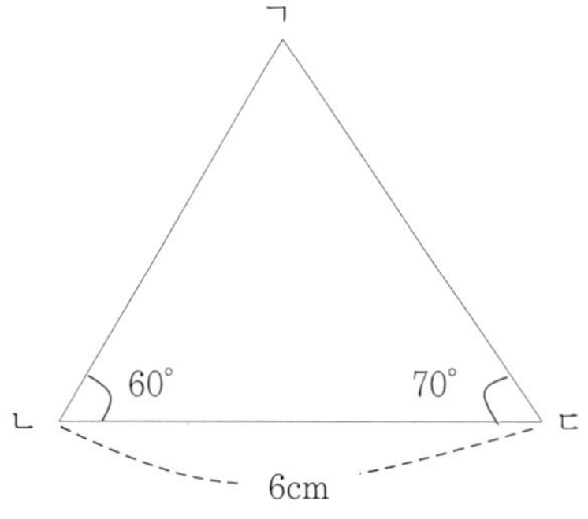

주어진 6cm 선분 양쪽 끝에 있는 60°와 70°의 각은 6cm 선분의 양 끝각이다.

여각

두 각의 합이 90°인 두 각을 여각(complementary angle)이라 한다.

보기 오른쪽 두 각은 서로 여각이 된다.

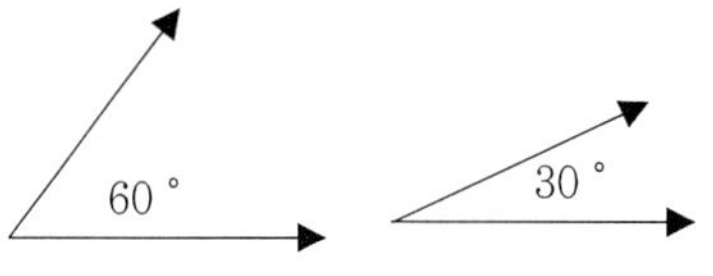

옆면

각기둥, 원기둥, 각뿔 등의 입체도형에서 옆으로 둘러싼 직사각형, 삼각형, 곡면 등의 면을 옆면(lateral face)이라 한다. 다면체, 기둥, 뿔 등 입체도형에서 밑면이 아닌 면이다.

보기 각기둥에서는 옆면이 직사각형의 모양이고, 원기둥 원뿔은 곡면, 각뿔은 삼각형이다.

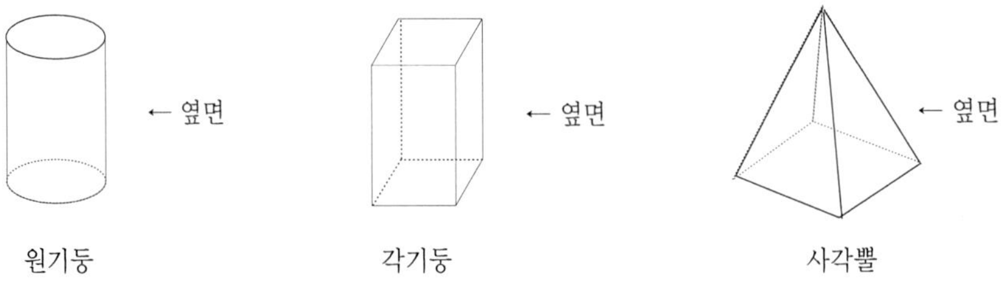

예각

예각(acute angle)은 직각(90°)보다 작은 각이다. 여기서 acute의 뜻은 '뾰족한'의 뜻을 지닌다. 따라서 예각은 뾰족한 모양의 각으로 해석할 수 있다.

보기 예각은 0°보다 크고 90°보다 작은 각이다.

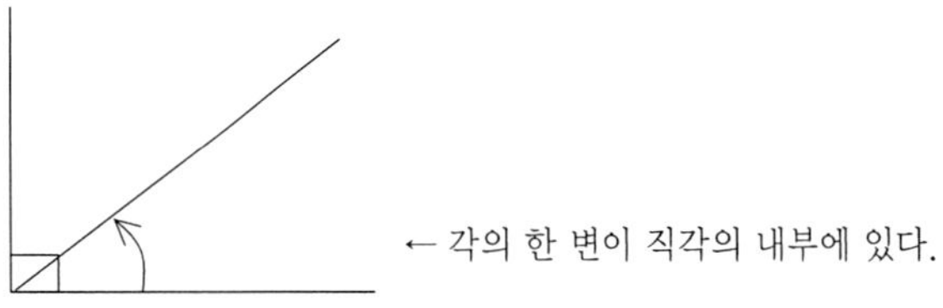

직각보다 크고 180°보다 작은 각을 '둔각'이라 하고, 2직각인 180°를 '평각'이라한다.

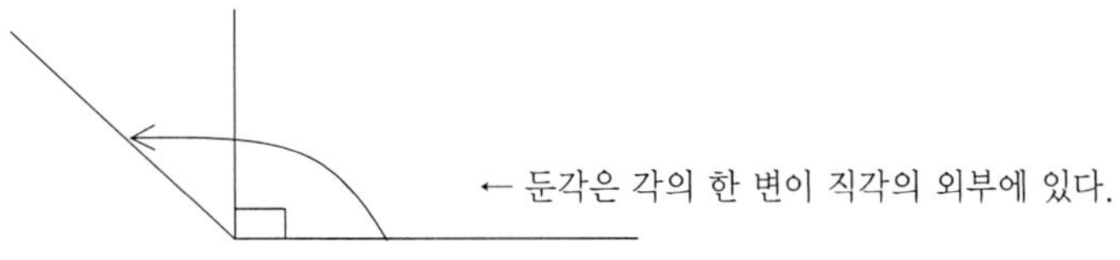

예각삼각형

삼각형 중에서 세 각이 모두 예각으로 된 삼각형을 예각삼각형(acute triangle)이라 한다.

보기 아래 첫 번째 삼각형은 세 개의 각 즉, 각 ㄱ, 각 ㄴ, 각 ㄷ이 모두 직각보다 작은 예각으로 되어 있으므로 예각삼각형이다.

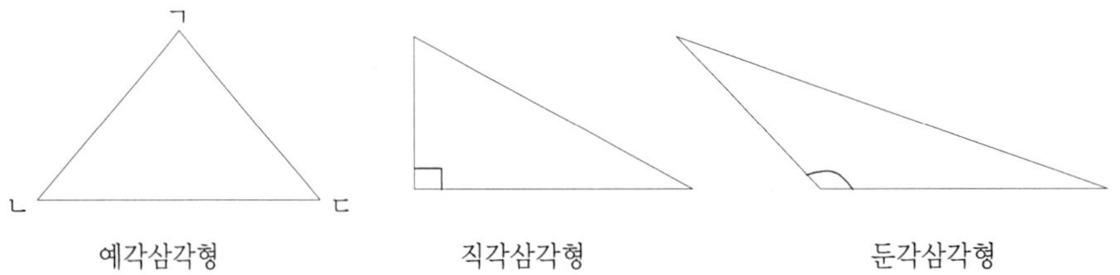

참고

> ▸ 삼각형 중에서 직각 삼각형은 세 각 중 한 각이 90°로 된 삼각형이고, 둔각삼각형은 세 각 중 한 각이 90°보다 큰 각으로 된 삼각형이다.

오각뿔

밑면의 모양이 오각형으로 된 각뿔을 오각뿔(pentagonal pyramid)이라 한다. 오각뿔은 밑면이 오각형이고 옆면이 삼각형인 입체도형이다.

보기 오각뿔

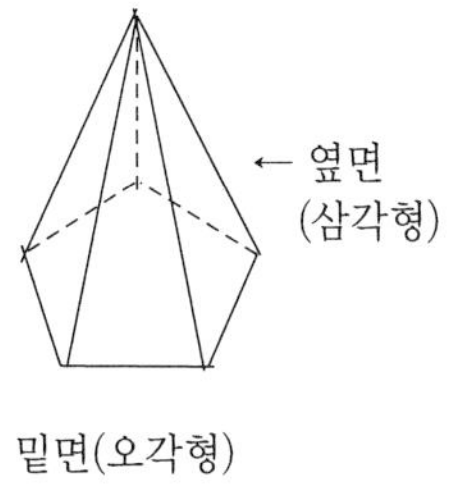

참고

> ▸ 밑면은 다각형이고, 옆면이 삼각형인 입체 도형을 '각뿔'이라고 한다. 각뿔은 밑면의 모양에 따라 이름이 붙여진다. 즉, 밑면이 3각형이면 삼각뿔, 4각형이면 사각뿔, 5각형이면 오각뿔 등으로 이름을 붙인다.

오각형

다섯 개의 모가 있는 평면 도형 또는 5개의 선분으로 둘러싸인 도형을 오각형(pentagon)이라 한다.

보기 오른쪽 그림에서 점 ㄱ, ㄴ, ㄷ, ㄹ, ㅁ을 연결하였을 때, 5개의 변과 다섯 개의 각을 가진 도형이 된다. 이런 도형을 '오각형'이라 한다.

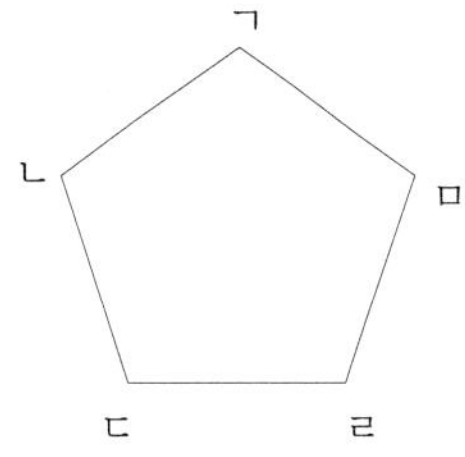

참고

▸ 정오각형(regular pentagon)은 다섯 개의 변의 길이와 각이 모두 같다.

오일러의 정리

각기둥의 경우, 꼭짓점의 수를 V, 면의 수를 F, 모서리의 수를 E라 하면 이들 사이의 관계는 항상 $V + F - E = 2$가 성립하는데 이를 오일러의 정리(Euler's Theorem)라 한다.

원

원(circle)은 한 평면 위에서 한 점(중심)으로부터 같은 거리에 있는 점들의 집합을 말한다. 저학년에서의 지도는 원을 '동그라미 모양' 혹은 '둥그런 모양'이라고 표현 할 수도 있다.

보기 다음 그림에서 점 ㅇ를 '원의 중심'이라 하고, 선분 ㄷㅇ을 '원의 반지름'이라고 한다. 또, 선분 ㄷㄹ을 '원의 지름'이라고 한다.

지름 : 선분 ㄷㄹ

반지름 : 선분 ㄷㅇ, 선분 ㅇㄹ

현 : 선분 ㄱㄴ

호 : 호 ㄱㄴ

활꼴 : 빗금친 부분.

내부를 포함하는 도형을 '원'이라고 하고,

곡선 부분을 '원주'라고 한다.

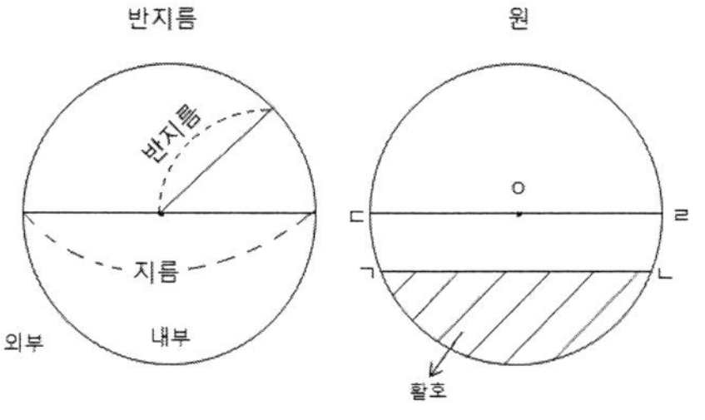

원기둥

원기둥(circular cylinder)은 합동이고 평행한 두 원을 밑면으로 하는 입체도형이다.

보기 원기둥은 똑같은 두 개의 원과 수직인 한 곡면에 둘러싸여 있다.

원기둥은 오른쪽 그림과 같이 밑면이 원이다.

원기둥에서도 모선이 밑면에 수직인 것을 '직원기둥'이라 하고, 그렇지 않은 것을 '빗원기둥'이라고 한다.

* 원기둥에서 아래와 위에 있는 면이 밑면이고, 밑면의 모양은 원이다.

* 원기둥을 싸고 있는 면이 옆면이고 옆면은 곡면으로 되어 있다.

* 원기둥에서 두 밑면 사이의 거리를 '높이'라 한다.

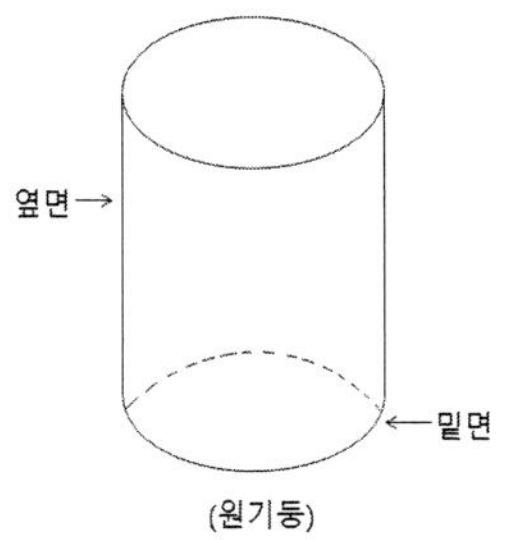

(원기둥)

참고

① (직원기둥의 옆넓이) = (밑면의 둘레) × (높이)이고, 부피는 (밑면의 넓이) × (높이)로 구한다.

② 일반적으로 원기둥은 위와 같이 밑면이 원인 경우를 지칭하나 밑면이 원이 아닌 타원이나 기타 둥근 모양까지 허용하는 포괄적인 입체도형이다. 밑면이 타원인 원기둥을 elliptic cylinder 라 한다.

원뿔

밑면이 원이고 옆면이 곡면인 뿔 모양의 입체 도형을 원뿔(circular cone)이라 한다.

보기 원뿔은 직각삼각형의 직각을 낀 한 변을 축으로 360도 회전하여 얻은 도형이다. 그러므로, 원뿔도 일종의 회전체이다. 아래 그림에서 원뿔의 꼭짓점, 모선과 원뿔의 높이를 알아보자.

*

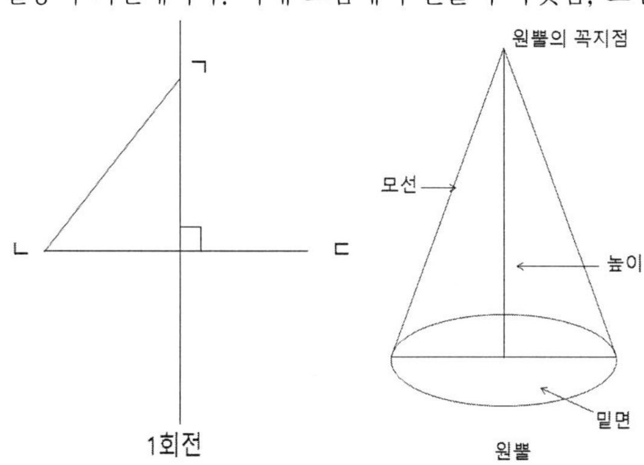

참고

• 원뿔의 뾰족한 점을 '원뿔의 꼭짓점'이라고 하고, 원뿔의 꼭짓점과 밑면(base)인 원 위의 한 점을 이은 선분을 '모선'이라고 한다. 또, 원뿔의 꼭짓점에서 밑면에 내린 수선의 길이를 '원뿔의 높이'라고 한다.

원뿔의 꼭짓점

원뿔의 모선이 만나는 정점을 원뿔의 꼭짓점(apex of circular cone)이라 한다.

보기 아래 그림처럼 원뿔의 뾰족한 점을 '원뿔의 꼭짓점'이라고 한다.
*

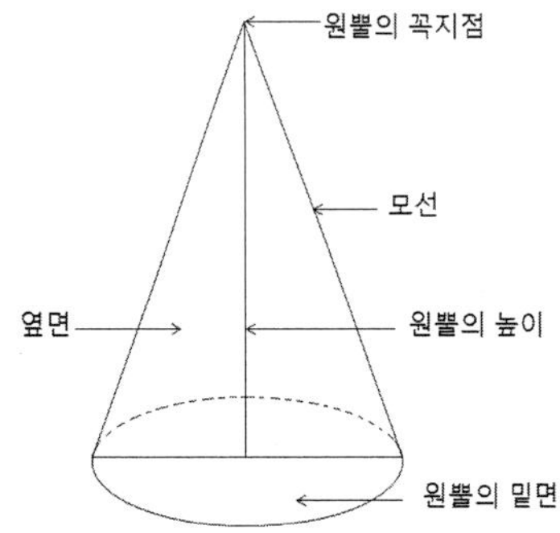

원뿔의 전개도

원뿔의 옆면과 밑면을 펼쳐놓은 모양의 그림을 원뿔의 전개도(net of circular cone)라 한다.

보기 원뿔의 옆면을 모선으로 잘라서 펼치고, 원뿔의 밑면을 그림과 같이 떼어내어 펼친그림은 아래와 같다.

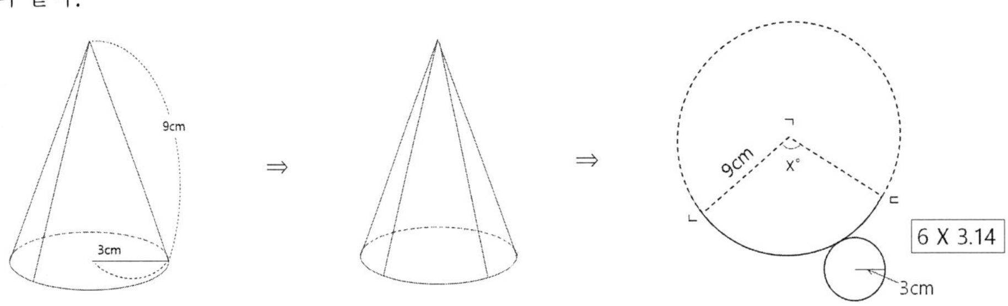

참고

- 원뿔의 전개도에서 밑면의 모양은 원이고, 옆면의 모양은 부채꼴이다. 부채꼴의 호의 길이는 원뿔의 밑면의 원주와 같으므로, 부채꼴의 호의 길이는 (6×3.14)cm이다.
  또, 부채꼴의 중심각의 크기를 x° 라고 할 때,
  부채꼴의 호의 길이와 중심각의 크기 사이에는 360 : x = (18×3.14) : (6×3.14)의 관계가 있으므로

$$x = \{360\times(6\times3.14)\} \div (18\times3.14) = \frac{(360\times6\times3.14)}{(18\times3.14)} = 120$$

∴ 부채꼴의 중심각의 크기는 120°이다.

원의 중심

한 원의 내부에서 한 가운데가 되는 점을 원의 중심(center of a circle)이라 한다. 원의 중심은 원의 지름의 반이 되는 지점의 한 점이다.

보기 원의 지름은 원주에서 중심을 통과하는 직선이다.
원에서 모든 지름은 중심을 통과한다.

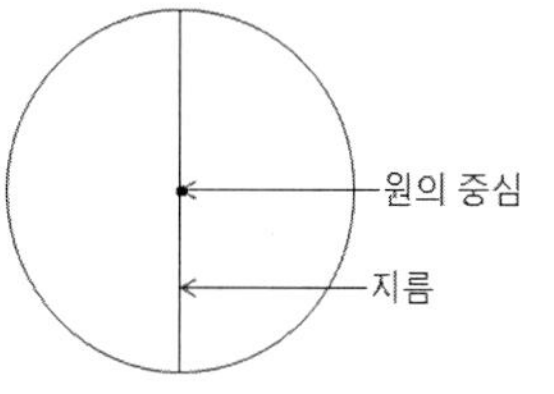

참고

▶ 반지름은 중심에서 원주까지의 길이이며 지름의 반이 되는 길이이다.

원점

좌표계에서 x축과 y축이 만나는 점 또는 수직선이나 좌표를 그릴 때, 기준이 되는 점을 원점(origin)이라 한다. 길이를 잴 때 기준이 되는 점이나 사물이 시작되는 점도 원점이다.

보기 아래 그림의 수직선에서 좌표가 0인 점이 원점이다.

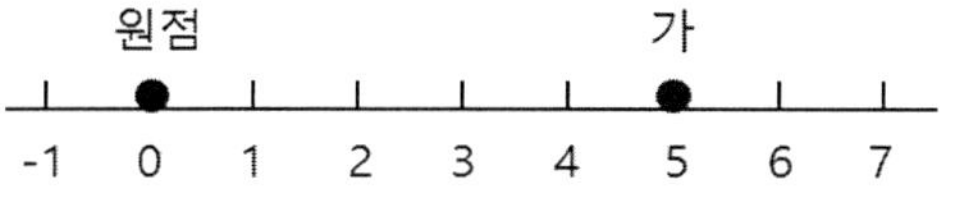

'가' 점의 좌표는 가(5)이고, 원점인 0으로부터 오른쪽으로 5칸 간 위치에 있다.
아래와 같이 좌표 평면에서는 원점 (0,0)이 된다.

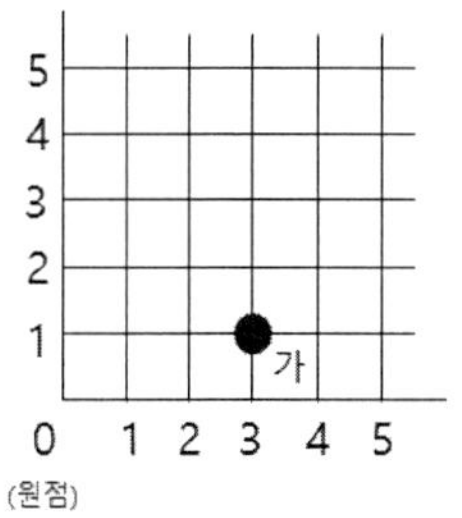

점 '가'의 위치는 원점(0,0)에서 오른쪽으로 3칸, 위쪽으로 1칸 간 위치에 있다.
점 가를 '가(3,1)'로 나타낸다.

윗변

다각형에서 위쪽에 있는 변이다.

보기 사다리꼴에서 평행인 두 변을 '밑변'이라 하고 두 밑변을 위치에 따라 위에 있는 변을 '윗변(upper base)'이라 한다. 아랫변은 밑변 중에서 아래의 위치에 있는 변이다.

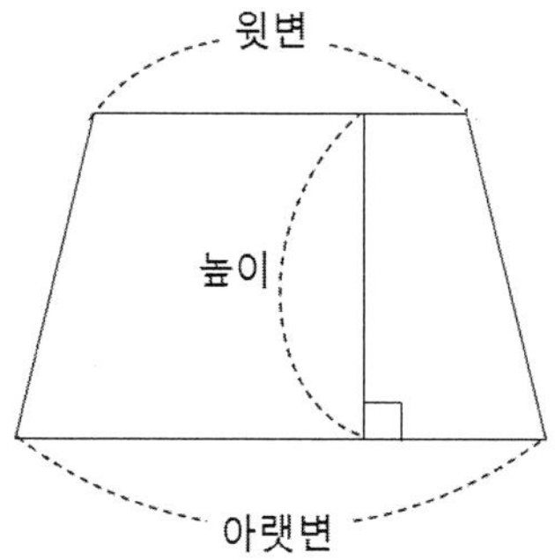

참고

(사다리꼴의 넓이) = { (윗변 + 아랫변) × (높이) } ÷ 2

유클리드 기하학

유클리드 기하학(Euclidean geometry)은 고대 그리스의 수학자 에우클레이데스가 구축한 수학 체계로《원론》은 기하학에 관한 최초의 체계적인 논의로 알려져 있다. 유클리드의《원론》은 총 13권으로 되어있으며,《원론》의 제1권에 23개의 정의, 9개의 공리(Axiom), 5개의 공준(Postulate)을 제시하였다.

유클리드의 방법은 직관적으로 받아들일 수 있는 공리를 참으로 간주한다. 이로부터 연역적으로 명제 (정리)를 이끌어낸다. 유클리드가 이끌어낸 많은 성과는 일찍이 오래전의 수학자들에게 알려져 있었던 것이나, 유클리드는 포괄적인 추론과 논리를 통해 그 명제들이 왜 성립할 수 있는가를 보인 최초의 인물이다. 그의《원론》은 평면 기하학과 함께 시작되며, 아직도 중등 수학교육에서는 최초의 공리계이자 최초의 정형화된 증명의 예로 가르치고 있다. 이는 3차원에서의 공간 기하학으로 계속해서 이어진다. 현재 대수학과 정수론으로 불리는《원론》의 많은 결론들은 기하학적 언어로 표현되어 있다.

초등수학에서 다루는 도형개념의 대부분은《원론》에서 다룬 주제들로 구성되어 있다. 원론의 대부분의 내용이 도형에 관한 것이기 때문에 원론은 '유클리드 기하학 원론'이라고 하기도 한다. 또한, 유클리드 기하를 보통 '초등기하'라 부른다.

참고

- 유클리드 기하의 특성
  - 연역적인 추론에 의존하고 있다.
  - 측도를 배제하고 있다.(무리수 때문에 길이와 각도 등 측정량의 크기를 다루지 않는다)
  - 작도의 도구로서 눈금이 없는 자와 컴퍼스만을 유일한 수단으로 생각한다.
  - 도형의 이동, 변형(닮음)등 동적인 것은 다루지 않고 정적인 사고만을 다룬다. 이를테면, 합동의 경우 겹쳐보는 것이 아닌 꼭짓점이나 변의 대응으로만 다룬다.
  - 도형을 원자상태(점, 선, 면)에서 불변의 절대적이고 영원한 진리가 담겨있는 것으로 생각한다.
  - 학교에서 배우는 유클리드 기하학은 책상과 같은 한정된 평면상에서만 성립되는 것으로 지구와 같은 큰 환경에서는 성립하지 않는다.

육각뿔

육각뿔(hexagonal pyramid)은 밑면의 모양이 육각형이고, 여섯 개의 삼각형으로 둘러싸인 각뿔이다.

보기 육각뿔의 모양

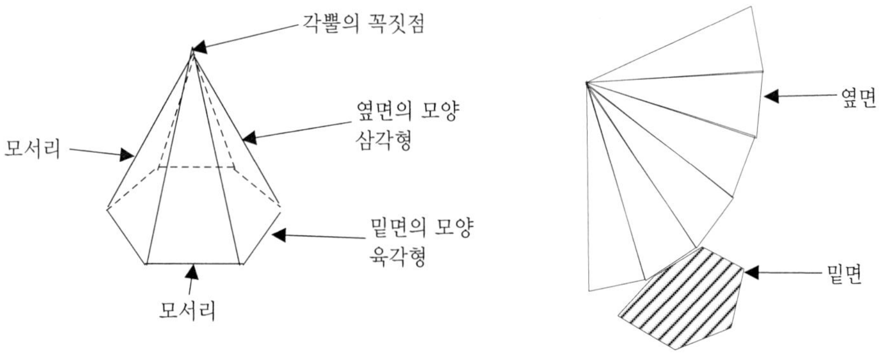

위의 그림에서 알 수 있는 것처럼 육각뿔은 옆면의 수 6개, 밑면의 수 1개, 각뿔의 꼭짓점 1개, 꼭짓점 6개, 모서리 12개 있다.

이등변 삼각형

삼각형의 세변 중에서 두 변의 길이가 같은 삼각형을 이등변 삼각형(isosceles triangle)이라 한다.

보기 두 변의 길이가 같은 삼각형을 알아보자.

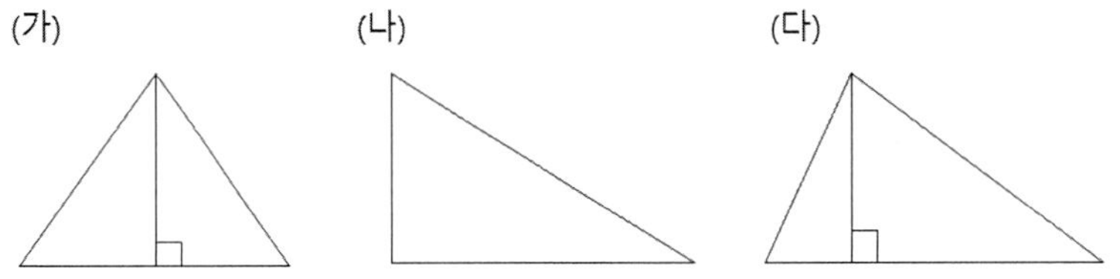

위의 그림에서 두 변의 길이가 같은 삼각형은 (가)이다.
삼각형 (가)와 같이 두 변의 길이가 같은 삼각형을
'이등변 삼각형'이라고 한다.

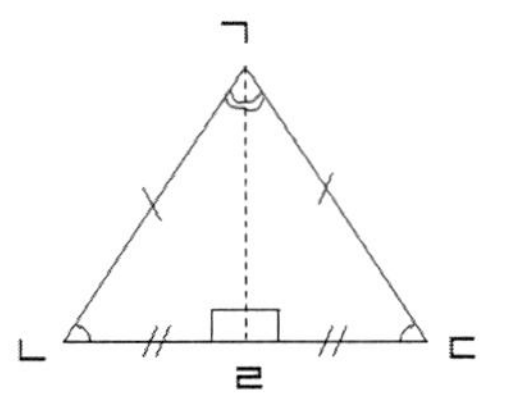

참고

- 이등변 삼각형을 '등변 삼각형(equilateral triangle)'이라고도 한다. 정삼각형도 이등변 삼각형에 포함된다. 삼각형의 두 변의 길이가 같으면, 두 밑각의 크기도 같다. 거꾸로 삼각형의 두 밑각의 크기가 같으면, 두 변의 길이가 같아진다.

참고

- 이등변 삼각형의 성질

  ① 이등변 삼각형의 두 밑각은 같다.
  이 성질의 증명은 밑변의 중점을 기준으로 밑각의 꼭짓점끼리 맞닿도록 접으면, 두 밑각은 포개어 지는 것으로 확인할 수 있다. 일반적으로 꼭지각의 이등분선을 긋거나 꼭짓점과 밑변의 중점을 맺는 선인 중선을 그어서 두 삼각형으로 나누어 그들이 서로 합동임을 밝혀서 두 밑각이 같다는 것을 증명한다.

  ② 두 각이 같은 삼각형은 이등변 삼각형이다.
  삼각형 ABC에서 ∠B = ∠C 일 때, ∠A의 이등분선과 BC와의 교점을 D라 하면 ∠BAD = ∠CAD, ∠B = ∠C이므로 ∠BDA = ∠ADC이고, 삼각형 ABD와 삼각

형ACD는 두 각과 그 사이의 변(AD)이 같으므로 합동이다. 그러므로 AB = AC 이다.
이 성질에 의해서 이등변삼각형에서 두 변이 같다는 말과 두 각이 같다는 말은 서로 동치임을 알 수 있다.

③ 이등변 삼각형의 꼭지각의 이등분선은 그 밑변에 수직이고 또한 그 중점을 지난다.
④ 이등변 삼각형의 꼭짓점에서 밑변에 내린 수선은 꼭지각 및 그 밑변을 2등분한다.
⑤ 이등변 삼각형의 꼭짓점과 밑변의 중점을 맺는 중선은 밑변에 수직이고 꼭지각을 이등분 한다. 중선에 의해서 나누어지는 두 삼각형은 대응되는 세 변이 같으므로 합동이다. 그러므로 중선 AD는 꼭지각을 이등분하고 밑변에 수직이다.
⑥ 이등변 삼각형의 밑변의 수직 이등분선은 꼭짓점을 지난다.

이웃 변

다각형에서 한 꼭짓점을 공통으로 가지는 이웃하는 두 변을 이웃 변(adjacent sides)이라 한다.

보기

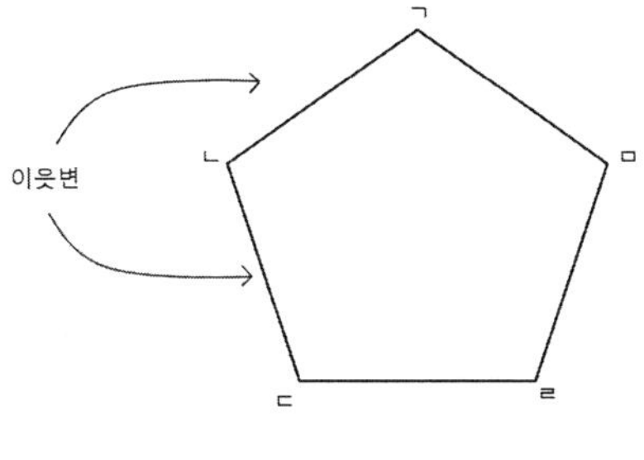

입체

물체의 형상, 위치, 크기만으로 얻어지는 개념 즉, 길이, 넓이, 부피의 3차원 공간의 한정된 부분을 입체(solid)라 한다. 입체에는 기둥, 뿔, 다면체 등이 모두 여기에 속한다.

보기 직육면체

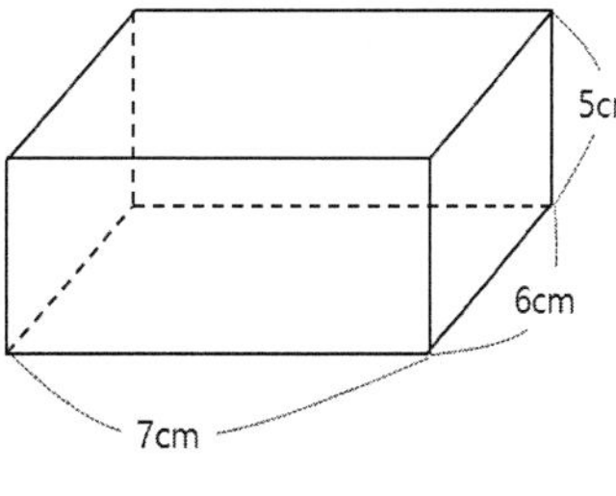

참고

- 직육면체의 부피는 가로, 세로, 높이의 곱으로 구한다.

입체도형

입체도형(solid or space figure)은 3차원의 모양을 가진 모형이다. 즉, 3차원의 면으로 둘러싸인 모양의 그림을 말한다. 3차원이란 가로, 세로, 높이가 속해 있는 공간이다.

보기 아래 그림과 같이 면으로 둘러싸인 모양이 입체도형이다. (가), (다)와 같은 입체도형을 '각기둥'이라 하고, (나)와 같은 입체도형을 '각뿔', (라)와 같은 입체도형을 '원기둥'이라고 한다.

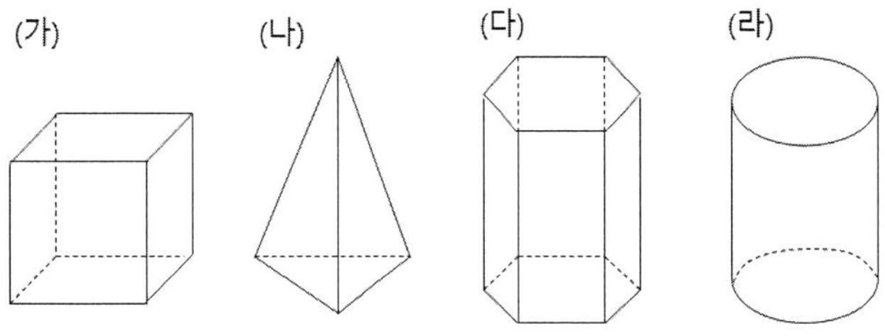

작도

눈금이 없는 곧은 자와 컴퍼스만을 이용해 도형을 그리는 것을 작도(construction)라 한다.

참고

- 유클리드적인 도형학습에서는 작도를 위해 자, 컴퍼스, 각도기 등의 도구가 필요하다. 그러나 유클리드기하학에서는 공리주의 원칙에 따라 선분의 길이나 각의 크기를 재는 것을 피하고, 도형을 옮기는 것만을 취급하기 때문에 작도의 도구로서는 직선을 긋기 위해 고안한 눈금이 없는 자와 동일한 거리를 이동, 측정하기 위해 고안한 컴퍼스만을 작도 도구로 허용하고 있다.
- 저학년에서 작도는 실증의 역할, 즉 직관에서 얻어진 것을 곧바로 실행해 보는 것으로 작도는 증명을 대신할 수 있다. 고학년에서는 직관으로 파악된 도형의 성질에 대한 이론적 토대를 세우기 위한 수단으로 이용할 수 있기 때문에 작도지도는 도형학습에서 빼놓을 수 없는 중요한 부분이다. 이와 같이 생각할 때 작도는 수학학습

에서 다음과 같은 목적으로 이용할 수 있다.
① 새로운 내용을 학습하려고 할 때 이미 학습한 내용을 정리하기 위하여 이용할 수 있다.
② 도형의 새로운 성질을 예상하기 위하여 활용된다.
③ 예상하지 않았던 새로운 성질을 발견하기 위하여 활용된다.
④ 새로이 학습한 내용을 정리하는데 활용된다.

전개도

입체도형을 한 평면위에 펼쳐 놓은 그림을 전개도(net)라 한다.

보기 직육면체 모양의 종이 상자를 펼치면 아래 그림과 같다.

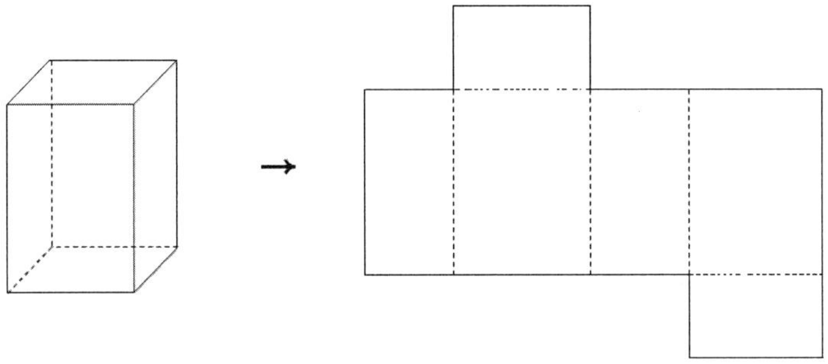

이처럼 직육면체를 평면에 펼쳐서 그린 그림을 직육면체의 전개도라 한다.

참고

① 전개도에서 접는 부분은 점선으로 나타내고, 나머지 부분은 실선으로 나타낸다.
② 원기둥 모양의 상자 뚜껑을 열고 옆면을 수직으로 잘라 펼치면 원기둥의 전개도가 된다. 전개도는 접는 부분으로 접어서 원래의 입체도형이 될 수 있어야 한다.

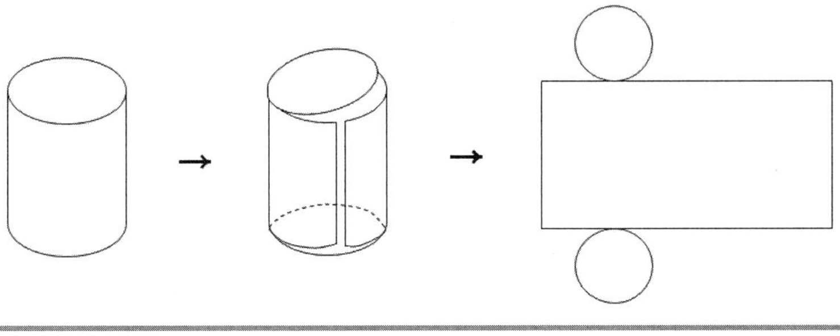

점

두 직선이 만날 때 만나는 곳의 위치이다. 점(point)은 도형의 궁극적 구성요소로서 가장 단순한 도형이다. 점은 공간에서 위치는 있으나 크기가 없는 것으로 0-차원이라고 할 수 있다.

보기 두 점 ㄱ, ㄴ을 곧게 이으면 선분이 된다.

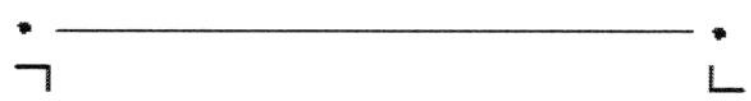

점은 '•'으로 나타내고, ㄱ이나 ㄴ등 문자를 써서 점ㄱ, 점ㄴ 등으로 부른다. 점은 아래와 같이 여러 곳의 자리나 위치를 나타내는데 편리하다.

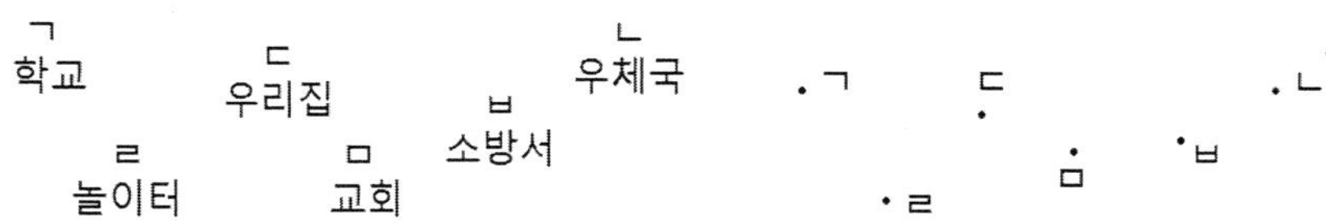

참고

- 도형을 구성하는 요소들을 분해해 가면 가장 마지막에 남는 것은 점이된ㄹ다. 역으로 점이 모여서 선이 되고, 선이 모여서 면이 되고, 면이 모여서 입체를 구성하므로 사실상 모든 도형은 점의 집합으로 볼 수 있다. 점의 집합으로서 선과 면이 인식되면 선의 집합으로서의 면, 나아가 면의 집합으로서의 입체를 인식할 수 있는 능력으로 확장된다.

점대칭 도형

두 도형사이의 한 점을 중심으로 한 도형을 180°회전하였을 때, 다른 도형과 완전히 겹쳐지는 도형이다. 즉, 점대칭(rotational symmetry)도형은 한 점을 중심으로 180°회전하여 완전히 겹치는 도형인데, 이때의 한 점을 대칭의 중심(center of symmetry)이라 한다.

보기 평행사변형의 중심에 바늘을 꽂고 180° 회전시키면 꼭짓점과 선분은 처음과 똑같이 겹쳐진다. 따라서, 평행사변형은 점대칭 도형이다. 대칭의 중심을 지나는 선분은 대칭의 중심에 의하여 이등분된다.

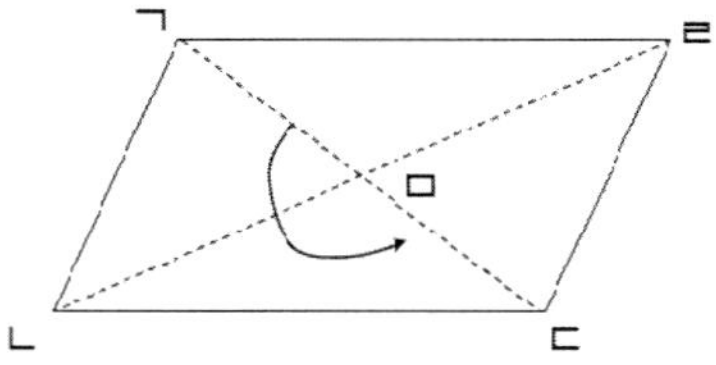

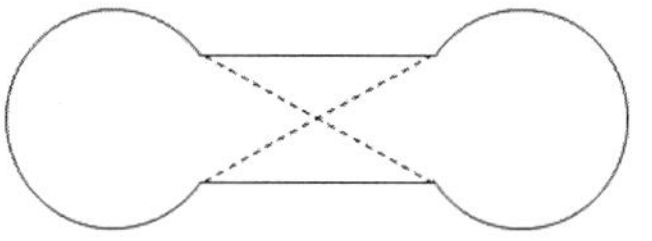

참고

- 점대칭 도형의 대응점의 위치는 대칭의 중심에서 같은 거리에 있고 방향은 반대 이다. 점대칭 도형의 대칭의 중심은 도형의 내부나 경계선에 있다.

점대칭 위치에 있는 도형

두 도형사이의 도형 외부에 있는 한 점을 중심으로 한 도형을 180°회전하였을 때, 다른 도형과 완전히 겹쳐지는 도형을 점대칭의 위치에 있는 도형(symmetric figures with respect to a point)이다.

보기 아래 그림처럼 '점 ㅇ'에 대하여 서로 180°회전시키면 두 삼각형은 완전히 포개지게 되는 데, 이럴 때 두 도형은 '점대칭 위치에 있는 도형'이라고 한다. 이때에도 점 ㅇ을 '대칭의 중심'이라 한다.

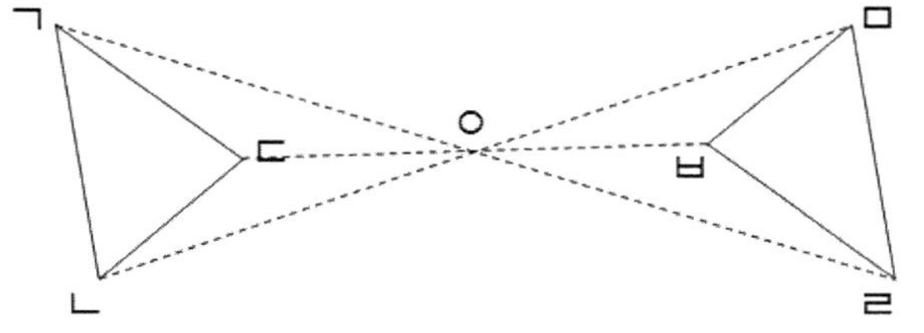

* 점대칭 위치에 있는 도형은 대응점의 위치가 대칭의 중심에서 같은 거리에 있고, 방향은 서로 반대이다.
* 대응점을 이은 선분은 대칭의 중심을 지나고, 이 점에 의하여 이등분된다.

점선

점을 잇달아 찍어서 나타낸 선. 기하학적 무늬를 표현하는 선의 한 형태이다. 실선(實線)에 대응하는 개념이다.

보기 실선과 비교되는 선으로 짧게 선을 똑똑 끊어지게 한 선이다.
'------------------' 이런 선을 '점선(dotted line)'이라 한다.
점선은 아래와 같이 입체도형의 보이지 않는 선을 나타낼 때 쓰인다. 점선은 입체도형의 전개도에서 접는 부분을 나타낼 때도 쓴다.

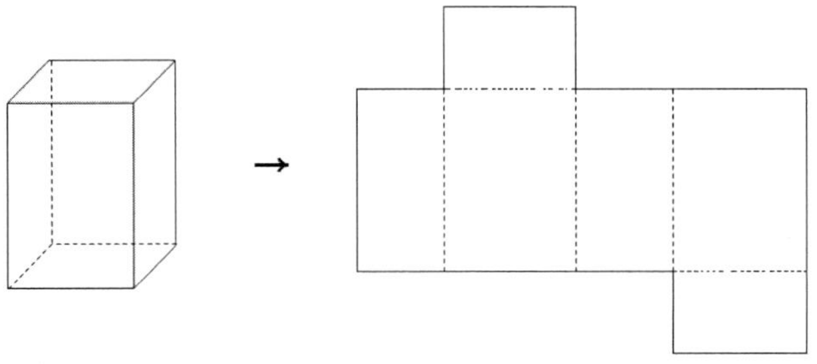

점의 좌표

직선, 평면, 공간에 있어서의 점의 위치를 점의 좌표(coordinate of a point)라 한다. 점의 좌표는 기준이 되는 점 또는 직선과의 거리나 각도 등에 의하여 나타낸 수치를 의미한다.

* 점의 좌표는 수직선이나 한 평면상의 점의 위치를 ( )안에 수치나 (가로, 세로) 형식의 순서쌍으로 나타낸다.

* 즉, 점의 좌표를 평면에서는 '(x축 좌표, y축 좌표)의 순서쌍'으로 나타낸다.

보기 다음 평면에서 '나'의 좌표는 점 나(3,4)이다.

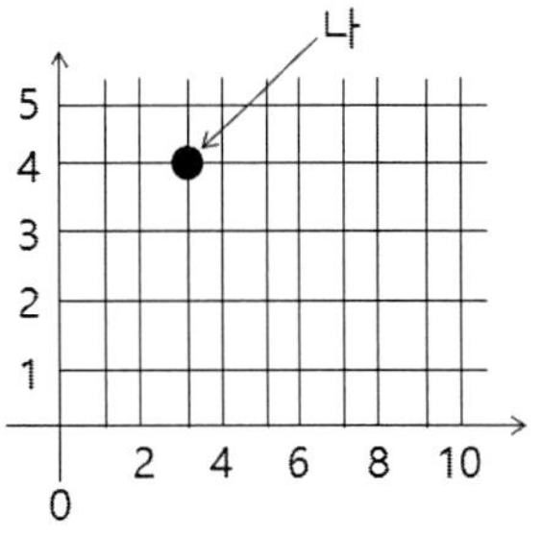

정각뿔

정각뿔(regular pyramid)이란 밑면이 정다각형이고, 꼭짓점에서 밑면에 내린 수선이 밑면의 중심을 지나는 각뿔이다.

보기 아래 그림은 정사각뿔과 그의 전개도이다.

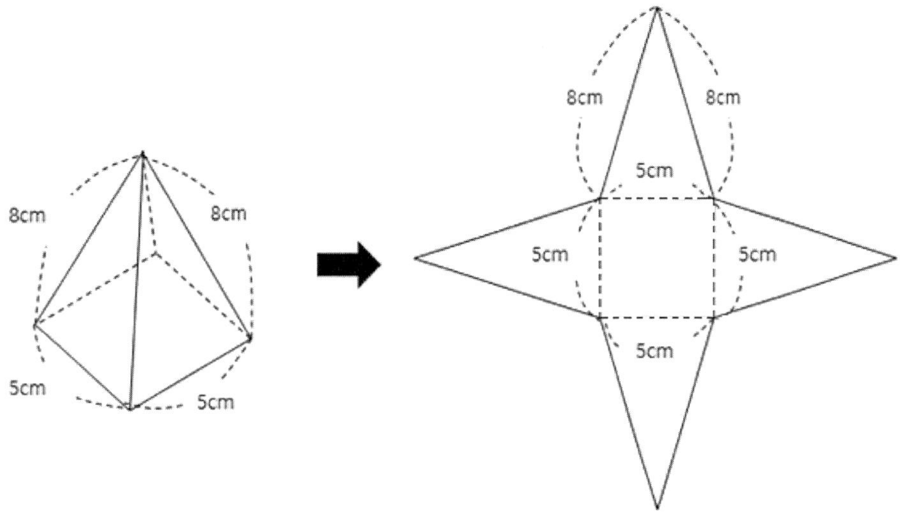

정사각뿔은 밑면이 정사각형이고, 옆면은 이등변 삼각형으로 모두 합동이다.

참고

① 정각뿔은 옆면이 모두 합동인 이등변 삼각형으로 이루어진 각뿔이다.
② 정각뿔은 밑면의 모양에 따라 '정삼각뿔', '정사각뿔', '정오각뿔', '정육각뿔' … 로 나눈다.

정다각형

모든 변의 길이가 같고, 모든 각의 크기가 같은 다각형을 말한다. 정삼각형, 정사각형, 정오각형, … 과 같이 각 변의 길이가 모두 같고, 내각의 크기가 모두 같은 다각형을 정다각형(regular polygon)이라 한다.

보기 아래 그림처럼 원의 중심각을 60°씩 나눈 반지름이 원과 만난점을 차례로 이어서 만든 다각형이 정육각형(regular hexagon)이다. 또 원의 중심각을 72도씩 5개 부분으로 나누면 정오각형(regular pentagon)이 된다.

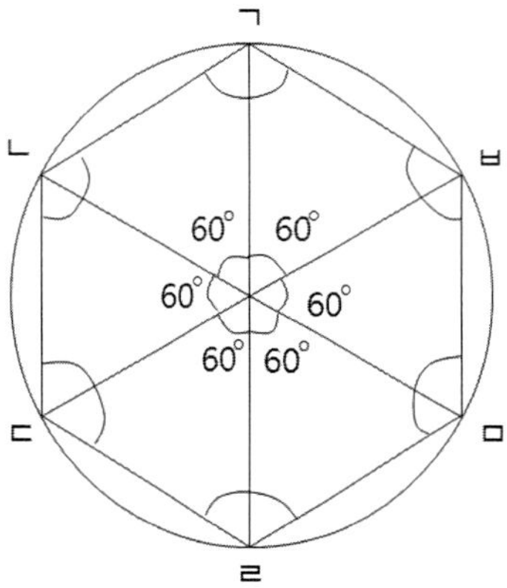

정육각형

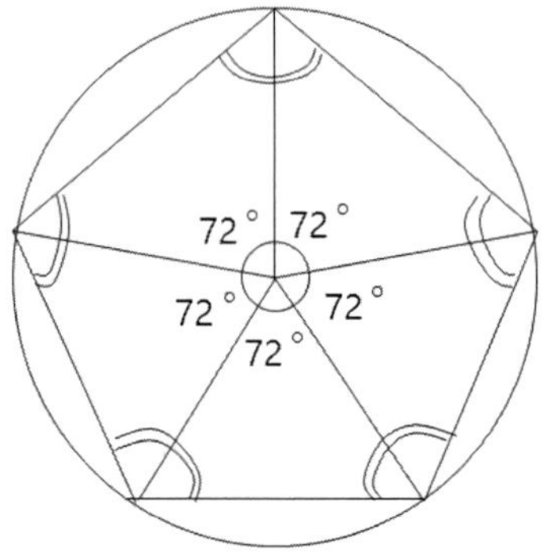

정오각형

참고

- 정삼각형은 한 내각의 크기가 60°이고, 정사각형은 90°이다.

정다면체

합동인 정다각형으로만 둘러싸인 입체도형을 정다면체(regular polyhedron)라 한다.

보기 정다면체에는 정삼각형으로 이루어진 정사면체(tetrahedron), 정팔면체(octahedron), 정십이면체(dodecahedron)와 정사각형으로 이루어진 정육면체(cube), 정오각형으로 이루어진 정이십면체(icosahedron)가 있는데 이 다섯가지의 입체도형을 Platonic solid라고도 부른다. 그 이유는 고대 철학자 플라톤은 우주 만물의 기본요소를 불, 흙, 공기, 물로 생각하였으며, 이것을 차례대로 정사면체, 정육면체, 정팔면체, 정이십면체에 대응시켰다. 그리고 하나 남은 정십이면체는 우주의 모양이라 생각하였다.

정사각뿔

밑면의 모양이 정사각형이고, 옆면이 모두 합동인 이등변 삼각형으로 된 정각뿔을 정사각뿔(square pyramid)이라 한다.

보기 아래 그림은 정사각뿔과 그의 전개도이다.

정사각뿔

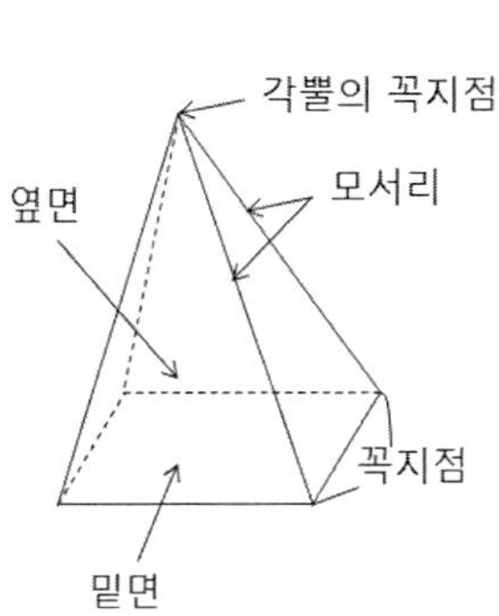

전개도

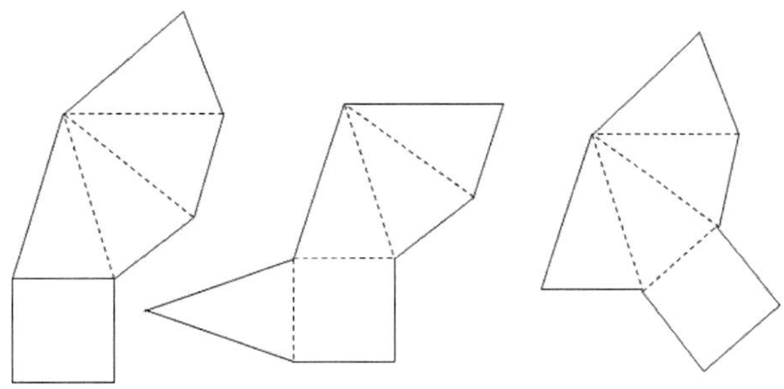

정사각형

네 각이 모두 직각이고, 네 변의 길이가 같은 사각형을 정사각형(square)이라 한다.

보기 다음은 정사각형의 그림이다.

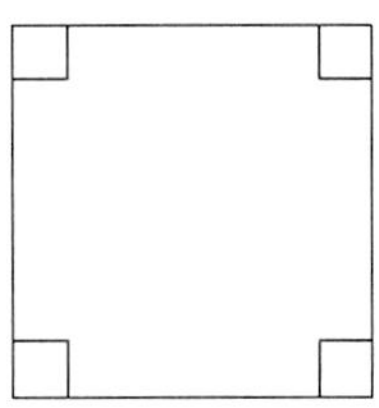

정사각형

90°(직각)

○ 네 변의 길이가 같다.
○ 네 각이 모두 90°(직각)이다.

참고

- 직사각형과 마름모의 양쪽 성질을 공통으로 가지는 것이 정사각형이며 정사각형의 성질은 다음과 같다.
  ① 4개의 변이 같다.
  ② 내각은 모두 같다.
  ③ 대각선의 길이가 같다.
  ④ 대각선은 서로 중점에서 만난다.
  ⑤ 대각선은 직각으로 만난다.
  ⑥ 대칭축은 4개이고, 또 점대칭이다.

정삼각형

세 변의 길이가 모두 같은 삼각형을 정삼각형(equilateral triangle)이라 한다.

보기 정삼각형은 세변의 길이가 같은 삼각형이나, 세 각의 크기도 항상 60°로 같다.

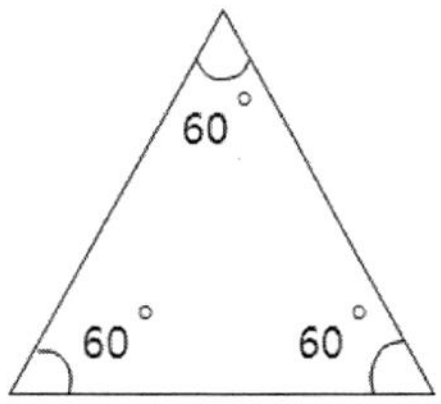

정삼각형

참고

① 세 변의 길이만 같으면 자연히 세 각이 같기 때문에 정삼각형은 세 변의 길이만으로 정의할 수 있다. 하지만 사각형의 경우는 네 변의 길이가 같아도 네 각의 크기가 같지 않을 수 있으므로, 네 변의 길이가 같은 사각형을 정사각형이라 정의 할 수 없다.
② 정다각형 가운데 등변성만으로 정의 되는 것은 삼각형뿐이다.
③ 정삼각형은 밑변이 같은 이등변 삼각형의 특수한 경우이다.

참고

- 정삼각형의 성질
  ① 정삼각형은 세 각이 모두 같고 60°이다.
  ② 2개의 각이 각각 60°인 삼각형은 정삼각형이다.
  ③ 정삼각형은 꼭지각이 60°인 이등변 삼각형이다.
  ④ 정삼각형은 세 각도 세 변도 모두 합동이다.

정오각뿔

밑면이 정오각형이고, 옆면이 모두 이등변 삼각형인 각뿔을 정오각뿔(regular pentagonal pyramid)이라 한다. 정오각뿔은 정각뿔 중에서 특별히 밑면의 모양이 정오각형이다.

보기 정오각뿔은 각뿔의 꼭짓점과 더불어 꼭짓점은 모두 6개이고, 밑면 1개, 옆면이 5개이며 모서리는 10개이다.

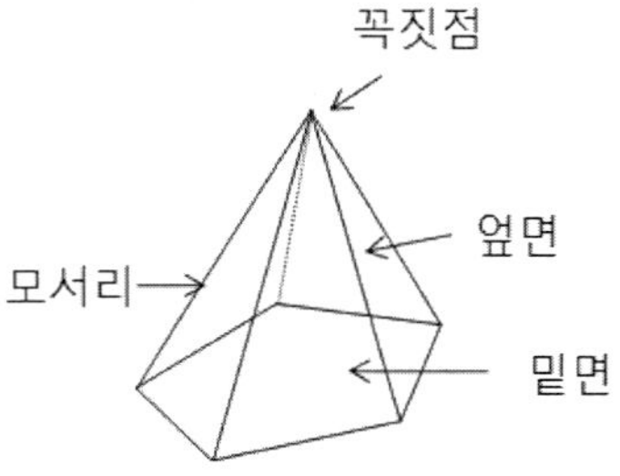

정오각형

각 변의 길이가 모두 같고, 내각의 크기가 모두 72°인 도형을 정오각형(regular pentagon)이라 한다.

보기 아래 그림처럼 원의 중심각 360°를 72°씩 나눈 반지름이 원과 만난점을 차례로 선분으로 이어서 만든 다각형이 정오각형이다.

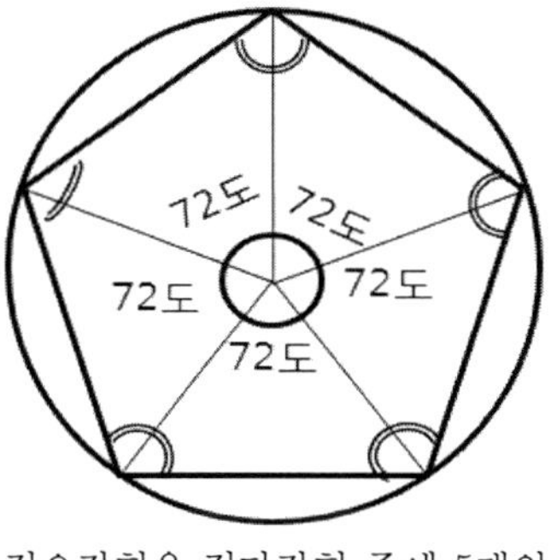

정오각형은 정다각형 중에 5개의 변의 길이가 같고, 내각의 크기가 모두 72°로 같은 도형이다.

정육각뿔

밑면이 정육각형이고, 옆면이 모두 이등변삼각형인 각뿔을 정육각뿔(regular hexagonal pyramid)이라 한다. 정육각뿔은 정각뿔 중에서 특별히 밑면의 모양이 정육각형이다.

보기 정육각뿔은 각뿔의 꼭짓점과 더불어 꼭짓점은 모두 7개이고, 밑면 1개, 옆면이 6개이며 모서리는 12개이다.

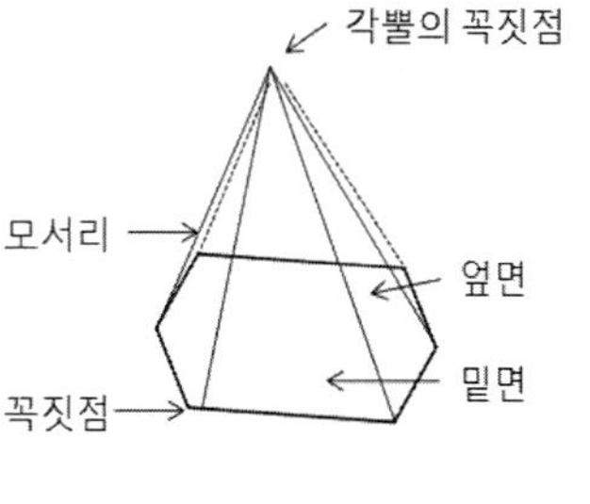

정육각형

원의 중심각 360°를 60°로 똑같이 나눈 반지름이 원과 만난점을 차례로 선분으로 이어서 만든 다각형을 정육각형(regular hexagon)이라 한다. 정육각형은 각 변의 길이가 같고, 내각의 크기가 모두 같다. 또한 정육각형의 한 내각의 크기는 120°이다.

보기 원의 중심각을 72°씩 5개 부분으로 나누면 정오각형이 된다. 따라서, 정육각형의 한 내각의 크기는 (360° ÷ 6) × 2 = 120°이다.

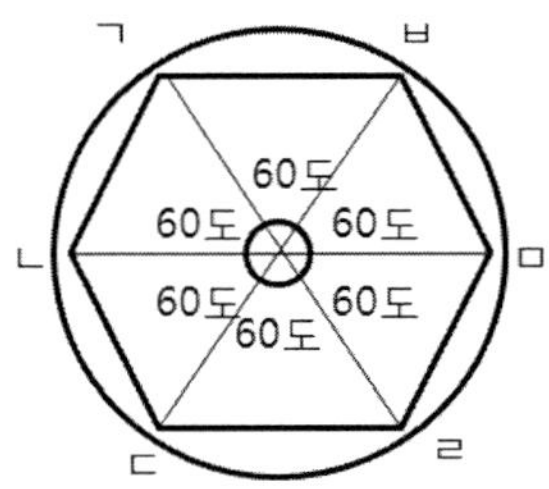

정육면체

정육면체(regular hexahedron or cube)란 정사각형으로만 둘러싸인 육면체의 입체도형이다.

보기 정육면체는 밑면과 옆면이 정사각형인 각기둥의 일종으로 정육면체는 주사위와 같이 6개의 정사각형으로 둘러싸인 도형을 말한다. 정육면체의 서로 마주보는 면은 합동이고 평행이다. 또, 서로 이웃하는 면은 모두 수직이다. 정육면체의 겨냥도는 다음과 같다.

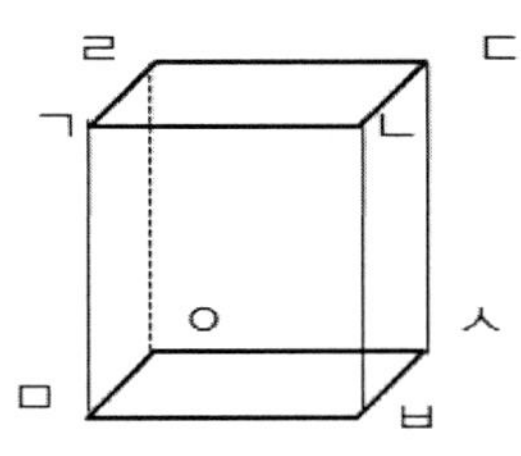

참고

▸ 정육면체와 직육면체의 비교

	면의 모양	면의 수	모서리의 수	꼭짓점의 수
정육면체	정사각형	6	12	8
직육면체	직사각형	6	12	8

정육면체의 성질

정육면체가 가지고 있는 다른 입체도형과 구별되는 특징을 의미한다. 정육면체는 주사위와 같이 6개의 정사각형으로 둘러싸인 도형이므로 다음과 같은 성질이 있다.

① 정육면체의 모든 면은 합동이다.

② 정육면체의 서로 마주보는 면은 평행하다.

③ 서로 이웃하는 면은 모두 수직이다.

정팔각형

원의 중심각을 45°씩 나눈 반지름이 원과 만난점을 차례로 선분으로 이어서 만든 다각형이 정팔각형(regular octagon)이다. 정팔각형은 각 변의 길이가 모두 같고, 내각의 크기가 모두 같다.

좌표

직선, 평면, 공간에 있어서의 점의 위치를 나타낸 수치를 좌표(座標, coordinate)라 한다. 여기서 '座'는 '앉는 장소 또는 위치, 자리'의 의미이고, '標'는 '표시 한다'는 의미이다. 따라서 '점(dot)이 앉는 장소'를 뜻한다고 볼 수 있다. 기준이 되는 점 또는 직선과의 거리나 각도 등에 의해 나타낸 수치도 좌표이다. 보통, 수직선이나 좌표평면에서 점의 위치를 나타낼 때 좌표를 사용한다.

보기 다음과 같이 수직선에서 5를 점 '가'의 '좌표'라고 한다.

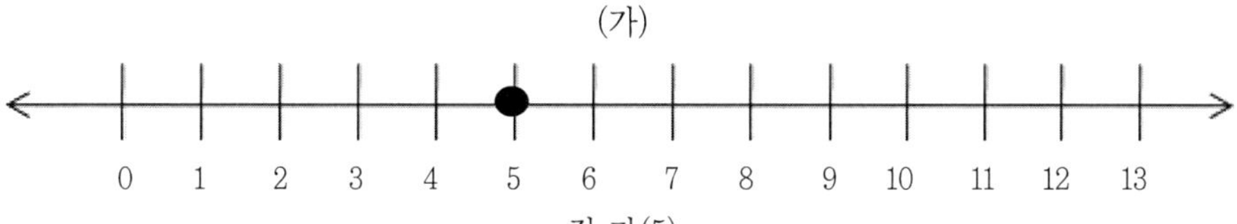

좌표는 ( )안에 수를 써서 나타낸다.

참고

- 좌표를 그릴 때 기준이 되는 직선을 '좌표축'이라 한다.
  - 즉, 좌표 평면에서는 가로로 놓인 수직선을 '가로축'이라고 하고, 세로로 직선을 '세로축'이라 한다. 이들을 '좌표축'이라고 하고, 가로축과 세로축에 만나는 점을 '원점(0.0)'이라 한다.

- 오른쪽 그림에서 점 '나'의 좌표는 (5.4)이다.
- 좌표평면에서는 항상 좌표를 '(가로축 좌표, 세로축 좌표)'로 나타낸다. 이를 '순서쌍'이라고도 한다.

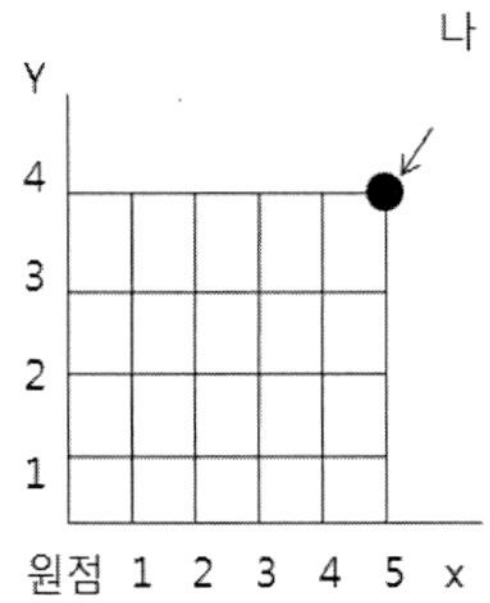

좌표축

좌표를 결정할 때, 기준이 되는 직선이다.

보기 오른쪽의 좌표 평면에서 가로로 놓인 수직선을 '가로축' 또는 'x축'이라고 하고, 세로로 놓인 수직선을 '세로축' 또는 'y축'이라 한다. 이들을 '좌표축(axis of coordinates)'이라고 하고, 가로축과 세로축이 만나는 점을 '원점(0.0)'이라 한다.

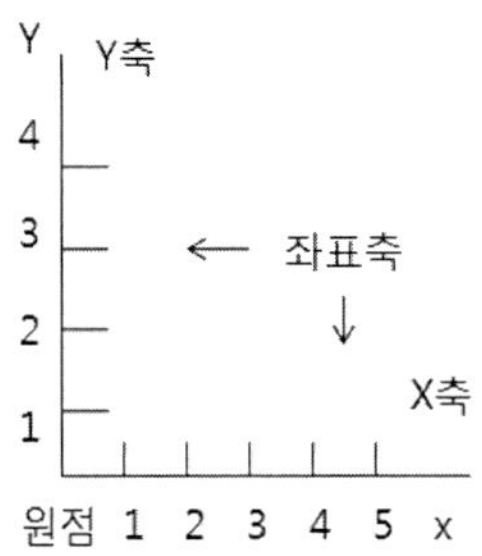

좌표 평면

그림과 같이 가로로 놓인 수직선을 '가로축'이라고 하고, 세로로 놓인 수직선을 '세로축'이라 할 때, 좌표축이 있는 평면을 좌표평면(coordinate plane)이라 한다. 이것을 'x, y평면'이라고도 한다. 좌표평면에 좌표를 나타낼 때는 항상 좌표를 '(가로축 좌표, 세로축 좌표)'로 나타낸다. 이를 '순서쌍'이라고 한다.

보기 좌표평면은 다음과 같다.

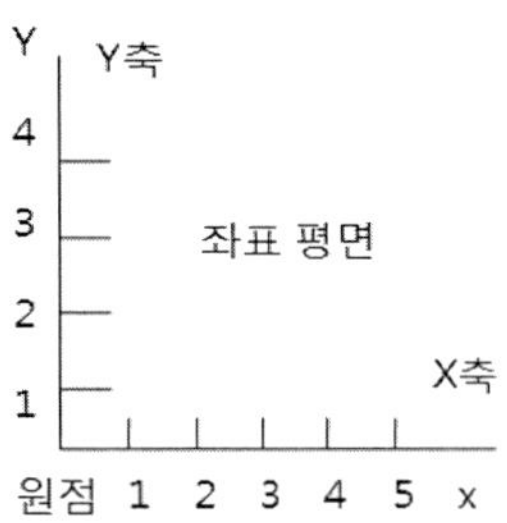

점 가(2,3)

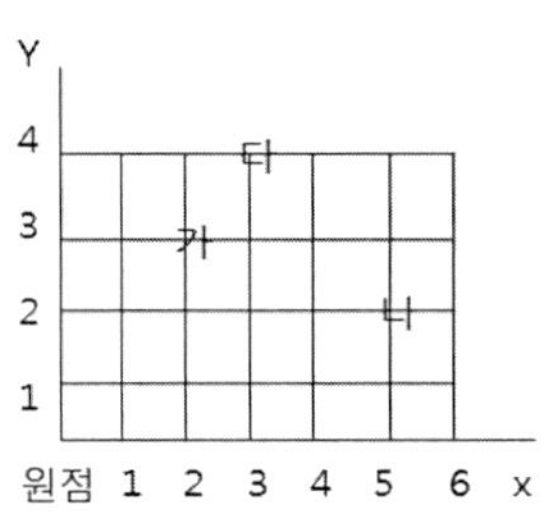

점 나 (5,2)

위의 좌표평면에서 가로축을 'X축', 세로축을 'Y축'이라하고, 가로 좌표를 'X좌표', 세로좌표를 'Y좌표'라 한다.

참고

- 좌표(순서쌍)를 (가로 좌표, 세로 좌표)대신에 (x, y)를 쓰기도 한다.

중심각

원의 두 개의 반지름이 만드는 각을 중심각(central angle)이라 한다.

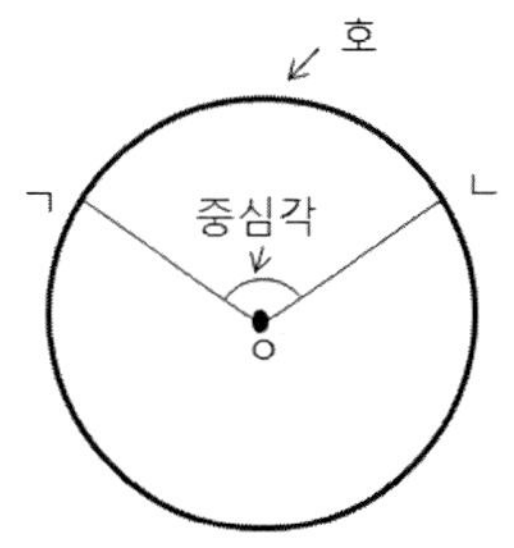

보기 그림과 같이 두 반지름과 원의 한 부분으로 둘러싸인 부채 모양의 도형을 '부채꼴'이라 할 때, 두 반지름이 이루는 각 ㄱㅇㄴ을 호ㄱㄴ에 대하여 부채꼴의 '중심각'이라 한다. 이때, 곡선ㄱㄴ을 '부채꼴의 호'라고 한다.

참고

- 한 원 또는 같은 크기의 원에서 중심각의 크기는 이에 대한 호의 길이에 비례한다.
- 한 다각형의 중심각은 모두 같다. 즉, 정삼각형은 120˚, 정사각형의 중심각은 90˚, 정육각형은 60˚, 정팔각형은 45˚, … 등이다.

중점

선분이나 유한 곡선 따위를 이등분하는 점을 중점(mid point)이라 한다. 이등변삼각형의 꼭짓점에서 밑변에 내린 수선과 만나는 점을 '중점'이라고 한다.

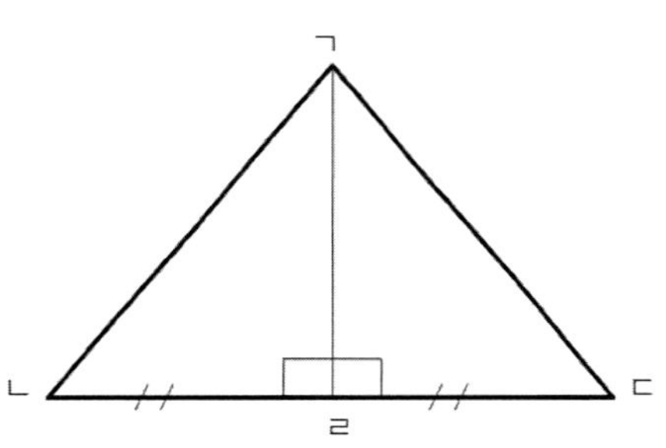

보기 이등변삼각형 ㄱㄴㄷ에서 선분 ㄱㄹ을 대칭축으로 접으면 삼각형 ㄱㄴㄹ과 삼각형ㄱㄷㄹ은 완전히 포개진다. 이때, 선분 ㄴㄹ과 선분 ㄷㄹ은 같고, 각 ㄱㄴㄹ과 각 ㄱㄷㄹ도 같다. 이럴 때, 점 ㄹ을 밑변 ㄴㄷ의 '중점'이라 한다.

지름

원이나 구 따위의 중심을 지나 그 둘레위의 두 점을 직선으로 이은 선분을 지름(diameter)이라 한다. 접두사 dia는 '가로지르다'의 의미를 가지고 있으므로 '가로질러서 측정 한다'의 뜻으로 해석할 수 있다. 지름에 해당하는 한자어는 직경(直徑)이며 풀어서 해석하면 '똑바로 질러가는 지름길'의 의미를 내포하고 있다. 즉, 원에서 원의 중심을 지나는 선분을 '원의 지름'이라 한다.

보기 다음 원에서는 선분 ㄱㄴ이 원의 지름이다.
지름은 한 원에서 가장 긴 선분이다.

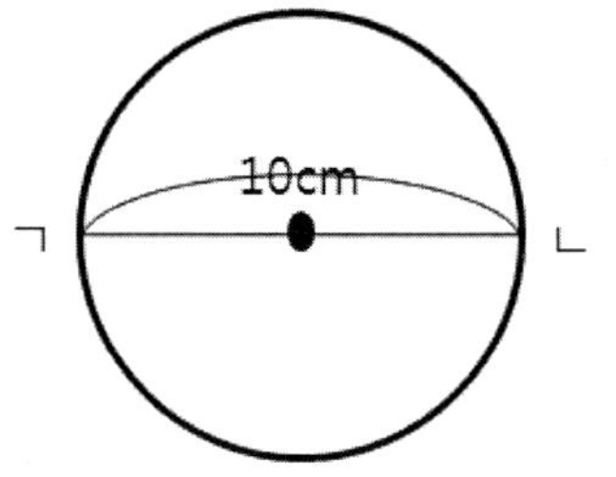

직각

서로 수직인 두 직선이 이루는 각(90°)을 직각(right angle)이라 한다. 직각이란 두 선분의 사이의 각이 90°일 때를 가리킨다. 즉, 직각이란 수평선과 수직선의 두 직선이 이루는 90°의 각이다.

보기 색종이를 다음 그림과 같이 접었다 펴보고, 접혔던 금을 연필로 그어 보면 직각을 찾을 수 있다.

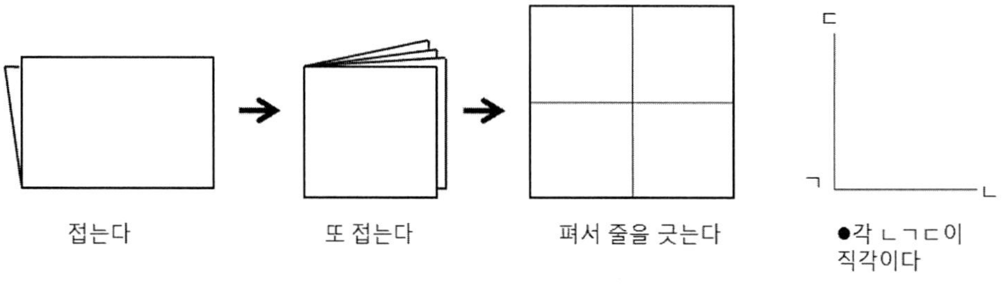

참고

① 이등변 삼각형의 꼭짓점에서 밑변에 수선을 내리면 밑변과 수선은 직각으로 만난다.
② 1직각은 90°이며, 평각(180°)의 반이다.
③ 1직각의 크기를 똑같이 90으로 나눈 1을 '1도'라 하고 '1°'라고 쓴다.

직각기둥

밑면과 모든 옆면이 수직인 각기둥을 직각기둥(right prism)이라 한다.

보기

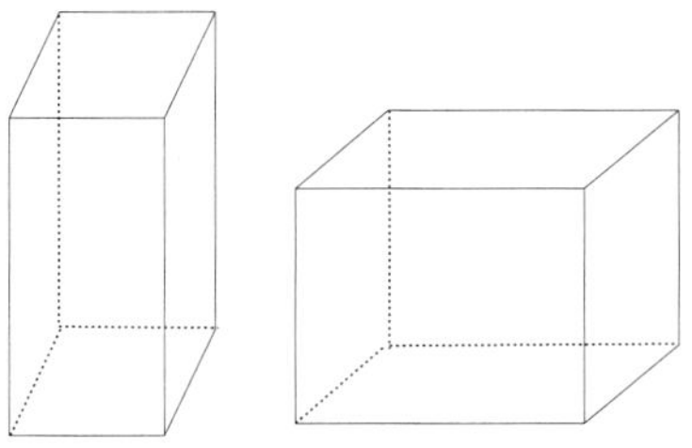

직각삼각형

삼각형에서 한 각이 직각인 삼각형을 직각 삼각형(right triangle)이라 한다.

보기 한 각이 직각인 삼각형을 '직각삼각형'이라 하고, 이것은 직사각형을 그 대각선에 의해서 두 부분으로 나눌 때 얻어지며 삼각형에서 둘 이상이 직각이 될 수 없다. 직각삼각형에서 직각의 대변(마주보는 변)을 '빗변(hypotenuse)'이라 한다.

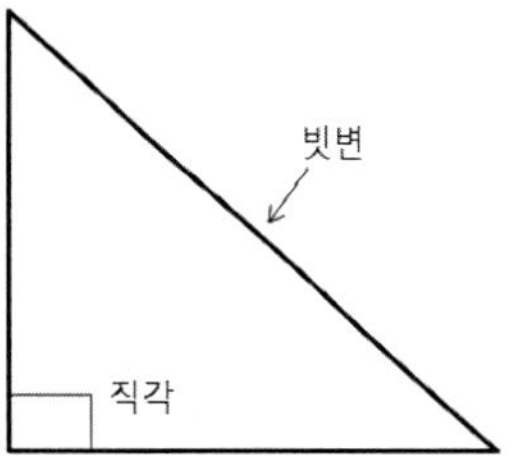

직각삼각형

참고

- 직각삼각형의 성질
  ① 직각삼각형에서는 빗변이 최대의 변(가장 긴 변)이다.
  ② 직각삼각형의 빗변의 중점은 세 꼭짓점에서 같은 거리에 있다.
  ③ 직각삼각형의 빗변을 지름으로 하는 원은 직각인 꼭짓점을 지난다.
  ④ 직각삼각형의 직각의 꼭짓점에서 빗변에 내린 수선은 처음 삼각형과 닮은 두 개의 삼각형으로 나눈다.

직교 한다

도형의 위치 관계로서 가장 기본적인 것은 두 직선의 위치 관계이다. 평면 위의 두 직선은 만나는 경우와 만나지 않는 경우로 나눌 수 있다. 또, 두 직선이 만나는 경우는 수직으로 만나는 경우와 그렇지 않은 경우가 있는데 두 직선이 수직으로 만나는 경우를 직교(orthogonal)한다고 한다.

보기 일반적으로 평면 위의 두 직선의 위치 관계는 다음 3가지로 구분될 수 있다.

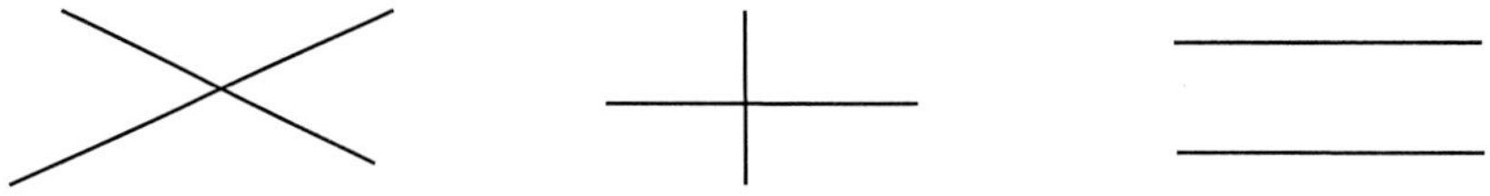

만난다(교차한다) 수직으로 만난다(직교한다) 평행하다

직사각형

가로 세로의 길이가 같지 않고, 네 각의 크기가 모두 직각인 사각형이다. 즉, 사각형에서 네 각이 모두 직각(90도)인 사각형을 직사각형(rectangle)이라 한다. 직사각형의 마주보는 두 변의 길이는 같다. 정사각형은 직사각형이 될 수 있다.

보기 직사각형

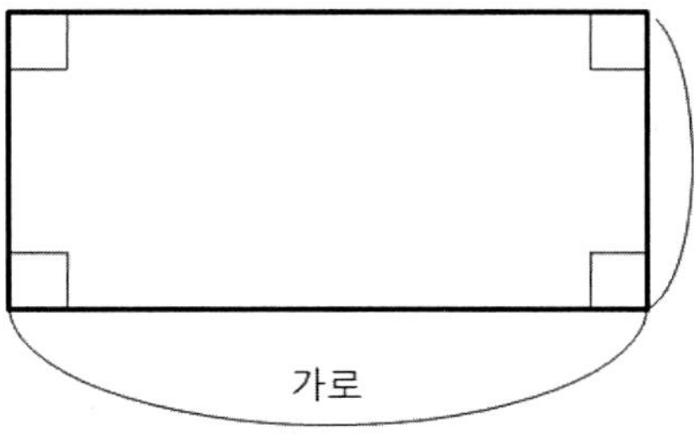

직선

두 점 사이를 가장 짧은 거리로 곧게 이은 채 계속 연장한 선이다. 즉, 직선(straight line)이란 선분을 양쪽으로 끝없이 늘인 곧은 선을 말한다.

보기 직선

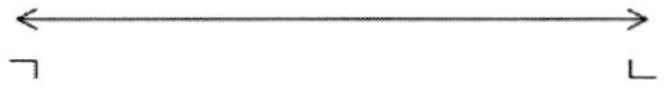

이것을 '직선ㄱㄴ' 또는 '직선ㄴㄱ'이라고도 한다.

참고

- 두 점을 곧게 이으면 선분이 되고, 선분을 양쪽으로 끝없이 늘인 곧은 선이 직선이다.

직원뿔

직각삼각형의 한 변(직각을 끼고 있는)을 축으로 360° 회전시켜서 나오는 입체도형을 직원뿔(right cone)이라 한다.

참고

- 직원뿔의 성질
  ① 직원뿔을 축을 포함하는 평면으로 자른 단면은 이등변삼각형이다.
  ② (직원뿔의 옆넓이) = $\frac{1}{2}$ × (밑면의 둘레) × (빗높이)
  ③ (직원뿔의 부피) = $\frac{1}{3}$ × (밑넓이) × (높이)

직원기둥

직사각형의 한 변을 축으로 360° 회전시켜서 나오는 입체도형을 직원기둥(right cylinder)이라 한다.

직육면체

여섯 개의 직사각형으로 둘러싸이고 마주보는 세 쌍의 면이 나란한 육면체이다. 즉, 상자 모양을 직육면체(cuboid)라 한다. 직육면체는 마주보는 세 쌍의 면이 각각 평행한다.

보기 직육면체의 각 부분

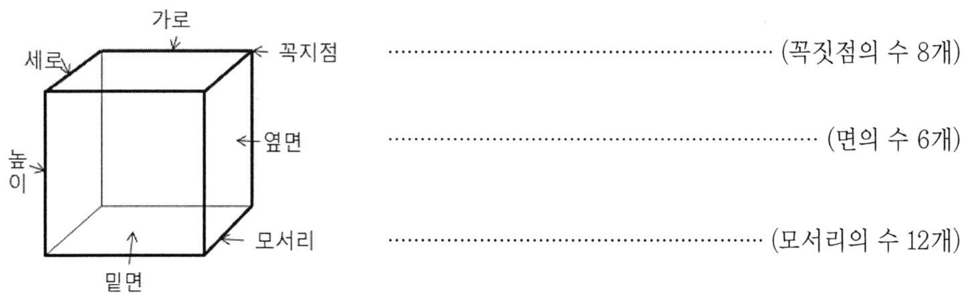

직육면체의 각 부분의 면의 수는 6개, 모서리의 수는 12개, 꼭짓점의 수는 8개이고, 면은 모두 사각형이다.

참고

- 직육면체나 정육면체는 마주보는 면의 모양과 크기가 같아 합동이고, 또 평행이다.
- 직육면체나 정육면체는 서로 이웃하는 면이 수직이다.

직육면체의 꼭짓점

직육면체의 모서리와 모서리가 만나는 점을 직육면체의 꼭짓점(vertex of a rectangular parallelepiped)이라 한다. 직육면체의 꼭짓점에는 3개의 모서리가 만나며 직육면체의 모든 꼭짓점의 수는 8개이다.

보기 직육면체의 각 부분 명칭과 꼭짓점

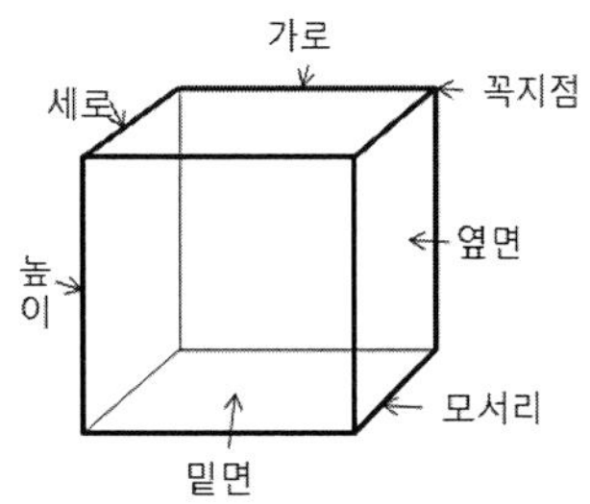

·········· (꼭짓점의 수 8개)

·········· (면의 수 4개)

·········· (모서리의 수 12개)

참고

- 직육면체를 둘러싸고 있는 사각형을 '면'이라 하고, 면과 면이 만나는 선분을 '모서리'라 한다.

직육면체의 면

직육면체를 둘러싸고 있는 사각형을 면(face)이라 한다.

보기 직육면체의 면은 밑면(2개)과 옆면(4)으로 모두 6개이다.

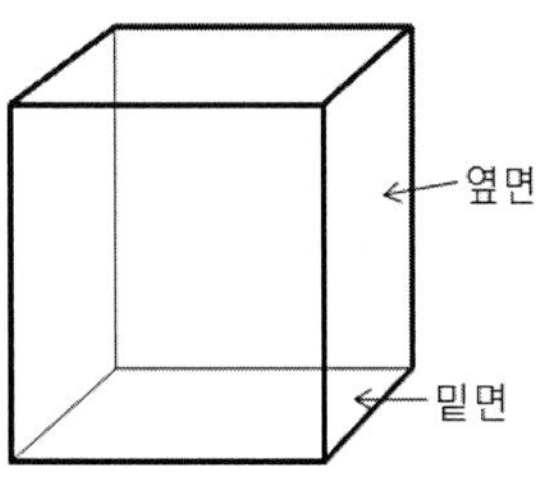

·········· (옆면의 수 4개)

·········· (밑면의 수 2개)

* 직육면체의 마주보는 면은 크기가 모두 같고, 모양이 같으며 서로 평행이다.
* 직육면체의 마주보는 면은 모두 3쌍이다.

참고

① 직육면체의 모든 꼭짓점의 수는 8개이다.
② 직육면체의 면과 면이 만나는 선분을 '모서리'라 하고, 모서리와 모서리가 만난 점을 '꼭짓점'이라 한다.

직육면체의 모서리

직육면체의 면과 면이 만나는 선분을 직육면체의 모서리(an edge of a rectangular parallelepiped)라 한다.

보기 직육면체는 3개의 모서리가 한 점에서 만난다.
직육면체의 모서리의 수는 12개이며
모서리의 길이가 같은 것은
가로 세로 높이의 3쌍으로 각각 4개씩이다.

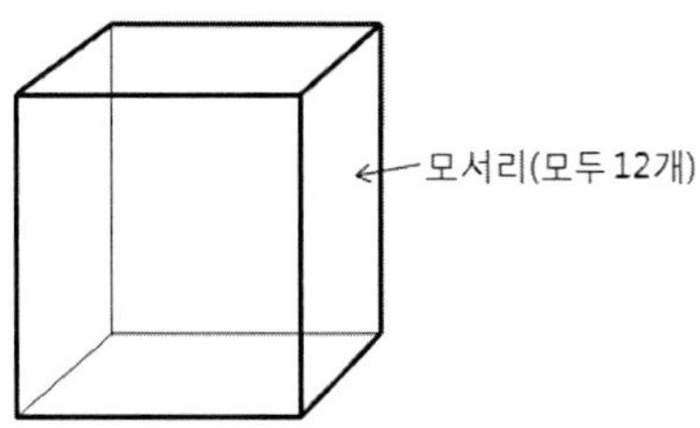

축도

그림이나 대상을 원래의 모습보다 작게 줄여서 그린 그림을 축도(a miniature copy)라 한다. 이를테면, 한 도형을 일정한 비율로 줄여서 그린 도형을 처음 도형에 대해서 '축도'라 한다. 또한 도형의 각의 크기는 그대로 두고 변의 길이를 같은 비율로 줄인그림도 본래 도형의 축도이다.

축척

지도나 설계도 따위에 실물보다 더 작게 한 비를 축척(scale)이라 한다. 도형을 확대하거나 축소할 때의 비율을 '배율'이라 하고, 특히 축소할 때와 같이 1보다 작은 배율을 '축척'이라고 한다.

참고

① 지도는 실지의 토지를 줄여서 그린 축도라고 할 수 있으며, 길이를 줄인 비율을 '축척'이라고 한다.
② (축척) = (지도 위의 길이) ÷ (실지의 길이)
③ (지도의 길이) = (실지의 길이) × (축척)

보기 1 축척 1 : 500을 분수로 나타내면 $\frac{1}{500}$ 입니다.

축도위의 가로의 길이가 10m일 때, 10m = 1000cm

$1000 \times \frac{1}{500} = 2cm$

보기 2 지도에서 사용하는 축척을 비로 나타내기

4km를 10cm로 나타낸 지도가 있습니다.
축척을 비로 나타내시오.
축척을 분수로 나타내시오.
축척을 그림으로 나타내시오.
4km = 400000cm, 10cm : 400000cm = 1 : 40000

칠교판(탱그램)

정사각형 모양을 7개의 기본 도형으로 분할한 조각퍼즐을 칠교판 또는 탱그램(tangram)이라 한다.

타원

길쭉하게 둥근 원이다. 평면 위의 두 점으로부터 거리의 합이 일정한 점의 자취를 그린 도형을 타원(ellipse)이라 한다. 타원은 직교하는 두 축에 대해 대칭이다. 타원이 길쭉한 원인데 비하여 원은 둥근 공 모양이며 원도 타원에 속한다.

보기

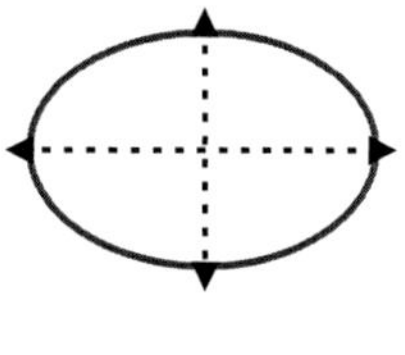

테셀레이션

한 가지 이상의 도형을 이용해 겹쳐짐이나 빈틈이 생기지 않도록 평면이나 공간을 덮는 것을 테셀레이션(tessellation)이라고 한다.

보기 테셀레이션의 예로는 우리 일상생활의 바닥, 건물의 벽에 있는 타일, 인도블록 등 여러 가지가 있다.

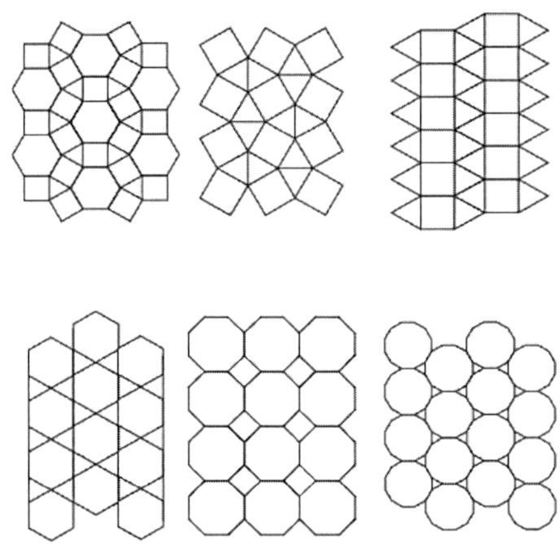

8각형

8개의 선분으로 둘러싸인 다각형을 8각형(octagon)이라 한다.

참고

- octa는 '8'을 뜻하는 그리스어에서 유래되었다.

평각

한 점에서 나온 두 반직선이 일직선이 될 때, 두 반직선이 이루는 각을 평각(straight angle)이라 한다.

보기 평각

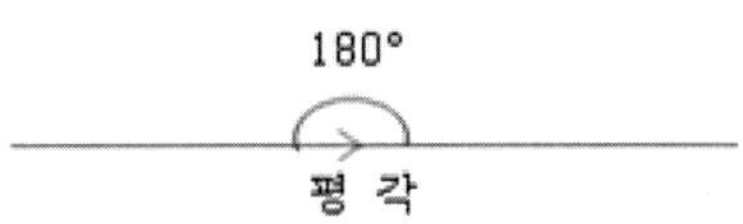

평각 = 2직각 = 180°
1직각 = 90°

참고

- 직각은 90°, 평각은 180°(2직각)이다.

평면

하나의 직선을 나란히 이동시키면 하나의 면이 만들어진다. 이렇게 만들어진 굽어진 부분이 없는 평평한 면을 평면(plane)이라 한다.

참고

- 평면의 결정조건

  평면은 다음의 각각의 경우에 단 하나 결정된다.

  ① 같은 직선 위에 없는 세 점

  ② 한 직선과 그 위에 있지 않는 한 점

  ③ 서로 만나는 두 직선

  ④ 평행인 두 직선

평면도형

선분, 곡선, 직선, 삼각형, 사각형, 원 등과 같이 길이와 폭은 있으나 두께가 없는 도형으로서 한 평면 위에 그려진 도형을 평면도형(plane figure)이라 한다.

보기 평면도형은 점, 선, 면 등과 아래 그림과 같이 삼각형, 사각형, 오각형, 육각형 등을 의미한다.

- 점 : •
- 선 : 직선, 사선, 평행선, 곡선 등
- 다각형(면)

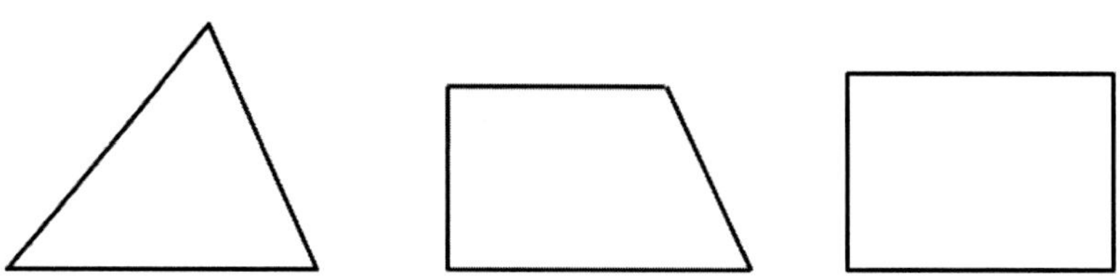

삼각형　　사다리꼴　　직사각형

평행

두 직선이나 평면이 무한하게 연장하여도 만나지 않고, 나란히 나아가는 것을 평행(parallel)이라 한다.

보기 아래 그림과 같이 한 직선에 수직인 두 직선을 '서로 평행하다.'고 하고 한 직선에 수직인 두 직선을 '평행선'이라고 한다.

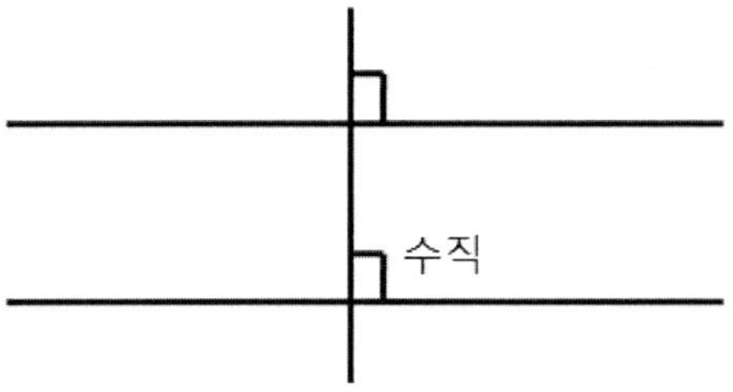

평행선

같은 평면 위에 있는 두 직선이 한 직선에 수직일 때, 두 직선은 평행선(parallel lines)이라고 한다. 즉, 한 평면위에 있으면서 서로 만나지 않는 두 직선을 말한다.

보기 직선 가와 나가 서로 평행할 때 기호 '//'를 사용하여 '가//나'로 표시하고 '가 평행선 나'로 읽는다. 직선 '가'와 직선 '나'를 평행선으로 그리면 다음과 같다.

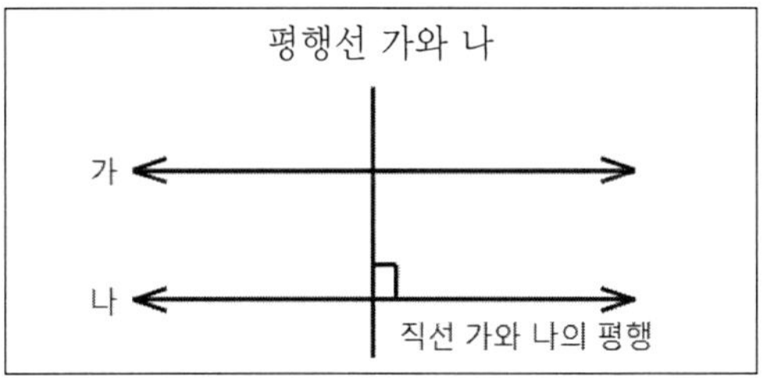

참고

- 또 직선과 평면을 아무리 늘여도 만나지 않을 때, 이 직선과 평면은 '평행하다.'고 한다. 즉, 직선 위의 점에서 평면까지 거리가 어느 한 곳에서나 같을 때, 그 직선과 평면은 '평행하다.'고 한다.

참고

- 평행선을 바르게 그릴 수 있는 방법은 다음과 같다.

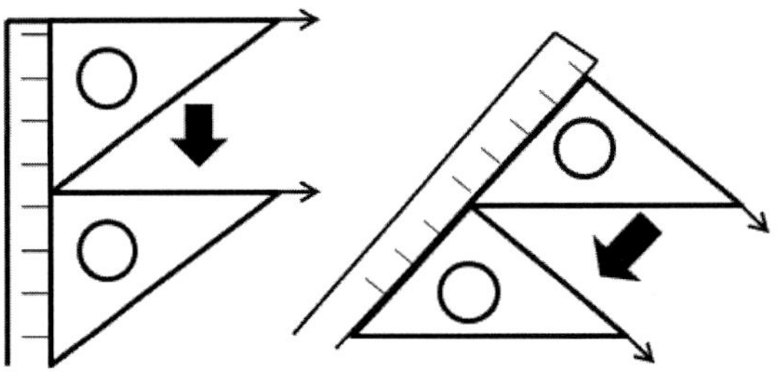

* 다음 직사각형에서 변ㄱㄹ과 평행인 변은 변ㄴㄷ이고, 변ㄱㄴ과 평행인 변은 변ㄹㄷ이다.

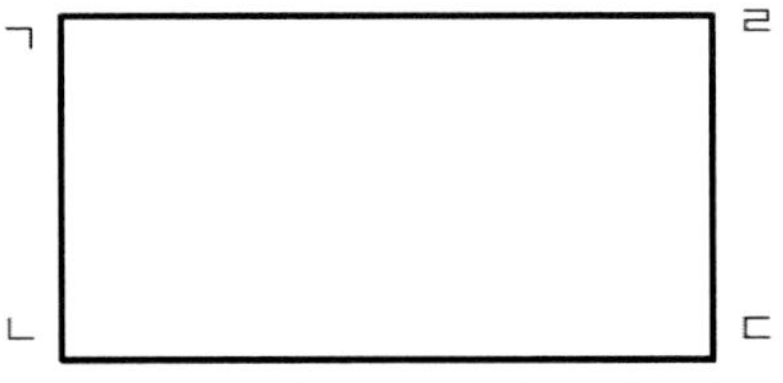

평행선 사이의 거리

두 평행선 사이에 수직으로 내린 선분의 길이를 평행선 사이의 거리(distance of two parallel line)라고 한다.

보기 다음 그림처럼 직선 '가' 위의 점 ㄱㄴㄷ에서 직선 '나'에 내린 수선 '가나'의 길이를 '평행선 사이의 거리'라고 한다.

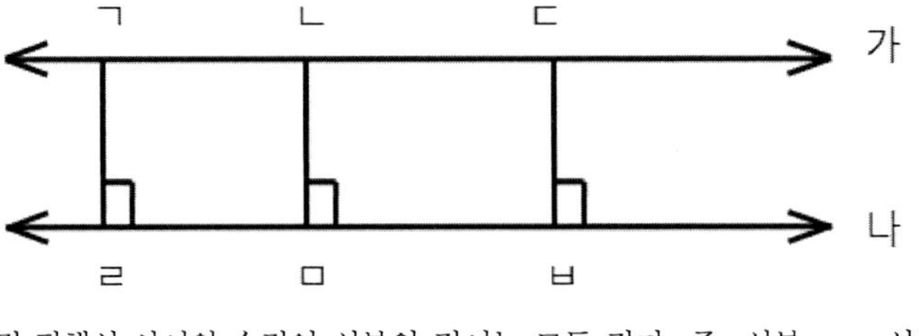

위의 그림처럼 평행선 사이의 수직인 선분의 길이는 모두 같다. 즉, 선분ㄱㄹ, 선분ㄴㅁ, 선분ㄷㅂ의 길이는 모두 같다.

평행선의 성질

평행하고 있는 두 직선이 가지고 있는 특징을 의미한다. 가령, '평행인 두 직선 사이의 거리는 같다'라든가, '한 직선 위에 수직선인 두 수선을 그으면 두 직선은 평행하다', '평행하는 직선 사이의 엇각의 크기는 모두 같다' 등이 평행선이 가지고 있는 성질이다.

* '평행인 두 직선 사이의 거리는 같다'는 말은 아래 그림처럼 두 직선을 긋고 두 직선 사이에 수선을 그을 때, 그 길이가 모두 일정하게 같은 경우를 말한다.

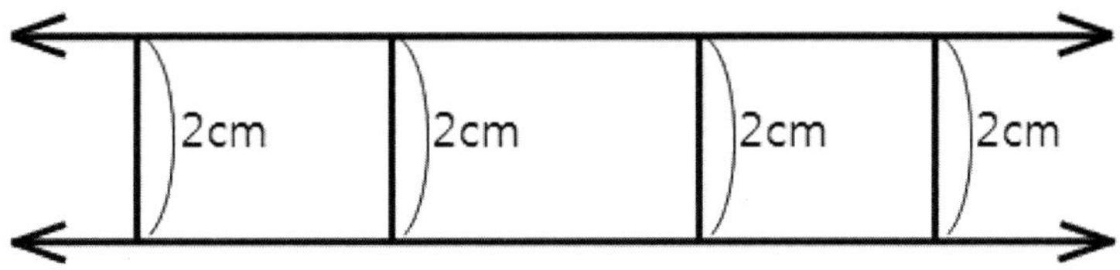

* 다음 그림은 한 직선 위에 수직인 두 수선을 그으면 두 직선은 평행하다는 것을 보여주고 있다.

(가 / / 나)

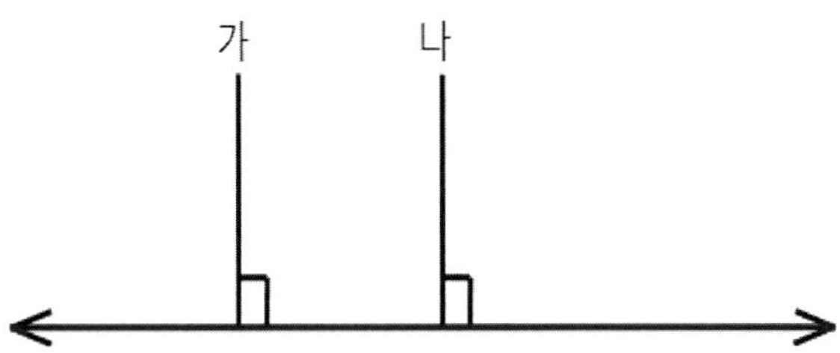

보기 평행선 사이에 다른 직선이 만날 때, 같은 위치에 있는 각, 이를테면 엇각 등이 서로 같은 것이 평행선의 성질이다.

평행사변형

서로 마주보는 두 쌍의 대변이 서로 평행인 사각형을 평행사변형(parallelogram)이라 한다.

보기 다음과 같은 평면도형이 평행사변형이다.

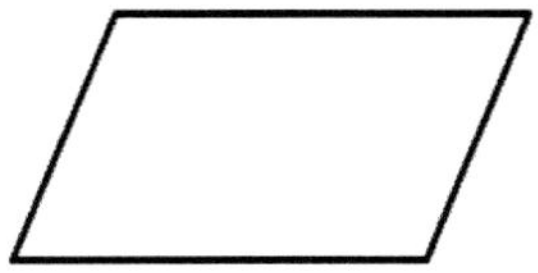
〈평행사변형〉

〈직사각형〉

〈정사각형〉

참고

- 평행사변형의 성질
  ① 두 쌍의 대변이 각각 평행이다.
  ② 두 쌍의 대변이 각각 같다.
  ③ 두 쌍의 대각의 크기가 같다.
  ④ 이웃하는 각은 서로 보각이다.
  ⑤ 대각선은 서로 다른 대각선을 이등분한다.
  ⑥ 대각선의 교점을 대칭의 중심으로 하는 점대칭이다.

평행이동

도형을 한 직선을 따라 일정한 방향으로 일정한 거리만큼 이동하는 조작을 평행이동(translation)이라 한다.

참고

- 영미 권에서는 translation 대신 slide(밀기)를 사용하는 경우도 있다.

표면

3차원 입체의 경계영역으로서 입체도형을 둘러싸고 있는 겉 부분을 표면(surface)이라한다.

보기

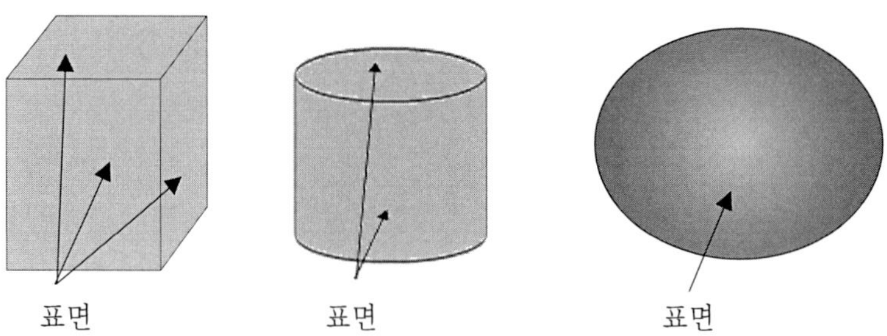

피아제의 도형 학습 이론

도형 학습에 대한 심리적 연구자로 대표되는 스위스의 인지심리학자 피아제(Piaget, J.)는 아동의 도형학습과 공간개념 발달에 대한 심리적인 접근을 시도하였다. 즉 인간은 처음 기본적인 몇 가지 반사작용(보기, 빨기, 쥐기 등)과 동화(同化), 조절(調節) 기능만을 가지고 태어나서, 주변 환경과 접촉하며 성장하는 과정에서 기본적인 반사 작용과 동화 · 조절 기능이 점진적으로 분화되면서 내적 인지구조가 형성된다.

그런데 이러한 인지발달 과정에는 그 특성이 명확한, 즉 감각 운동기, 전조작기, 구체적 조작기, 형식적 조작기를 거치게 된다. 이 때 각 단계에 도달하는 연령은 개인차가 있으나, 각 단계를 거치는 순서는 동일하다. 즉, 아동은 구체물 조작 과정에서 제각기 분리되어 있던 심적 기능이 서로 관련되어 작동하여 내적 인지구조가 형성되고, 그에 따라 심적 조작이 가능하게 된다. 이러한 관점에서 그는 수학적 사고의 본질은 조작(operation)이고, '조작 없는 지식은 생각할 수 없다'고 주장하였다. 피아제는 조작을 사물을 구체적으로 다루는 것과 마찬가지로 사고를 통해 수행할 수 있는 즉, 내면화될 수 있는 가역적 행동으로 설명하고 있다.

합동

두 장의 종이를 완전히 포개어 놓고 삼각형을 그린 다음 선을 따라 잘라 내면 아래 그림과 같이 두 개의 삼각형을 얻는다.

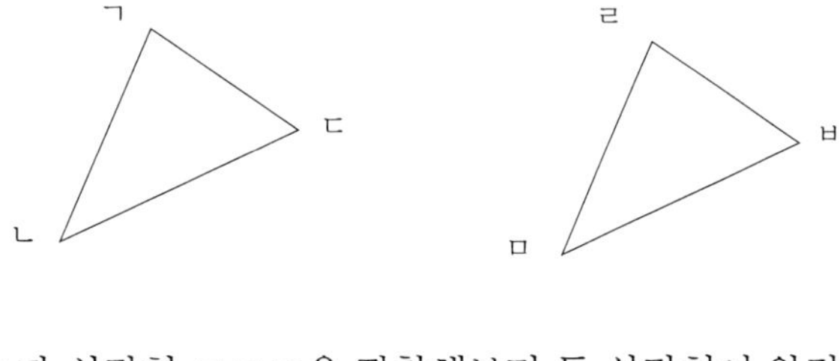

이들 삼각형 ㄱㄴㄷ과 삼각형 ㄹㅁㅂ을 관찰해보면 두 삼각형이 완전히 포개어짐을 알 수 있다. 이와 같이 완전히 포개어지는 두 도형을 서로 합동(congruence)이라고 한다. 즉, 두 도형을 포개었을 때 점, 변, 각 등이 완전히 포개어지면 합동이 된다.

참고

① 합동인 두 도형에서 서로 포개어 지는 점, 변, 각을 각각 '대응점', '대응변', '대응각'이라고 한다. 이때 대응변의 길이와 대응각의 크기는 서로 같다.

② 합동인 두 도형은 기호 '≡'를 써서 나타낸다. 기호를 써서 합동을 나타낼 때에는 도형의 꼭짓점은 대응하는 순서대로 나타낸다.

호

원주 또는 곡선 상 두 점의 사이의 곡선을 호(arc)라고 한다. 즉, 원둘레(원주)의 한 부분이 호이다.

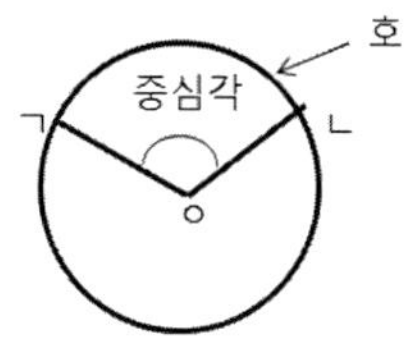

보기 오른쪽 그림과 같이 두 반지름과 원의 한 부분으로 둘러싸인 부채 모양의 도형을 부채꼴 이라고 하고 곡선ㄱㄴ을 '호'라고 한다.

참고

- arc는 활을 뜻하는 라틴어 arcus에서 유래하였으며

(호의 길이) = (원주) × ($\frac{(중심각)}{360}$) 와 같이 구할 수 있다.

확대도

한 도형을 일정한 비율로 늘려서 그린 도형을 확대도(enlarged drawing)라고 한다. 즉, 가로와 세로의 길이를 같은 비율로 늘려서 그린 그림을 처음 도형의 '확대도'라고 한다.

보기 삼각형 ㄱㄴㄷ과 대응변의 길이의 비가 1 : 2 가 되게 삼각형ㄹㅁㅂ을 그려보자.

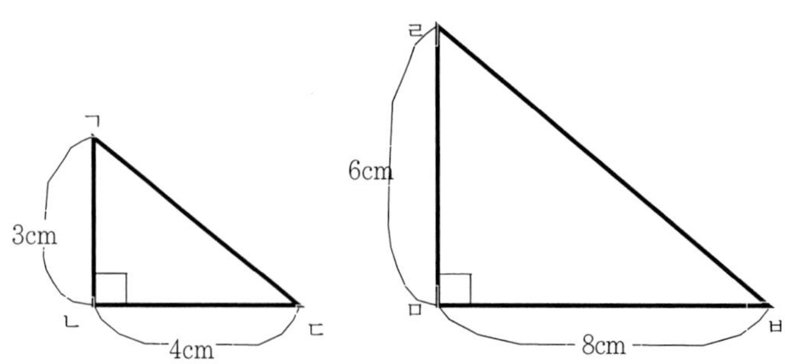

삼각형 ㄱㄴㄷ의 2배 확대도는 삼각형 ㄹㅁㅂ이다.

참고

> 처음 그림이나 사진이 작아서 보기에 불편할 때, 크게 확대를 하여서 관찰하면 훨씬 더 자세히 볼 수 있다. 이를테면, 어떤 사진을 한 장은 작게 뽑고 한 장은 크게 늘려서 뽑는 다든지, 필름의 영상을 크게 스크린에 비추는 경우, 아니면 OHP를 통하여 TP자료를 스크린에 비추는 경우 등이다.

회전이동(돌리기)

한 점을 중심으로 도형을 돌리는 것을 회전이동 혹은 돌리기(rotation)라고 한다.

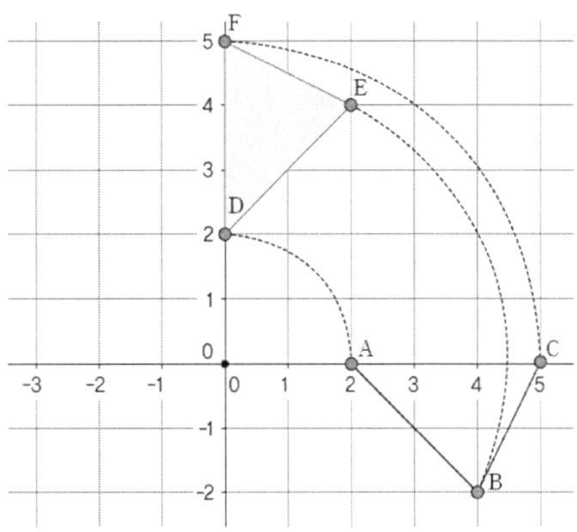

참고

> 영미 권에서는 rotation 대신 turn 이라는 용어를 쓰기도 한다.

회전체

회전하는 물체가 회전체이다. 평면도형을 같은 평면 안의 직선을 축으로 하여 회전시켰을 때 생기는 입체도형을 회전체(solid of revolution)라고 한다. 이때, 축으로 사용한 직선을 '회전축'이라고 한다.

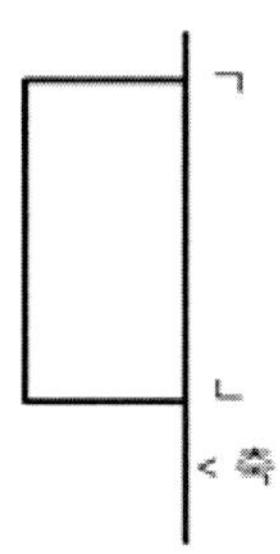

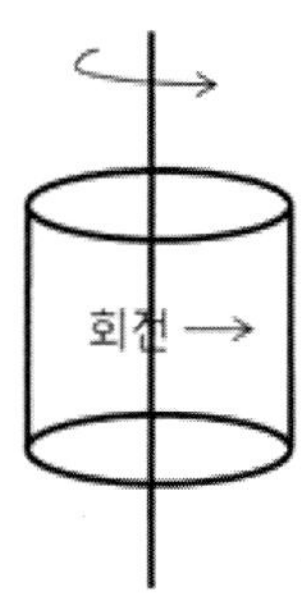

보기 다음 그림과 같이 평면도형의 영역인 직사각형을 직선ㄱㄴ을 축으로 하여 회전시켜 보자. 어떤 입체 도형이 될까?

참고

▸ 회전체는 다음과 같은 성질이 있다.

① 회전체는 평면도형을 회전시켰을 때 생기는 공간도형이므로 회전축에 수직인 단면으로 자르면 그 단면은 모두 원이 된다.

② 회전체는 축을 포함하는 평면에 대하여 면 대칭도형이다.

회전축

도형이나 물체의 회전 운동의 중심이 되는 일정불변의 직선을 회전축(axis of revolution)이라 한다.

보기 다음 삼각형과 직사각형이 1회전할 때, 중심이 되는 축이 바로 회전축이다.

①

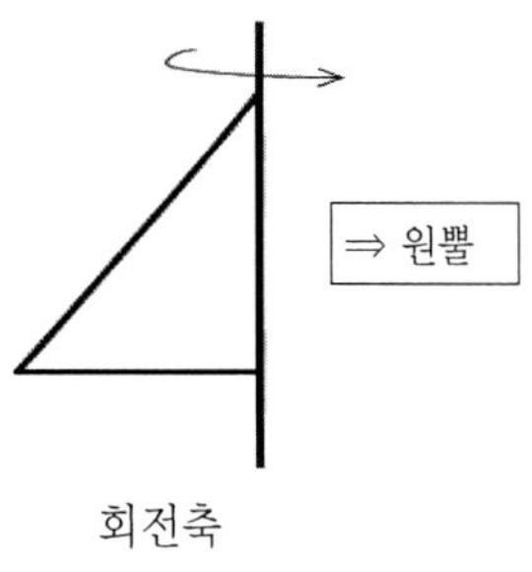

②

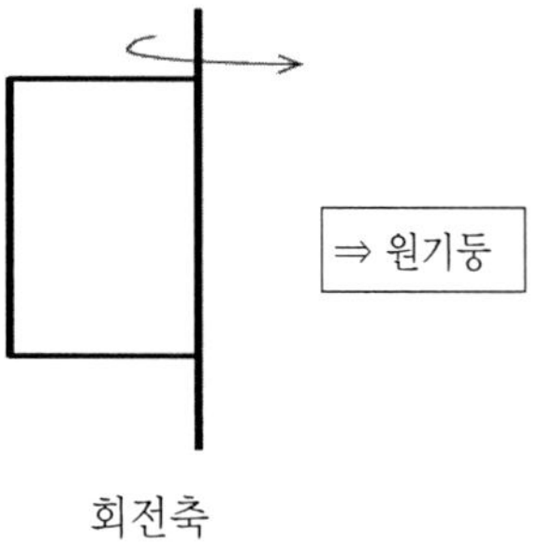

C·H·A·P·T·E·R 3

측정 영역의 용어해설

각기둥의 겉넓이

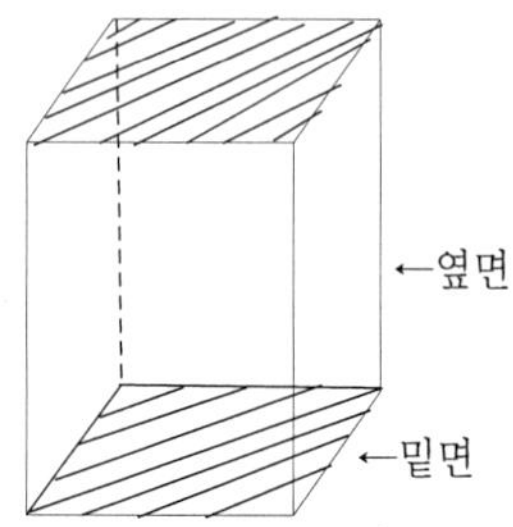

각기둥에서 두 밑넓이와 옆넓이를 합한 것을 각기둥의 겉넓이 (a surface area of prism) 라고 한다.

각기둥은 2개의 밑면과 3개 이상의 옆면으로 이루어져 있다. 한 밑면의 넓이를 '밑넓이'라고 하고, 옆면 전체의 넓이를 '옆넓이' 라고 한다. 또 두 밑넓이와 옆넓이를 합한 것을 '겉넓이'라고 한다. (각기둥의 겉넓이) = (밑넓이) × 2 + (옆넓이)

보기 1 다음 사각기둥의 겉넓이를 구하여 보아라.

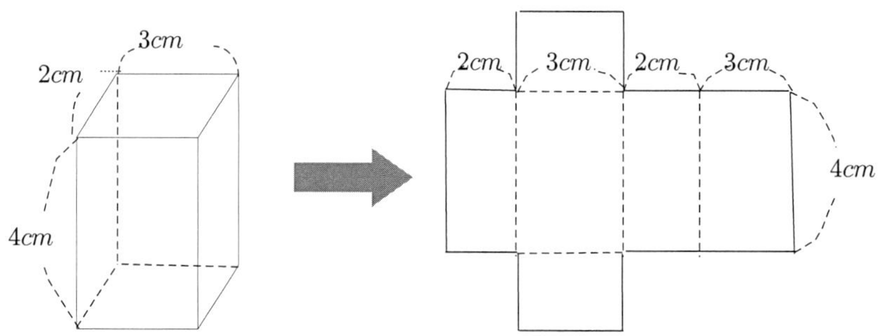

○ 밑넓이 : 3 × 2 = 6 (㎠)
○ 옆넓이 : (3 × 4 + 2 × 4) × 2 = 40(㎠)
○ 겉넓이 : 6 × 2 + 40 = 52

보기 2 다음 삼각기둥의 겉넓이를 구하여 보아라.

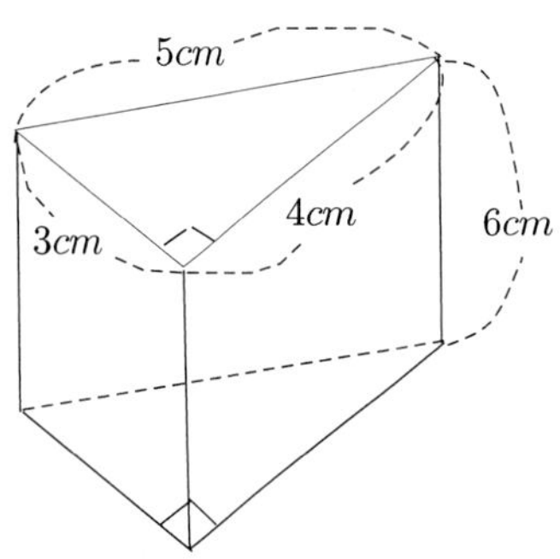

○ 밑넓이 : 3 × 4 ÷ 2 = 6(㎠)

○ 옆넓이 : (3 + 4 + 5) × 6 = 72(㎠)

○ 겉넓이 : 6 × 2 + 72 = 84(㎠)

각기둥의 부피

공간 속에서 차지하는 각기둥의 크기 즉, 공간의 양을 각기둥의 부피(volume of prism)라 한다.

* 입체의 부피를 알아보기 위하여 한 모서리가 1cm인 정육면체의 부피를 단위로 사용한다. 이 정육면체의 부피를 '1㎤'이라 하고, '일 세제곱센티미터'라고 읽는다.

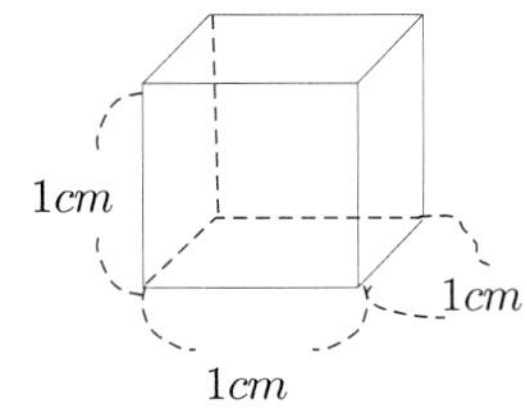

보기 1 쌓기나무 한 개의 부피가 1㎤일 때, 쌓기나무의 개수가 16개이므로, 1×16=16, 그러므로 왼쪽의 직육면체의 부피는 16㎤이다.

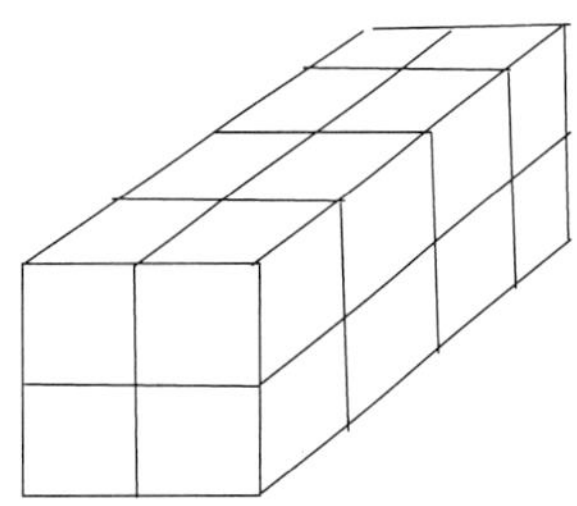

보기 2 쌓기나무 한 개의 부피가 1㎤라고 할 때, 다음 그림에서 한 층으로 쌓인 정육면체의 개수는 4 × 3 = 12 (개)

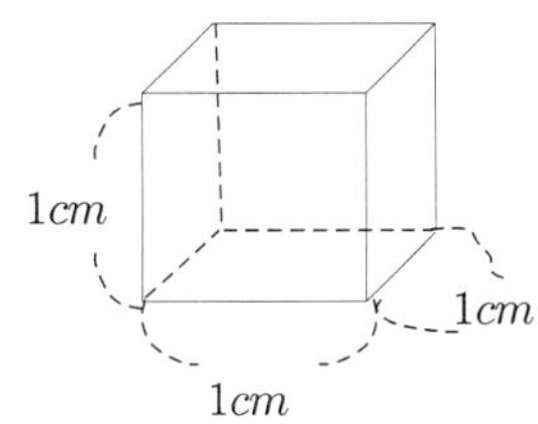

또, 두 층으로 쌓인 정육면체는 모두, 12 × 2 = 24 (개)

∴ 직육면체의 부피는, 1㎤ × 24 = 24㎤이다.

이것은 다음과 같이 구할 수 있다.

24(㎤)	=	4	×	3	×	2
↓		↓		↓		↓
(직육면체의 부피)		(밑면의 가로)		(밑면의 세로)		(높이)

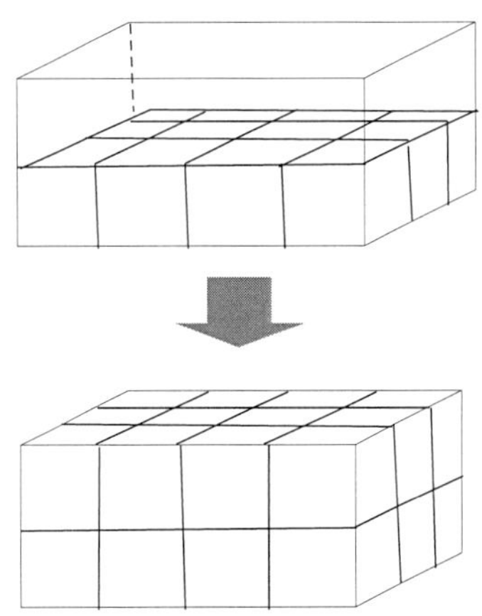

보기 3 오른쪽 그림에서

◦ 직육면체의 부피 → 12 × 8 × 15 = 1440 (㎤)

◦ 삼각기둥의 부피 = (밑넓이) × (높이)

주어진 직육면체를 그림과 같이 한 평면으로 자르면 2개의 삼각기둥이 된다.

이 삼각기둥의 부피는 직육면체의 부피의 반이다.

◦ 삼각기둥의 부피 → (12 × 8 × 15) ÷ 2 = 720 (㎤)

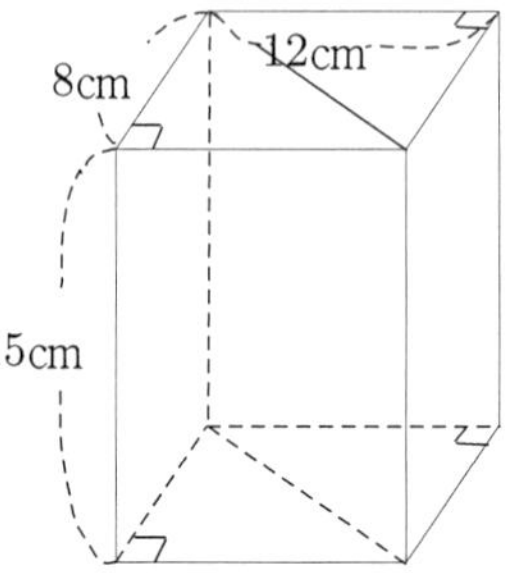

각도

각의 크기를 각도(angular measure)라고 한다. 각도를 나타내는 단위는 직각(90°)과 도(1°)등이 있다. 1직각을 똑같이 90으로 나눈 하나를 '1도'라고 하고, '1°'라고 쓴다. 1직각=90°

참고

- 각도를 잴 때는 각도기를 쓴다. 각도기의 작은 눈금 하나는 1°를 나타낸다. 우리나라 초등학교 수학교과서에서는 각과 각도를 각은 영역이 도형영역에 속하고 각도는 측정 영역에 속하는 것으로 분명하게 구분하고 있지만, 미국 수학교과서 중에는 angle을 각과 각도를 포괄하는 넓은 의미로 사용하고 경우가 대부분이다.

각도기

각도기(protractor)란 반원으로 만든 것으로 각의 크기를 재는 도구이다.

보기 각도기는 오른쪽 그림과 같은 것이다.

각도기의 작은 눈금 하나는 1°를 나타낸다. 0°에서 180°까지 눈금이 있으며, 좌우 어느 쪽이나 각의 크기를 잴 수 있다. 숫자가 있는 눈금 사이의 중간 눈금은 90°를 나타내고 있다.

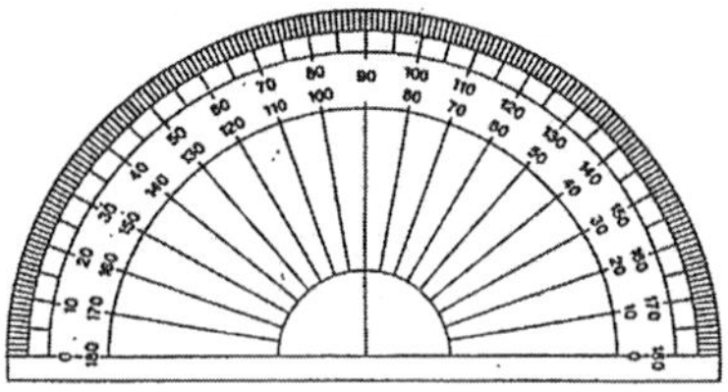

〈각도기〉

참고

- 각도기를 사용할 때 유의점

① 각의 꼭짓점에 각도기의 중심을 맞춘다.
② 각도기의 밑금을 각의 한 변에 맞춘다.
③ 만일 각의 변이 짧을 경우에는 각을 나타내는 두 변을 적절히 연장하여 측정한다.
④ 밑 선인 0°부터 읽기 시작하여 시계바늘 반대 방향으로 각의 변이 각도기의 둘레에 쓰인 숫자와 일치하는 숫자를 읽는다.

각의 측정 단위

각의 측정 단위는 각의 크기를 측정하는 도(°), 분(′), 초(″)를 말한다.

보기 1직각을 90등분한 하나를 '1도'라 하고 1도의 1/60을 '1분', 1분의 1/60을 '1초'라하고 각각 1°, 1′, 1″와 같이 나타낸다.

1직각 = 90° (도)
1° = 60′ (분)
1′ = 60″ (초)

참고

➽ 각의 크기를 측정할 때는 각도기를 쓰고, 각도기의 작은 눈금 하나가 1°이다.

각 읽기

각의 크기가 얼마인지를 각도기로 측정하여 읽는 것을 의미한다. 각도는 각의 꼭짓점에 각도기의 중심을 맞추고, 각의 한 변을 각도기의 밑금에 맞추어 벌어진 정도의 눈금을 '몇 도(°)'로 읽는다.

보기 다음 각도는 60°이다. 60°는 '60도'라고 읽는다.

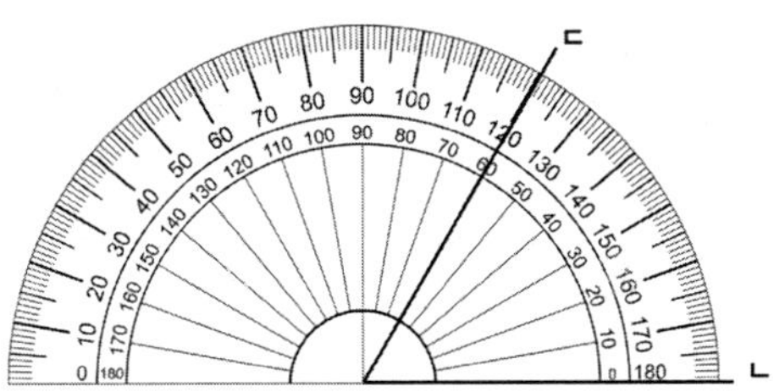

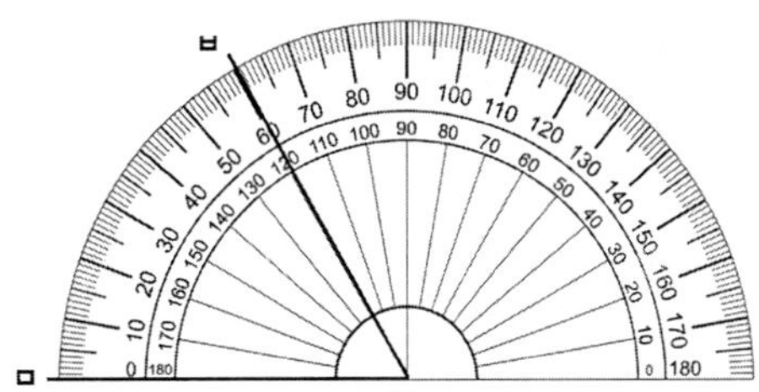

각 ㅇㅅㅈ의 각도는 120°이다. 120°는 '120도'라고 읽는다.

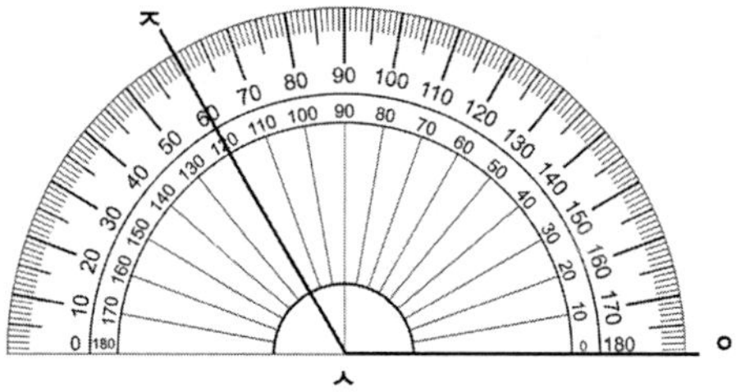

참고

- 직각 삼각자로도 다음의 각도를 재어 읽을 수 있다.
  - ㅇ 1직각 = 90도(90°)
  - ㅇ 2직각 = 180도(180°)

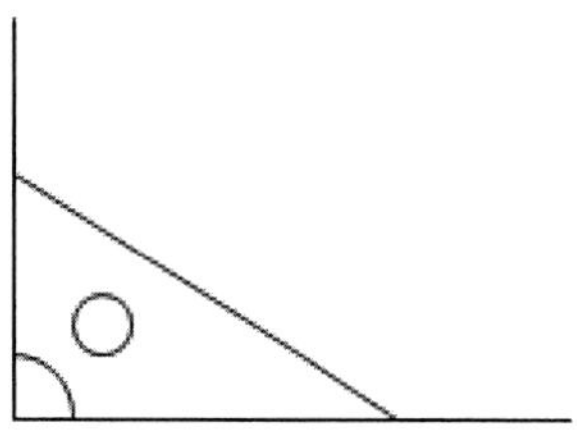

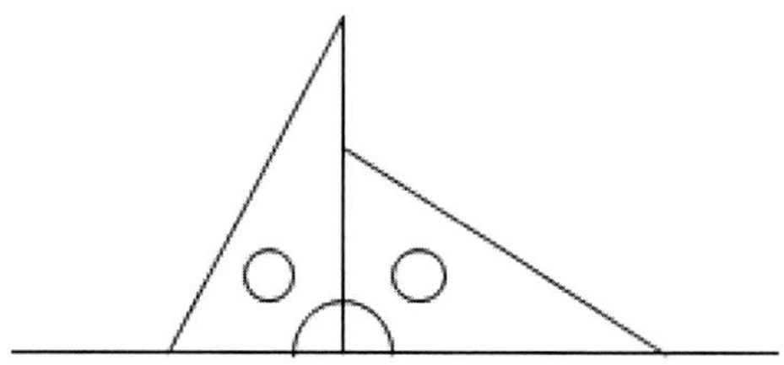

  - ㅇ 3직각 = 270도(270°)
  - ㅇ 4직각 = 360도(360°)

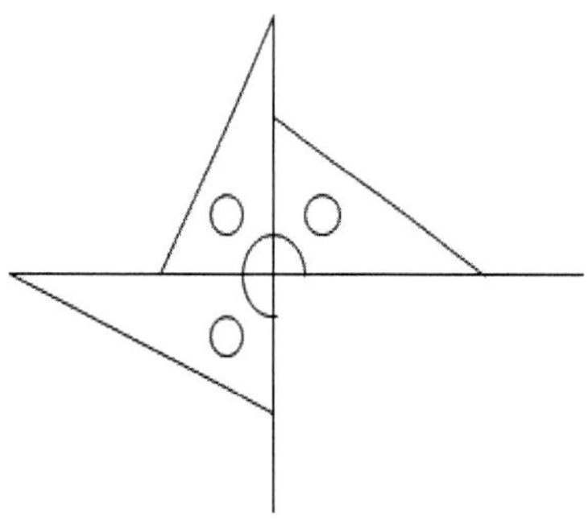

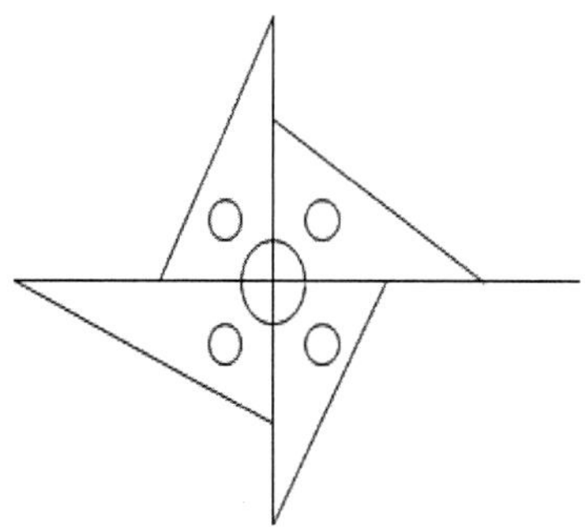

간접비교

비교하는 양을 이동할 수 없을 경우에는 다른 구체물을 이용하여 비교하여야 한다. 이 때 사용하는 구체물을 임의 단위라 하는데, 아동이 사용하는 임의 단위로는 양에 따라 뼘, 보폭, 막대기, 책, 바둑돌, 구슬, 성냥개비 등이 있다. 아동은 대상을 이동하는 대신에 이들 임의 단위를 이용하여 비교하는 것을 간접비교(indirect comparison)라 한다.

간접측정

계기만으로 측정할 수 없는 양이 우리의 주변에는 많이 있다. 전선의 길이나 배의 무게, 원의 넓이, 각기둥의 부피, 산의 높이 등은 계기만으로는 측정할 수 없다. 이 경우에 측정 가능한 일부의 양과 수학의 원리를 결합하여 계산하게 된다. 이와 같이 직접 측정의 결과값과 수학을 이용하여 측정하는 것을 간접 측정(indirect measurement)이라 한다.

보기 다음은 간접 측정의 예이다.

- 전선 일부의 무게를 재어 전선의 전체 길이를 구하는 일
- 부채꼴의 넓이를 반지름과 중심각을 측정하여 구하는 일
- 닮음비를 이용하여 나무의 높이를 구하는 일
- 전개도를 이용하여 원기둥의 겉넓이를 구하는 일

거리

분리된 두 사물 사이의 간격을 나타내는 것으로 두 점을 연결하는 직선의 길이를 거리(distance)라고 한다.

보기 이를테면, 한 지점 A에서 다른 지점 B까지의 길이는 물체에 붙어있는 곡선의 길이를 말하며, 거리는 두 지점 사이에 놓여있는 장애물(호수, 산의 고저 등)에 관계없이 두 점을 잇는 선분의 길이를 말한다.

참고

- 많은 학생들이 거리와 길이를 혼동하는 경우가 있는데, 길이(length)는 물체에 부속된 양이고, 거리는 공간에 고정되어 있는 양(측도, 測度)을 나타낸다. 거리와 길이에 대한 양감은 자신의 신체부위나 우리 일상생활에서 자주 접하는 물건들을 활용할 수 있는데, 이를테면, 1cm는 손톱의 폭, 사람에 따라 약간의 차이는 있겠지만 1m는 양팔을 벌렸을 때의 길이 등을 활용할 수 있다.

겉넓이(직육면체)

겉넓이(surface area)란 입체 도형의 모든 겉면의 넓이를 합한 것으로 표면적이라고도 한다.

* 직육면체의 겉면에 모두 색종이를 붙이려면 얼마의 색종이가 필요한지를 아는 데는 전개도를 그려서 붙여 보면 된다.

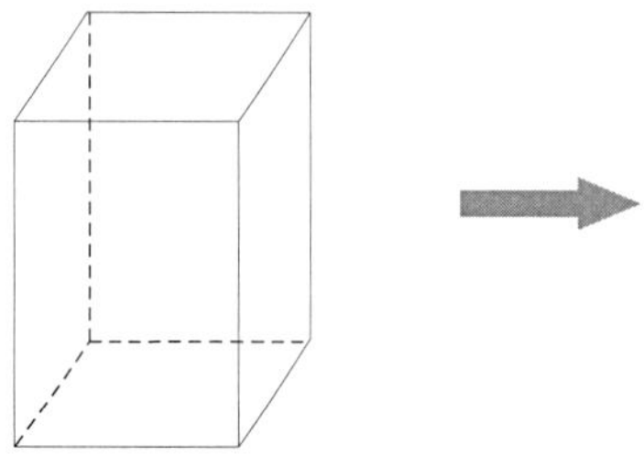

(직육면체)

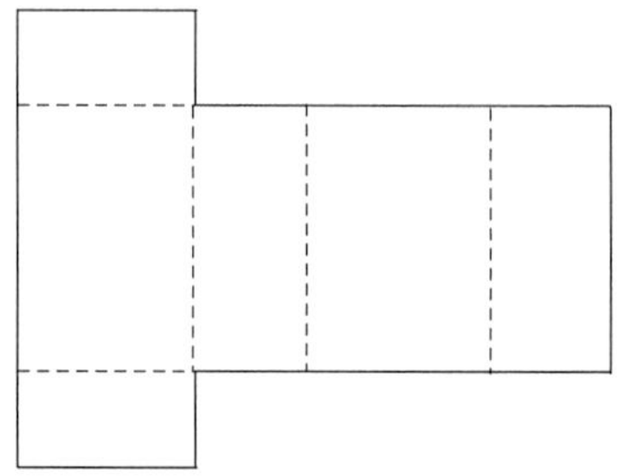

(직육면체의 전개도)

보기 직육면체는 아래 그림과 같이 2개의 밑면과 4개의 옆면으로 이루어져 있다. 한 밑면의 넓이를 '밑넓이'라 하고, 4개의 옆면의 넓이를 '옆넓이'라고 하며, 두 밑넓이와 옆넓이를 합한 것을 '직육면체의 겉넓이'라고 한다.

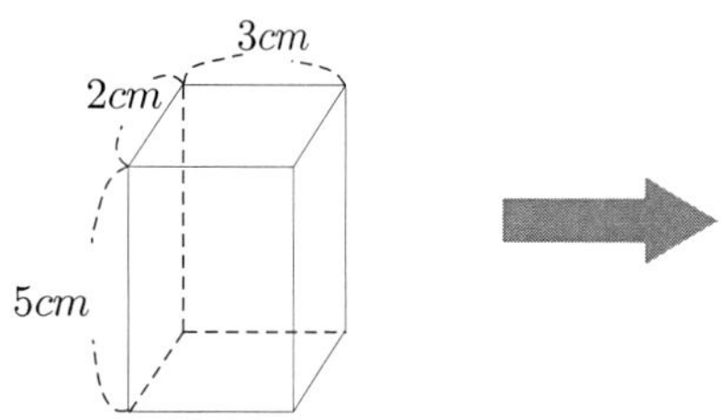

(직육면체)

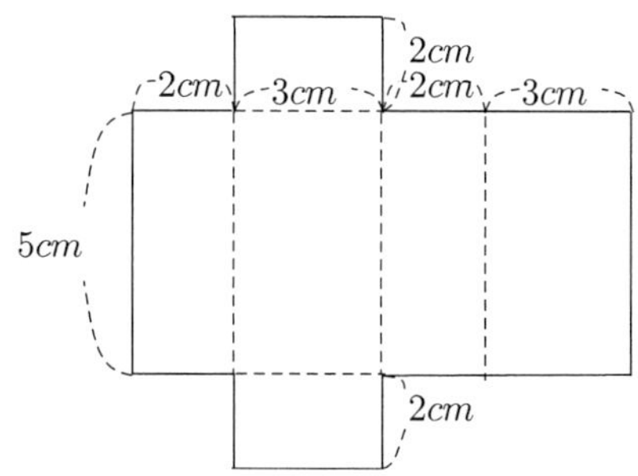

(직육면체의 전개도)

밑넓이 ··· 3 × 2 = 6 (㎠)
옆넓이 ··· (2 × 5 + 3 × 5) × 2 = 25 × 2 = 50 (㎠)
겉넓이 ··· 6 × 2 + 50 = 62 (㎠)
(직육면체의 겉넓이) = (밑넓이) × 2 + (옆넓이)

정육면체, 원기둥, 원뿔 등의 겉넓이도 같은 방법으로 구할 수 있다.

경과시간(소요시간)

어떤 일을 시작해서 마무리하기까지 걸리는 시간을 경과시간(elapsed time)이라 한다.

보기 오전 10시와 오후 4시 사이에 6시간이 경과했다.

관습단위

길이, 무게, 부피, 면적, 액량 등을 측정할 때 사용되는, 예로부터 전해져 내려오는 단위를 관습단위(customary system of measurement)라 한다.

보기 우리나라에서는 들이의 단위인 섬, 말, 홉, 무게의 단위인 근, 넓이의 단위인 정보, 단보 등이 있으며 미국의 경우 길이 단위인 피트, 인치, 무게 단위인 파운드, 액량의 단위인 갤런 등이 대표적인 관습단위이다.

국제단위계

국제단위계(The International System of Units)는 현재 세계 대부분의 국가에서 사용하고 있는 단위계이며, 이 단위계의 명칭 '국제단위계'와 국제적 약칭 'SI'는 1960년 11차 국제도량형총회(CGPM)에서 결정되었다. 국제단위계는 크게 기본단위(MKS 단위), 보조단위, 유도단위로 구분된다. 보편단위로서 MKS 단위를 기본단위로 하는 도량형법을 미터법이라 하며 우리나라에서는 1964년 1월 1일 계량법을 제정하여 미터법의 사용을 제도화하였다.

국제도량형총회

국제단위계(The International System of Units)의 약칭인 SI 단위에 대한 정의는 과학기술의 발달에 따라 바뀔 수 있으며,이것을 결정하는 기구가 국제도량형총회(CGPM)이다.

현재 세계 대부분의 국가에서 사용하고 있는 국제단위계는 1960년 11차 국제도량형총회에서 결정되었다.

그램

무게를 재는 단위 중의 하나이며 그램(g)으로 나타낸다.

보기 1 gram = $\frac{1}{1000}$ kilogram이다.

근삿값

근삿값(approximate number) 또는 근사치란 어떤 수와 완전히 일치하지는 않지만, 그것과 매우 가까운 수를 말하며, 목적을 달성하기 위해서는 '충분히 정확한 값'이라고 생각되는 가정의 값을 말한다. 우리 일상생활에서는 주로 약 또는 대략이라는 말을 붙여서 그 양의 크기를 나타내고 있으며, 참값이 아닌 참값에 가까운 값을 말한다.

보기 1 158은 150과 160 중 어느 수에 더 가까운가?

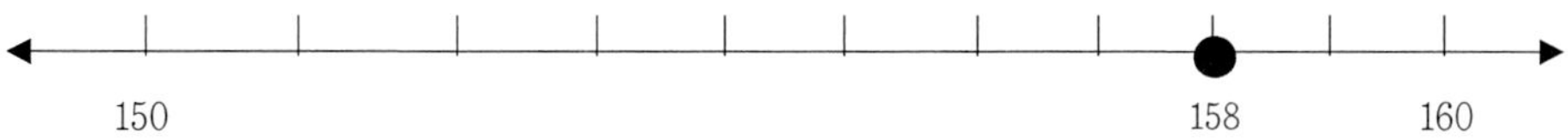

158은 150보다 160에 더 가까운 수이다. 따라서, 10의 자리까지 나타내면 158은 160으로 나타낸다.

참고

- 근삿값은 반올림, 올림, 버림을 하여 얻은 값이다.

보기 2 어느 시의 인구는 846,013명이다. 이것을 천의 자리에서 반올림하여 어림수로 말하면 850,00명이다.

여기서, 원래의 값을 '참값'이라 하고, 참값을 반올림, 올림, 버림을 하여 얻은 값을 '근삿값'이라 한다.

참고

① 반올림은 구하는 자리보다 한 자리 아래의 숫자가 5보다 작을 때에는 버리고, 5와 같거나 5보다 클 때는 올리는 방법을 말한다. 즉 한 자리 아래 숫자가 0, 1, 2, 3, 4는 버리고 5, 6, 7, 8, 9는 올린다.

② 올림은 343이 350처럼 구하는 아랫자리의 수를 올려서 나타내는 방법이다.

③ 버림은 343이 340처럼 구하는 아랫자리의 수를 버려서 나타내는 방법이다.

기본단위

양을 측정하는 데 사용되는 기본단위(fundamental unit)로는 길이(m), 질량(kg), 시간(s), 전류(A), 열역학적 온도(K), 물질량(mol), 광도(cd)의 7개가 있다. 다른 양들은 대부분 이들 기본단위를 조합하여 표현할 수 있다.

보기 초등수학의 측정 영역에서 지도하는 길이, 무게, 시간의 기본단위는 각각 1미터(m), 1킬로그램(kg), 1초(s) 이다.

참고

- 기본단위를 조합해서 만든 단위를 유도단위라고 한다.

길이

길이(length)는 기다란 물건의 한끝에서 다른 한끝까지의 거리이다.

보기 우리가 학교에서 쓰고 있는 연필의 길이를 재어 보자.

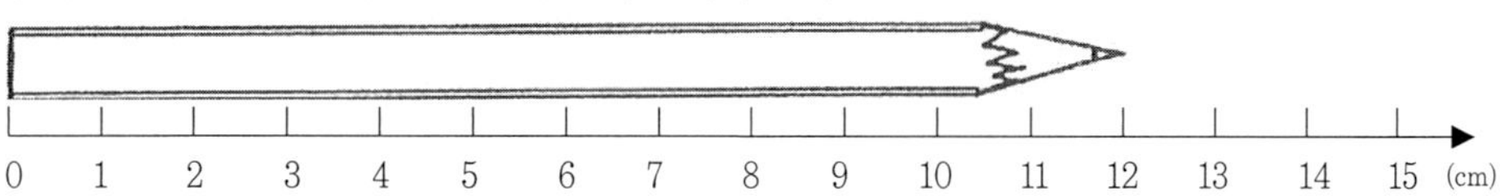

연필의 길이는 약 12cm임을 알 수 있다.

참고

① 길이는 직선 또는 곡선의 선을 따라서 측정된 양을 표현한다.

② 길이는 다른 외연량과 마찬가지로 현실의 세계에 존재하는 여러 가지 물체의 한 속성으로서 외연량의 가장 기본이 되는 양이다.

③ 길이는 공간 양이라는 한 측면을 가지는 것으로, 보통 높이, 깊이, 거리 등으로 표현한다.

④ 다른 대부분의 외연량은 길이로 나타낼 수 있다.

⑤ 길이는 모양, 위치를 바꾸어도 불변(길이의 불변성)이며, 분할해도 그 합은 분할 전과 같다(분할에 대한 불변성)는 보존성을 가진다. 이 밖에도 길이는 가법성과 연속성을 갖는다.

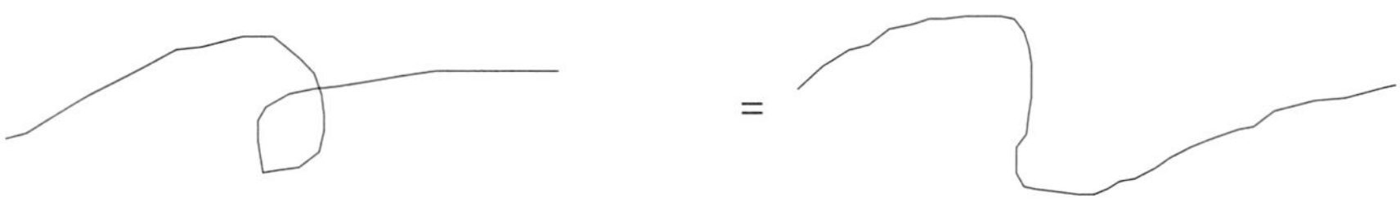

〈길이의 불변성〉

⑥ 길이는 삼각자, 자, 줄자, 미터계 등으로 측정 할 수 있다.

참고

- 길이에 대한 양감지도

길이에 대한 양감을 형성시키기 위해서는 단위길이와 자신의 신체부위나 생활에서 자주 사용하는 물건들의 길이와 연결시켜야 한다. 이를테면 사람에 따라 차이는 있겠지만 아동들의 경우 1cm는 손톱의 폭, 1m는 양팔을 벌렸을 때의 길이와 연결시키는 등 신체부위의 길이가 얼마쯤 되는지를 이해한다면 다른 대상들의 길이를 어림하는데 도움을 받을 수 있다. 그러므로 학생들에게 자신의 한 뼘의 길이, 팔의 길이, 한 발자국의 보폭, 키 등을 재어보는 활동을 할 필요가 있다. 왜냐하면 그러한 길이는 다른 대상의 길이를 어림하는데 기준점으로 활용될 수 있다.

또한 직접측정을 하기 전에 측정하고자 하는 대상물의 길이를 먼저 어림하게 한 후, 그 대상물을 측정하여 자신이 어림한 것을 확인하게 한다면 길이에 대한 양감을 기르는데 상당한 도움을 줄 수 있다.

길이 측정 단위

mm, cm, m, km 등이 길이의 측정 단위(measurement unit of length)이다.

보기 일반적으로 가장 큰 단위는 km이고, 가장 작은 단위는 mm이다. km는 킬로미터, mm는 밀리미터, cm는 센티미터, m는 미터로 읽는다.

참고

- 길이 단위 사이의 관계는 다음과 같다.

1cm = 10mm	1m = 100cm
1m = 100cm = 1000mm	1km = 1000m = 100000cm

나비(뼘)

나비 또는 뼘(span)은 너비나, 폭(幅)을 말하는 것으로, 사람 몸의 일부분을 이용하여 길이를 알아 보는데 이용한다.

보기 1 신체 각 부분의 나비는 다음과 같다.

발 …… 양 팔을 벌렸을 때의 길이

뼘 …… 손가락을 최대한 펼쳤을 때 엄지손가락에서 새끼손가락 까지의 거리

길 …… 사람의 키(물의 깊이를 한 길, 두 길 …)

보기 2 나의 걸음나비로 학교에서 우리 집까지의 거리를 알아보자.

평균 걸음나비 = (거리) ÷ (걸음 수) ……

아는 거리를 걸어서 평균 걸음나비를 구한다.

학교에서 집까지의 거리 = (　　) × (　　)

걸음나비　걸음 수

〈자가 없을 때 대신할 수 있는 것〉

참고

① 나비는 자(ruler)를 대신하여 쓸 수 있다.

② 발, 뼘, 길 등은 자가 없을 때 대신 쓸 수 있는 것들이다.

내포량

연속량은 길이, 넓이, 부피, 시간, 무게, 들이와 같이 가법적인 양과 속력, 밀도, 농도와 같이 비가법적인 양으로 분류될 수 있다. 전자는 사물의 외형적 크기를 나타내는 양으로 **외연량(外延量)**이라 하고, 후자는 사물의 속성의 크기를 나타내는 양으로 **내포량(內包量)**이라 한다.

보기 농도가 10%인 소금물과 5%인 소금물을 합치더라도 그 농도는 15%가 되지 않는다. 따라서 농도는 가법적인 양이 아니므로 내포량이다. 내포량은 (속력)=(거리)÷(시간), (인구밀도)=(인구)÷(땅의 넓이)와 같이 두 외연량의 몫으로 표현되는 경우가 많다.

넓이

넓이(area)란 넓은 정도 즉, 면적을 의미하며 평면도형의 안쪽 공간의 측정값이다. 길이가 1차원의 기본량인데 반하여 넓이는 2차원의 기본량이다. 즉, 2차원의 양은 넓이로 나타내서 처리 될 수 있다. 따라서 측정영역에서 넓이의 지도는 길이 다음으로 중요하다 할 수 있다.

참고

① 평면도형의 넓이는 그 도형 안에 들어가는 단위 넓이의 개수로 결정된다. 가로가 6 세로가 4인 직사각형의 경우 그 안에 들어가는 단위 넓이의 개수는24개이므로, 넓이는 24가 된다.

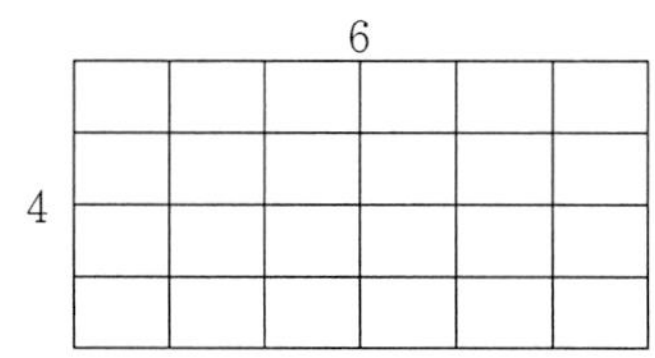

평행사변형도 아래와 같은 방법으로 원래 주어진 도형의 일부를 잘라 다른 곳에 이어붙이면 직사각형을 만들 수 있으므로, 단위넓이를 이용해서 주어진 도형의 넓이를 구할 수 있다.

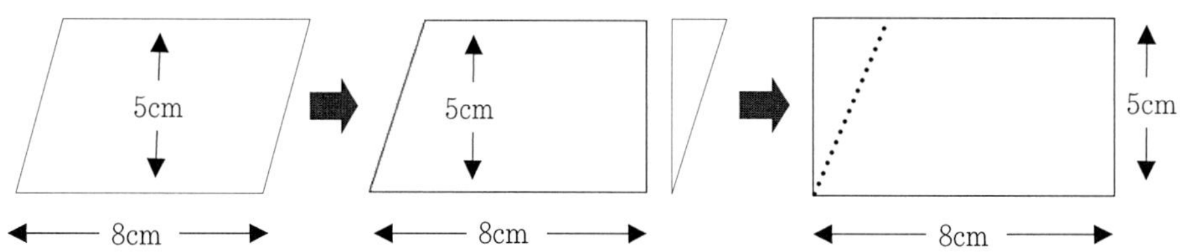

② 넓이 비교

직사각형의 넓이에 관한 공식을 배우기 이전의 아동들에게 다음과 같은 두 도형을 보여주고 어느 쪽이 넓이가 더 넓은가라는 발문을 해보자.

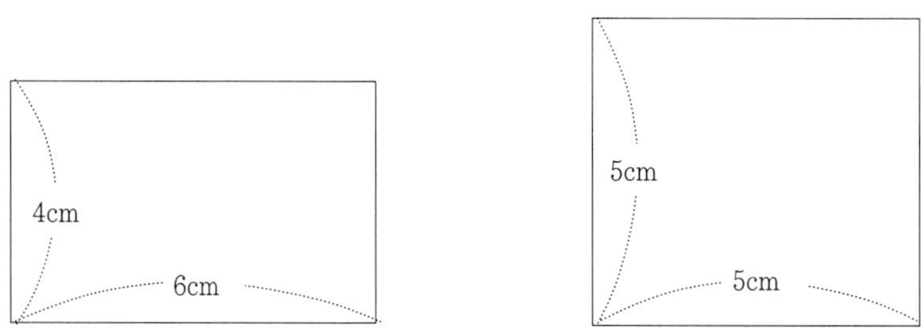

아동들은 넓이를 길이나 둘레에 의해서 비교하려고 생각하는 일이 많다. 이를테면 위 그림의 왼쪽과 오른쪽의 넓이를 비교해 보라고하면 그들의 세로나 가로의 길이를 비교하려고 하거나 혹은 둘레를 비교해서 같다고 생각하는 아동들이 의외로 많다. 이때 이들을 포개어 잘라봄으로써 둘레에 의해 넓이는 비교할 수 없음을 알게 해야 한다.

③ 넓이의 성질

- 보존성: 어떤 평면이나 곡면의 넓이가 있을 때, 그 모양을 바꾸거나 분할하더라도 그 일부분을 버리지 않는 한 그 넓이는 변하지 않는다.
- 가법성: 넓이는 서로 더할 수 있다는 성질로, 이를테면 넓이가 A, B인 두 물체가 있을 때 이들을 서로 겹치는 부분의 없도록 이어 붙이면 그 결과 (A + B)가 된다.
- 승법성: 넓이는 부피와 마찬가지로 길이로부터 유도되는 양으로 (넓이) = (길이) × (길이)로 얻을 수 있다.

④ 넓이의 개념지도

아동들이 가지고 있는 공책이나 책 등 구체물끼리 서로 겹쳐보는 직접비교를 통해 '더 넓다', '더 좁다' 등으로 표현하여 넓이의 개념을 도입하고, 칠판과 책상의 넓이 비교 등 직접 비교가 불가능한 경우 제3의 매개물을 이용하여 간접비교를 통해 어느 것이 더 넓은지와 좁은지를 비교하게 함으로써 넓이의 개념을 이해하도록 지도할 수 있다.

넓이의 보편단위

어떤 대상의 넓이를 잰다는 것은 정사각형으로 재고자하는 대상을 빈틈없이 겹치지 않게 덮은 후 덮은 정사각형의 개수를 세어서 구한다. 여기에 사용된 정사각형 중 가로, 세로가 각각 1cm인 정사각형의 넓이를 1cm^2로 나타내며, 이것을 단위넓이라고 한다. 주어진 도형이 단위 넓이인 정사각형 20개로 빈틈없이 채워졌다면, 그 도형의 넓이는 20cm^2가 된다.

참고

- 넓이의 기본 단위는 m^2이지만 초등학생들이 인식하기에는 너무 큰 단위이므로 학습순서는 이보다 작은 단위인 cm^2를 먼저 배운다. 넓이에 대한 양감은 길이에 대한 양감으로부터 길러질 수 있다. 그러므로 길이에 대한 양감이 잘 형성되면 넓이에 대한 양감은 비교적 쉽게 형성될 수 있다.

넓이 측정 판

넓이 측정 판은 도형의 넓이를 실측할 수 있는 도구로서 주어진 도형의 넓이는 거기에 포함되는 단위 넓이의 개수와 단위로써 나타남을 발견하도록 한다. 이때 측정하고자하는 도형에 완전히 포함되지 않는 모눈은 $\frac{1}{2}$로 셈하게 하여 근삿값으로 측정하게 한다.

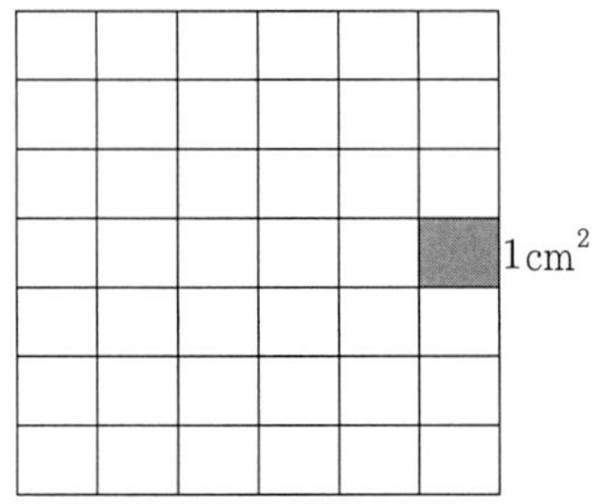

〈넓이 측정 판〉

농도

용액의 진하기를 농도(濃度, concentration)라고 한다. 그 농도는 용액 중에 녹아 있는 용질의 알갱이의 빽빽한 정도를 나타낸다.

보기 소금 용액의 농도 구하는 방법

물 70g에 소금 30g을 녹였을 때, 농도는 다음과 같이 구한다.

용질의 무게 …… 소금 30g

용액의 무게 …… 물 70g + 소금 30g = 100g

$$농도(\%) = \frac{용질의무게}{용액의무게} \times 100 \Rightarrow \frac{소금의\ 양}{소금의\ 양 + 물의\ 양} \times 100$$

$$\therefore \frac{30}{100} \times 100 = 30\ \%$$

참고

- 소금을 순수한 물에 녹였을 때, 소금을 용질, 순수한 물을 '용매'라 한다.
  여기서 용매는 녹이는 물질, 용질은 녹는 물질, 용액은 (용매 + 용질)을 말한다.

넓이의 단위

넓이를 나타내려고 할 때, 기준이 되는 일정한 넓이를 넓이의 단위(unit of area)라고 한다.

보기 넓이의 단위에는 아래와 같이 여러 가지가 있다.

① 1 ㎠

한 변의 길이가 1 cm인 정사각형의 넓이를 '1 ㎠'라 쓰고, '일 제곱센티미터'라고 읽는다.

② 1 ㎡

한 변의 길이가 1 m인 정사각형의 넓이를 '1 ㎡'라 쓰고, '일 제곱미터'라고 읽는다.

1 ㎡ = 1 m × 1 m
= 100 cm × 100 cm
= 10000 ㎠

③ 1 ㎢

한 변의 길이가 1000 m=1 km인 정사각형의 넓이를 '1 ㎢'라 쓰고, '일 제곱킬로미터'라고 읽는다.

1 ㎢ = 1 km × 1 km
= 1000 m × 1000 m
= 1000000 ㎡

④ 아르(a)

한 변의 길이가 10 m인 정사각형의 넓이를 '1 a'라 쓰고 '일 아르'라고 읽는다.

1 a = 10 m × 10 m
= 100 ㎡

1 a의 100배를 1 ha(헥타아르)라고 한다.

⑤ 헥타아르(ha)

1 ha = 100 a

참고

▸ 다음은 넓이 단위의 상호 관계를 표로 나타낸 것이다.

㎡	a	ha	㎢
1000000	10000	100	1
10000	100	1	$\frac{1}{100}$
100	1	$\frac{1}{100}$	$\frac{1}{10000}$
1	$\frac{1}{100}$	$\frac{1}{10000}$	$\frac{1}{1000000}$

높이

어떤 도형이나 물체의 높은 정도를 높이(altitude)라하며 선분을 뜻하기도 하고, 선분의 길이를 뜻하기도 한다.

삼각형의 경우 한 꼭짓점에서 마주보는 변에 수직으로 그은 선분이 높이이다. 위에서 높이와 수직으로 만나는 변, 곧 그 꼭짓점에서 마주 보는 변을 밑변(base)이라한다.

보기 삼각형에서 높이 찾기

삼각형에는 세 개의 변이 있는데, 이 중에서 어느 변이든지 밑변이 될 수 있고, 밑변이 정해지면 꼭짓점에서 그 밑변에 수직으로 선분을 그어서 높이를 찾는다.

다음 삼각형에서 높이를 찾아보자.

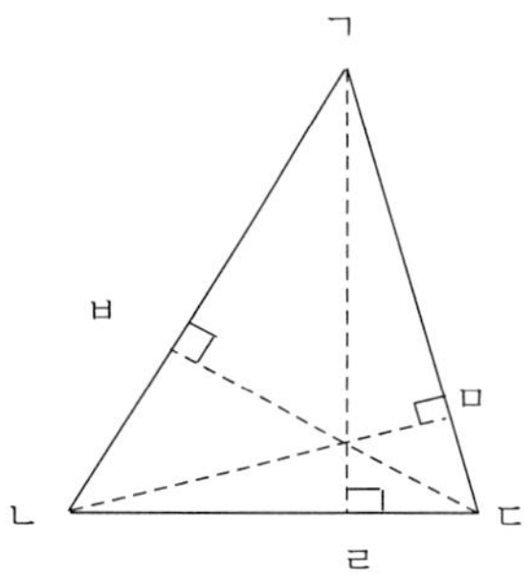

(1) 밑변이 ㄴㄷ이면 ············▶ 높이는 (ㄱㄹ)
(2) 밑변이 ㄱㄷ이면 ············▶ 높이는 (ㄴㅁ)
(3) 밑변이 ㄱㄴ이면 ············▶ 높이는 (ㄷㅂ)

이와 같이 밑변의 위치에 따라 높이도 달라진다.

참고

① 사다리꼴, 평행사변형에서 높이 찾기

삼각형과 마찬가지로 각 도형의 꼭짓점에서 밑변에 수직으로 선분을 그어서 높이를 찾는다.

② 각뿔(원뿔 포함)에서 높이 찾기

각뿔의 꼭짓점에서 밑면에 수직으로 그은 선분을 찾는다.

눈금

눈금(graduation or scale)이란 짧게 표시한 수직선으로 숫자나 위치를 나타내며 보통 0부터 1까지의 선분에 사용될 단위를 표시한 수직선이다.

보기 시계의 눈금 읽기

시계의 큰 눈금 하나 사이는 5분을 나타내고, 작은 눈금 하나는 1분을 나타낸다.

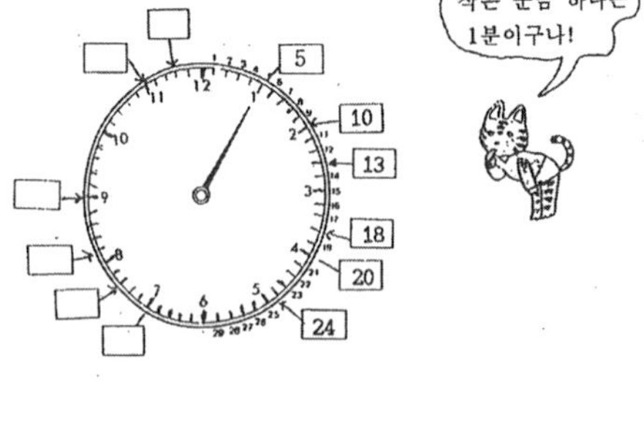

눈금을 이용한 측정

선분에 자를 대어서 자의 눈금에 의하여 그 길이를 측정하는 경우와 같이 양을 계기의 눈금으로 대치해서 측정하는 방법이다. 이는 양을 선분화하여 수직선 위의 점의 위치에 대응시키는 것이 되고, 자, 매스실린더, 저울 등의 계기에 의한 길이, 들이, 무게 등의 측정이 그 기본이 된다.

눈짐작(눈대중)

눈으로 어림잡아 헤아리는 일을 눈짐작(eye measure) 또는 눈대중이라 한다.

우리 주위에 있는 물건들의 길이나 높이 등을 직접 재어보지 않고 눈으로 어림잡아 대강의 길이나 높이를 알아보는 것을 의미한다.

보기 다음 선의 길이를 눈짐작으로 알아보고, 자로 재어 비교하여보아라.

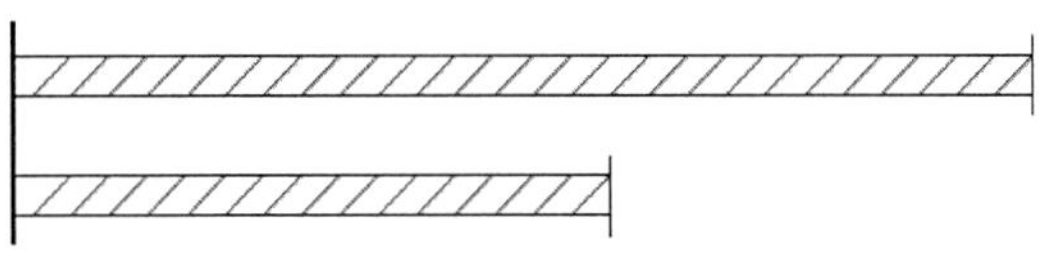

눈짐작	실제길이
( )cm	( )cm
( )cm	( )cm

다각형의 넓이

세 개 이상의 선분(직선)으로 둘러싸인 평면 도형의 면적을 다각형의 넓이(area of polygon)라 한다.

다각형에는 삼각형, 사각형, 사다리꼴, 평행사변형, 직사각형, 마름모, 정사각형, 오각형, 육각형…… 등인데, 그 외 일반 사각형이나 오각형 이상의 다각형의 넓이는 몇 개의 도형으로 분할하여 삼각형이나 사각형의 넓이를 구하는 공식으로 구한다.

보기 기타 사각형이나 오각형 이상의 다각형 넓이 구하기

* 다각형 ㄱㄴㄷㄹ의 넓이는 …… 두 개의 삼으로 분할하여 구한다.

(1) 삼각형 ㄱㄴㄷ의 넓이는?

식 : 10 × 6 ÷ 2 = 30 → 30㎠

(2) 삼각형 ㄱㄷㄹ의 넓이는 ?

식 : 10 × 4 ÷ 2 = 20 → 20㎠

따라서, 다각형 ㄱㄴㄷㄹ의 넓이는?

(1) + (2) = 30 + 20 = 50　답) 50㎠

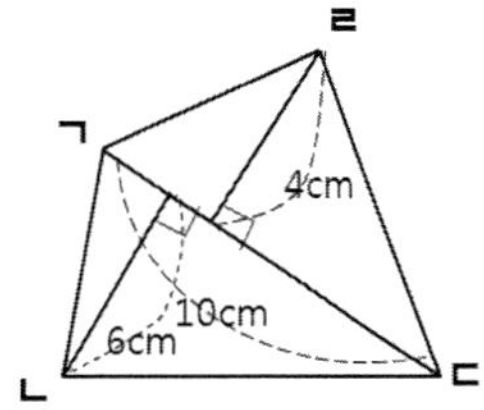

오각형, 육각형, 팔각형 등도 공식을 이용할 수 있는 도형으로 분할하여 넓이를 구한다.

단명수

단 하나의 단위 이름만으로 표시된 명수를 단명수(單名數, a single-unit number)라 한다.

보기 20분, 12cm, 60원 등은 단명수이다.

단위

양의 측정이란 주어진 양의 크기가 기준 되는 양의 '몇 배에 해당하는가를'를 수치화하는 과정이다. 이 때 기준이 되는 양의 크기를 단위(單位, unit)라 하고, 주어진 양이 단위의 몇 배가 되는지를 나타내주는 수를 그 단위에 대한 측도(measure)라 한다. 측정값은 측도를 단위와 함께 나타낸 값이다. 실제로 아동들은 자신의 측정 활동이 수학에서 어떻게 표현되는가를 이해함으로써 수학의 위력을 체득하고 신뢰할 수 있다.

보기 cm, m, km는 길이를 잴 때, g, kg은 무게를 잴 때, ml, l, kl 등은 부피를 잴 때 사용되는 단위이다.

단위 길이

길이를 재려고 할 때, 기준이 되는 길이를 단위 길이(a unit length)라 한다.

보기 1 단위 길이의 몇 배인지 알아보자.

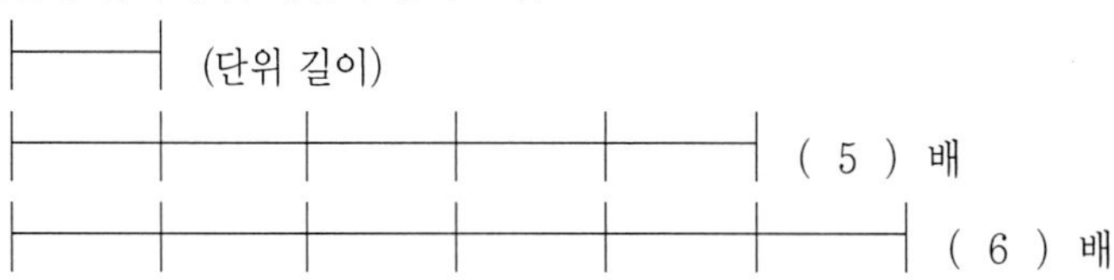

보기 2 연필의 길이는 각 단위 길이의 몇 배인가?

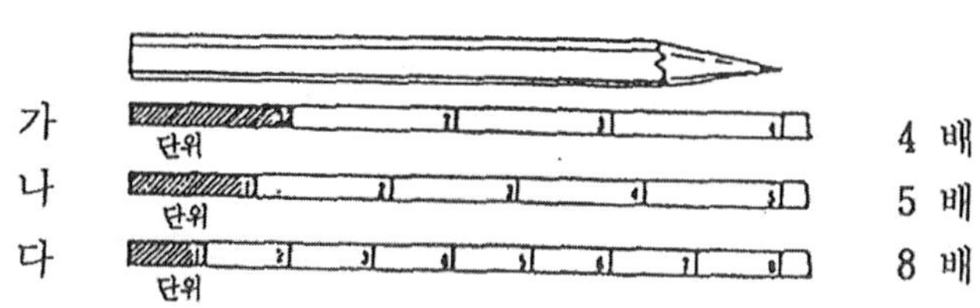

참고

▸ 단위는 넓이, 길이, 높이 등을 잴 때, 기준이 되는 일정한 정도를 의미한다.

단위넓이

책상의 넓이를 색종이의 넓이 또는 책의 넓이를 기준으로 하여 재어 보는 활동을 할 때 색종이의 넓이 또는 책의 넓이와 같이 어떤 넓이를 재는데 기준이 되는 넓이, 즉 넓이를 잴 때, 단위가 되는 사각형을 단위넓이(square unit)라고 한다.

보통은 가로와 세로가 1인 정사각형을 말하며, mm^2, cm^2, m^2, km^2 등과 같은 단위가 주로 사용된다.

보기 가로와 세로가 각각 6cm와 5cm인 직사각형은 단위넓이 $1cm^2$가 30개 들어가므로, 넓이가 $30cm^2$가 된다.

단위로 분할하는 측정

가장 소박한 측정 방법으로 연속량을 단위로 분할하여 분리량화해서 수치화하는 방법이다.

보기 선분에 $1cm^2$ 토막을 이어 붙여서 그 개수로 길이의 측정값을 구하거나, 액량의 1L되에 의한 측정, $1cm^2$ 모눈 판을 쓴 넓이 측정 등과 같은 가장 기초적인 측정 방법으로서 연속량의 측정의 초기 지도에서 양의 개념, 측정이나 측정값의 의미, 측정계기의 기능 등의 이해 및 보다 편리한 측정 방법의 발견을 위해서는 단위로 분할하는 측정이 매우 중요하다.

데시

$\frac{1}{10}$을 의미하는 접두사

보기 1데시리터는 1리터의 $\frac{1}{10}$이다.

도(度)

속력과 같이 분자와 분모에 오는 외연량이 다른 종류의 양이고, 율(率)은 농도와 같이 분모, 분자에 오는 외연량이 같은 종류의 양이다.

도(°)

(1) 각도를 측정하는 단위로, 한 원의 중심각은 360도이다. 여기서 도는 degree의 의미 이다.

(2) 온도를 측정하는 단위로, 섭씨(celsius)와 화씨(fahrenheit)가 있다.

둘레

둘레(perimeter)란 물체나 도형의 가장자리를 따라 한 바퀴 돈 길이다. 둘레는 다각형에서 변의 길이의 합으로 구한다.

보기 아래 그림에서 직사각형과 정사각형의 둘레를 알아보시오.

① 직사각형의 둘레

- 먼저 ㉠, ㉡의 길이 : 직사각형에서는 마주 보는 변의 길이가 서로 같기 때문에(㉠은 4cm, ㉡은 6cm)
- 직사각형의 둘레의 길이는 : 6 + 4 + 6 + 4 = 20(cm)

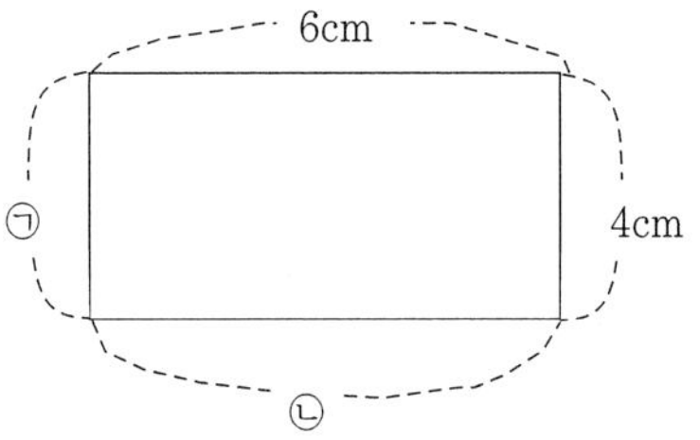

이것은 6cm인 변이 2개, 4cm인 변이 2개이므로 6 × 2 + 4 × 2 = 20(cm)
또, 6cm인 변과 4cm인 변의 길이 합의 2배이므로 (6 + 4) × 2 = 20(cm)
(직사각형의 둘레) = {(가로) + (세로)} × 2

② 정사각형의 둘레

- 먼저 변㉠, ㉡, ㉢의 길이: 모두 12cm(정사각형의 성질)
- 정사각형의 둘레는 12 + 12 + 12 + 12 = 48 (cm)
  이격은 12cm의 4배이므로 12 × 4 = 48 (cm)
  (정사각형의 둘레) = (한 변의 길이) × 4

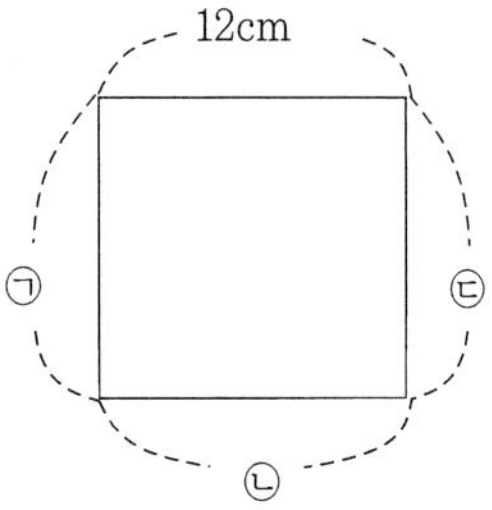

참고

> 도형 중에서 원의 둘레는 perimeter라 하지 않고 circumference라고 한다.

들이

들이(capacity)는 용기의 내부 공간에 담을 수 있는 양을 의미하며 보통 용기에 들어가는 액량의 부피로서 측정된다. 보통 '주전자들이, 한 말 들이, 한 되 들이' 등으로 쓰인다.

참고

> 들이를 재는 전통 단위로는 우리나라에서는 홉, 되, 말 등이 있으며, 서양에서는 gallon, pint, quart 등이 있다. 들이는 부피의 단위로 '리터 단위'라고도 한다. 들이의 국제 표준단위에는 mL, L, dL, kL 등이 있다.

참고

> 들이와 부피 사이의 관계
> 들이와 부피(체적)는 많은 사람들이 동의어로 알고 있으나 실제로는 서로 다른 개념이다. 들이는 용기의 내부 공간이 차지하는 양의 크기를 말하며, 부피는 일반 공간에서 입체(도형)가 차지하는 양을 나타내는 것이다. 들이는 용기의 모양과 관계되므로 직접비교가 어렵기 때문에 같은 용기에 담아보고 그 양을 간접 비교한다. 또 들이는 직접측정이 가능하지만 부피는 간접측정에 의해 이루어지는 양으로 기본적인 생각은 넓이 개념에서 유추할 수 있다. 부피 지도는 보편단위를 이용한 측정부터 시작하며, 또 공간 감각이 필요하기 때문에 $1cm^3$인 쌓기나무를 이용하여 입체를 구성해 보는 경험을 통하여 직육면체의 부피를 구하는 공식을 유도하고 이를 활용한다. 하지만 부피와 달리 들이를 구하는 일반화된 공식은 없다.

들이·무게 단위의 상호 관계

들이 단위와 무게 단위 사이에 서로 어떠한 관련이 있는지의 관계를 의미한다. 4℃의 물 1L의 무게는 1kg이므로, 들이의 단위를 상호 환산할 수 있다.

보기 들이 단위를 무게 단위로 환산하기

1 L = 1kg,
1 L = 10 dL = 1000 m L,
1 kg = 1000 g,
⇒ 1000 m L = 1000 g,
1 m L = 1 g

참고

▸ 부피, 들이, 무게의 관계

부 피	들 이	무게(4℃의 물일 때)
$1cm^3$	1mL	1g
$100cm^3$	1dL	100g
$1000cm^3$	1L	1kg
$1m^3(1000000cm^3)$	2kL	1t(1000kg)

들이의 단위

들이(capacity)는 물이나 우유처럼 그릇이나 통 등의 용기에 담아야 잴 수 있는 물질의 부피를 말한다. 또한 그릇이나 통 등의 용기가 담을 수 있는 최대 부피를 의미하기도 한다. 들이의 단위는 L, dL, mL, kL가 있다.

보기 1 1 L들이의 부피

1 L들이는 한 모서리가 10cm인 정육면체의 부피와 같다.

$1\ L = 10cm \times 10cm \times 10cm$

$= 1000cm^3$

$\rightarrow 1\ L = 1000cm^3$

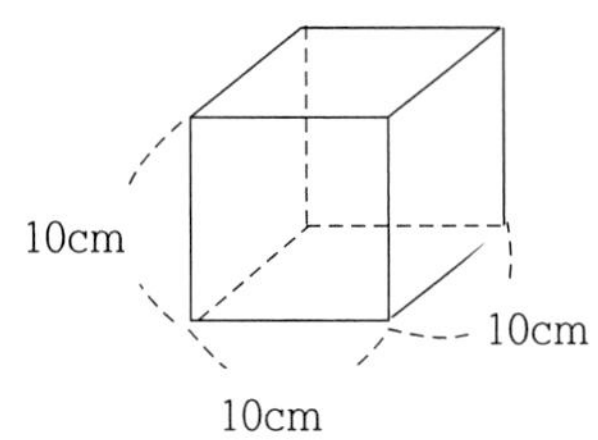

보기 2 1dL 들이의 부피

$1\ L = 10dL$이므로 $1dL = \frac{1}{10}L$

$1dL = \frac{1}{10}L(1L = 1000cm^3)$

$= \frac{1}{10} \times 1000cm^3 = 100cm^3$

$\rightarrow 1dL = 100cm^3$

보기 3 1mL 들이의 부피

한 모서리가 1cm인 정육면체의 부피와 같은 들이를 1mL라고 한다.

즉,

$1\ mL = 1cm^3$

$1cm^3 = \frac{1}{1,000}L$

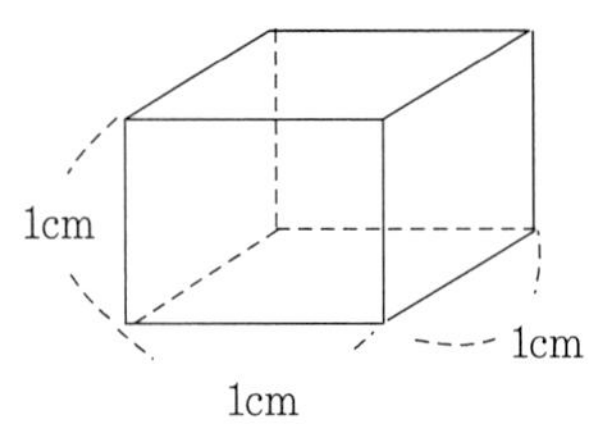

$1\ mL = 1cm^3$이므로

$1\ mL = \frac{1}{1,000}L \rightarrow 1L = 1000mL$

$1\ L = 1000mL$

$1\ mL = 1cm^3 = \frac{1}{1,000}L$

보기 4 1 kL 들이의 부피

한 모서리가 1m인 정육면체의 부피와 같은 들이를 1kL라고 한다.

$1\ kL = 1m \times 1m \times 1m$

$= 100cm \times 100cm \times 100cm$

$= 1000000cm^3$

여기에서 $1000cm^3 = 1L$이므로

$1000000 \div 1000 = 1000$

$\rightarrow 1\ kL = 1000\ L$

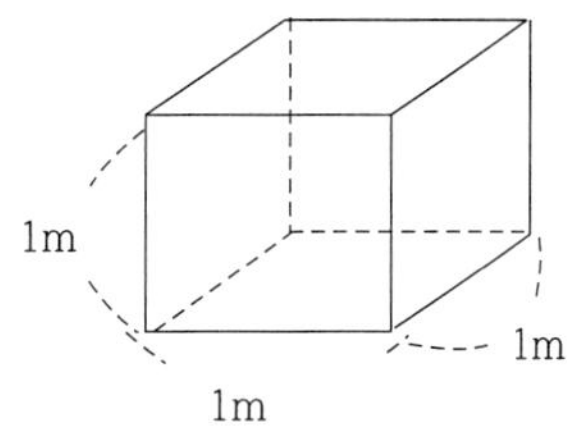

리터

미터법에서 사용하는 용량의 단위 즉, 들이의 단위로 한 변의 길이가 10cm인 정육면체의 부피에 해당하며 L(liter)로 표기한다.

보기 1 1 리터(L)는 한 변이 10cm인 정육면체의 부피에 해당하는 용적이다.

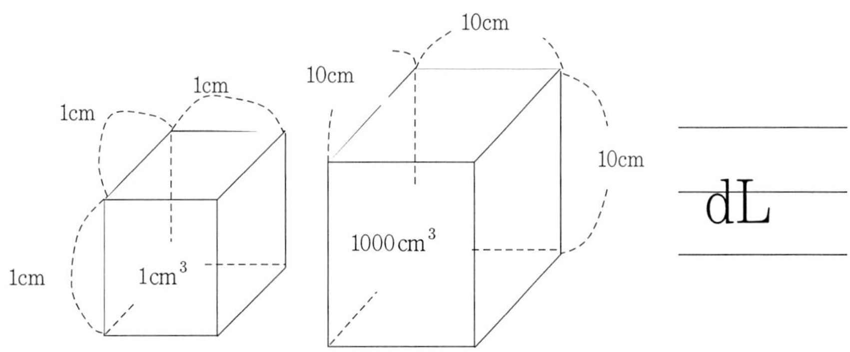

1 L는 '1 리터', 1 dL는 '1 데시리터'라고 읽는다.

1 L(리터)는 10 dL와 같다.

$1\ L = 10dL = 1000cm^3$

참고

① 1 L의 $\frac{1}{10}$은 1 dL이고, 1 L의 $\frac{1}{1000}$은 1mL이다.

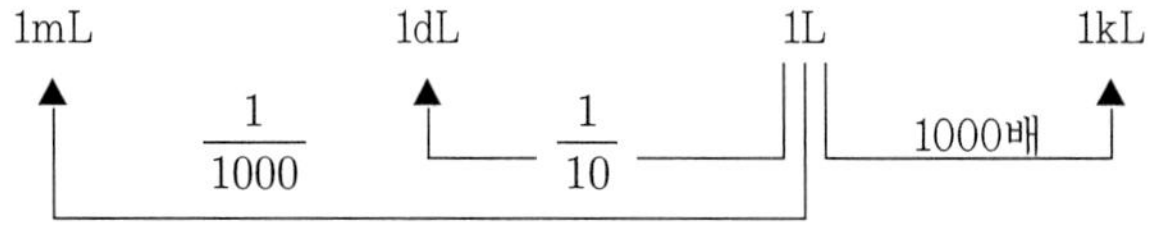

1L = 10dL = 1000mL =
1kL = 1000L = 10000dL = 1000000mL

② 들이는 용기(그릇)속에 액체를 담을 수 있는 최대의 크기를 가리키는 양이고, 직접 측정의 대상이 되는 양이다. 그러나, 들이도 용기 속에 담기는 물질로 보면 '부피'라고 할 수 있다.

③ 들이의 단위는 현재의 계량법에 의하면 액체를 측정하는 '단위'라고 할 수 있고, 이는 표준 기압 아래서 최대 밀도의 온도 3.98°일 때의 순수한 물 1kg의 부피를 '1L'라고 정한다. 이에 의하면 1 L = 1000.0028cm^3이므로 부피와 들이는 근사적으로 1L= 1000cm^3로 해서 하나로 묶을 수 있는 셈이 된다.

④ 들이의 단위 : 1cm^3 = 1000L = 1kL, 1dL = 100cm^3
1L = 1000cm^3 = 10dL, 1mL = 1cm^3

⑤ 들이는 물이나 기름과 같은 액량으로 다루는 것이 보통이다. 액량은 그것을 담는 그릇의 모양에 관계되므로 대소의 직접 비교는 곤란하고, 보통 같은 그릇에 두 액량을 각각 담아 그 높이에 의해서 간접적으로 비교되는 것이다.

마일

약 1.6km에 해당하는 길이 단위를 마일(mile)이라 한다.

무게

물건의 무거운 정도를 무게(weight)라고 한다. 무게는 촉각으로 인식되는 양이므로 학생들이 어려워한다. 무게의 차가 큰 것은 직접 손으로 들어 보아서 감각적으로 알 수 있지만, 무게가 비슷한 물건의 비교는 곤란하므로 무게의 차를 확인할 수 있는 방법으로써 용수철이나 접시저울(양팔저울)등을 활용하여 비교할 수 있다.

보기 무게를 나타내는 데는 미터법의 단위인 g, mg, kg, t 등이 있다.

1 g = 1000mg
1 kg = 1000g
1 t = 1000 kg

참고

- 무게는 아래와 같은 성질을 가지고 있다.
  ① 모든 물체는 무게를 지니고 있다.
  ② 무게는 모양이나 부피만으로 판단할 수 없다.
  ③ 무게는 비교할 수 있는 양이며 가법적인 양이다.
- 무게를 직접비교하는 방법으로 ‘어느 쪽이 더 무거운가?’ 는 알 수 있지만 ‘얼마나 더 무거운가?’는 알 수 없다. 이 경우 매개물을 이용한 간접비교의 방법, 이를테면 양팔저울에 임의 단위인 동전, 바둑돌 등을 올려놓아 양쪽의 균형을 맞춘 다음 임의단위의 개수로 무게를 나타내고 비교할 수 있다.

무게의 단위

물건의 무거운 정도를 비교하는 측정 기준을 무게의 단위(unit of weight)라 한다.

보기 무게의 단위에는 그램, 킬로그램, 톤 등이 있다.
그램은 ‘g’, 킬로그램은 ‘kg’이라고 쓴다.

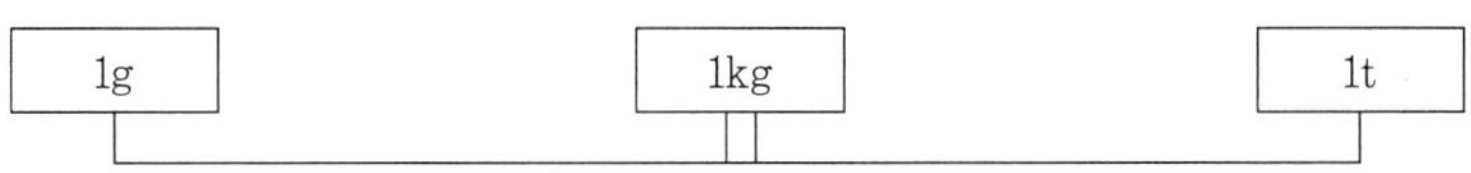

1t = 1000kg = 1000000g
1kg = 1000g

4℃ 의 물 $1cm^3$ 의 무게 = 1g
4℃ 의 물 1mL 의 무게 = 1g
4℃ 의 물 1dL 의 무게 = 100g
4℃ 의 물 1L 의 무게 = 1kg
4℃ 의 물 1kL 의 무게 = 1t = 1000kg

1kg 은 1000g과 같다.
1kg = 1000g

참고

▶ 무게의 단위 환산표

단 위	톤 (t)	킬로그램(kg)	그램 (g)	근	관
1 t	1	1000	1000000	1666.6	266.666
1 kg	0.001	1	1000	1.6666	0.26666
1 g	0.000001	0.001	1	0.00166	0.000266
1 돈	0.000004	0.00375	3.75	0.00625	0.001
1 근	0.0006	0.6	600	1	0.16
1 관	0.00375	3.75	3750	6.25	1
1 온스		0.02835	28.3495	0.0473	0.00756
1 파운드	0.00045	0.45359	453.592	0.756	0.12096

참고

▶ 무게는 다음과 같은 방법으로 양감을 기를 수 있다.

무게의 양감을 길러주기 위해서는 일정한 무게의 구체물을 직접 들어보고 피부로 느끼는 압박감, 다시 말해 촉각으로 대략의 무게를 짐작하게 한다. 이를테면, 1kg인 물체를 들어보게 한 다음 1kg에 가장 가까운 물건을 찾게 한다. 그리고 각 물체를 저울로 측정함으로써 1kg에 가깝게 어림 했는지를 확인해 볼 수 있다. 특히 저울, 시계, 자 등 계측기로 양을 측정할 경우는 참값을 알 수 없으므로 어림의 중요성을 인식하도록 할 필요가 있다.

무게는 본질적으로 시각화 할 수 없는 양이지만, 물을 이용한다면 어느 정도 시각화 하는 것이 가능하다. 1kg이 물 1L의 무게이고, 1L는 1000cm^3의 부피와 같다. 따라서 물과 우유의 단위 부피당 질량이 비슷하다고 가정한다면, 우유 1L의 무게가 약 1kg이다. 또한 1kg은 1000g이고, 1g은 물 1ml 혹은 1cm^3의 무게와 같다. 이상을 요약하면 아래와 같다.

- 1kg = 물 1L의 무게 = 물 1000cm^3의 무게
- 1g = 물 1mL의 무게 = 물 1cm^3의 무게
- 1kg = 1000g

이러한 상호간의 관계를 활용하여 복명수를 단명수로 나타내고 무게의 덧셈과 뺄셈의 계산을 할 수 있다.

미만

미만(未滿, less than or below)은 어떤 수효나 정도에 미치지 못함을 의미한다.

수의 범위를 나타내는 데는 이상, 이하, 초과, 미만을 쓰는데, 보다 작은 수를 나타낼 때, 미만을 쓴다.

보기 미만의 뜻을 명확히 이해하려면 주어진 수에서 미만인 수를 찾도록 하고, 이것을 수직선에 나타내어 보게 한다.

1, 2, 3, 4, 5, 6, 7, 8, 9, 10, 11, 12, 13에서 7미만인 수는 1, 2, 3, 4, 5, 6이 된다.

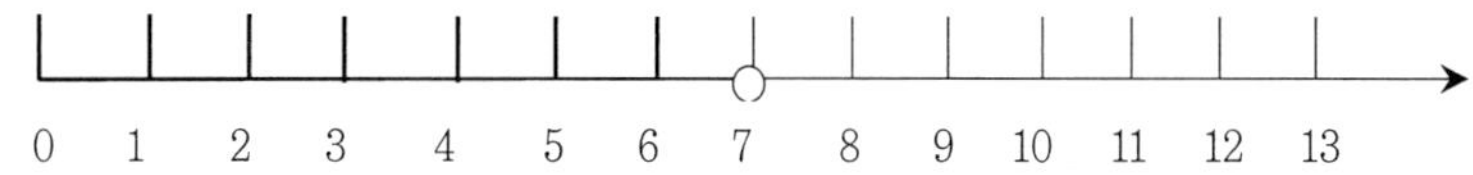

여기서 미만인 수에 7은 포함되지 않는다. 13미만이라면 아래와 같이 13을 포함하지 않고, 13보다 작은 수를 말한다.

미터(m)

길이의 기본 단위는 (미터, meter)이다. 1cm의 100배 즉 100cm를 '1m'라고 하며, '일 미터'라고 읽는다. 100cm = 1m이며, 쓰는 방법은 오른쪽과 같이 쓴다.

참고

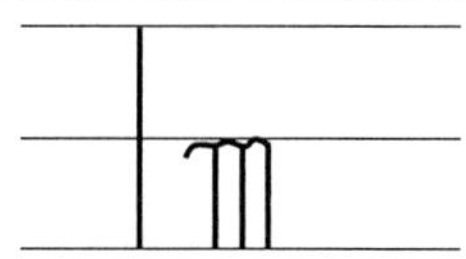

① 1m = 100cm의 관계가 있다.
따라서, 2m = 200cm
3m = 300cm 와 같다.
이것은 마치 많은 개수를 셀 때, 낱개 100개 대신에 1접을 쓰는 경우와 같다.

② 미터법은 미터를 길이의 기본 단위로 하는 십진법 적 도량형이며 미터자는 미터법에 따라 눈금을 그린 자이다.

③ 주의해야 할 점은 몇 m와 몇 cm를 cm로 나타낼 때, 십의 자리의 수가 '0'인 경우이다. 이를테면, 6m 8cm = 6m + 8cm = 600cm + 8cm = 608cm과 같은 경우 학생들이 주의하도록 하여야 한다. 학생들이 위의 관계를 잘못 이해 하면, 흔히 6m 8 cm = 68cm로 오류를 범할 수 있다.

미터법

미터(m)를 길이, 그램(g)을 무게, 리터(L)를 부피의 기본단위로 하는 십진법의 국제 단위 체계(도량형법)를 미터법(metric system of measurement)이라 하며 우리나라에서는 1964년 1월 1일 계량법을 제정하여 미터법의 사용을 제도화하였다.

보기 미터법이 십진법의 단위체계라는 것은 매 단위의 10배가 될 때마다 새로운 단위가 부여되기 때문이다. 이를테면, 1 밀리미터(mm)의 10배는 1센티미터(cm)이고, 1센티미터의 10배는 1데시미터(dm), 1데시미터의 10배는 1미터(m)가 된다. 이처럼 주어진 단위의 10배가 될 때마다 새로운 단위가 부여되는 것이 미터법의 특징이라 할 수 있다.

참고

- 미터법은 1770년대 후반 프랑스에서 개발된 것으로, 처음에는 거부감이 많았으나 현재는 전 세계적으로 널리 사용되고 있다. 우리나라는 1963년도에 미터법 이외의 것을 사용하지 못하도록 하는 법을 만들어 미터법을 보급하였으나, 미국이나 영국에서는 지금도 갤런, 파운드, 마일, 온스 와 같은 우리나라의 전통단위에 해당하는 단위를 사용하고 있다.

밀도

같은 종류의 양이 단위당 넓이나 부피에 어느 정도 빽빽하게 분포되어있는가를 수치로 나타낸 것을 밀도(density)라 하며, 일반적으로 물질의 질량을 부피로 나눈 값으로 정의한다. 즉, 밀도 = $\frac{\text{질량}}{\text{부피}}$이며 기호로 $\frac{g}{\text{ml}}$, $\frac{g}{\text{cm}^3}$ 등으로 나타낸다.

참고

- 단위 넓이나 부피에 개체수가 많을수록 밀도가 높다고 할 수 있다.

밀레니엄

천년에 해당하는 시간 단위를 밀레니엄(millenium)이라 한다.

보기 1 millenium = 1,000 years

밀리(milli-)

천분의 일($\frac{1}{1,000}$)을 의미하는 접두사를 밀리(milli-)라 한다.

밀리그램

천분의 일($\frac{1}{1,000}$)그램(g)에 해당하는 무게 단위를 밀리그램(milligram)이라하고 보통 mg로 나타낸다.

보기 1 milligram = 0.001 gram

밀리리터

천분의 일($\frac{1}{1,000}$)리터(L)에 해당하는 부피 단위를 밀리리터(milliliter)라 하고 보통 mL로 나타낸다.

보기 1 milliliter = 0.001 liter

밀리미터(mm)

길이의 단위로 1m의 $\frac{1}{1000}$, 1cm의 $\frac{1}{10}$에 해당되는 것이 1 밀리미터(1 millimeter)이다.

1 밀리미터는 1cm사이를 10칸으로 똑같이 나눈 작은 눈금 한 칸의 길이이며 '1mm'라고 쓴다.

참고

- 1cm는 10mm이다.
  1m는 1000mm(1m = 100cm)이다.

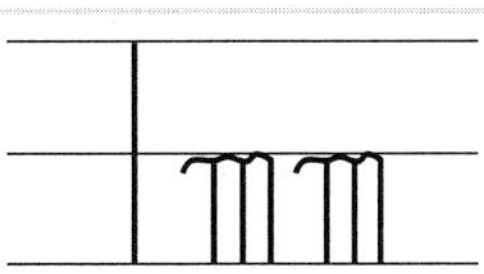

주의

- 흔히 학생들이 1 밀리미터(mm)를 1 일리미터라고 읽지 않도록 주의하여야 한다.

밑넓이

밑넓이(area of base)란 입체 도형에서 밑면의 넓이이다. 직육면체의 경우 두 개의 밑면과 네 개의 옆면으로 이루어져 있다. 그 중 한 밑면의 넓이를 밑넓이라고 한다.

참고

① 직육면체에서 두 밑면은 서로 합동이고, 두 밑면의 넓이는 서로 같다. 또 직육면체에서 마주 보는 면은 서로 합동이라는 성질에서, 두 밑면은 마주 보기 때문에 합동이고, 넓이가 같다.

② 입체도형을 둘러싸고 있는 모든 평면도형의 넓이의 합을 그 입체도형의 겉넓이(area of a surface) 또는 표면적이라고 하는데, 특히 하나의 밑면의 넓이를 밑넓이라고 한다.

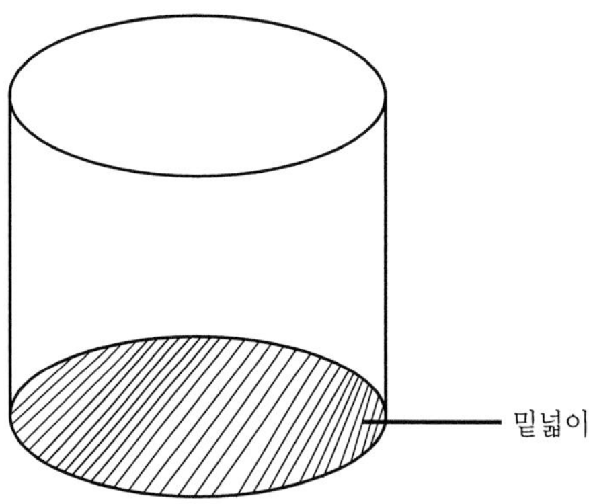

각뿔에서 밑면은 하나이지만, 각기둥에서 밑면은 아래, 위 2개가 있다.

반올림

근삿값(어림 수)을 구할 때, 구하는 자리보다 한 자리 아래의 숫자가 5보다 작을 때에는 버리고, 5와 같거나 5보다 클 때에는 1을 올려서 계산하는 방법을 반올림(rounding) 또는 사사오입(四捨五入)이라 한다.

즉, 근삿값을 구하는데 구하는 자리보다 한 자리 아래에 있는 숫자에 대하여

5보다 작으면 ⇒ 버린다
5와 같거나 5보다 크면 ⇒ 올린다

0, 1, 2, 3, 4	5, 6, 7, 8, 9
버린다	올린다

⇒ 이와 같은 방법을 '반올림'이라 한다.

보기 일의 자리를 반올림해서 20이 되는 수의 범위를 수직선에 나타내어 보면 다음과 같다.

$15 \leqq x < 25$ (x 는 반올림해서 20이 되는 수의 범위)

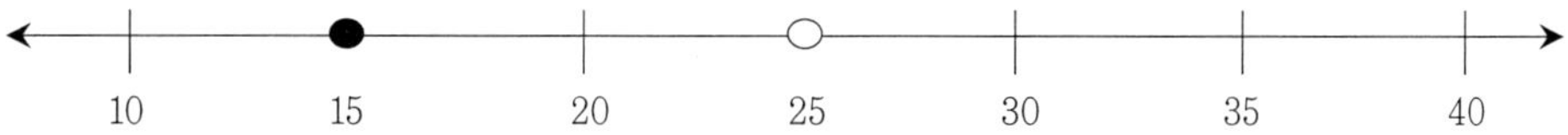

백분율

어떤 양에서 기준량을 100으로 보았을 때, 비교하는 양을 나타내는 비율을 백분율(percentage)이라 한다. 백분율은 기호 %로 나타내고, 퍼센트라 읽는다. 백분율에서는 비율인 소수 0.01을 1%로 쓰고, 또 비율인 분수 $\frac{1}{100}$도 1%로 쓴다.

$$(\text{백분율}) = (\text{비율}) \times 100 = \frac{(\text{비교하는 양})}{(\text{기준량})} \times 100(\%)$$

보기

3의 5에 대한 비율은 $\frac{3}{5} = \frac{60}{100}$

3의 5에 대한 백분율은 60%

참고

① 비교하는 양 = (기준량) × (비율)

$$85\text{의 } 4\% \rightarrow 85 \times \frac{4}{100} = 85 \times 0.04 = 3.4$$

② 소수로 나타낸 비율을 퍼센트로 나타낼 때는 소수점을 오른쪽으로 그 자리 수만큼 옮기면 된다.

참고

- 퍼센트를 나타낼 수 있는 비율이 분수, 소수, 할·푼·리 들 인데, 이들 사이에는 다음과 같은 관계가 있다.

비율 \ 비	1 : 1	1 : 10	1 : 100	1 : 1000
분수	1	$\frac{1}{10}$	$\frac{1}{100}$	$\frac{1}{1000}$
소수	1	0.1	0.01	0.001
할푼리	10 할	1 할	1 푼	1 리
백분율	100 %	10 %	1%	0.1%

버림

어림수로 근삿값을 구할 때, 구하고자 하는 자리수의 한 자리 아래의 수를 버려서 0으로 나타내는 방법을 버림(rounding error)이라고 한다.

보기 자두가 532개가 있는데, 한 상자에 100개씩 담아 상자 단위로 판매한다면 5상자만 팔 수 있다. 이럴 때, 32개는 팔지 못한다. 5상자의 500은 백의 자리 아랫자리의 수를 버려서 나타낸 수이다.

5 3 2 ⇒ 5 0 0 (버린다)　　3 2 8 ⇒ 3 2 0 (버린다)　　2 7 3 2 ⇒ 2 0 0 0 (버린다)

보조단위

기본단위만으로는 너무 크거나 작은 양에 대해서는 효율적으로 측정할 수 없다. 왜냐하면, 이와 같은 극단적인 양에 대하여 기본단위에 의한 측정값은 너무 작거나 크고, 따라서 눈금읽기가 쉽지 않다. 이러한 이유로 특수한 양에 대해서는 보조단위(supplementary unit)를 도입한다. 보조단위는 보통 기본단위에 접두사를 첨가하여 사용한다.

보기 m의 보조단위로는 km, cm, mm 등이 있고, kg의 보조단위로 mg, g 이 있으며, 초의 보조단위로 분, 시간, 일 등이 있다. 아울러 서양에서 1 decimeter $= \frac{1}{10}$m에서 decimeter 등도 보조단위이다.

보편단위(또는 표준단위)

임의단위로 측정하면 비교 대상을 이동하지 않고 견주어 볼 수는 있으나, 임의 단위의 크기가 일정하지 않으므로 시공간적으로 의사소통에 많은 문제가 발생한다. 이를테면 임의단위의 매개물이 사라지면 측정 수치가 무의미해진다. 이러한 임의단위의 불편성을 없애고 전세계적으로 의사소통에 문제가 없도록 하기위하여 도입된 단위를 보편단위(또는 표준단위, standard unit)라 한다.

보기 길이의 m, cm, 무게의 g, kg 등은 모두 보편단위(표준단위)이다.

복명수

몇 개의 단위를 조합하여 표시하는 명수(名數)를 복명수(複命數,compound denominative number)라 한다.

보기 1시간 20분 17초, 1미터 25cm 등을 말한다.

부채꼴 영역

한 원에서 두 개의 반지름과 호로 둘러싸인 영역을 부채꼴 영역(sector)이라 한다.

보기

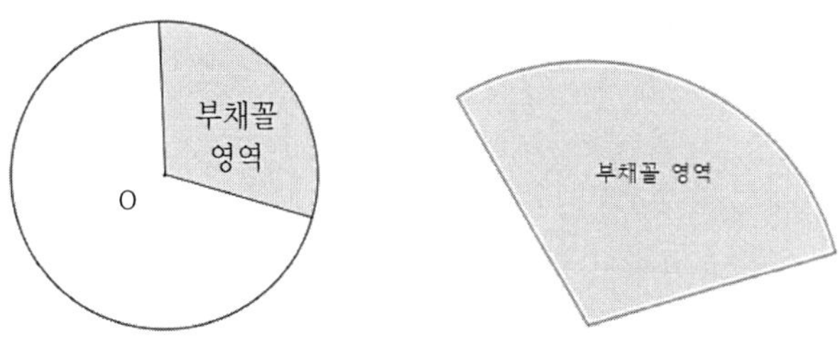

부채꼴의 넓이

부채모양으로 생긴 도형의 면적(넓이)을 부채꼴의 넓이(area of sector)라 한다.

보기 부채꼴의 넓이는 원의 넓이에 비례하여 구한다.
즉, 원의 중심각 (360°) : 부채꼴의 중심각 = 원의 넓이 : 부채꼴의 넓이

$$\text{부채꼴의 넓이} = (\text{원의 넓이}) \times \frac{(\text{부채꼴의 중심각})}{360^\circ}$$

참고

- 원의 넓이는 (반지름) × (반지름) × 3.14로 구한다.

부채꼴의 호의 길이

한 원에서 두 개의 반지름 사이의 곡선의 길이를 '부채꼴의 호의 길이(arc length)'라 한다.

보기 반지름의 길이가 4cm, 중심각의 크기가 120°인 부채꼴의 호의 길이를 구하여보시오.
반지름의 길이가 4cm인 원주는 (8 × 3.14)cm이다.
중심각의 크기가 120°인 부채꼴의 호의 길이는 원주의 $\frac{120}{360}$
$\therefore$ (호의 길이) = $8 \times 3.14 \times \frac{120}{360} = 8.37$ (cm)

$$(\text{부채꼴의 호의 길이}) = (\text{원주}) \times \frac{(\text{중심각의 크기})}{360}$$

참고

- 부채꼴의 호의 길이를 유도하는 식의 과정은 다음과 같다.
  ① 한 원 또는 합동인 원(반지름의 길이가 같은 원)에서 중심각의 크기가 같은 부채꼴은 합동이다.
  ② 한 원 또는 합동인 원에서 중심각의 크기가 같은 부채꼴의 호의 길이는 같다.
  ③ 따라서, 한 원 또는 합동인 원에서 부채꼴의 호의 길이는 중심각의 크기에 비례한다.

부피

입체도형이 차지하는 공간의 양 또는 어떤 용기가 담을 수 있는 양을 부피(volume) 또는 체적이라고 한다. 부피를 알기 위해서는 입체도형에서 한 모서리의 길이가 1m 또는 1cm인 정육면체의 부피를 단위로 사용한다.

참고

> ➡ 부피는 간접측정의 대상이 되는 양이다. 이에 반해 들이는 액량을 용기 속에 담을 수 있는 최대의 양으로 직접 측정의 대상이다. 하지만 들이도 용기 속에 담을 수 있는 물질로 생각하면 부피라고 생각할 수도 있다. 따라서 일상생활에서는 부피와 들이를 가끔씩 혼돈하는 경우가 있는데 그 이유는 액체의 부피는 용기의 들이에 의해 표시되기 때문이다.

부피의 단위(단위부피)

입체모양의 물체가 공간 속에서 차지하는 크기의 측정 기준을 부피의 단위(unit of volume)라고 한다. 입체의 부피를 알아보기 위하여 한 모서리가 1m 또는 1cm인 정육면체의 부피를 단위로 사용한다. 즉, $1m \times 1m \times 1m = 1m^3$ 또는 $1cm \times 1cm \times 1cm = 1cm^3$를 부피의 단위로 사용한다. 그리고 mL, dL, L, kL, cc, mm^3, m^3, km^3 등도 많이 쓰인다.

① 일 세제곱미터

한 모서리의 길이가 1m인 정육면체의 부피를 '$1m^3$라 쓰고, 일 세제곱미터'라고 읽는다.

$$1m^3 = 1m \times 1m \times 1m$$
$$= 100cm \times 100cm \times 100cm$$
$$= 1000000cm^3$$

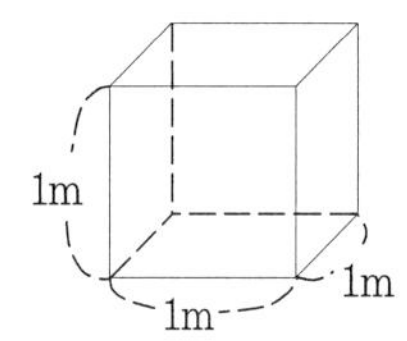

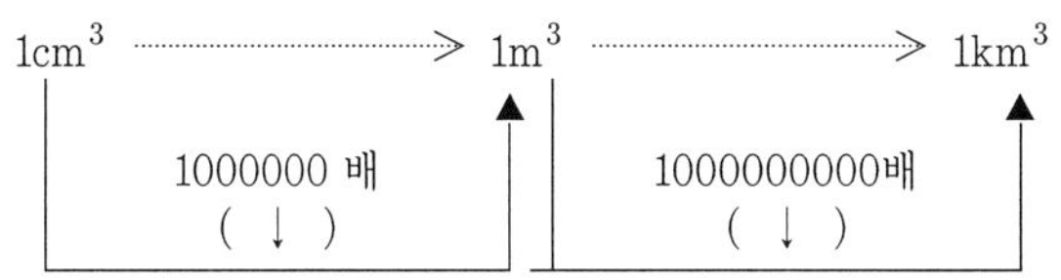

◦ $1km^3 = 1000000000m^3 = 100000000000000000cm^3$

$1cm^3 = 1000mm^3$

② L 단위

1L = 10dL

1dL = 100mL → 1L = 1000mL

1kL = 1000L → 10000dL → 1000000mL

③ 부피와 단위사이의 관계

단위	cm^3	cc	mL	dL	L	m^3	kL
$1cm^3$	1	1	1	0.01	0.001	0.000001	0.000001
1cc	1	1	1	0.1	0.001	0.000001	0.000001
1mL	1	1	1	0.1	0.001	0.000001	0.000001
1dL	100	100	100	1	0.1	0.0001	0.0001
1L	1000	1000	1000	10	1	0.001	0.001
$1m^3$	1000000	1000000	1000000	10000	1000	1	1
1kL	1000000	1000000	1000000	10000	1000	1	1

참고

- 부피는 단위 공간 곧 단위 부피의 몇 곱인가에 의해서 나타난다.
- 부피의 단위는 보통 단위 길이(1m 또는 1cm)를 한 변으로 하는 정육면체의 부피를 쓰고 한 변이 1m인 정육면체의 부피를 $1m^3$ (세제곱미터, 입방m), 한 변이 1cm인 정육면체의 부피를 $1cm^3$ 또는 1cc로 정한다.
  - (직육면체의 부피) = (가로) × (세로) × (높이) = (밑넓이) × (높이)
  - (기둥의 부피) = (밑넓이) × (높이)
  - (뿔의 부피) = (밑넓이) × (높이) ÷ 3
  - 구의 부피) = $\frac{4}{3} \times \pi \times (\text{반지름})^3$

분(시간, 기타)

시간 단위의 한 가지로 한 시간의 60분의 1이다.

시계에서 긴 바늘이 가리키는 작은 한 눈금을 1분(one minute)이라 한다.

◦ 1분 = $\frac{1}{60}$시간, 60분 = 1시간

◦ 1분 = 60초

참고

- 분의 의미는 아래와 같이 여러 가지로 쓰인다.
  - 분 → 푼 : 할·푼·리 의 한 단위
  - 분 : 각도, 경도, 위도의 한 단위, 1도의 60분의 1
  - 분 : 소수의 한 단위, 1의 10분의 1, 리의 10배 → 푼
  - 분 : 전체를 몇 부분으로 나눈 부분, 3분의 2 등

분 단위까지의 덧셈

시간의 단위 중 한 시간의 60분의 1인 분까지의 시간 량의 합을 의미한다.

보기 1시간 50분과 2시간 20분의 합을 구하는 계산 원리

1시간 50분 + 2시간 20분 = (1시간 + 2시간) + (50분 + 20분)

= 3시간 + 70분

= 3시간 + 60분 + 10분

= 3시간 + 1시간 + 10분

= 4시간 + 10분 = 4시간 10분

이와 같은 계산 원리를 바탕으로 하여, 이것을 세로 형식으로 써서 계산하는 형식을 다음과 같이 나타낸다.

①

```
    1시간 50분
 + 2시간 20분
```

②

```
    1시간 50분
 + 2시간 20분
    3시간 70분
    1  ←  60분
 --------------
    4시간 10분
```

①에서는 피가수와 가수의 시간, 분의 자리를 맞추어 쓰게 한다.

②에서는 분끼리, 시간끼리 각각 더한다는 것을 알게 하고, 분의 계산에서는 그 자체가 십진수이며, 계산도 십진수법의 원칙에 따르지만, 그것이 시간 화 될 때에는 60진법에 따르게 된다는 것을 알게 한다.

참고

- 각도 등에서도 분 단위까지 합·차를 구할 수 있다.

분 단위까지의 뺄셈

시간의 단위 중 한 시간의 60분의 1인 분까지의 시간 량의 차를 의미한다.

시간의 뺄셈의 경우도 시간의 덧셈의 경우와 마찬가지로 수의 계산의 형식을 따른다.

보기 2시간 20분 − 1시간 40분 = (1시간 + 60분 + 20분) − 1시간 40
= 1시간 80분 − 1시간 40분
= (1시간 − 1시간) + (80분 − 40분)
= 40분

이와 같은 계산 원리를 바탕으로 하여, 이것을 세로 형식으로 계산하는 형식을 나타내어 계산한다.

①	②
	1 60
2시간 20분	2시간 20분
− 1시간 40분	− 1시간 40분
	40분

①에서는 피감수와 감수의 시간, 분의 자리를 맞추어 쓰게 한다.
②에서는 분끼리, 시간끼리 뺀다는 것을 알게 하고, 여기에서 받아 내림을 10진법일 때와 달리 60진법에 따르고 있음을 알게 하고 계산에 유의하도록 한다.

분리량

낱개로 독립된 개체를 이루고 있기 때문에 더 이상 분할 할 수 없으며 셀 수 있는 양을 분리량(discrete quantity) 또는 이산량 이라한다. 영어의 'How many'에 해당하는 양으로 1보다 작은 양으로는 나타낼 수 없다.

보기 연필의 수, 종이의 수와 같이 자연수로 표현되는 양을 말하며 측정하는 대상에 따라 '개', '명', '자루', '장' 등 다양하게 사용된다.

참고

- 분리량은 정수만으로 표시할 수 있으며 1보다 작은 수로는 나타낼 수 없다. 또한 분리량은 세어서 수치화 할 수 있다.

분속

1분간을 단위로 하여 재는 속도이다.

1분 동안에 가는 평균 거리를 말한다. 이를 cm/분, km/분, m/분 등으로 나타낸다.

보기

A : 5분 동안에 480m
B : 3분 동안에 270m
갔을 때 분속으로 비교해보면

→ A : 480m ÷ 5분 = 96m/분
B : 270m ÷ 3분 = 90m/분
A가 더 빠르다.

이처럼 빠르기를 비교할 때에는 시간을 일정하게 하여, 그 때 간 거리를 비교하거나, 거리를 일정하게 하여, 그 때 소요한 시간을 비교하여 알 수 있다.

참고

- 단위 시간에 간 평균 거리를 '속력'이라 한다.

$$속력 = \frac{간거리}{걸린시간}$$

– 1분간에 간거리 82m를 분속 82m라 하고, 이를 82m/분으로 나타낸다.

빠르기(속력)

어떤 일이나 동작을 하는 데 걸리는 시간의 정도를 '빠르기'라고 한다. 빠르기는 속력(velocity)이라고도 한다. 속력은 어떤 단위 시간 안에 가는 거리이며, 이 경우 1시간에 나아가는 거리를 '시속', 1분 안에 나아가는 거리를 '분속', 1초 안에 나아가는 거리를 '초속'이라고 한다.

o (거리) ÷ (시간) = (빠르기 또는 속력)

즉, $속력 = \frac{(간\ 거리)}{(걸린\ 시간)}$

(속력) = (거리) ÷ (시간)
(거리) = (빠르기) × (시간)
(시간) = (거리) ÷ (빠르기)

뼘

손가락을 최대한 벌렸을 때 엄지손가락에서 새끼손가락 사이의 거리를 뼘(span)이라 한다.

보기

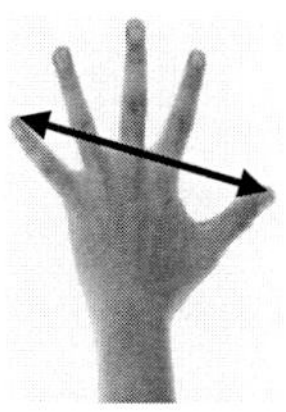

사각형의 네 각의 합

사각형에서 네 모퉁이의 각을 하나로 합친 각을 말한다.

보기 사각형에서 네 모퉁이의 각을 합친 각은 360°이다.
사각형은 두 개의 삼각형으로 나누어진다.
그러므로, 사각형의 네 각의 합은 180°×2 = 360°이다. (삼각형의 세 각의 합은 180°이다.)

사다리꼴의 넓이

사다리꼴의 면적을 뜻한다.

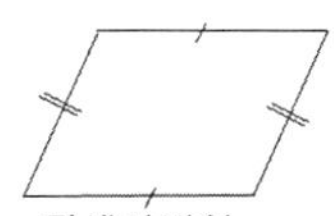
평생사변형

보기 합동인 두 사다리꼴을 돌려 붙이면 그림처럼
평행사변형이 된다. 이 때, 사다리꼴의 넓이는 평행사변형 넓이의 반이다.

참고

- 평행사변형의 넓이는 밑변과 높이를 곱하여 구한다.

평행사변형의 넓이 – (밑변) × (높이)

따라서, 사다리꼴의 넓이는 다음과 같이 구한다.

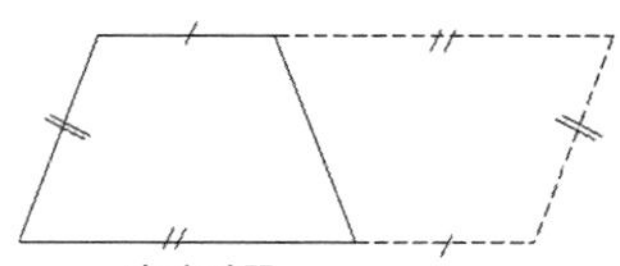
사다리꼴

(사다리꼴의 넓이) × 2 = 평행사변형의 넓이

(사다리꼴의 넓이) = (평행사변형의 넓이) ÷ 2

= {(윗변) + (아랫변) × (높이)} ÷ 2

(사다리꼴의 넓이) = {(윗변)+(아랫변)×(높이)} ÷ 2

보기 다음 사다리꼴의 넓이를 구해보자.

사다리꼴의 넓이 = {(10 + 30) × 5} ÷ 2
= (40 × 5) ÷ 2
= 200 ÷ 2
= 100　　답) 100㎠

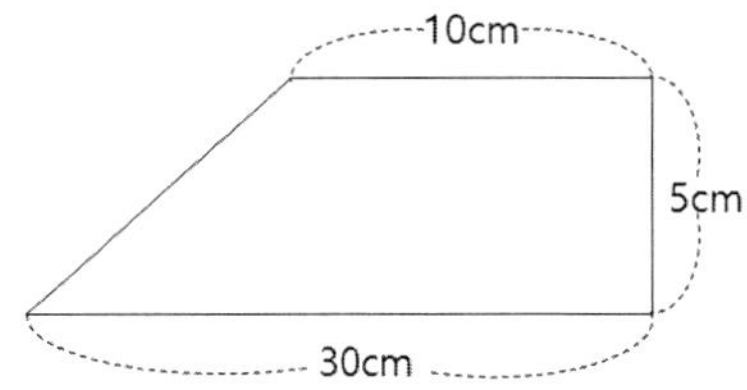

삼각형의 내각의 크기

삼각형의 두 변이 만나서 이루어지는 각의 벌어진 정도를 의미한다.

* 삼각형의 한 내각의 크기는 0°보다 크고 180°보다 작다.

* 삼각형의 내각은 모두 3개이다.

* 삼각형의 세 내각의 합은 180°이다.

삼각형의 내각의 합

삼각형의 두 변이 만나서 이루어지는 각 중에서 안쪽 각 3개를 합한 각이다.

* 삼각형의 내각은 모두 3개이다.

* 삼각형의 세 내각의 합은 180°이다.

참고

- 삼각형의 내각의 합을 지도하는 방법은 다음과 같다.
  ① 각도기를 이용하여 그 내각을 측정한다. 이 경우 측정과정에서 약간의 오차가 생길 수 있으나 내각의 합을 구하는 가장 원론적인 방법이다.
  ② 삼각형의 본을 떠서 합동인 세 개의 삼각형을 만든다. 삼각형의 세 꼭짓점을 한 점에 모아 일직선이 됨을 확인한다.
  ③ 아래 그림과 같이 삼각형의 내각을 세 조각으로 분할하여 꼭짓점을 일치시켜 본다. 이때 세 꼭지각을 한 곳에 모으면 일직선이 된다.
  ④ 삼각형을 접어 세 내각을 한 곳에 모아 일직선이 됨을 확인한다. 삼각형의 두 변의 중점을 연결한 선분을 긋고, 이 선분을 축으로 삼각형을 접어서 세 꼭지각을

한 곳에 모아 직선이 됨을 확인한다.

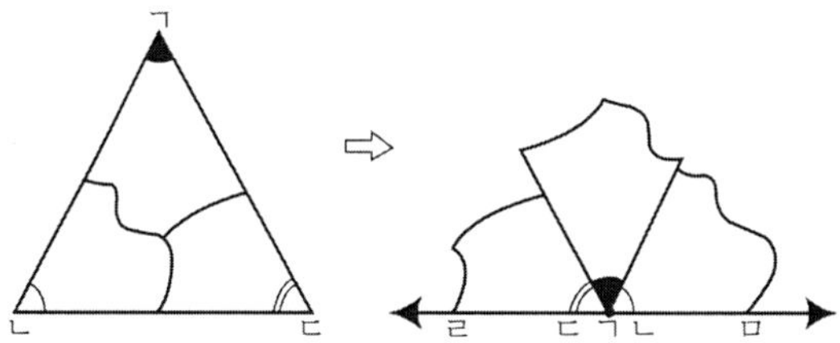

위의 어느 경우이든 일직선이므로 내각의 합은 180°가 됨을 알 수 있다.
사각형, 오각형, 육각형 등의 내각의 합을 구할 때도 이들 도형을 몇 개의 삼각형으로 잘라서 삼각형의 개수만큼 180°를 더하거나 곱해서 구한다.

삼각형의 넓이

삼각형의 도형 내부에 있는 부분의 면적(넓이)이다.

보기 삼각형의 넓이는 평행사변형을 이용하여 도입한다. 아래 그림과 같이 합동인 두 개의 삼각형으로 평행사변형을 만들 수 있으므로

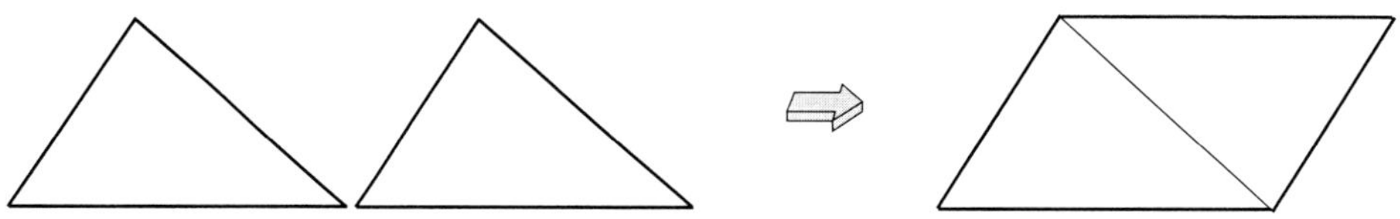

(삼각형의 넓이) = (평행사변형의 넓이) ÷ 2
= (밑변) × (높이) ÷ 2

참고

- 평행사변형이나 삼각형에서는 모양이 달라도 밑변과 높이가 같으면 그 넓이도 같다.

삼각형의 높이

삼각형의 꼭짓점에서 밑변에 수직으로 그은 선분의 길이가 높이(altitude)이다. 오른쪽 삼각형 ㄱㄴㄷ에서, 변 ㄴㄷ을 밑변이라 하고, 꼭짓점 ㄱ에서 밑변에 수직으로 그은 선분ㄱㄹ을 높이라고 한다.

보기 삼각형 ㅁㅂㅅ에서 밑변과 높이를 알아보자.
밑변이 변 ㅁㅂ이면 높이가 변 ㅅㅂ이 되고, 밑변이 변 ㅂㅅ이면,
높이는 변 ㅁㅂ이 된다.

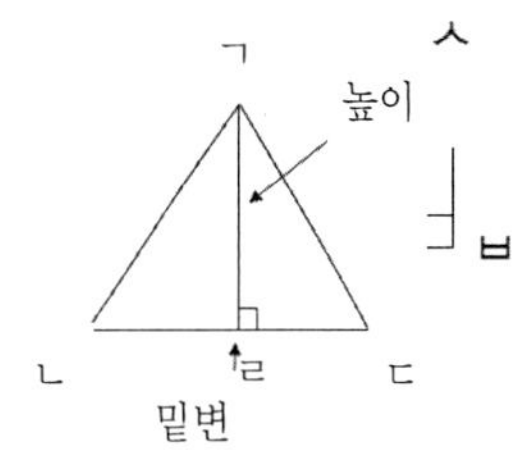

삼분율

같은 종류의 두 양 a, b에 대하여 $a > b$, $a = b$, $a < b$ 세 관계 중 어느 하나만 성립한다는 성질을 삼분율[10]이라 한다. 이것은 양의 대소 상등에 관한 성질로서 양은 그 크기에 의해서 차례를 지을 수 있음을 뜻하는 것으로 이것을 순서성이라고도 한다.

상대오차

상대오차(relative error)는 절대 오차를 참값으로 나눈 것으로 상대오차가 작으면 작을수록 측정값의 정밀도는 높아진다.

보기 원주율의 근삿값 π = 3.14가 반올림에 의한 근삿값이라고 보는 경우 상대오차는 $\frac{0.005}{3.14}$ = 0.0015 …(≒ 0.2%)가 된다. 또한 π = 3.141592 …임을 알고 있는 경우 상대오차는 $\frac{0.002}{3.14}$ = 0.00063 …(≒ 0.07 %)가 된다.

섭씨온도 척도

미터법에서 온도를 재기위해 사용하는 척도로, 1기압에서 물의 어는점을 0°로, 물의 끓는점을 100°로 설정하여 만들어진 온도체계를 섭씨온도 척도(celsius temperature scale)라 한다.

참고

- 섭씨온도는 1742년 스웨덴의 천문학자 Andres Celsius가 처음으로 제안하였다. 그

10) 교재에 따라서는 삼일률이라 부르기도 한다.

러므로 영어권에서는 그의 이름을 따서 '셀시어스'라고 부르고 있으나, 동양권에서는 '섭씨'라는 용어로 사용되고 있다. 섭씨온도 척도는 화씨온도 척도(fahrenheit temperature scale)와는 구별되는데 화씨온도 척도는 1기압에서 물의 어는점을 32°, 끓는점을 212°로 설정한 온도 체계이다. 섭씨온도 척도와 화씨온도 척도의 관계는 다음과 같다.

$F = 1.8C + 32$가 된다.

이를테면, 섭씨 30°를 화씨로 바꾸면 $1.8 \times 30 + 32 = 86$°가 된다.

세제곱미터

한 모서리의 길이가 1미터(m)인 정육면체의 부피의 단위이다.

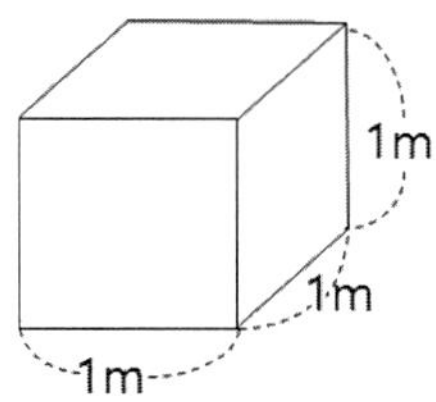

* $1m \times 1m \times 1m = 1m^3$라 쓰고 '일 세제곱미터'라 읽는다.

* 일 세제곱미터를 '$1m^3$'라 쓰고 부피의 단위로 사용된다.

참고

➠ 세제곱이란 같은 수나 문자를 세 번 곱하는 것이므로 길이의 단위인 미터(m)를 세 번 곱하는 것으로, 정육면체에서는 '가로 × 세로 × 높이'를 의미한다.

세제곱센티미터

한 모서리의 길이가 1센티미터(cm)인 정육면체의 부피의 단위이다.

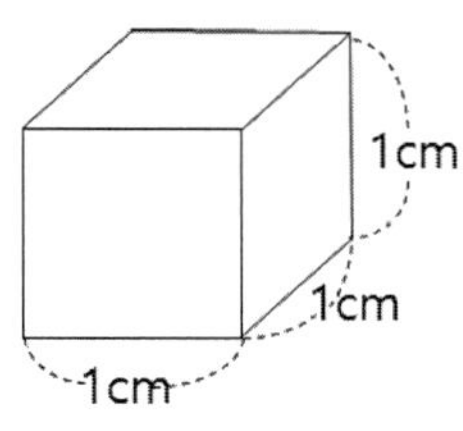

* $1cm \times 1cm \times 1cm = 1cm^3$라 쓰고 '일 세제곱센티미터'라 읽는다.

참고

➠ 세제곱이란 같은 수나 문자를 세 번 곱하는 것이므로 길이의 단위인 센티미터(cm)를 세 번 곱하는 것으로, 정육면체에서는 '가로 × 세로 × 높이'를 의미한다.

센티

$\frac{1}{100}$(0.01)을 뜻하는 접두사를 centi- 라고 한다.

보기 1 centimeter = $\frac{1}{100}$ meter = 0.01 meter

센티미터

미터법에서 길이를 재는 단위로 1m의 100분의 1이다.

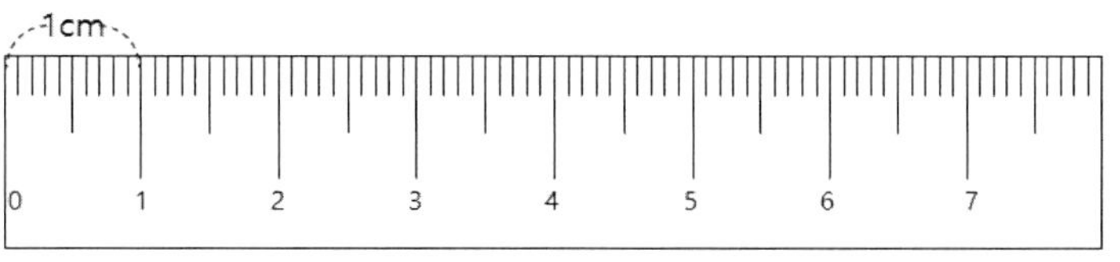

자

* 위의 자에서 작은 눈금 10칸이 1 센티미터(1 centimeter)이다.

* cm는 길이의 단위로, 1 센티미터는 '1cm'라고 쓴다.

참고

- 길이를 재기 위해서는 보통 '자(ruler)'를 이용한다.

소요시간(경과시간)

어떤 일을 처음 시작해서 끝날 때 까지 걸리는 시간을 소요시간(elapsed time)이라 한다.

속도

단위 시간 동안에 이동한 위치 벡터의 변위로서 물체의 빠르기를 나타내는 벡터량이다. 물체의 빠르기를 이동한 방향과 함께 나타낸다는 점에서 속력과 차이가 있다. 즉, 움직이는 물체가 단위시간에 이동한 거리를 속도(velocity)라 한다.

속력

단위 시간 동안에 이동한 위치 벡터의 변위로서 물체의 빠르기를 나타내는 벡터량이다. 물체의 빠르기를 크기만 생각한다는 점에서 속도와 차이가 있다.

* 속력 = $\frac{\text{간 거리}}{\text{걸린 시간}} = \frac{\text{간 거리}}{\text{단위 시간}}$

보기 원영이가 5분 동안에 400m를 갔다면, 원영이의 걸음걸이 속력은 400 ÷ 5 = 80으로 분속 80m가 된다. 이것을 80m/분으로 나타내기도 한다.

참고

- 분속 → 초속, 분속 → 시속
  ① 1분에 60m를 간다면 1초 동안에 60 ÷ 60 = 1 즉, 초속 1m (1m/초)이다.
  ② 1분에 60m는 60분 동안에 3600m 즉 3.6km를 가므로, '시속 3.6km' 또는 '3.6km /시'로 나타낸다.

참고

- 빠르기를 비교하는 데에는 다음 두 가지 방법이 있다.
  ① 일정한 시간에 간 거리를 비교한다.
  ② 같은 거리를 가는데 걸린 시간을 비교한다.

참고

- 속력은 보통 1시간, 1분 또는 1초를 단위시간으로 하여 단위시간 동안에 가는 거리를 평균으로 나타낸다. 그러므로 속력에는 시속, 분속, 초속으로 나눈다.

시각(시)

시각이란 시계의 침이 가리키는 때의 위치를 말한다.

보기 몇 시 인지 알아보자.

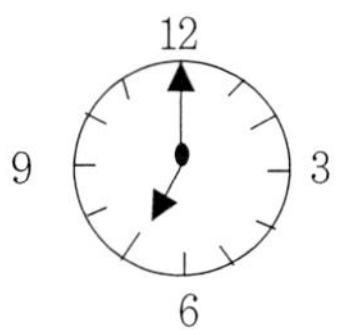

7시

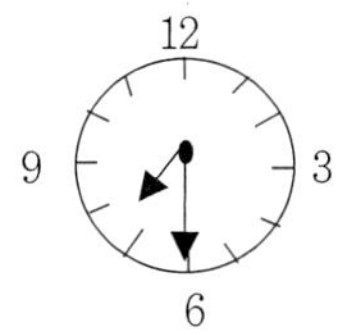

7시 30분

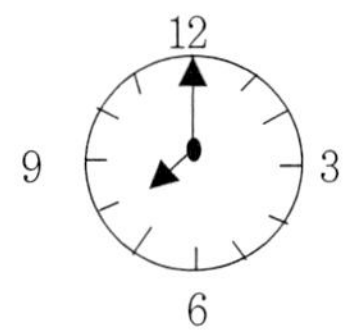

8시

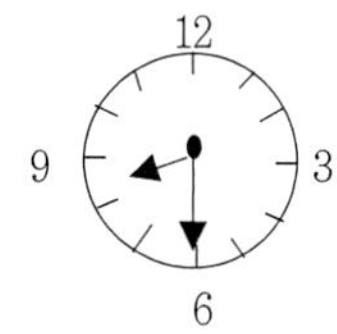

8시 30분

참고

① 시각이란 시간의 흐름에서 어떤 특정한 시점인 위치를 말한다.

② 시각은 더하거나 뺄 수가 없으며 계산할 수 있는 것은 시간이다.

③ 시간은 시각과 시각 사이의 양을 말한다.

- 시각은 길이나 부피처럼 눈으로 관찰할 수 있는 양이 아니므로 아동들에게 개념을 형성시키기가 어렵고, 다른 양을 지도할 때와 같은 방법이나 과정으로 지도하기도 어렵다.
- 시각과 시간 개념을 형성시키기 위해서는 아동들의 일상생활에서 일어나는 구체적인 활동을 통하여 지도하는 것이 좋은 방법이 될 수 있다. 이를테면, 저녁에 잠자리에 들어가는 시각이나 집에서 학교까지 등교하는 데 걸린 시간 등을 활용할 수 있다. 시각과 시간은 관찰 할 수 없으므로 (모형)시계를 통하여 관찰하게 한다.
- 모형시계를 사용하여 간단한 시각, '몇 시', '몇 시 몇 분'을 읽게 하고, 아동들의 하루에 있었던 생활과 관련지어 말하게 해보는 것 등이 대안적인 지도 방법이 될 수 있을 것이다.

시간

어떤 시각에서 다른 시각까지의 동안 또는 그 사이의 길이를 말한다.

보기 시간을 알아보자.

〈운동을 시작한 시각〉

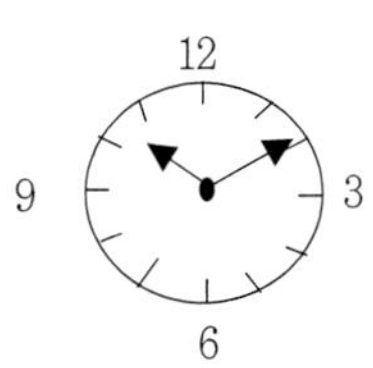

(10시 10분)

〈운동을 끝낸 시각〉

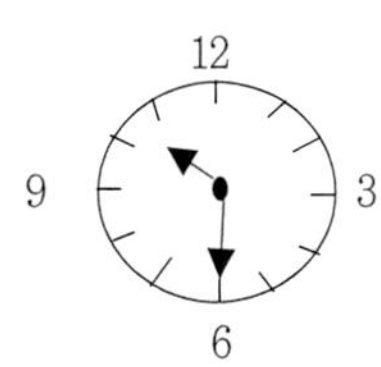

(10시 30분)

∴ 운동을 한 시간은 20분간이다.

• 1시간은 60분이다.   1시간 = 60분

참고

- 시각과 시각의 사이를 '시간'이라고 한다.
  - o (시간) + (시간) = (시간)
  - o (시각) + (시간) = (시각)
  - o (시간) − (시간) = (시간)
  - o (시각) − (시간) = (시각)
  - o (시간) − (시각) = (시간)

참고

- (시간) + (시각)은 무의미하다.

시간의 덧셈

둘 이상의 시간의 길이를 합하는 것을 의미한다.

보기 산을 올라가는데 3시간 10분이 걸리고, 내려오는데 1시간 40분이 걸리면, 모두 몇 시간이 걸리는지를 알아보자
3시간 10분 + 1시간 40분

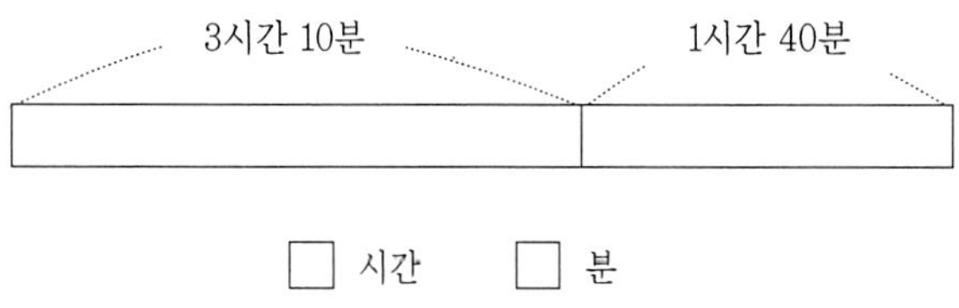

$$\begin{array}{r} 3\text{시간 } 10\text{분} \\ +\ 1\text{시간 } 40\text{분} \\ \hline 4\text{시간 } 50\text{분} \end{array}$$

시간의 뺄셈

둘 이상의 시간의 길이의 차를 구하는 것을 의미한다.

보기 산을 올라가는데 3시간 10분이 걸리고, 내려오는데 1시간 40분이 걸리면, 올라갈 때는 내려 갈 때 보다 시간이 얼마나 더 걸리는지를 알아보자.
3시간 10분 − 1시간 40분

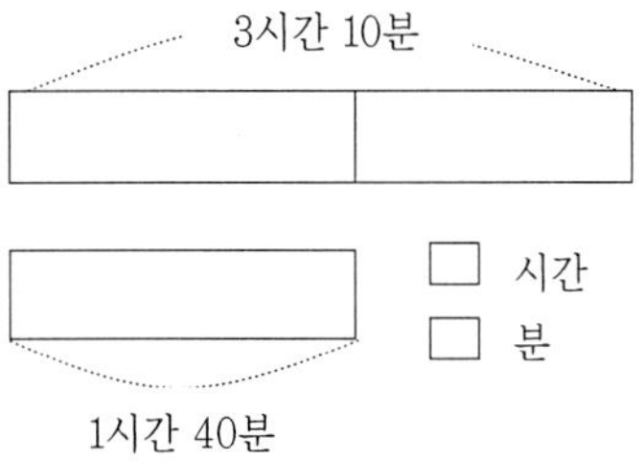


```
   3시간 10분
-  1시간 40분
─────────────
   2시간 70분
-  1시간 40분
─────────────
   1시간 30분
```

시간의 단위

시간의 양을 나타내는 데 기본으로 정해 놓은 기준을 의미한다.

보기 시간의 단위에는 다음과 같이 초, 분, 시간 등을 쓴다.

1초----------1분----------1시간----------1일----------1주

60배 60배 24배 7배

- o 60초 = 1분 → 1분 = 60초
- o 60분 = 1시간 → 1시간 = 60분
- o 24시간 = 1일 → 1일 = 24시간
- o 7일 = 1주일 → 1주일 = 7일
- o 30일 혹은 31일 = 1개월 → 1개월 = 30일 혹은 31일
- o 12개월 = 1년 → 1년 = 12개월

시속

한 시간을 단위로 하여 잰 속도를 시속(velocity per hour)이라 한다.

속력은 보통 한 시간, 1분 또는 1초 동안에 가는 거리를 평균으로 나타내는데, 한 시간 동안에 가는 거리의 평균이 시속이다.

보기 한 시간 동안에 가는 거리를 나타내는 속력을 '시속'이라 하고, 한 시간에 평균 80km가는 속력을 '시속 80km'라 하고, 이것을 '80km/시'라고 쓴다.

참고

① 1분 동안에 가는 거리를 나타내는 속력을 '분속', 1초 동안에 가는 거리를 나타내는 속력을 '초속'이라 하고, 이것을 각각 'm/분', 'm/초'로 나타낸다.

② 속력, 거리, 시간의 관계는 다음과 같다.

o (거리) = 속력 × (시간)

o 속력 = $\frac{(거리)}{(시간)}$ 즉, 속력 = (거리) ÷ (시간)

o (시간) = $\frac{(거리)}{(속력)}$ 즉, 시간 = (거리) ÷ (속력)

아르

미터법에 의한 면적의 단위로 $100m^2$가 1a이다. 1a는 1헥타아르(ha)의 100분의 1이고, 약 30.25평 정도이다. 아르의 기호는 'a'이고, 읽기는 '아르'라고 읽는다.

보기 1a는 한 변이 10m인 정사각형의 넓이다.

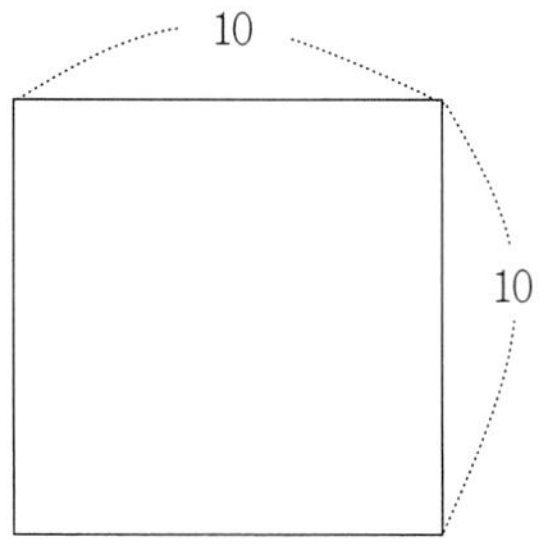

그림과 같이 한 변 10m인 정사각형의 넓이를 '1a'라 쓰고 '1아르'라고 읽는다. 1a의 계산은 아래와 같다.

$1a = 10m \times 10m = 100m^2$ 즉, $1a = 100m^2$

아르키메데스의 원리

동종의 두 양 a, b에 대하여 $a > b$일 때 $a \leqq n \times b$가 되는 자연수 n이 존재한다. 이는 같은 종류의 양에 대해서는 최대의 양도 최소의 양도 없고, 보다 작은 양에 의해서 측정이 가능하다는 것을 의미한다.

안치수

상대하는 두 부재의 안쪽에서 안쪽까지의 잰 길이를 안치수(inside measurement)라 한다. 기둥 간격·개구부 폭 등에 사용한다.

보기 아래 그림과 같이 나무상자 같은 것에서 나무의 두께를 뺀 안쪽 치수를 말한다.

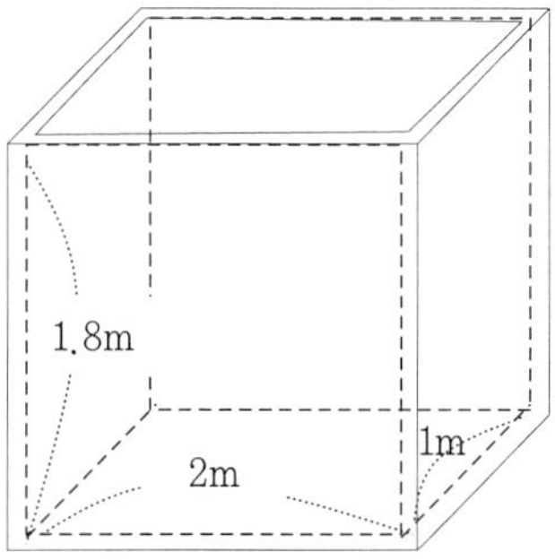

액량

액체를 담을 수 있는 용기의 크기 또는 액체의 양을 액량(liquid measure)이라 한다.

보기 밀리리터, 리터 등이 잘 알려진 액량의 보편단위이다.

약(어림)

어떤 수량에 거의 가까운 정도를 나타내는 말이다. 약은 대략, 거의, 어림의 뜻과 같다. 따라서 어림수로 나타낼 때 많이 사용한다.

보기 아래 테이프의 길이를 '약'으로 말하여보시오.

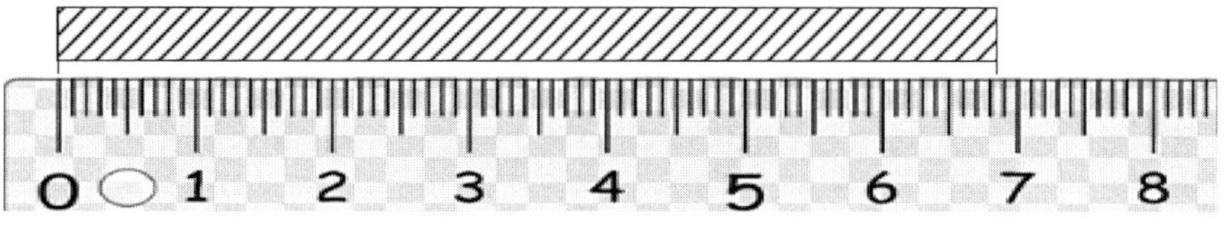

- o 이 테이프의 길이는 몇 cm 몇 mm 인가?
- o 이 테이프의 길이를 1cm 단위로 나타내 보자.
- o 이 테이프의 끝은 7cm의 눈금에 더 가까이 있으므로, 이럴 때는 가까운 쪽의 눈금을 읽어서 '약 7cm'라고 한다.
- o 67841 의수에서 100의 자리에서 반올림 하면 약 68000이 된다.

참고

- 어림수로 나타내는 데는 반올림, 올림, 버림이 있다.

반올림은 5이상이면 앞의 자리수를 1올려주고, 4이하이면 0으로 처리한다. 그리고 올림은 0이 아닌 어떤 수라도 앞의 수를 1만큼 올려주고, 버림은 그 자리 이하의 수를 모두 0으로 처리한다.

양(량)

사물의 속성(이를테면, 물건이 많다 혹은 적다, 길이가 길다 혹은 짧다, 무게가 가볍다 혹은 무겁다, 시간의 흐름이 빠르다 혹은 느리다 등)으로서 우리들에게 대소(大小)의 차이를 느끼게 하는 것으로 묘사하거나 혹은 적당한 단위의 설정으로 그 크기를 수 값으로 파악할 수 있는 것을 양(quantity)이라하며 분량의 준말이다.

참고

- 양(량)은 분리량과 연속량으로 나누어 생각할 수 있다.

```
양 ─┬─ 분리량
    └─ 연속량 ─┬─ 외연량
               └─ 내포량(도, 율)
```

분리량은 더 이상 분할 할 수 없는 양으로서, 예를 들면 사람의 수, 사과의 개수, 종이의 수와 같이 양의 정수로 표현되는 양을 말하며 단위는 자연발생적으로 존재한다. 이에 반하여 연속량은 길이, 넓이, 무게, 부피와 같이 얼마든지 분할이 가능하며 실수에 대응하여 표현할 수 있는 양을 말하며 단위는 약속에 의하여 정해진다.

보기 예를 들면, 사과 6개, 학생 20명 등은 분리량이고, 우유 2L, 노끈 12m 등은 연속량이다.

양감

양에 대하여 우리 주위의 환경에서 흔히 볼 수 있는 물체와 상황을 측정한 값의 의미를 각자의 머릿속에서 대략적으로 파악할 수 있는 직관의 하나로 이를테면, 물체의 크기, 부피, 무게 등이 느껴지도록 하는 요소를 양감(sense of volume)이라 한다.

양의 가법성

양의 가법성은 양의 합을 생각할 수 있다는 성질로써, 같은 종류의 두 양을 합쳐서 하나의 양으로 볼 수 있다는 것이다.

일반적으로 두 물체 A, B에 딸려있는 어떤 양을 각각 $m(A)$, $m(B)$라고 할 때 A, B를 합병한 $A \cup B$(단, $A \cap B = \varnothing$)의 양 $m(A \cup B)$ 사이에

$$m(A) + m(B) = m(A \cup B)$$

인 관계가 성립한다는 것으로, 두 물체를 합병하면 그 물체에 딸려 있는 양도 합으로 직결된다는 것이다. 이와 같은 양 $m(A)$, $m(B)$를 가법적인 양이라고 한다.

양의 독립성

양은 그것이 소속된 물체와는 독립된 개념이므로 다른 물체로 대치 가능하다는 것이 전제된다. 양에는 이와 같은 기본성질이 있기 때문에 간접 비교가 가능하다.

양의 보존성

양을 이동하거나 분할하거나 변형하거나 할 때 양의 크기가 변하지 않는다는 성질을 양의 보존성이라 한다.

참고

- 양의 보존 개념의 발달단계

  양의 개념 형성에는 위치 변화에 대한 보존성과 분할에 대한 보존성은 아동들에게 중요한 역할을 한다. 피아제에 의하면 위치변화에 대한 양의 보존개념의 발달 단계를 아래와 같이 3단계로 발달한다고 하였다.

  ① 위치의 변화에 대한 보존성

  같은 양의 물을 모양과 크기가 같은 A, B 두 용기에 부은 후 어느 쪽이 많은가를 비교해 보도록 한다. 그 다음 B의 물을 C 용기에 옮긴 다음 A, C 두 용기 중 어

느 쪽이 많은 가를 비교하도록 한다.

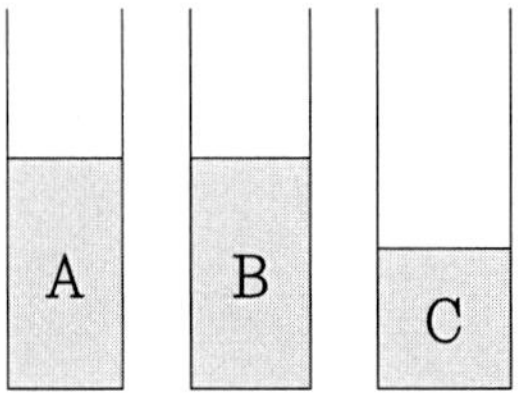

- 제 1단계(5세 이하)

  보존개념이 없는 단계로서 두 용기 A, B에 들어있는 물의 양은 같으며, A와 C에 들어있는 물의 양 비교에서는 폭이나 높이 중에서 어느 한쪽만을 생각하여 A쪽, 또는 C쪽이 더 많다고 생각하는 수준으로 상보성이나 가역성의 사고는 하지 못하는 단계이다.
- 제2단계(6 ~ 7세)

  보존의 개념이 서서히 형성되는 단계로서 높이나 폭의 차이가 크게 나지 않는 경우 B와 C가 같다고 답은 할 수 있지만 크게 차이가 나는 경우에는 이전 단계의 아동들과 마찬가지로 어느 한쪽이 많다고 생각하는 단계이다.
- 제 3단계(8세 이상)

  보존의 개념이 완성되는 단계로서 액체를 담은 용기의 모양이 달라지더라도 양의 변화는 없음을 이해 할 수 있는 단계이다.

② 분할에 대한 보존성

위 그림의 B의 물을 아래와 같이 2개의 그릇 C_1, C_2에 옮기고 B의 물의 양과 C_1, C_2를 합한 양에 대해서 어느 쪽이 많은지 아동들의 반응을 물어본다.

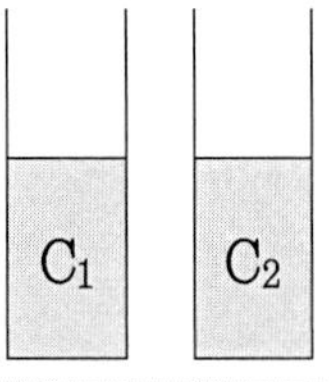

양의 비교성

같은 종류의 양끼리는 대소 상등의 관계를 비교할 수 있다는 것이 양의 비교성이다. 같은 종류의 두 양에 대한 대소, 상등의 관계를 비교하기 위해서는 길이, 넓이, 각의 크기 등이 속해 있는 사물을 포개어 보아 합동관계에 있는지 없는지를 알아보는 것이 중요하다.

① a, b가 같은 종류의 양일 경우, $a>b$, $a=b$, $a<b$ 중 어느 하나가 성립한다.

② a, b, c가 같은 종류의 양일 경우, $a<b<c$ 이면 $a<c$ 이다.

①은 같은 종류의 두 양에서는 대소 상등의 관계가 일의적(一意的)으로 정해진다는 것을, ②는 대소 관계에 대해서 추이율이 성립한다는 것을 보여준다. 양의 이러한 성질은 양 개념 형성의 기초로서 직접비교와 간접비교를 가능하게 한다.

양의 연속성

분리량의 측정에서는 측정치가 양의 정수에 대응되나 길이, 넓이, 부피와 같은 연속량의 측정에서는 측정치가 양의 실수에 대응된다. 실수의 집합에서는 연속성이 있으므로 양의 성질에서도 연속성을 지니게 되는데 이와 같은 성질을 양의 연속성이라 한다.

어림

수의 크기, 측정이나 계산 결과 등에 대한 판단으로 '얼마쯤 되겠다'를 뜻하는 것을 어림(estimation)이라 한다.

참고

- 기계적인 계산 중심의 수업에서는 어림 능력이 발달하지 못한다. 그 이유는 다음과 같다(Baroody, 1998).
  ① 무의미한 지도가 이루어지고 있다. 어림하기 위해 먼저 반올림, 올림, 버림을 학습하는데 이것은 상황과 무관하여 그 의미가 없다.
  ② 수 감각과 단절된 채 학습이 이루어진다. 기계적인 수업에서는 '왜'가 아니라 '어떻게'에 초점이 맞추어져 있기 때문에 반올림하기 위해 특별한 절차를 배워야 한다.
  ③ 사고의 경직성을 강화시킨다. 기계적으로 학습하였다면 357을 어림하면 360이다. 의사라면 약의 과다 복용의 부작용 때문에 어림할 때에는 버림으로 할 것이다.
  ④ 어림하려는 성향을 방해하고 있다. 어림한 값은 정확하지 않기 때문에 학생 자

신이 어림을 꺼린다. 그로 인하여 계산 결과를 어림하라고 하면 정확하게 계산하여 답을 구한 다음에 그 답을 어림하여 대답한다.

- 어림하는 능력을 개발하기 위해서는 다음과 같은 탐구적인 방법으로 수업을 전개하여야 한다.
  ① 다양한 주제와 상황 속에서 어림을 하게 한다.
  ② 어림하는 방법은 다양하며, 방법의 선택은 문제의 목적, 상황에 따라야 함을 알게 한다.
  ③ 정확한 답보다는 대략적인 답에 초점을 맞춘다.
  ④ 저학년부터 전 교육과정에 걸쳐 통합적으로 지도한다.

어림값

정확하지 않은 대략적인 값 또는 계산을 어림값(ballpark estimate)이라 한다.

보기 280 + 489의 어림값은 800이다.

어림전략

어림을 하는 여러 가지 방법들을 어림전략(estimation strategies)이라 한다.

보기 어림 전략에는 아래와 같은 방법들이 있다.

① 앞 자릿수로 어림하기(front-end estimation)
말 그대로 가장 앞에 있는, 즉 가장 큰 자릿값으로 어림하는 것이다. 이를테면, 1060 + 2102를 1000 + 2000 = 3000과 같이 계산한다.

② 어울리는 수(compatible numbers)
서로 결합했을 때 계산하기 쉬운 수들을 어울리는 수라고 한다. 이를테면, 23+39+32+64+49를 어림하기 위하여 약 100, 1000이 되는 수끼리 묶어 어림한다. 즉, (39+64)+(23+32+49)로 묶어서 어림하면 100+100이므로 200쯤 된다.

③ 평균 이용하기 또는 군집어림(clustering)
크기가 비슷한 수끼리 묶어 평균을 이용하여 어림한다. 이를테면, 620+584+651+552+631을 어림하기 위하여 크기를 비교한다. 다섯 수의 평균은 약 600이므로 합을 어림하면 약 600×5=3000이다.

④ 반올림하기(rounding)
어림하기 쉬운 수로 만들기 위하여 반올림을 이용한다. 5724+3192를 어림하기 위하여 각수를 반올림하여 6000+3000=9000이므로 합은 약 9000이다.

⑤ 범위구하기(finding a range)
37 + 296을 계산할 때, 30 + 290 = 320과 같이 버림을 이용하거나 40 + 300 = 340과 같이 올림을 이용해서 37 + 296 이 320과 340 사이에 있는 수로 어림하는 방법을 말한다.

⑥ 조절과 보정(adjusting and compensating)
앞 자릿수로 어림할 때, 처음에 했던 어림이 조금 많거나 적다고 생각되거나, 아니면 근사하게 어림해야하는 경우 처음에 했던 어림값을 조절하는 것을 말한다. 이를테면, 슈퍼에서 두루마리 휴지 3190원, 과일쥬스 2090원, 우유 2100원의 물건들을 산 후 가격을 지불할 때 앞자리로 어림하면 7000원이 된다. 하지만 뒤에 붙은 수를 보면 200, 100, 100이므로 이것을 더하여 7400정도로 보다 가깝게 어림하는 것이 보다 현명한 방법이다. 즉, 원래 어림값 7000원에서 뒤에 붙은 수를 더하여 7400으로 어림 한 것은 조절과 보정을 거친 어림값이 된다.

SI 단위계

나라마다 사용하는 언어가 다르듯이 어떤 양을 나타내는 단위도 서로 달랐다. 하지만 국가 간에 서로 교류가 활발해 지면서 양과 관련된 정보를 공유하기 위해서는 모든 나라가 공통적으로 사용할 수 있는 단위가 필요하게 되었다. 국제단위계 또는 SI 단위계(The International System of Units)는 현재 세계 대부분의 국가에서 사용하고 있는 단위계이며, 이 단위계의 명칭 '국제단위계'와 국제적 약칭 'SI'는 1960년 11차 국제도량형총회(CGPM)에서 결정되었다. 국제단위계는 크게 기본단위(MKS 단위), 보조단위, 유도단위로 구분된다. 보편단위로서 MKS 단위를 기본단위로 하는 도량형법을 미터법이라 하며 우리나라에서는 1964년 1월 1일 계량법을 제정하여 미터법의 사용을 제도화하였다.

연속량

낱개로 독립된 개체를 이루고 있지 않기 때문에 셀 수는 없고, 얼마든지 분할이 가능하며 수치화하기 위해서는 재거나 측정을해야 하며 영어의 'How much'에 해당하는 양을 연속량(continuous measure)이라 한다.

보기 길이, 넓이, 주스 등은 모두 연속량이 된다,

MKS 단위

길이에 m, 질량에 kg, 시간에 sec를 기본단위로 하여 구성된 단위를 MKS단위(MKS system of units)라 한다.

영역

평면도형의 안쪽 공간을 영역(area)라 한다.

옆넓이

각뿔, 각기둥 등의 입체도형이나 물체에 있어서 옆 부분의 면적을 옆넓이(side area)라 한다.

보기 다음 직육면체에서 빗금 친 두 면을 '밑면'이라 하고 4개의 옆면의 넓이를 '옆넓이'라 한다.

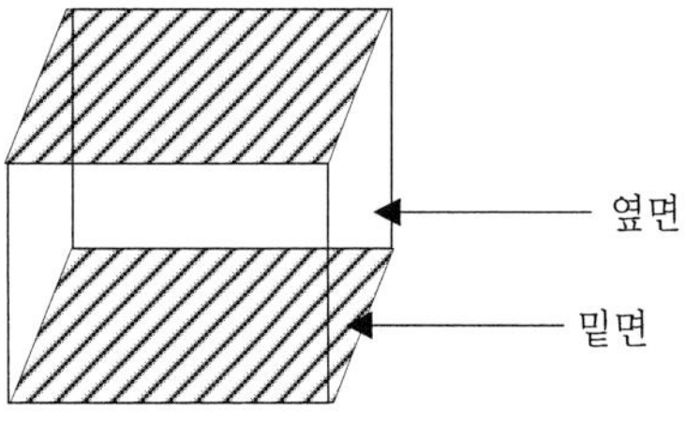

○ 두 밑면의 넓이와 옆넓이를 합한 것을 '겉넓이'라 한다.

육면체의 전개도를 그려보면

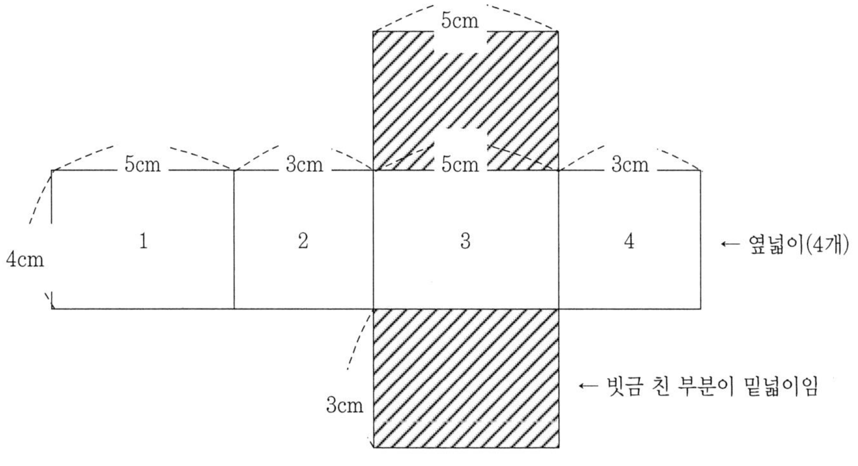

오차

오차(error)는 참값과 근삿값의 차이다. 즉, 계산, 관측, 측정값 등과 이론적인 참값과의 차이를 말한다.

보기 어떤 막대의 길이가 '147.3cm'라고 했을 때, mm단위를 정확한 눈금에 맞게 재었다고는 볼 수 없다. 막대의 정확한 값과 측정값 147.3cm와의 차이가 바로 '오차'이다.

147.25cm에서부터 147.34cm까지를 '147.3cm'이라고 했을 때, 참값과 147.3cm와의 차이(오차의 한계)는 0.05mm이다 이를 확대 그림으로 나타내면 아래 그림과 같다.

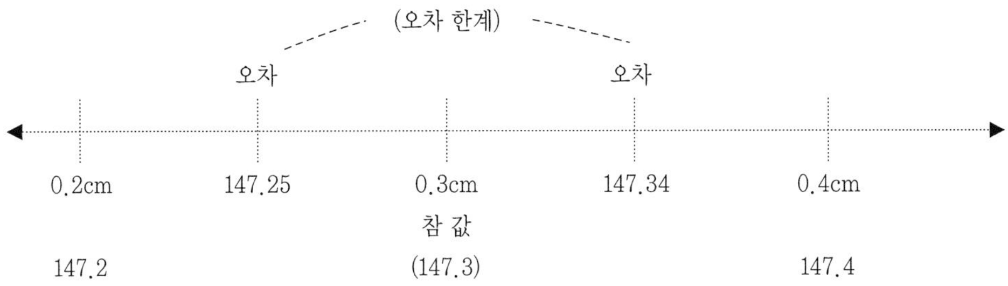

오차의 한계

대개 측정에서 이론적으로는 참값이 존재하지만 실제 측정에서는 참값을 구할 수 없으므로 참값이 불분명하면 근삿값도 불분명해지는 결과를 초래한다. 하지만 크게 보아 오차의 절대치가 이 정도는 넘지 않을 것이라는 한계는 정할 수 있는데, 이 한계의 크기를 오차의 한계라고 부른다. 즉, 오차가 절대 넘을 수 없는 한계 값을 오차의 한계(margin of error)라 한다. 이를테면, 어떤 양의 측정값(근삿값)을 a, 참값을 A, 절대오차를 d라 하면,

$$d = | a - A | \leq \delta$$

$$a - \delta \leq A \leq a + \delta$$

를 만족하는 δ를 오차의 한계라 하고, 일반적으로 (절대)오차는 이 오차의 한계를 말한다.

보기 오차의 한계는 일반적으로 측정하는 목적에 따라 최소눈금의 한 눈금, 또는 반 눈금의 크기를 잡는다.

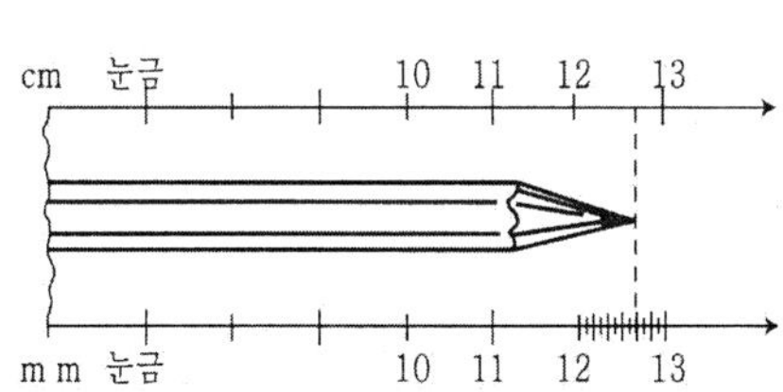

위의 그림에서 연필의 길이를 cm 눈금의 자로 측정할 때

① 올림에서는, 13cm이고 오차의 한계는 12cm < A ≤ 13cm로서 1cm가 된다.

② 버림에서는 12cm이고, 오차의 한계는 12cm ≤ A < 13cm로서 역시 1cm이다.

③ 반올림에서는 13cm이고, 오차의 한계는 12.5cm ≤ A < 13cm로서 0.5cm가 된다.

④ mm눈금의 자로 연필의 길이를 측정할 때 반올림에 의하여 얻은 측정값이 12.7cm이었다면, 오차의 한계는 12.65cm ≤ A < 12.7cm로서 0.05cm가 되며 절대오차가 가장 작아서 연필의 길이의 측정값 12.7cm는 다른 것에 비하여 가장 정확도가 높은 측정값으로서 소수점이하 둘째자리에서 반올림한 값으로 생각할 수 있다.

온스

무게를 재는 관습단위로 $\frac{1}{16}$파운드에 해당하는 무게를 온스(ounce)라 한다.

보기 16온스 = 1파운드 = 약 0.45kg

올림

구하고자하는 자리 미만의 끝수를 버리고, 구하고자 하는 자리에 1을 더하는 방법을 올림(round up)이라 한다. 즉, 구하는 아랫자리의 수를 올려서 나타내는 방법이다. '절상'이라고도 한다.

보기 어떤 물건을 10개 단위로 묶어 파는 데, 345개를 살려면 몇 묶음을 사야 되는가? 이럴 때 34묶음을 사면 5개가 부족하므로 35묶음을 사야한다. 이와 같은 방법이 올림이다. 아래는 모두 올림의 예이다.

6 4 5 → 약 650	2 2 4 1 → 약 2300	3 4 0 2 → 약 4000
↑	↑ ↑	↑ ↑ ↑
(올린다)	(올린다)	(올린다)

참고

▸ 올림과 버림

① 근삿값을 구할 때에는 어떤 자리의 수를 올려서 나타내는 경우가 있다. 즉, 노끈이 363m 필요한데 10m 단위로만 판다면 370m를 사야한다. 이처럼 올려서 나타내는 것이 올림이다.

② 또 근삿값을 구할 때에는 어떤 자리의 수를 버려서 나타내는 경우가 있다. 즉, 배 78개가 있는데, 이 배를 10개씩 들어가는 상자에 넣어서 팔려고 할 때, 7상자를 팔 수 있다. 나머지 배 8개는 버리는 경우이다. 이와 같이 버려서 나타내는 것을 '버림'이라고 한다.

* 올림의 경우

참 값	근 삿 값	오 차
384	390 (일의 자리에서 올림)	390 - 384 = 6

* 버림의 경우

참 값	근 삿 값	오 차
4732	4000 (백의 자리에서 버림)	4732 - 4000 = 732

외연량

연속량은 길이, 넓이, 부피, 시간, 무게, 들이와 같이 가법적인 양과 속력, 밀도, 농도와 같이 비가법적인 양으로 분류될 수 있다. 전자는 사물의 외형적 크기를 나타내는 양으로 **외연량(外延量)**이라 한다.

보기 10 m인 끈과 5 m인 끈을 연결하면 그 길이는 15 m가 되므로 길이는 가법적인 양으로 외연량이다.

원기둥의 겉넓이

원기둥의 두 밑면의 넓이와 곡면으로 된 한 옆면의 넓이를 합하여 원기둥의 겉넓이 (surface area of cylinder)라 한다.

보기 왼쪽 그림의 원기둥의 전개도를 그려보면 오른쪽 아래와 같다.

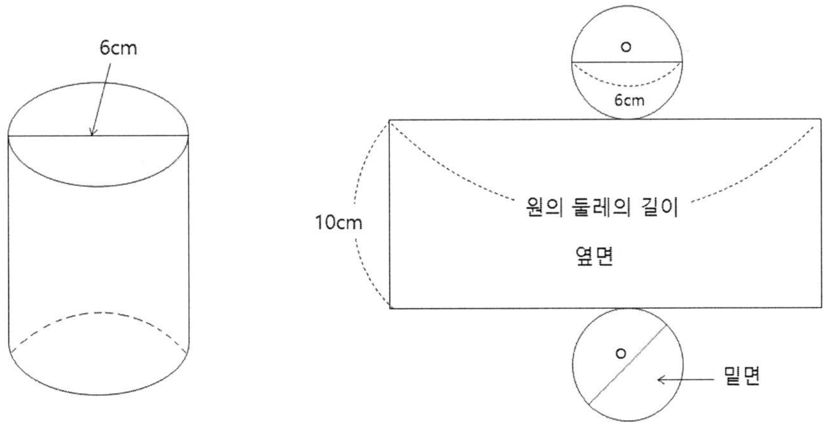

이 전개도의 넓이가 원기둥의 겉넓이이다.

원기둥의 겉넓이 = (밑면의 넓이) × 2 + (옆면의 넓이)

위의 원기둥에 대하여 겉넓이를 계산하면
밑면의 넓이 = $3\times 3\times 3.14\times 2 = 56.52\,\text{cm}^2$
옆면의 넓이 = $6\times 3.14\times 10 = 188.4\,\text{cm}^2$
원기둥의 겉넓이 = $56.52 + 188.4 = 244.92\,\text{cm}^2$

원기둥의 부피

원기둥이 차지하고 있는 공간 부분의 크기(체적)를 원기둥의 부피(volume of a cylinder)라 한다.

즉, 밑면이 원인 넓이를 높이만큼 쌓아 올린 공간의 크기(체적)를 '원기둥의 부피'라고 한다.

보기 위의 원기둥의 부피를 계산하면 밑면의 반지름이 2cm, 높이가 10cm이므로 원기둥의 부피는

$2\,cm\times 2\,cm\times 3.14\times 10\,cm = 125.6\,cm^3$이다.
(밑면의 넓이) (높이) (원기둥 부피)

즉, 원기둥의 부피 = (밑면의 넓이) × (높이)로 구한다.

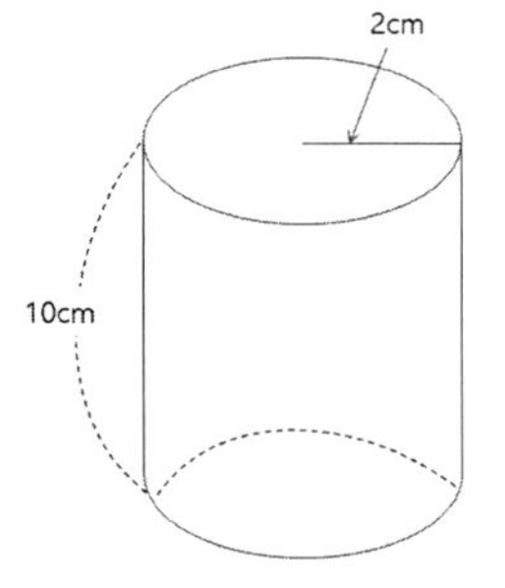

원뿔의 높이

원뿔의 꼭짓점에서 밑면에 수직으로 그은 선분의 길이를 원뿔의 높이(altitude of a circular cone)라 한다.

보기 원뿔의 높이

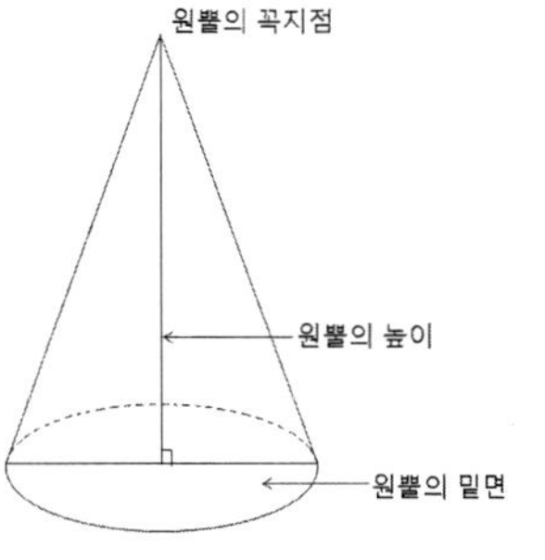

원의둘레(원주)

원의둘레란 한 점에서 같은 거리에 있는 폐곡선의 길이이다. 원의 둘레를 원주(circumference)라고 한다.

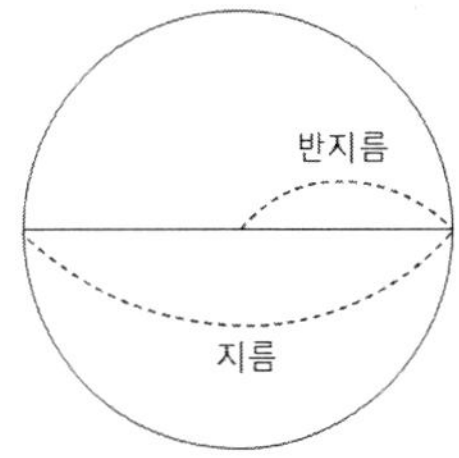

* 원의 중심점에서 반지름 길이로 하여 1회전하였을 때, 반지름의 끝점이 지나간 길이가 원의 둘레이다.

* 원의둘레 = (지름의 길이) × 3.14(원주율)로 계산한다.

보기 지름 20cm인 원둘레의 길이를 구하면 20cm × 3.14 = 62.8cm이다.

원뿔의 겉넓이

원뿔의 전개도에서 부채꼴(옆면)의 넓이와 밑면(원)의 넓이를 합한 것을 원뿔의 겉넓이(surface area of circular cone)라 한다.

보기 아래 원뿔의 겉넓이를 구하여 보시오.

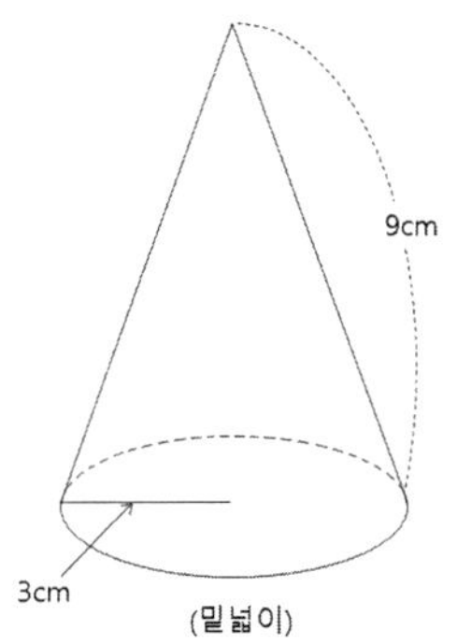

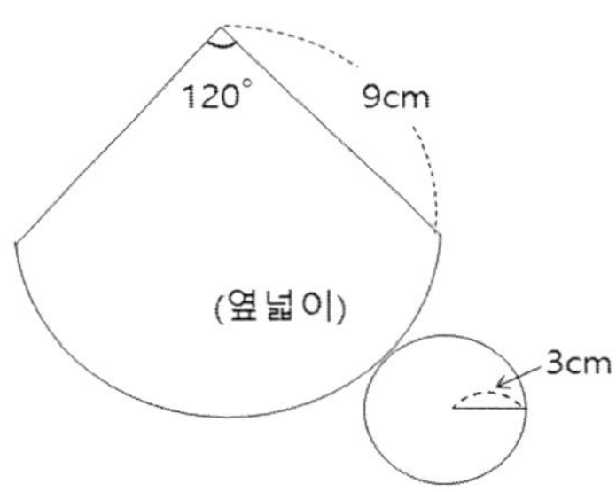

원뿔의 겉넓이는

밑넓이 + 옆넓이

(원의넓이) (부채꼴의 넓이)

위 그림의 원뿔의 겉넓이를 구해보면, 밑넓이 = 3 × 3 × 3.14 = 28.26 cm^2

옆넓이(부채꼴) = $9 \times 9 \times 3.14 \times \frac{120}{360} = 84.78\ cm^2$

그러므로, 겉넓이 = 밑넓이 + 옆넓이 = 113.04 cm^2이 된다.
(28.26) (84.78)

원의 넓이

원의 내부의 면적을 원의 넓이(area of a circle)라 한다.

보기 원을 한없이 잘게 자르면 원의 넓이는 가로의 길이가 원주의 반이고, 세로의 길이가 반지름의 길이와 같은 직사각형의 넓이가 된다.

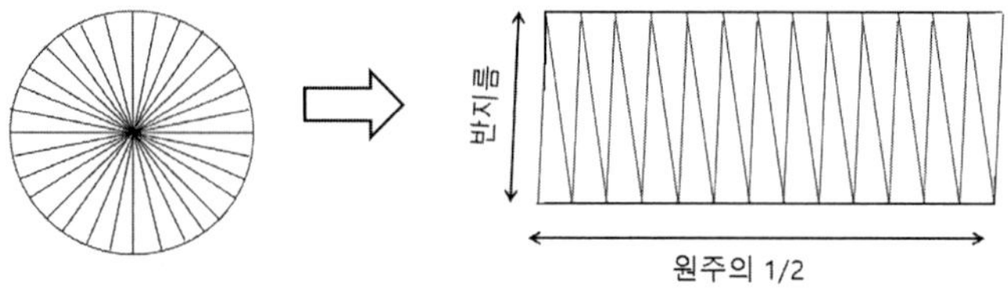

$$(\text{원의 넓이}) = (\text{반지름}) \times (\text{원주의 } \frac{1}{2})$$
$$= (\text{반지름}) \times (\text{지름}) \times (\text{원주율}) \times \frac{1}{2}$$
$$= (\text{반지름}) \times (\text{반지름}) \times (\text{원주율})$$

(원의 넓이) = (반지름의 길이) × (반지름의 길이) × (원주율)

원주(원의둘레)

원주(circumference)는 원의 둘레의 길이를 나타낸다.

* 원주란 보통 원모양의 경계를 이루는 곡선이나 원의 둘레를 말한다.
즉, 원이란 곡선이고, 원주는 원의 한 점으로부터 그 원의 둘레를 따라서 바로 그 점까지의 거리이다.

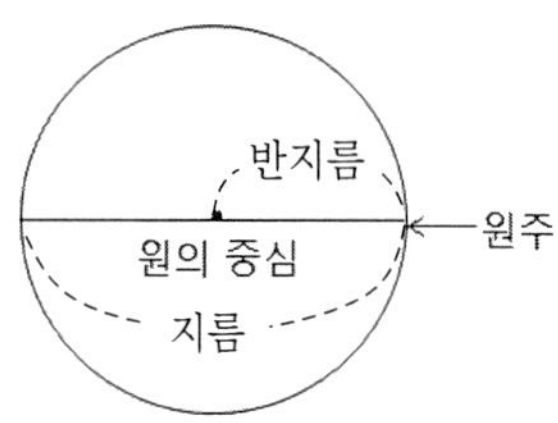

* 원주는 원의 지름과 원주율의 곱으로 구한다.

보기 (원의둘레) = (지름의 길이) × 3.14(원주율)로 계산한다.
따라서 지름 20cm의 원주는?
원주 = 20cm × 3.14 = 62.8cm가 된다.

참고

- 원의 지름을 이용하여 원주를 구할 수 있다. 그 이유는 모든 원은 그 크기에 상관없이 원주가 지름의 약 3배가 된다. 그러므로, 지름을 알면, 그것에 3배를 하면 원주를 구할 수 있다. 이를테면, 지름이 3이면 원주는 대략 9이며, 지름이 4이면 원주는 대략 12가 된다. 이처럼 원은 크기에 상관없이, 원의 지름과 원주는 항상 일정한 비를 가지는데, 그 정확한 값은 3.141592 …이며, 잘 알려진 바와 같이 이를 우리는 파이(π)라고 부른다. 하지만 이것은 무한소수이므로 간단히 3.14로 쓰고 있다.

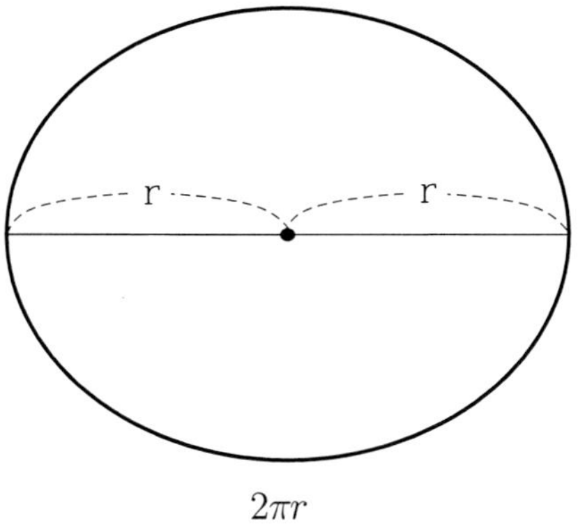

원의 둘레 = 지름 × 원주율(π)
= 2 × 반지름 ×원주율(π)

원주율

원주의 길이와 그 지름의 비. 반지름 r인 원의 원주의 길이를 l이라 하면, 원주의 길이 l과 지름의 길이 2r과의 비 l/2r이 원주율(number π)이다. 그리스문자 π(파이)로 나타낸다. 그 값은 약 3.1416···이 된다.

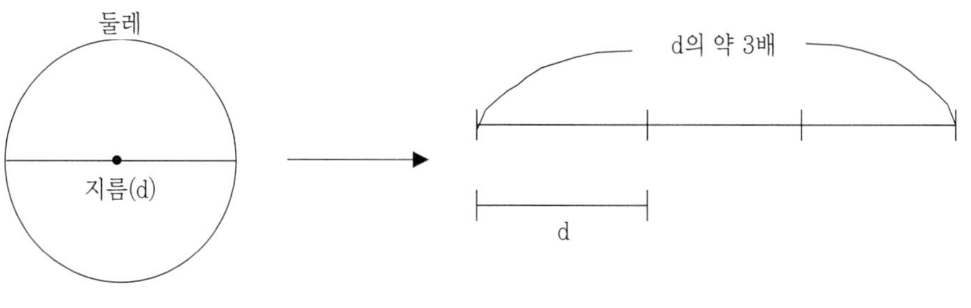

보기 어떤 원의 지름이 6cm이었다. 이 원의 원주는?
원주 = 6cm × 3.14 = 18.84cm
(원주) = (지름의 길이) × (원주율)
= (지름의 길이) × 3.14로 계산한다.

참고

① 원주율은 원의 지름 길이에 대한 원주의 길이 비로 모든 원에서 다 같다.
즉, 원주율은 '(원주율) = (원주) ÷ (지름의 길이)'로 계산한다.

② 구체물을 이용하여 원주를 구해보면, 원주는 지름의 길이의 약 3.14배임을 알 수 있으며 이 원주율을 이용하여 다시 어떤 지름만 알면 원주를 알 수 있다. 원주율은

세밀히 구하면 3.141592…와 같이 계속되지만, 흔히 반올림하여 3.14로 사용한다. 미국의 일부 학교에서는 매년 3월 14일을 파이데이(pi day)로 정하여 그날을 기념하는 학교도 있다.

유도단위

기본단위에 의해 유도된 단위, 즉 기본단위를 조합해서 만들어 지는 단위를 유도 단위(derived unit, 誘導單位)라 한다.

보기 속도를 표현하기 위한 cm/s는 길이의 기본단위 cm과 시간의 기본단위 s를 이용한 유도 단위이다.

유효숫자

근삿값은 처음으로 오차의 영향을 받은 자리까지로 나타내고, 그 미만은 근삿값의 용도(목적)에 따라 반올림하거나 또는 올리거나 버린다. 이때 오차가 범하는 첫째 자리까지의 숫자를 그 근삿값의 유효숫자(significant digit)라고 하며 일반적으로 근삿값을 나타내는 숫자 중에서 믿을 수 있는 숫자를 말한다.

보기 측정오차가 ±0.5인 측정에서 435.21의 측정값을 얻었다면, 참값은 434.71과 435.71 사이에 있게 된다. 참값의 소수점 아래 첫째 자리와 둘째 자리는 0~9의 어느 숫자라도 가능하므로 측정값 435.21 중 뒤의 두 숫자 2와 1은 전혀 의미가 없는 숫자이다. 반대로 참값의 앞의 두 숫자는 항상 4와 3이므로 이 두 숫자는 신뢰할 수 있는 숫자이고 세 번째 숫자는 4이거나 5이므로 상당히 믿을 수 있는 숫자이다. 이 경우 측정값의 유효숫자는 앞의 세 숫자 4, 3과 5라고 할 수 있다. 0이 아닌 첫 자리보다 높은 자리의 0은 유효숫자로 보지 않는다. 이를테면, 000435.21에서 앞의 세 0은 신뢰할 수 있는 숫자이기는 하지만 유효숫자라고 하지는 않는다(출처: 네이버 지식백과 유효숫자 [Significant figure, Significant digit], 물리학백과, 한국물리학회)

참고

- 근삿값과 유효숫자의 예

근삿값	근삿값의 표현	유효숫자의 개수	반올림한 자리	오차의 한계
5300	5.3×10^3	2	10의 자리	50
	5.30×10^3	3	1의 자리	5
	5.300×10^3	4	소수 첫째 자리	0.5

근삿값	근삿값의 표현	유효숫자의 개수	반올림한 자리	오차의 한계
0.53	$5.3\times\frac{1}{10}$	2	소수 셋째 자리	0.005
0.530	$5.30\times\frac{1}{10}$	3	소수 넷째 자리	0.0005
0.053	$5.3\times\frac{1}{10^2}$	2	소수 넷째 자리	0.0005

율

내포량은 일반적으로 도(度)와 율(率)로 분류되는데 도는 속력과 같이 분자와 분모에 오는 외연량이 다른 종류의 양이고, 율은 농도와 같이 분모, 분자에 오는 외연량이 같은 종류의 양이다.

이상

이상(more than or equal)은 일정 한도(기준)와 같거나 그 보다 위를 의미한다.

어떤 수량이나 단계 따위에 쓰이어, 그것을 포함하여 그것보다 많은 것, 위임을 나타낸다.

이상은 수에서 같거나 큰 수를 의미하고, 어떤 정도에서는 그것보다 정도가 더하거나 그 위임을 나타낸다.

보기 수직선에서 4와 같거나 4보다 큰 수를 나타내면 다음과 같다.

4보다 큰 수를 4 초과인 수라고 한다.

이하

이하(less than or equal)는 일정 한도의 아래를 말한다.

어떤 수량이나 단계 따위가 그것을 포함하여 그것 보다 작거나 아래임을 나타낸다.

참고

① 8보다 작은 수를 8 미만인 수라고 한다.

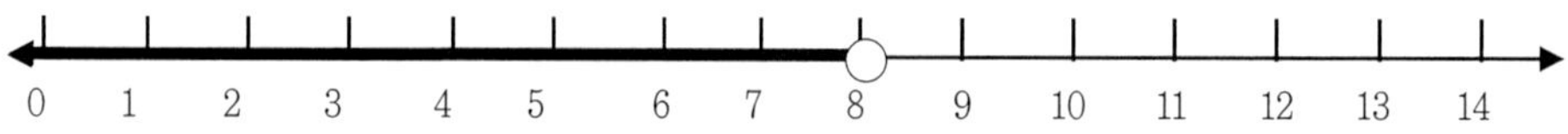

② 8과 8 미만인 수를 8 이하인 수라고 한다.

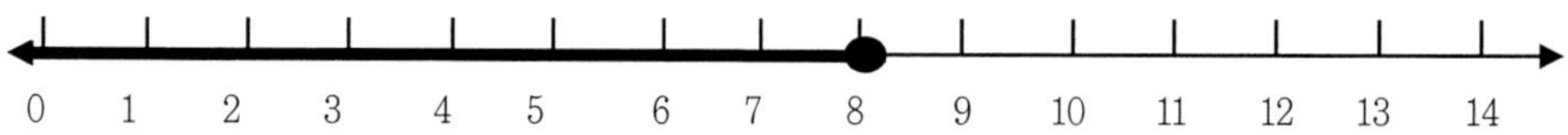

참고

- 8을 기준으로 했을 때 이상, 이하, 초과, 미만을 정리해 보면 다음과 같다.
  ① 8이상 : 8과 8보다 큰 수
  ② 8이하 : 8과 8보다 작은 수
  ③ 8초과 : 8보다 큰 수
  ④ 8미만 : 8보다 작은 수

인치

길이의 관습단위로 1인치(1 inch)는 2.54cm에 해당한다.

참고

- 1인치는 원래 어른 엄지손가락의 너비에서 유래되었으나, 오늘날에는 아동들의 엄지손가락의 첫마디 길이를 보통 1인치라고 생각한다.

임의단위

비교하는 양을 이동할 수 없을 경우에는 다른 구체물을 이용하여 비교하여야 한다. 이 때 사용하는 구체물을 임의 단위(nonstandard unit)라 한다. 아동은 대상을 이동하는 대신에 이들 임의 단위를 이용하여 비교하게 된다.

보기 뼘, 보폭, 막대기, 책, 바둑돌, 구슬, 성냥개비 등은 모두 임의 단위이다.

입체도형의 겉넓이

입체도형을 이루고 있는 모든 면의 넓이의 합을 입체도형의 겉넓이(surface area of solid figure)라고 한다. 즉, 면으로 둘러싸인 입체도형의 겉면의 넓이를 뜻한다.

보기 입체도형의 겉넓이는 밑면의 넓이와 옆면의 넓이를 합한 것으로 다음과 같이 구할 수 있다

① 직육면체의 겉넓이

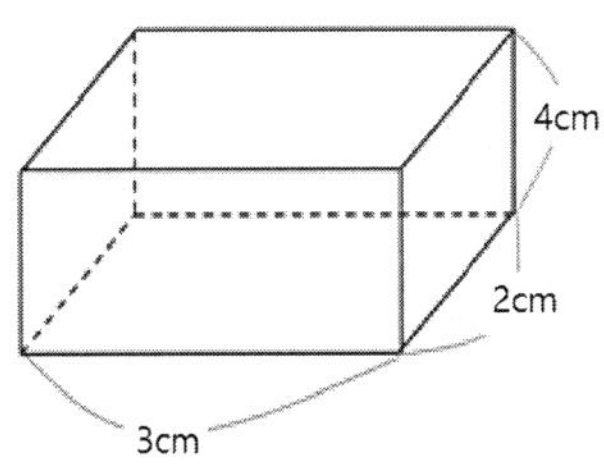

밑면의 넓이 2개

2cm × 3cm × 2 = 12 cm^2

옆면의 넓이 4개

2cm × 4cm × 2 = 12 cm^2

3cm × 4cm × 2 = 12 cm^2

겉넓이 = (밑면의 넓이) + (옆면의 넓이)

겉넓이 = (2×3×2) + (2×4×2) + (3×4×2) = 52

답) 52 cm^2

② 원기둥의 겉넓이

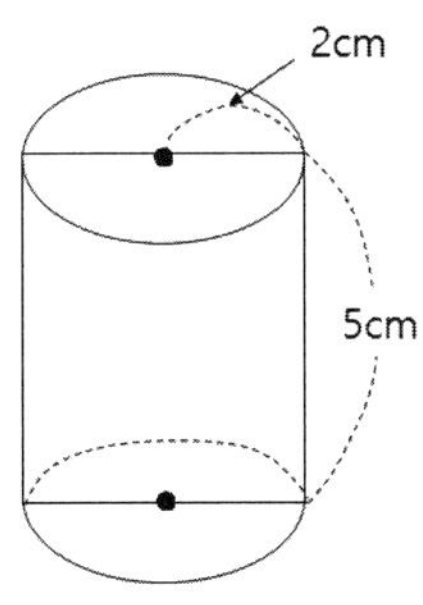

밑면의 넓이 = (반지름) × (반지름) × 3.14

= 2 × 2 × 3.14 = 12.56 cm^2

옆면의 넓이 = (원의 둘레) × (높이)

= 4 × 3.14 × 5 = 60.28 cm^2

겉넓이 = (밑면의 넓이 2개) + (옆면의 넓이)

= 12.56 × 2 + 60.28

= 85.4 cm^2

자

자(ruler)란 길이를 재는데 쓰이는 기구이다.

* 자는 길이의 단위를 나타내는 작은 눈금이 그어져 있으며, 작은 눈금사이가 10칸이면 1cm가 된다.

* 자에는 삼각자, 자, 줄자 등이 있다.

* 아래의 자에서 한 눈금의 길이를 '1 센티미터'라고 하고, 1 센티미터는 '1cm'라고 쓴다.

* 1cm를 다시 작은 10칸으로 나눈 1칸은 '1밀리미터'라고 하고, '1mm'라 쓴다.

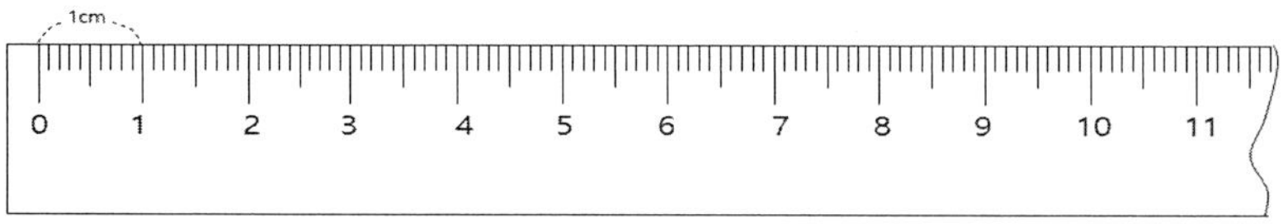

길이를 재거나 도형을 그릴 때 자를 사용하면 매우 편리하다.

작습니다

수나 양(길이, 부피, 넓이)등이 비교하는 정도에 미치지 못하고 부족한 의미를 나타낸다.

보기 다음은 수 3이 수 7보다 작음을 나타낸다.

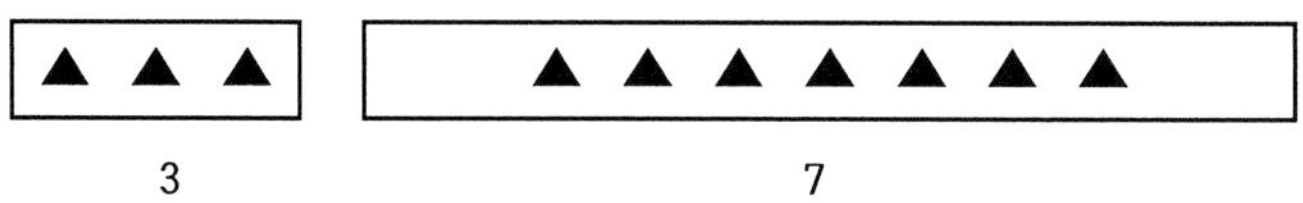

이것을 '3은 7보다 작습니다.'라고 읽고, '3 < 7'로 쓴다.

참고

- 두 수의 크기를 비교할 때 '크다.'와 '작다.'를 쓴다. '작다.'를 기호로 '<'로 나타내고, '크다.'를 기호로 '>', '같다.'를 '='로 나타낸다.

전통단위

역사적으로 우리의 일상생활에서 선조들이 즐겨 사용해 온 단위를 전통단위(a traditional unit)라 한다.

보기 넓이의 단위인 평, 마지기, 부피단위인 홉, 되, 말, 섬, 무게 단위 인 돈, 근, 관 등은 모두 전통단위이다.

절대오차

오차를 포함하고 있는 양과 같은 단위량으로 표현된 오차의 크기를 절대오차(absolute error)라 한다. 측정량의 경우에는 측정값 M에서 참값 T를 뺀 값(M−T)을 절대오차라 한다.

보기 원주율의 근삿값 $\pi = 3.14$가 반올림에 의한 근삿값이라고 보는 경우 절대오차는 0.005가 된다. 또한 $\pi = 3.141592 \cdots$ 임을 알고 있는 경우 절대오차는 0.002가 된다.

정사각형의 둘레

정사각형을 둘러싸고 있는 4개의 변의 길이를 모두 합한 길이다.

보기 1 정사각형의 둘레 = (한 변의 길이) × 4

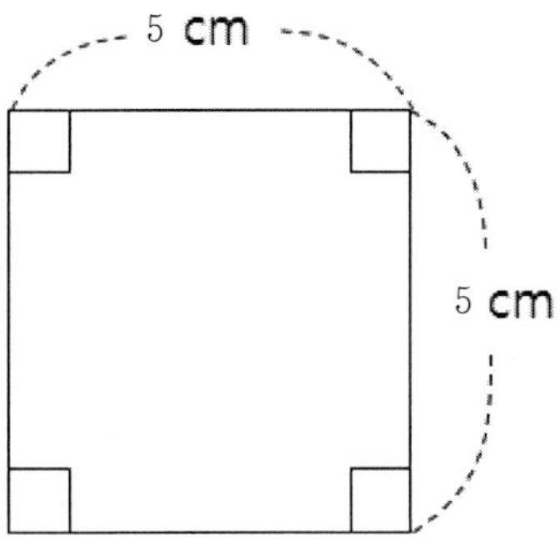

왼쪽 정사각형의 둘레 = 5cm+5cm+5cm+5cm = 20cm
= 5cm × 4 = 20cm가 된다.

보기 2 한 변의 길이가 12cm인 정사각형의 둘레는 12cm × 4 = 48cm가 된다.

참고

- 정사각형은 4개의 변이 모두 같으므로 한 개의 변의 길이만 알면 구할 수 있다. 즉, 한 변의 길이의 4배가 정사각형의 둘레이다.

제곱미터

한 변의 길이가 1m인 정사각형의 넓이를 $1m^2$라 쓰고, 1제곱미터(1 square meter)라고 읽는다. 이것은 넓이의 단위이다

* 1미터는 100cm이므로 1제곱미터는 100cm × 100cm = $10000cm^2$이다.

* $1m^2$ = 1m × 1m
= 100cm × 100cm
= $10000cm^2$

참고

- 넓이의 단위에는 mm^2, cm^2, m^2, km^2, a, ha 등이 있다.

제곱센티미터

도형의 넓이를 나타낼 때, 한 변의 길이가 1cm인 정사각형의 넓이를 1제곱센티미터(1 square centimeter)라고 하는데 넓이의 단위로 사용한다.

1제곱센티미터는 1㎠ 라 쓰고, 일 제곱센티미터라고 읽는다.

제곱킬로미터

도형의 넓이를 나타낼 때, 한 변의 길이가 1km인 정사각형의 넓이를 1제곱킬로미터(1 square kilometer)라고 한다.

* 1 제곱킬로미터는 $1km^2$라 쓰고, 일 제곱킬로미터라고 읽는다.

* 1 = 1km × 1km

= 1000m × 1000m

= $1000000m^2$

= 10000a

= 100ha

참고

- 1ha = 100a

  1a = $100m^2$

직사각형의 넓이

직사각형 모양의 내부의 면적이다.

보기 직사각형의 넓이 구하기

가로가 8cm, 세로가 5cm인 직사각형의 넓이는 $1cm^2$인 정사각형(단위넓이)이 8개씩 5줄로 되어 있다. 따라서 이 넓이는 단위넓이의 40배이므로, $40cm^2$이다.
이것은 다음과 같이 구할 수 있다. 8cm × 5cm = $40cm^2$

직사각형의 넓이 = (가로에 놓인 단위넓이의 수)× (세로에 놓인 단위넓이의 수)
= (가로의 길이) × (세로의 길이)

이 외에 삼각형, 평행사변형, 사다리꼴, 마름모 등의 넓이는 직사각형의 넓이를 구하는 공식으로부터 유도할 수 있다.

직사각형의 둘레

직사각형의 둘레를 싸고 있는 선분의 길이를 합한 것이다.

보기 가로 5m, 세로 3m인 직사각형의 꽃밭의 둘레는

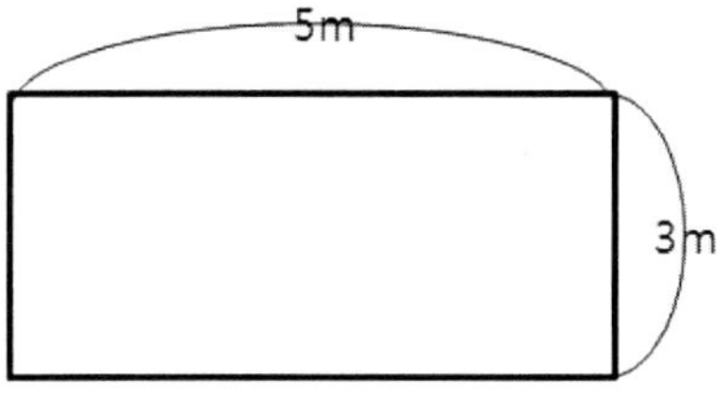

5m+3m+5m+3m= 16m 이다.

즉, 직사각형 모양의 꽃밭의 둘레 = 5m + 3m + 5m + 3m
= (5m +3m) × 2
= 16m

직사각형의 둘레 = {(가로의 길이)+(세로의 길이)} × 2

직선자

눈금이 없는 곧은 자로, 컴퍼스와 함께 주로 작도에 사용되는 자를 직선자(straightedge)라 한다.

참고

- 일반적으로 ruler는 눈금이 있는 자를 말하며, straightedge는 눈금이 없는 자를 말한다.

직육면체의 겉넓이

직육면체는 2개의 밑면과 4개의 옆면으로 이루어져 있는데, 두 밑면을 밑넓이라 하고, 4개의 옆면을 옆넓이라 하며, 두 밑넓이와 옆넓이를 합한 것을 겉넓이(a surface area)라 한다.

보기 직육면체의 겉넓이는 전개도를 그려서 구할 수 있다.

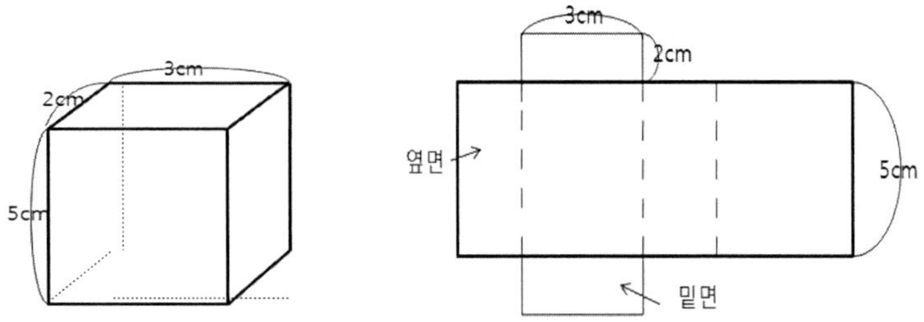

- ㅇ 밑넓이 .... $3 \times 2 = 6cm^2$
- ㅇ 옆넓이 .... $(2 + 3 + 2 + 3) \times 5 = 10 \times 5 = 50cm^2$
- ㅇ 겉넓이 .... $(6 \times 2) + 50 = 62cm^2$

(직육면체의 겉넓이) = (밑넓이) × 2 + (옆넓이)

직육면체의 부피

직육면체의 내부 공간이 차지하는 양, 무게, 들이, 체적 등을 직육면체의 부피(a volume of a rectangular parallelepiped)라 한다.

직육면체의 부피는 가로, 세로, 높이가 각각 1cm인 정육면체의 매스큐브(mass cube)를 사용한다. 이 때 이 정육면체의 부피를 $1cm^3$(일세제곱 센티미터)라고 한다.

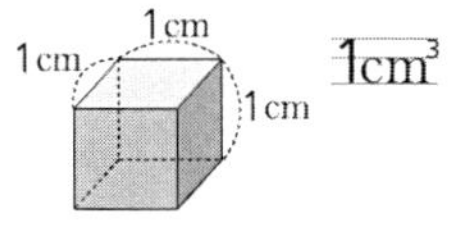

보기 다음 그림은 직육면체의 부피를 구하고 있다.

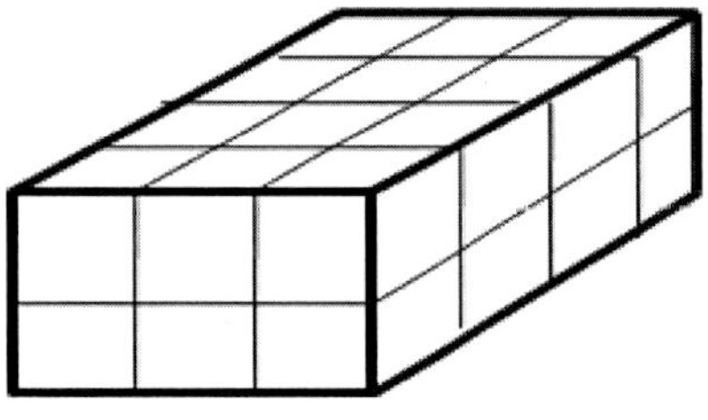

* 한 층에 놓인 정육면체의 개수는
$3 \times 4 = 12$개

* 두 층에 놓인 정육면체의 개수는
$12 \times 2 = 24$개

* 직육면체의 부피는
$1(cm^3) \times 24$(개) $= 24cm^3$

즉,	$24cm^3$	=	3	×	4	×	2
	(직육면체의 부피)		(밑면의 가로)		(밑면의 세로)		(높이)

참고

- 한 모서리의 길이가 1m인 정육면체의 부피를 '$1m^3$(일 세제곱미터)'라 한다.
  - 일 세제곱미터는 한 모서리가 100cm인 정육면체의 부피(1000000cm^3)와 같다.

$$1m3 = 1m \times 1m \times 1m$$
$$= 100cm \times 100cm \times 100cm = 1000000cm^3$$
$$1m^3 = 1000000cm^3$$

직접비교

어떤 양의 속성을 인식하게 되면 자연스럽게 그 양을 다른 양과 비교하게 된다. 직관적으로 쉽게 비교할 수 있는 경우도 있지만 그렇지 않은 경우 직접 이동하여 서로 맞대어 보거나 겹쳐본다. 대상을 직접 이동하여 겹치거나 견주어 봄으로써 양의 대소를 비교하는 방법을 직접 비교(direct comparison)라 한다.

직접측정

직접측정(direct measurement)이란 측정 도구나 계기를 이용하여 측정하는 방법이다. 직접 측정에는 아래와 같이 단위로 분할하는 측정과 계기의 눈금을 이용하여 측정하는 방법이 있다.

① 단위로 분할하는 측정

연속량을 단위량으로 분할하여 수치화하는 방법으로 이를테면, 선분의 길이를 1cm 토막을 이어 붙여서 그 개수로 측정하기, $1cm^2$ 모눈판을 이용하여 넓이 측정하기 등이 있다.

② 눈금을 이용한 측정

양을 선분화하여 수직선 위의 점과 대응시키면서 양을 측정하는 방법으로 이를테면, 자, 저울, 매스실린더 등을 이용한 길이, 무게, 액량의 측정 등이 있는데 이때 계기의 구조와 기능, 기준 점의 위치와 그 의미, 눈금의 설정, 눈금이 나타내는 수 값의 의미, 단위의 이해가 반드시 수반되어야 한다.

집단화

여러 개의 자료들을 비슷한 것끼리 묶어 분류하는 것으로, 자료가 수치인 경우는 비슷한 수끼리 묶어 대표되는 하나의 수로 처리하는 방법을 집단화(clustering)라고 한다.

보기 문구점에서 공책 970원, 가위 1050원, 색종이 960원, 지우개 460원 어치를 샀다. 이 때, 공책 970원, 가위 1050원, 색종이 960원은 모두 1000원 근처에 있는 수들이므로, 이 세 수의 합은 대략 3000원이 된다. 여기에 지우개 460원을 추가하면 문구점에서 산 학용품의 총액은 대략 3460원임을 알 수 있다. 이와 같이 970, 1050, 960 과 같이 비슷한 수를 한데 묶어서 계산하는 방법을 집단화라고 하며 주로 어림 전략에 많이 활용된다.

참값

어떤 값에 대하여 실제의 값 또는 정확한 값을 참값(true value)이라 한다.

* 일정한 측정에 의하여 알려고 하는 양의 크기의 정확한 값을 말한다.

* 물건의 길이, 무게, 부피 등은 여러 가지 양의 실제 값이다.

참고

- 원래의 값을 '참값'이라하고, 참값을 반올림, 올림, 버림 하여 얻은 값을 '근삿값'이라 한다.

참고

- 참값의 범위와 오차 구하기

참값의 오차(반올림)	참값의 범위(반올림)
○ 근삿값과 참값의 차를 오차 ○ 오차는 근삿값이 참값보다 크거나 작거나에 따라 양 또는 음의 값이 될 수 있으므로 오차의 절댓값을 생각하고 절댓값이 작을수록 보다 더 정밀한 측정으로 간주될 수 있다. 846254 −846000 = 254 (참값) − (근삿값) = (오차)	○ 근삿값이 B, 참값이A, 오차의 한계를 H라 할 때 참값의 범위는 $B - H \le A < B + H$ 가 된다.

초(시간)

시간의 단위로 1분의 60분의 1로 초침이 가리키는 작은 눈금 한 칸이 1초(1 second)이다.

시계에서 초를 가리키는 바늘이 초침인데, 초침이 한 칸 움직인 시간이다.

* 초침이 시계를 한 바퀴 돌면 60초 즉, 1분이 된다. 분을 가리키는 분침이 작은 한 칸을 움직이면 1분이 된다.

보기 오른쪽 시계에서 초침이 숫자 1을 가리키면 5초이고, 숫자 11을 가리키면 55초이다.

* 시계에서 1을 가리키는 큰 눈금은 5분을 가리키며 작은 눈금 5칸으로 되어있다.

1분 = 60초	1초 = $\frac{1}{60}$분

(시계)

초과

수의 범위를 구분 지을 때, 일정한 한도를 넘는 경우를 초과(excess)라 한다. 어떤 기준 수보다 큰 수를 초과인 수, 작은 수를 미만인 수라고 한다.

보기 다음 수중에서 4초과인 수를 알아보자.

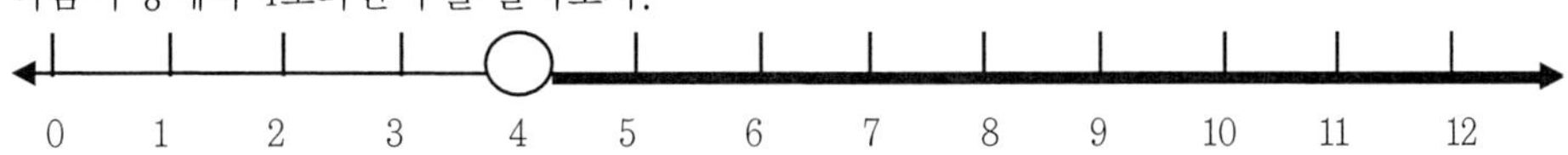

참고

▸ 2초과 5미만인 수는 아래와 같다.

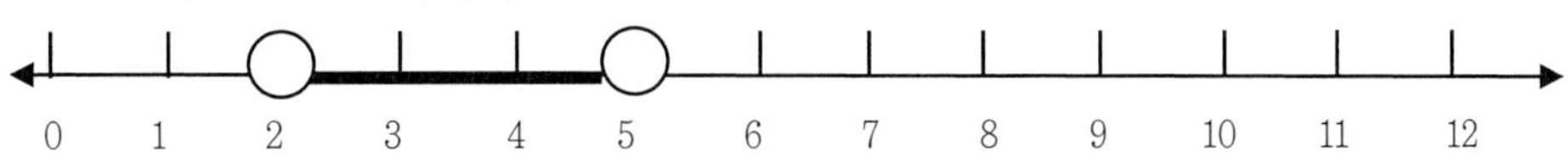

참고

▸ 5초과 11미만인 수의 범위는 아래와 같다.

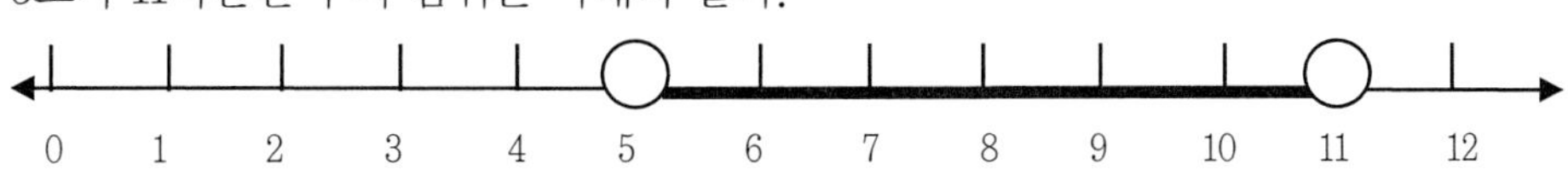

초속

속도의 단위로 1초 동안에 나아가는 거리이다. 속도에는 초속, 분속, 시속 등이 있는데, 1초 동안에 나아가는 거리가 초속(a velocity per second)이고, 1분에 나아가는 거리가 분속, 1시간 동안에 나아가는 거리가 시속이다.

보기 바람이 초속 20m라 하면, 바람이 1초 동안에 20m를 나아가는 것을 의미한다. 이러한 바람의 속도를 나타내는 방법은 '초속20m' 또는 '20m/초'로 나타낸다.

축척, 척도

지도에서의 거리와 실제 거리와의 비율을 축척(scale)이라 한다.

측도

양을 기준량(단위량)으로 측정하여 기준량의 몇 배 인가를 나타내는 수치를 측도(measure)라 한다. 그러나 양을 측정하기 위해서 사용하는 기준량의 크기는 사람에 따라 달리 정할 수 있으므로 동일한 양이라 할지라도 기준량을 어떻게 잡느냐에 따라 측도는 달라질 수 있다.

보기 색연필 A의 길이를 알아보기 위하여 기준량 1cm를 단위로 하여 측정하였을 때 $A=18\text{cm}$를 얻었다면 색연필의 길이 A는 기준량의 18배가 되며, 이때 18을 색연필 A의 측도라 하고 $m(A)=18$과 같이 나타낸다. 결국, 양의 측정 활동은 구체물과 수 사이에 양자를 매개하는 역할을 하는 것으로 생각할 수 있다. 그러나 양을 측정하기 위해서 사용하는 기준량의 크기는 사람에 따라 달리 정할 수 있으므로 동일한 양이라 할지라도 기준량을 어떻게 잡느냐에 따라 측도는 달라질 수 있다. 앞의 색연필 A에서 만약 기준량의 크기를 1m로 잡으면 색연필 A의 측도는 $m(A)=0.18$이 된다.

측정

양의 측정(measurement)이란 주어진 양의 크기가 기준이 되는 양의 '몇 배에 해당하는가?'를 수치화하는 과정이다. 즉, 양의 크기를 재는 것을 말한다. 이 때 기준이 되는 양의 크기를 단위(單位)라 하고, 주어진 양이 단위의 몇 배가 되는지를 나타내주는 수를 그 단위에 의한 측도라 한다.

참고

- 측정의 종류에는 직접측정과 간접측정 2가지가 있다. 직접측정은 자, 각도기, 저울 등 측정도구를 사용하여 주어진 대상의 양을 직접 재는 방법을 말하며, 간접측정은 직접측정이 곤란한 경우 노끈, 비닐 끈 등과 같이 제3의 매개물을 이용하여 측정하는 방법을 말한다.

참고

- 측정 지도의 교육적 의의
  측정 지도의 교육적 의의를 2가지로 요약하면 아래와 같다.
  ① 실제적인 양과 추상적인 수를 대응시키는 구체적인 체험을 텅해 수학의 역동성을 이해할 수 있다.
  ② 기하 개념과 수 개념을 결합시키는 방법을 제공할 뿐 아니라 계산 기술을 지원하며 어림 산의 소재로 유용하다.

측정값

어떤 단위를 기준으로 하여 양의 크기를 기계나 장치로 재어서 얻은 값을 의미한다. 즉, 어떤 크기나 양을 측정하여 얻은 수의 값을 측정값(measured value)이라한다. 측정값은 측도를 단위와 함께 나타낸 값이다. 실제로 아동은 자신의 측정 활동이 수학에서 어떻게 표현되는가를 이해함으로써 수학의 위력을 체득하고 신뢰할 수 있다.

참고

- 측정값의 여러 가지 의미
  - 도구를 사용하여 물리량(길이, 질량, 온도, 각도 등)을 수치로 나타낸 것이다.
  - 측정의 대상이 되는 양을 측정량, 측정에 의해 얻어지는 수치를 '측정치'라 하고, 측정에 사용되는 기계 기구를 '측정 계측 기계'라 한다.
  - 측정과 유사하게 사용되는 것으로 관측, 측량, 계측, 계량 등이 있다. 관측은 천문기상 등 지학적 분야에서 쓰이는 용어로서 정량적인 것 이외에 정성적인 것도 포함하고, 또 몇 가지의 측정을 통합하는 의미도 내포하고 있다.

측정단위

어떤 크기나 양을 잴 때 기준으로 쓰는 단위를 측정 단위(unit of measurement)라 한다.

보기 시간을 잴 때는 시, 분, 초 등이고, 길이를 잴 때는 mm, cm, m, km 등이고 넓이의 측정단위는 mm^2, cm^2, m^2, km^2, a, ha 등이다.

참고

- 기타 여러 가지의 측정단위를 알아보자.
  - 부피의 단위 : mm^3, cm^3, m^3, km^3, cc
  - 들이의 단위 : mL, dL, L, kL, 1되, 1말, 1섬 등
  - 무게의 단위 : mg, g, kg, t 등
  - 속도의 단위 : 초속, 분속, 시속, 노트, 마하 등

컴퍼스

원이나 호를 그리거나 선분을 옮길 때 사용하는 기구를 컴퍼스(compass)라 한다. 컴퍼스는 손잡이와 두 다리로 되어 있는데, 한쪽다리의 끝은 침으로 고정되어 있어 원의 중심을 잡는데 쓰이고, 다른 한쪽은 연필 등을 끼울 수 있도록 되어 있어 원을 그리는데 이용된다.

킬로

천(1,000)을 뜻하는 접두어를 킬로(kilo-)라 한다.

보기 1킬로미터 = 1,000미터(1 km = 1,000m)

킬로그램

미터법에 따른 질량의 기본단위로 1그램의 1000배를 1 킬로그램(1 kilogram)이라 한다. 여러 가지 양을 비교할 때 사용하는 무게의 단위이며 kg으로 표기한다. 여기서 kilo-는 천(1,000)을 뜻하는 접두어이다.

* 1kg은 '일 킬로그램'이라고 읽으며, 1kg은 1000g을 나타낸다.

* 또, 1000kg을 '1t(톤)'이라 한다.

참고

▸ 무게의 단위 사이의 관계는 다음과 같다.

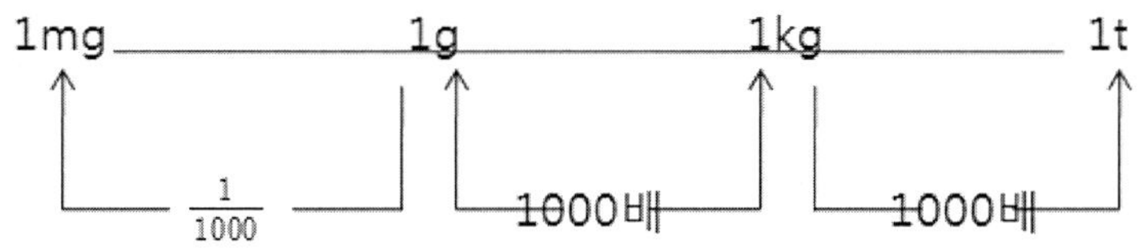

참고

▸ 1관=3.75kg, 1파운드=0.4536kg, 1kg=1000g이다.

킬로리터

미터법에 따른 용량이나 액체의 양을 재는 들이의 단위로 주로 액체, 기체, 알곡 등을 헤아리는데 사용하며 1L의 1000배를 1킬로리터(1 kiloliter)라하고 1kL 로 표기한다.

보기 한 변의 길이가 1m인 정육면체의 부피와 같은 들이의 양을 '1kL'라고 쓰고, '일 킬로리터'라고 읽는다. 다음은 여러 단위 사이의 관계이다.

1kL = 1m × 1m × 1m = 100cm × 100cm × 100cm = 1000000㎤

1mL -- 100배 ---→ 1dl -- 10배 ---→ 1L -- 1000배 ---→ 1kL

1kL = $1m^3$··· = 1000L = 1000000㎤

참고

▸ 길이의 기본 단위는 1m, 질량(무게)의 기본 단위는 1kg, 시간의 기본 단위는 1초이다.

킬로미터

길이의 미터법의 단위로 1m의 1000배를 나타내며 km로 표기한다.

* 즉, 1000m를 '1km'라 하고 '1킬로미터(1 kilometer)'라고 읽는다.

참고

▶ 길이 단위 사이의 관계

– 1km = 1000m

– 1m = 100cm

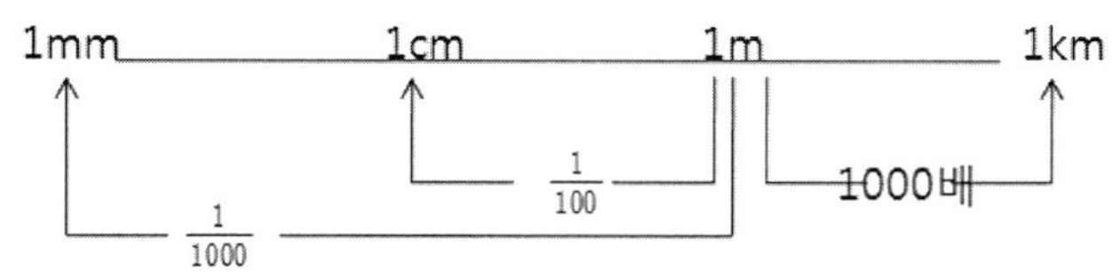

평면도형의 넓이

한 평면 위에 그려진 평면도형의 넓이(an area of plane figure)즉, 면적을 말한다.

* 평면도형 중에서 점과 선을 제외하고 다각형으로 된 도형의 면적이다.

* 평면도형의 넓이는 다각형의 종류에 따라서 넓이를 구하는 방법이 다르다.

* 평면도형의 넓이의 단위는 가로, 세로 각 1cm인 정사각형의 넓이로 $1cm^2$를 쓰며, $1cm^2$는 '일 제곱센티미터'라고 읽는다.

보기 정사각형이나 직사각형의 넓이는 $1cm^2$가 몇 개씩 들어있는 가를 헤아리면 된다. 즉, 가로, 세로의 각 단위 넓이의 수를 곱하면 총넓이가 된다.

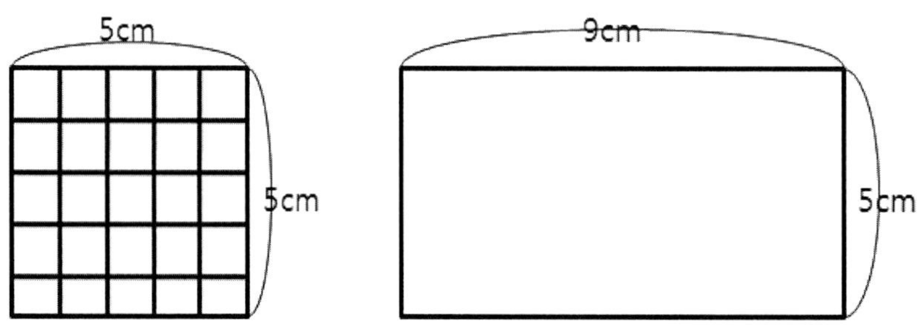

정사각형 직사각형

○ 정사각형의 넓이 = 5cm × 5cm
= $25cm^2$

직사각형의넓이 = 9cm × 5cm
= $45cm^2$

참고

- 삼각형이나 사다리꼴, 평행사변형 등의 넓이는 모두 직(정)사각형의 넓이를 이용하여 구한다.
  - 삼각형의 넓이는 사각형의 넓이를 구해서 그의 반을 취하면 된다. 즉
    삼각형의 넓이 = (사각형의 넓이) ÷ 2 = (가로 × 세로) ÷ 2
    = (밑변) × (높이) ÷ 2
  - 사다리꼴의 넓이 = (윗변 + 아랫변) × 높이 ÷ 2
  - 마름모의 넓이 = (한 대각선의 길이) × (다른 대각선의 길이) ÷ 2
  - 원의 넓이도 원의 중심에서 반지름의 방향으로 한없이 잘게 잘라 붙이면 직사각형이 된다.

참고

- 초등수학에서의 등적변형에는 아래 그림과 같이 합동인 도형의 성질을 써서 오려 붙이는 변형과, 높이는 변하지 않게 하고 가로의 길이가 언제나 같도록 변형시킨 도형의 넓이는 항상 같다고 하는 카발리에리의 원리(cavalieri's principle)에 의하는 변형의 두 가지가 있다.

① 오려 붙이는 변형

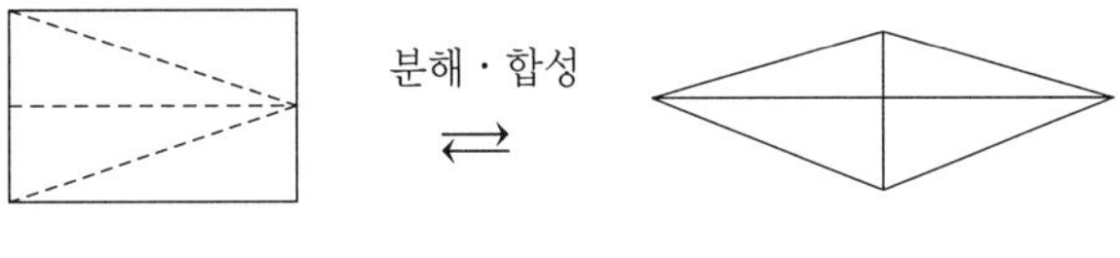

② 카발리에리의 원리

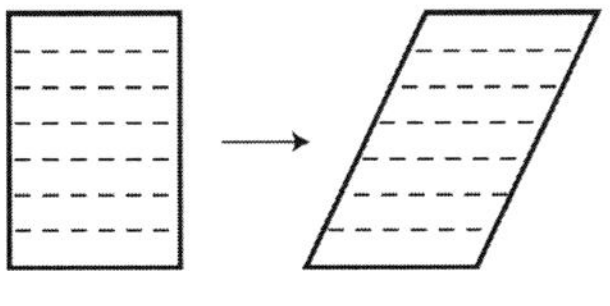

위의 두 가지 등적변형에서 오려 붙이는 변형의 경우는 모눈종이 위에서의 여러 가지 도형의 변형을 통해서 그 보존성, 가법성을 설명할 수 있고, 도형의 넓이는 그 모양에 따라서 결정되는 것이 아니라는 사실과, 비교하기 쉬운 모양으로 변형시켜서 넓이를 비교할 수 있다는 사실을 아동들에게 인식 시킬 수 있어야 한다.

평면도형의 둘레

한 평면 위에 그려진 평면도형의 한 바퀴를 잰 길이 즉, 평면도형의 한 점에서 시작하여 같은 방향으로 돌아 다시 그 점까지의 길이를 평면도형의 둘레(a perimeter of plane figure)라 한다.

보기 다음 평행사변형의 둘레를 구하여보시오.

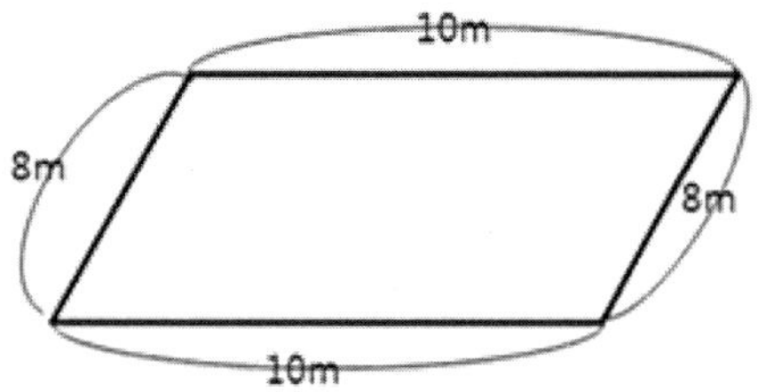

전체 둘레의 길이는
10 + 8 + 10 + 8
= (10 + 8) × 2
= 36 (m)

○ 정사각형의 둘레 = (한 변의 길이) × 4
○ 직사각형의 둘레 = (가로 + 세로) × 2
* 다른 다각형의 둘레의 길이는 각 변의 길이를 모두 합하여 구한다.

평행사변형의 넓이

마주보는 두 쌍의 변이 각기 평행하는 사변형의 면적을 평행사변형의 넓이(an area of parallelogram)라 한다. 평행사변형의 넓이는 아래와 같이 평행사변형을 잘라 붙이면 직사각형이 되므로 직사각형의 넓이로 구할 수 있다.

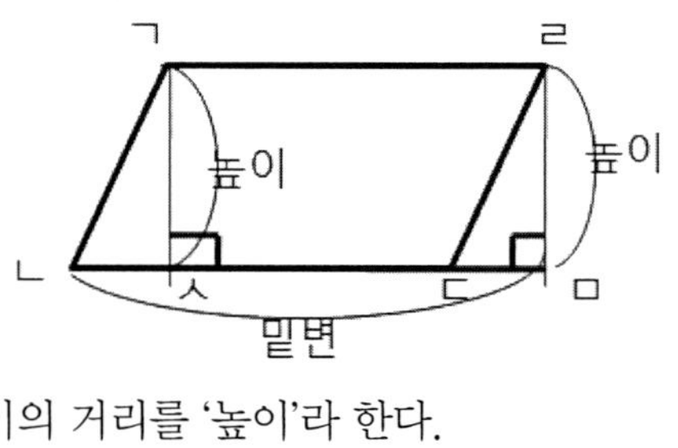

이때, 평행한 두 변을 '밑변'이라하고, 이 평행선 사이의 거리를 '높이'라 한다.

○ 평행사변형ㄱㄴㄷㄹ에서 삼각형ㄱㄴㅅ을 삼각형ㄹㄷㅁ으로 옮겨 붙이면 직사각형ㄱㅅㅁㄹ이 된다.

○ 평행사변형의 넓이 = 직사각형의 넓이
= (가로) × (세로)
= (밑변) × (높이)

표면적

3차원 입체의 표면을 둘러싸고 있는 넓이를 표면적(surface area)이라한다.

보기 원기둥의 경우, 윗면, 아랫면, 옆면의 넓이를 모두 합한 것이 표면적이 된다.

톤(t)

여러 가지 양을 비교하는 무게의 단위로 1000kg을 나타낸다. 즉, 1t = 1000kg이다.

보기 무게의 단위에서 t(톤) 구하기

1kL = 1000L

1kL = 1000kg이다.

1000kg을 '1t'이라 쓰고 '일 톤'이라고 읽는다.

1t = 1000kg = 1000000g

참고

- 4℃ 물 $1cm^3$의 무게가 1g이면, 물 1ml의 무게도 1g이다.
  또 1L = 1kg이다.

한 뼘

손을 완전히 쫙 폈을 때, 엄지에서 새끼손가락까지의 거리를 한 뼘(hand span)이라 한다.

보기

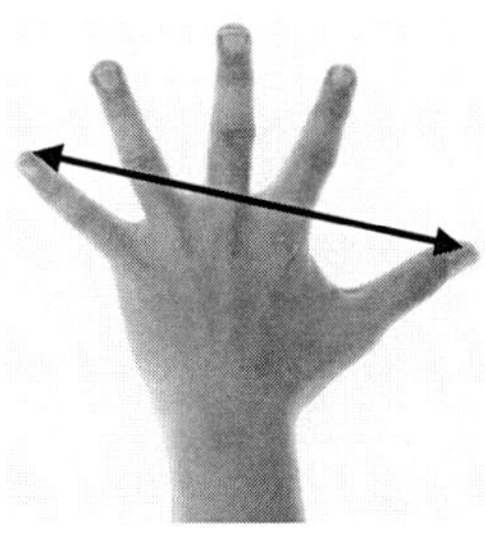

헥타아르

토지 면적의 단위로 기호 ha 로 표기하고, 1ha = 100아르(are)이며, '1만 평방미터'를 나타낸다.

보기 한 변의 길이가 100m인 정사각형의 넓이(10000)의 단위가 '1ha'이다.

100 × 100 = 10000 (m^2)

| 즉, 1ha = 100a = 10000 (m^2) |

로 나타낼 수 있다.

1ha는 '일 헥타아르'라고 읽는다.

화씨온도 척도

온도를 재는 관습단위로서, 1기압에서 물의 어는점을 32°로, 끓는점을 212°로 설정한 온도 체계를 화씨온도 척도(fahrenheit temperature scale)라 한다.

참고

- 화씨온도 척도는 1700년대 초반에 독일의 과학자 Gabriel David Fahrenheit가 만들었으나, 전 세계적으로 미국과 영어권 일부국가를 제외한 대부분의 나라에서 현재는 섭씨온도 체계를 사용하고 있다.

C·H·A·P·T·E·R 4

규칙성 영역의 용어해설

거짓

문장이나 식에는 논리적으로 뜻이 맞는 것과 틀린 것이 있는데, 틀린 문장이나 식을 '거짓(false)'이라 한다.

보기 2+5=8 → (거짓), 2직각은 200°이다 → (거짓), 1시간은 80분이다 → (거짓)

참고

- 문장이나 식이 맞는 경우를 '참(true)'이라고 한다.
  ① 2+5=7 → (참)
  ② 2직각은 180°이다. → (참)
  ③ 1시간은 60분이다. → (참)
  ④ 문장이나 식에는 참도 거짓도 아닌 경우도 있다. 이를테면, 4 + □ = 9는 참도 거짓도 아니다.

곱집합

집합 A와 집합B의 Cartesian 곱 또는 데카르트 곱 또는 곱집합(product set or cartesian product)이란, $a \in A$이고 $b \in B$인 순서쌍 $(a,\ b)$ 전체를 원소로 하는 집합을 말하고, 이것을 $A \times B$로 나타낸다. 즉, A, B의 곱집합은

$$A \times B = \{(a,\ b) \mid a \in A \wedge b \in B\}$$

이며, 'A cross B'라 읽는다.

일반적으로 직교좌표평면상의 점들의 집합은 실수의 모든 순서쌍 $(a,\ b)$의 집합임을 알고 있다. 즉, $a,\ b \in R$일 때 순서쌍 $(a,\ b)$는 평면상의 점으로 표시된다. 이러한 점으로 이루어진 평면을 Cartesian 평면이라고도 한다.

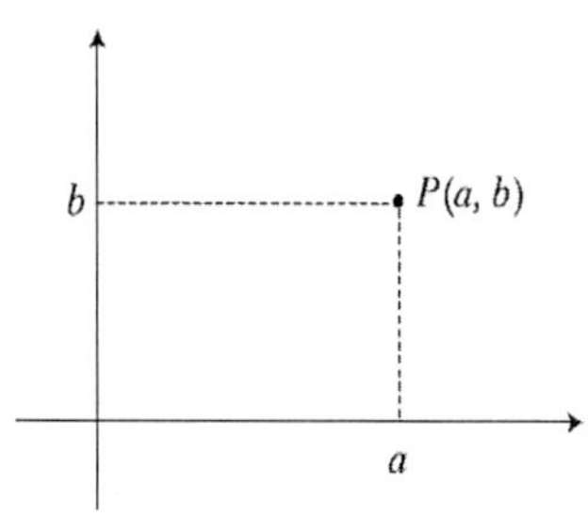

위의 그림에서 알 수 있듯이 각 점 P는 실수의 순서쌍 (a, b)를 나타내고 있다. 이 그림에서 P를 지나 좌표축에 그은 수직선은 x축과 a에서 만나고, y축과는 b에서 만난다.

임의의 두 집합의 곱집합은 그 집합의 원소가 아주 많지 않을 때 이와 같은 방법을 써서 좌표 diagram으로 나타낼 수 있다.

그 예로서 $A=\{a, b, c, d\}$, $B=\{x, y, z\}$이면 $A\times B$의 좌표 diagram은 아래와 같다.

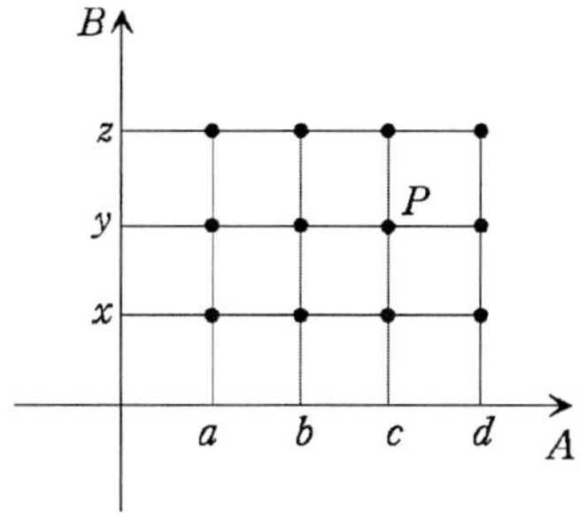

여기서 A의 원소는 수평축에, B의 원소는 수직축에 각각 표시되어 있다. A의 원소를 지나는 수직선과 B의 원소를 지나는 수평선은 모두 12개의 점에서 만난다. 이런 점들의 집합을 $A\times B$로 표현하는데, 점 P는 순서쌍 (c, y)가 된다.

관계

관계(relation)란 곱집합의 부분집합으로 두 가지 이상의 사항이 서로 연결되어진 대응 관계를 말한다.

수학에서는 좌표 평면에서 가로 좌표와 세로 좌표 즉, x, y 좌표의 순서쌍의 집합에서 사용한다.

참고

① 초등학교에서 다루어지는 기본적인 관계는 교육과정이 바뀔 때 마다 약간씩 이동은 있으나 대체로 상등 관계, 대소 관계, 비례 관계, 함수 관계, 평행 관계, 수직 관계, 합동 관계, 대칭 관계, 닮음 관계 등이 있다.

② A = { 0, 1, 2 }, B = { 2, 3} 일 때, 'A × B'의 곱집합은

{ (0, 2), (0, 3), (1, 2), (1, 3), (2, 2), (2, 3) }의 6개의 순서쌍이다.

관계식

x와 y의 대응 관계를 식으로 나타낸 것을 x와 y의 '관계식(relation expression)'이라고 한다.

보기 물이 1분에 4L씩 나오는 수도에서 물이 나오는 시간을 x분, 물이 나오는 양을 yL라고 할 때, 대응 표를 만들면,

x(분)	1	2	3	4	5	6	7	8	…
y(L)	4	8	12	16	20	24	28	32	…

위의 대응 표에서 관계식은 $y=4\times x$이다. 여기서 ×를 생략하고 주로 $y=4x$로 나타낸다.

기호

기호(symbol)는 수식이나 공식에 쓰이는 문자나 표식(표지)이다.

보기 기호는 문자 a, b, c, d 또는 계산 기호로 +, −, ÷, ×, =, ≤, ⊆, ≠, …, 등이며, 기호는 기초적인 개념이나 원리를 통합 정리하여 단순화하는데 필요하다.

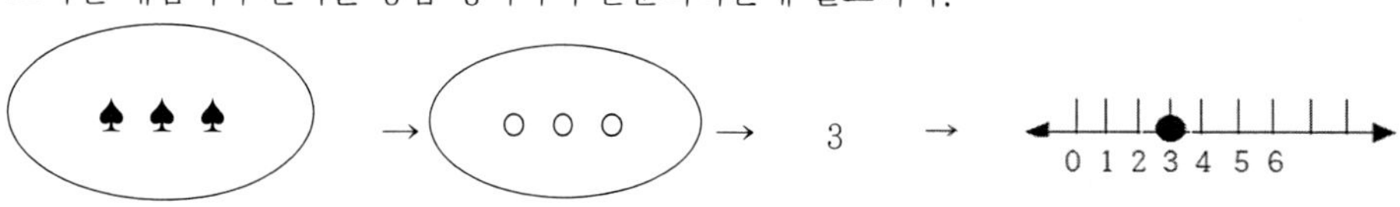

(구체물) (기호) (개념) (표현)

기호화함으로써 개개의 내용에 구애 받음이 없이 사고해 나가거나 일반적인 법칙을 이해하는데 좋다.
적절한 기호의 사용은 일관성 있는 수학교육, 논리적인 사고력 신장, 새로운 아이디어 등 생산적인 활동에 도움을 준다.

참고

- 여러 가지 기호
  ① 개체 기호 …… 숫자, 1, 2, 3 … 또는 ㉠, ㉡, ㉢ … 등
  ② 조작 기호 …… +, −, ×, ÷, ∪, △, ∩ 등
  ③ 관계 기호 …… <, >, =, ∈, ≒, ∧, ∨, ⊂, ⊃, ≡, … 등

내항

비례식에서 안쪽에 있는 두 항을 '내항(interior term)'이라고 한다.

보기 비례식 3 : 5 = 6 : 10에서

내항 ← (안쪽)

3 : 5 = 6 : 10

외항 ← (바깥쪽)

년

'해'를 세는 단위를 년(year)이라 한다.

보기 한 해의 시작은 1월부터 시작하여 2월, 3월, …, 11월, 12월까지 12개월이다. 이 12개월을 '1년'이라 한다.
1 년 = 12개월

참고

➽ 각 달의 날의 수를 알아보자.

월	1	2	3	4	5	6	7	8	9	10	11	12
날수	31	29	31	30	31	30	31	31	30	31	30	31

- 2월은 보통 29일이고 4년마다 한 번씩 윤년이 되는 해에 28일이 된다.
- 날 수가 31 일인 달은? ············· (   )
- 날 수가 30 일인 달은? ············· (   )
- 날 수가 가장 작은 달은? ·········· (   )

단리법

하나의 시간 단위, 이를테면 연, 월, 일 등을 기준으로 최초의 원금에 대해서만 계속해서 이자를 계산하는 방법을 단리법(simple interest method)이라 한다. 다시 말해, 아무리 기간이 늘어나더라도 맨 처음 빌린 원금에 대해서만 이자를 계산하는 방법을 말한다.

보기 원금 100만원을 월이율 2%의 단리로 1년 동안 빌렸으면 이자는 100만 × 0.02 × 12= 24만원이고, 원리합계는 100만 + 24만=124만원이 된다.

참고

- 단리법 계산에서의 이율은 아무리 기간이 늘어나더라도 원금에 대해서만 이자가 부과되므로 연금이나 보험과 같은 장기간의 이자 계산에서는 거의 활용되지 않는다. 이를테면, 연이율 2%로 1천만 원을 3년 만기의 정기예금으로 3년간 모두 60만원의 이자를 받는 것 보다는 1년 만기의 정기예금에 가입하여 200,000원의 이자를 먼저 받고, 다시 1년 만기의 정기예금에 가입하여 204,000원, 그리고 다시 1년 만기의 정기예금에 가입하여 208,080원의 이자를 받아서 총 612,080원의 이자를 받으려고 할 것이므로 대부분의 금융 상품은 복리법을 적용한 이자 계산을 하고 있다.

닫힌 문장

수학적 문장 중에서 참 또는 거짓을 판단할 수 있는 문장을 닫힌 문장(closed sentence)이라 하고, 참 또는 거짓을 판단할 수 없는 문장을 열린 문장(open sentence)이라 한다.

보기 4 + 5 = 9, 2 + 4 = 7은 닫힌 문장이고, 4 + x < 7, 2 × □ = △ + 5은 열린 문장이다.

닮음비

두 도형의 닮은 정도를 비로 나타낸 것이다. 즉, 두 도형의 대응하는 변끼리의 비가 닮음비이다.

두 도형이 닮음이면 대응변의 길이의 비가 같고, 대응각의 크기가 각각 같다. 이 때, 대응하는 각 변의 길이의 비를 '닮음비(similitude ratio)'라고 한다.

보기 다음 닮음인 두 사각형에서 닮음비를 구하여 보자.

* (각 대응변의 비 찾아보기)
(변ㄱㄴ) : (변ㅁㅂ) = 4 : 8 = 1 : 2
(변ㄴㄷ) : (변ㅂㅅ) = 6 :12 = 1 : 2

(변ㄷㄹ) : (변ㅅㅇ) = 1 : 2(대각선)
(변ㄱㄹ) : (변ㅁㅇ) = 4 : 8 = 1 : 2
대응변의 비가 모두 같은가? (같다)
→ 이 때, 닮음비는 1 : 2 가 된다.

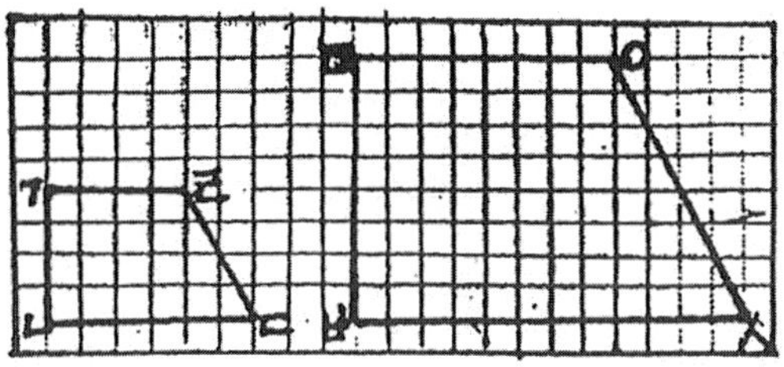

대응

대응(correspondence)이란 일상적인 의미에서는 어떤 두 대상이 주어진 관계에 의해 서로 짝을 이루는 경우를 말한다. 대응은 한 값이 정해지면 거기에 대응하는 다른 값이 정해진다.는 의미에서 짝이 된다. 는 뜻이다. 초등수학에서 합동이나 닮음 꼴의 두 도형에서 같은 위치의 짝을 이루는 성분끼리 서로 연결 지어 주는 것도 대응이다.

보기 구체물과 반구체물의 대응

참고

- 대응의 여러 가지 사례
  ① 다대다 대응: 자연수의 집합으로부터 그 수의 약수의 집합으로의 대응
  ② 일대다 대응: 수학성적의 집합으로부터 학생 수의 집합으로의 대응. 왜냐하면 한 점수에 여러 명의 학생들이 대응 될 수 있다.
  ③ 다대일 대응: 학생 수의 집합으로부터 수학 성적으로의 대응
  ④ 일대일 대응: 어느 초등학교의 한 교실에 있는 학생들의 책상의 집합과 의자의 집합은 서로 일대일 대응이다.

- 위의 4가지 대응 중 집합 A의 각 원소 a에 집합 B의 단 하나의 원소 b가 정해지는 대응을 집합 A로부터 집합 B로의 사상 또는 함수라 하고 수학에서는 '정해지면 정해진다'는 대응의 생각을 기초로 해서 함수적 고찰을 발전시켜 나가는 것이 바람직하다. 초등수학에서는 차후에 중등에서 학습하게 될 함수개념의 기초적인 사고를 길러주는데 그 목표를 두어야 하며 블랙박스(함수기), 표, 그래프 등이 활용될 수 있다.

대응 관계

대응 관계(corresponding relation)란 합동이나 닮은꼴인 두 도형의 같은 자리에서 짝을 이루는 요소끼리의 관계를 말한다.

이를테면, 두 집합의 경우 두 집합 각각의 원소에 대하여 각각 하나씩 짝이 지워질 때, 이 관계를 '대응 관계'라 한다.

보기 다음 대응 표에서 대응 관계를 알아보면

〈대 응 표〉

x	1	2	3	4	5	6	7
y	4	8	12	16	20	24	28

x와 y의 두 변화하는 관계에서 대응 관계는 1대 1로 다음과 같은 관계가 있다.

x가 1일 때 y가 4
x가 2일 때 y가 8
x가 3일 때 y가 12
x가 4일 때 y가 16

y는 x의 4배이므로 관계식은 y= 4 × x가 된다

이와 같이 대응하는 관계에는 일정한 규칙이 있는 것도 있다.

참고

» 대응 규칙에 따른 식을 '관계식'이라고 한다.

대응 규칙

두 수량을 일대 일로 대응시킬 때 두 수량 사이에 어떻게 대응시킬지의 일정한 관계를 '대응 규칙(corresponding rule)'이라 한다.

대응 규칙을 찾을 때는 한 쌍의 관계만을 갖고 대응 규칙을 찾는 것은 불가능하므로 여러 쌍의 대응 관계에서 공통점을 찾아 대응 규칙을 찾아내도록 한다.

보기 다음 수직선을 보고 대응 규칙과 대응하는 수를 알아보자.

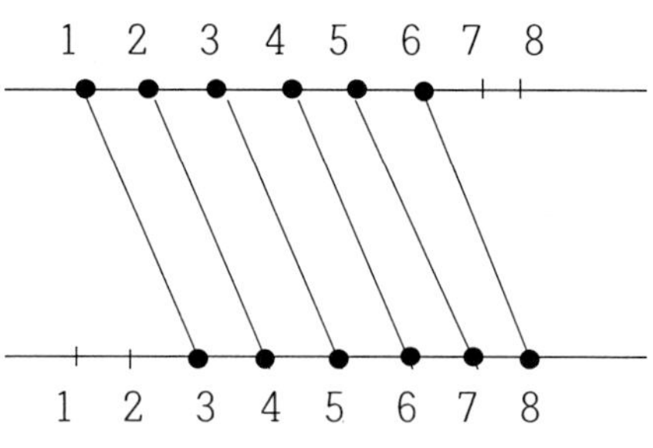

* 대응 관계를 보자.

1 ……… (3) 5 ……… (7)
2 ……… (4) 6 ……… (8)
3 ……… (5)
4 ……… (6)

* 대응 규칙을 생각해 보자.

1 ---- (3)이면 1 + 2 = 3이므로
대응 규칙은 + 2이다.
이 대응 규칙은 모든 대응의 공통 규칙이 되는지 확인해 본다.

대응 표

대응 관계에 있는 두 집합에서 두 집합 각각의 원소에 대하여 각각 하나씩 짝이 지워 지는 관계를 표로 나타낸 것이 대응 표(corresponding table)이다.

보기 다음 표가 x와 y의 대응 표를 나타내고 있다.

〈대응 표〉

x	1	2	3	4	5	6	7
y	4	8	12	16	20	24	28

대응 규칙은 $y = x \times 4$이고, 이것이 x와 y의 관계식이다.

참고

① 표와 그래프에는 그래프를 그리기 전에 먼저 순서쌍을 만들고 난 뒤에 대응 표를 만든다.

② 순서쌍은 (　,　)안에 가로 좌표와 세로 좌표를 표시한 것이다.

독립사건

어떤 사건이 일어났을 때 한 사건의 결과가 다른 사건의 결과에 전혀 영향을 미치지 않는 경우 두 사건은 서로 독립사건(independent events)이라고 한다.

보기 1개의 주사위와 1개의 동전을 동시에 던졌을 때, 홀수의 눈과 앞면이 일어날 확률을 구하는 문제에서 주사위가 홀수의 눈이 일어날 사건을 A라하고, 동전이 앞면이 나올 사건을 B라 하면, 이 두 사건은 서로 독립이다.

동치비(同値比)

비의 값이 같은 둘 이상의 비를 동치비(同値比, equal ratio)라 한다.

보기 1:2, 2:4, 3:6, 4:8은 비의 값이 모두 $\frac{1}{2}$인 동치비이다.

즉, 1:2 = 2:4 = 3:6 = 4:8이다.

등식

둘 또는 그 이상의 수나 식에서, 그것들이 같을 때 즉, 등호 '='로 연결되어 있을 때의 식을 등식(equation)이라고 한다.

보기 예를 들어 56 + 72 = 128, 33 + 17 =50, 27 × 2 = 54, 35 ÷ 7 = 5 등이 모두 등식이다. 미지항이 들어 있는 방정식도 등식이다. 이를테면, 방정식 3 × x + 4 = 16도 등식이며, 등식을 읽을 때 등호를 '~와 ~는 같습니다.'로 읽는다. 56 + 72 = 128에서 '56 더하기 72는 128과 같습니다.'로 읽는다.

등식의 성질

등호로 연결된 등식이 가지는 특수한 성질을 의미한다.

즉, 등식의 성질은 등식의 양변에 같은 수를 더하거나, 빼어도, 또, 곱하거나, 0이 아닌 같은 수로 나누어도 등식은 성립한다는 것이다.

참고

- 등식에서 등호(=)의 왼쪽 부분을 '좌변'이라 하고, 오른쪽 부분을 '우변'이라 한다. 또 좌변과 우변을 통틀어 '양변'이라고 한다.

미지항

등식에서 그 값을 알 수 없는 항을 미지항(indeterminate term)이라 한다.

보기 28 + x = 60에서 28, x, 60을 이 식의 '항'이라고 하고, x가 들어 있는 항은 그 값을 알 수 없는 항이므로 '미지항'이라 한다.

참고

① 28 + x = 60과 같이 미지항이 들어 있는 등식을 '방정식'이라 한다.

② 미지항을 나타내기 위해 공통으로 사용되는 기호는 □, ○, △ 등이 있고, 수학적 표현에서 변수로 사용되는 것에는 x, y 등이 있다.

반비례(한다)

대응하여 변하는 두 양 x, y가 있을 때, 한 쪽의 양 x가 2배, 3배, ……가 되면 다른 쪽의 양 y는 $\frac{1}{2}$배, $\frac{1}{3}$배, ……가 되는 관계가 있으면 y는 x에 반비례(inverse proportion)한다. 고 한다.

보기 일정한 거리를 갈 때 속도와 걸린 시간과의 관계, 넓이가 일정한 삼각형의 밑변과 높이와의 관계 등이 대표적인 예이다.

참고

① 반비례 관계식에서 반비례 하는 두 양의 곱은 일정하다. 즉, x와 y가 반비례하면 $x \times y = a(a \neq 0)$, 즉 $y = \frac{a}{x}$이고 a를 비례상수라 한다.

② 반비례 하는 두 양의 관계를 표시하는 그래프는 곡선(쌍곡선)이다. 넓이가 $10cm^2$인 직사각형에서 가로의 길이 x와 세로의 길이 y의 관계 표는 다음과 같다.

〈대응 표〉

x	1	2	3	4	5	6	7	8	9	10
y	10	5	$3\frac{1}{3}$	$2\frac{1}{2}$	2	$1\frac{2}{3}$	$1\frac{3}{7}$	$1\frac{1}{4}$	$1\frac{1}{9}$	1

→ 관계식 y = 10 ÷ x   비례상수: 10

방정식

미지항 'x'가 들어 있는 등식을 방정식(方程式, equation)이라 한다. 여기서 '方程'은 우리에게 잘 알려진 중국 한나라의 수학교과서인 '九章算術'의 제 8장의 이름에서 유래한 것으로 보인다. 즉, '九章算術'의 제 8장의 이름 '方程'에 '式'을 합쳐서 方程式이라는 용어가 만들어진 것으로 보인다.

보기 $x+5=9$처럼 문자에 어떤 특별한 값을 대입했을 때만 등식이 성립되는 것이 있다. 이와 같이 미지항이 포함되어 있는 문자의 값에 따라 성립하는 때와 성립하지 않을 때가 있는 등식을 '방정식'이라 한다.

참고

① $14 + 6 = 20$

위 식에서는 $14 + 6$과 20의 관계가 '등호'로 연결된 등식이다. 각 항의 값을 다 알고 미지항이 없기 때문에 방정식이 아니다.

② $x + 8 < 20$

위 식에서는 미지항 x는 들어 있으나 $x + 8$과 20의 관계가 '부등호'로 연결되어 있으므로 방정식이 아니며 이런 식을 '부등식'이라 한다.

③ $x + 14 = 23$

위 식에서는 미지항 x가 들어 있고, $x + 14$와 23의 관계가 '등호'로 연결된 식이므로 방정식이다.

④ 방정식은 미지항이 들어있는 등식이므로, 이 미지항에 어떤 값을 대입할 때, 방정식이 참이 되거나 또는 거짓이 된다.

백분율은 기준량을 100으로 보았을 때 비교하는 양의 크기를 백분율 또는 퍼센트라 하고, 기호 % 로 나타낸다.

보기 3의 8에 대한 비율은 0.375인데 할·푼·리로는 3할7푼5리가 되고, 백분율로는 $\frac{3}{8} \times 100 =$ 37.5(%)가 된다.

참고

- 백분율과 관련되는 문제는 비의 용법에 따라 아래와 같은 3가지 유형이 있다.

① 부분을 모르는 경우

4의 8%는 얼마인가? 는 $4 \times 8\% = \square$

② 백분율을 모르는 경우

0.35는 5의 몇 퍼센트인가? 에서 $5 \times \square\% = 0.35$

③ 전체를 모르는 경우

0.35는 얼마의 5%인가? 에서 $\square \times 5\% = 0.35$

이상과 같이 비율을 나타내는 분수나 소수, 할·푼·리, %의 상호관계의 지도에 있어서는 그들이 모두 기준량에 대한 비교하는 양의 상대적인 크기를 나타내는 값임을 알 수 있으며 다만 기준량의 크기만 다를 뿐이다.

변수

문자가 여러 가지 값을 취할 때 그 문자를 변수(variable)라 한다. 다시말해 항상 변하지 않는 일정한 수를 상수라고 하고 언제든지 변할 수 있는 수를 변수라 한다. 일반적으로 변수는 영어의 알파벳 x, y, z 등으로 나타내며, 또 변수는 집합 X의 임의의 원소를 대표하는 수로 볼 수 있다. 반면에 집합 X의 특정한 1개의 원소나 수를 나타내는 문자나 숫자를 상수라 하고 a, b, c 등으로 나타낸다.

보기 식 $y = x + 2$에서 x, y는 변수이고 2는 상수가 된다.

참고

① 변수는 16세기 말 프랑스 수학자 비에트가 처음으로 사용했다고 알려져 있다. 당시 비에트는 미지수를 나타내기 위하여 모음 문자 A, E, I, O, U를, 기지수를 나타내기 위하여 자음 문자를 사용했다고 한다. 그리고 1637년, 데카르트가 처음으로 미지수를 x, y, z 등 알파벳의 마지막 문자들로, 기지수를 a, b, c 등 알파벳의 시작 문자들로 나타내는 표기법을 소개하였다. 데카르트가 고안한 이 표기법은 오늘날의 현대 수학에서도 널리 활용되고 있다(http://terms.naver.com).

② 상수 및 변수로써 우리가 사용하는 문자 a, b, c, ⋯, x, y, ⋯는 아래와 같은 여러 가지 의미와 기능을 가지고 있다.

- 수의 추상화, 일반화로서의 문자
- 미지수로서의 기능
- 변하는 수인 변량으로서의 기능
- 원소를 대입할 수 있는 빈자리 또는 자리지기(place holder)로서의 기능

▸ 빈자리 또는 자리지기로서의 기능으로 초등학교 저학년에서 미지수 대신 □ 등이 사용되고 있고, 중학년에서 수량의 관계를 지도할 때도 변수로써 □, △ 등이 다루어지며, 고학년이 되면 □, △ 대신에 변수로써의 문자 x, y를 사용한다.

복리법

일정 기간 동안에 발생한 이자를 처음 원금에 합한 원리합계가 다음 기간의 원금이 되어 이자를 계산하는 방법을 복리법(the compound interest method)이라 한다.

보기 원금 200만원을 연이율 5%, 1년을 1기로 3년간 복리로 빌렸다면 원리합계는 200만 × $(1+0.05)^3$=2,315,250 원이고 복리이자는 2,315,250 −2,000,000=315,250 원이 된다.

복면산

수학 퍼즐의 한 종류로 수식 중에서 숫자 대신에 문자를 이용하여 나타낼 경우 문자에는 숫자가 숨어있으므로 숫자가 복면을 쓰고 있는 계산이라는 뜻에서 복면산(verbal arithmetic)이라 한다. 중국에서는 숫자수수께끼라고 한다.

보기 다음의 각 문자는 서로 다른 자리 값을 나타내고 있다. 각 자리 값을 나타내고 있는 수를 구하시오.

$$\begin{array}{r} \mathrm{L\,I\,S\,T} \\ -\,\mathrm{S\,I\,L\,T} \\ \hline \mathrm{S\,L\,I\,T} \end{array}$$

참고

▸ 복면산 문제는 특별한 언급이 없는 한 같은 문자는 같은 숫자를 나타내며, 일반적으로 첫 번째 문자는 0이 아니며, 대부분의 복면산은 답이 유일한 경우가 많다. 복면산은 수감각, 암산력, 추론력 등 사고를 단련시키는 정신체조의 도구로써 수학을 배우는 데에 있어서, 특히 분석력을 향상시키는데 매우 유용하게 활용할 수 있다.

부등식

두 수나 두 식을 부등호 '>, ≥, <, ≤'로 연결하여 놓은 식을 부등식(inequality)이라고 한다.

보기 '어떤 수는 8보다 크다'를 식으로 나타내어 보면 $x>8$이다. 이와 같이 부등호가 들어있는 식을 '부등식'이라고 한다. 부등호 '>'는 '~보다 크다'로 읽고, '<'는 '~보다 작다'로 읽는다.

참고

▸ 부등식은 두 수가 같지 않거나, 한 수가 다른 수보다 크다(또는 작다)는 것을 나타내는 관계를 식으로 쓴 것이다.

참고

- 부등식의 성질
  - ① 부등식의 양변에 같은 수를 더하거나 빼어도 부등호의 방향은 변하지 않는다.
  - ② 부등식의 양변에 같은 수를 곱하거나, 0이 아닌 같은 수로 나누어도 부등호의 방향은 변하지 않는다.
  - ③ 부등식의 양변에 같은 음수를 곱하거나, 양변을 같은 음수로 나눌 때에는 부등호의 방향이 반대로 된다.

부등호

두 양 사이에 크고 작음을 나타내기 위하여 쓰는 기호를 부등호(sign of inequality)라 한다.

보기 부등호에는 $>$(큽니다), $<$(작습니다), ≧(같거나 큽니다), ≦(같거나 작습니다)가 있다.
'$6\times 8 > 3\times 7$'에서 '6과 8의 곱은 3과 7의 곱보다 큽니다.'로 읽는다.

비

어떤 양(또는 수) a가 다른 양(또는 수) b의 몇 배인가를 알아보는 관계를 b에 대한 a의 비 또는 a의 b에 대한 비(ratio)라고 하고 $a : b$로 나타낸다. 이 때 a를 전항, b를 후항이라 한다.

보기 두 수의 비 5 : 7은 다음과 같이 여러 가지로 읽는다.
오 대 칠
'7에 대한 5의 비'
'5의 7에 대한 비'
'5와 7의 비'라고 읽는다.

주의

- '(b)에 대한 (a)의 비'를 '(b)의 (a)에 대한 비'라고 혼동하지 않아야 한다.

(b)에 대한 (a)의 비 ➡ (a) : (b) ← 기준량 (기준량이 b 이고 비교하는 양은 'a'임)

(이 경우는 b, a의 순서가 바뀜)

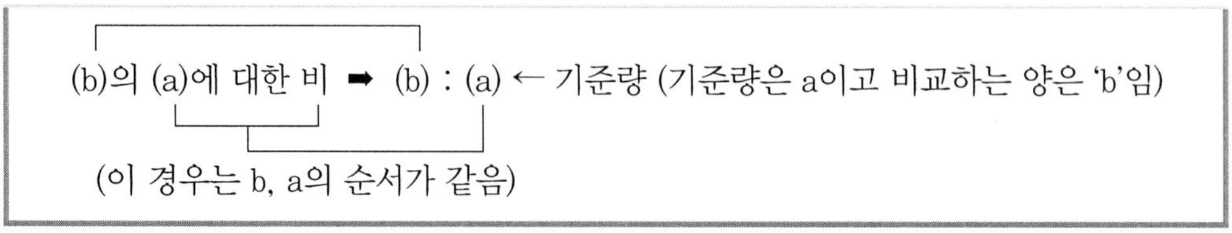

참고

- 원영이네 분단은 10명인데 남학생이 8명, 여학생이 2명이다.
- 여학생 수가 남학생 수의 몇 배인지를 나타내기 위하여 기호 :를 사용한다.
- 여학생 수 2를 남학생 수 8에 대하여 '2 : 8'이라고 나타내고 '2 대 8'이라고 읽는다.
- 이것을 '8에 대한 2의 비'라고 한다. 또는 '2의 8에 대한 비'라고도 하고, 간단히 '2와 8의 비'라고도 한다.

비교하는 양

비(비율)에 있어서 기준량에 대하여 견주어 보는 대상의 양을 비교하는 양이라 한다.

보기 아래 두 길이에 대하여 기준량과 비교하는 양을 알아보아라.

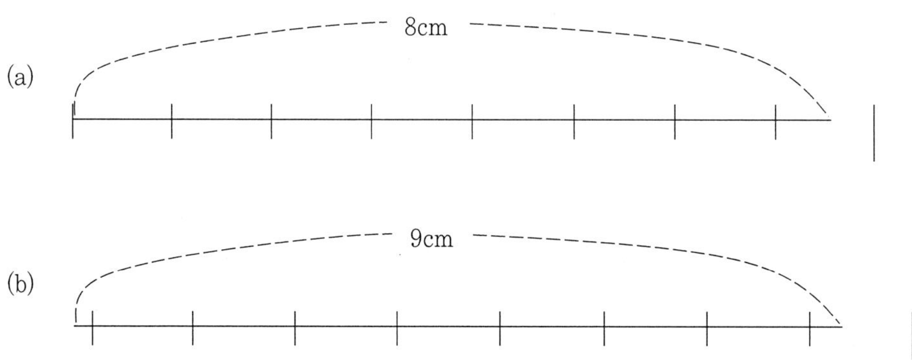

(a)의 길이는 (b)의 길이의 $\frac{8}{9}$이다.

이것은 (b)의 길이를 1로 볼 때, (a)의 길이가 $\frac{8}{9}$이라는 뜻이다. 이 때 (a)의 길이를 '비교하는 양', (b)의 길이를 '기준량'이라 한다.

즉, 기준량 (b)의 길이를 1로 볼 때, 비교하는 양 (a)의 길이가 $\frac{8}{9}$에 해당된다는 것이다.

8 : 9 $\Rightarrow \dfrac{8}{9}$ → 비교하는 양 / → 기준량

└ 9: 기준량
└ 8: 비교하는 양

참고

▶ $(\text{비율}) = \dfrac{(\text{비교하는 양})}{(\text{기준량})}$

– 기준량이 1일 때의 비교하는 양의 크기를 비의 값이라 한다. 즉, 기준량이 1일 때의 비율을 비의 값이라 한다.

비둘기집(서랍)원리

비둘기 3마리가 2개의 둥지에 들어가려면 몇 가지 방법이 있는가? 의 문제에서 한 둥지에 2마리가 들어가고 나머지 둥지에 1마리가 들어가거나 3마리 모두 한 둥지에 들어가고 다른 둥지에는 들어가지 않는 방법이 있다.

이 두 가지를 종합해 보면 하나의 둥지에는 적어도 2마리나 그 이상이 들어갈 수 있다고 생각할 수 있다. 이러한 원리를 이용하여 문제를 해결하는 방법을 비둘기집 원리(pigeonhole principle)라고 한다.

• 제1 비둘기집 원리

(n+1)마리의 비둘기가 n개의 비둘기집에 들어간다고 하면, 적어도 하나의 비둘기집에는 2마리 이상이 들어가야 한다는 원리이다.

보기 비둘기 4마리가 3개의 둥지에 들어간다고 할 때 비둘기가 들어가는 방법은 몇 가지가 있는가?
아래와 같은 여러 가지 경우의 수가 나올 수 있다.
① 2개의 둥지에 각각 1마리씩 들어가고, 남은 1개의 둥지에는 2마리가 들어가는 경우
② 2개의 둥지에 각각 2마리씩 들어가고, 남은 1개의 둥지에는 1마리도 들어가지 않는 경우
③ 2개의 둥지에 각각 3마리와 1마리가 들어가고, 남은 1개의 둥지에는 1마리도 들어가지 않는 경우
④ 1개의 둥지에 4마리가 들어가고, 남은 2개의 둥지에는 1마리도 들어가지 않는 경우

• 제2 비둘기집 원리

비둘기의 수가 비둘기집의 수보다 m배 이상 많으면 어떤 비둘기 집에는 적어도 (m+1)마리의 비둘기가 들어가게 된다는 원리이다.

보기 비둘기 6마리가 2개의 둥지에 들어가는 방법은 모두 몇 가지가 있는가? 아래와 같은 여러 가지 경우의 수가 나올 수 있다.
① 2개의 둥지에 각각 3마리씩 들어가는 경우
② 한 둥지에 4마리, 남은 둥지에 2마리가 들어가는 경우
③ 한 둥지에 5마리, 남은 둥지에 1마리가 들어가는 경우
④ 한 둥지에 6마리, 남은 둥지에 1마리도 들어가지 않는 경우

비례(한다)

어떤 수나 양이 두 곱, 세 곱 따위로 변화함에 따라 다른 수나 양도 그렇게 되는 것을 비례(proportion) 또는 비례 한다, 정비례 한다고 한다.

즉, 대응하여 변하는 두 양에 있어서, 한 쪽 양이 변하면 이에 따라 다른 쪽 양도 같은 비율로 변하는 관계를 '비례 한다'고 한다.

보기 대응하여 변하는 두 양 x, y가 있을 때, 한 쪽의 양 x가 2배, 3배, 4배,···가 되면, 다른 쪽의 양 y도 2배, 3배, 4배,···가 되는 관계가 있으면 y는 x에 '정비례 한다' 또는 y는 x에 '비례 한다'고 한다. 이를테면, 정사각형의 한 변을 xcm, 그 둘레를 ycm로 한 대응 표(관계 표)는 아래와 같다.

〈 대 응 표 〉

x cm	1	2	3	4	5	6	······	x
y cm	4 (4×1)	8 (4×2)	12 (4×3)	16 (4×4)	20 (4×5)	24 (4×6)	······ ······	y $(4\times x)$

즉, x가 1배, 2배, 3배, ··· ⇒ y도 1배, 2배, 3배, ···가 된다.
따라서, 이 관계는 (정)비례 관계이고, y는 x에 비례한다.

참고

▸ 비례상수는 변화하는 두 양이 비례할 때의 그 비의 값 또는 반비례할 때의 그 곱의 값을 말한다.

비례배분

주어진 수나 양을 주어진 비율에 따라 나누어 갖는 계산 방법이다.

즉, 전체를 주어진 비로 나누는 것을 비례배분(proportional distribution)이라 한다.

보기 이를테면 3200원을 형과 동생에게 5 : 3의 비로 나누어 주려고 한다면 다음과 같이 배분한다. 즉

(형) 3200 × $\frac{5}{5+3}$ = 2000(원)

(동생) 3200 × $\frac{3}{5+3}$ = 1200(원)

이와 같이 전체를 주어진 비로 나누어 갖는 것을 '비례배분'이라고 한다. 어떤 양을 2개 이상의 주어진 비율로 나누어 갖는 것도 비례배분이다.

비례 상수

변화하는 두 양이 비례할 때의 그 비의 값 또는 반비례할 때의 그 곱의 값이다.

x, y의 관계식 'y는 4 × x'에서는 x에 곱해지는 수 4를 비례상수(proportional factor)라고 한다.

보기 다음 x, y의 관계 표에서 비례상수를 알아보아라.

〈x, y의 관계 표〉

x cm	1	2	3	4	5	6	……	x
y cm	4 (4×1)	8 (4×2)	12 (4×3)	16 (4×4)	20 (4×5)	24 (4×6)	…… ……	y (4× x)

위의 표에서 y는 x에 정비례하며 정비례 관계식 y = 4 × x이고, 비례상수는 4이다.

참고

- y는 x의 함수일 때 즉, y = ax (a는 상수, a≠0)라는 관계가 있을 때, y는 x에 정비례한다고 하며, a 를 '비례상수'라고 한다.

비례식

즉, 비의 값이 같은 두 비를 등식으로 나타낸 식을 비례식(a proportional expression)이라고 한다.

보기 비례식

$1 : 3 = \frac{1}{3}$

$3 : 9 = \frac{3}{9} = \frac{1}{3}$

⇒ 1 : 3 = 3 : 9 (비례식)

위에서 두 비 1 : 3과 3 : 9의 비의 값이 각각 $\frac{1}{3}$과 $\frac{3}{9}$으로 $\frac{1}{3} = \frac{3}{9}$이므로, 두 비의 값이 같다.
이와 같이 비의 값이 같은 두 비를 다음과 같이 나타낸다.
1 : 3 = 3 : 9 ← 비례식
또, 비례식 1 : 3 = 3 : 9와 분수의 등식 $\frac{1}{3} = \frac{3}{9}$은 같은 뜻이다.

참고

- 비례식에는 다음과 같은 성질이 있다.
  - 비례식의 성질 ① : 비의 전항과 후항에 0이 아닌 같은 수를 곱하여도 비의 값은 같다.
    비 3 : 4의 각 항에 0이 아닌 수를 곱하면,
    $(3 \times 2) : (4 \times 2) = 6 : 8$
    $(3 \times 3) : (4 \times 3) = 9 : 12$
    $(3 \times 4) : (4 \times 4) = 12 : 16$
    ⋮ ⋮
  - 비례식의 성질 ② : 비의 전항과 후항에 0이 아닌 수로 나누어도 비의 값은 같다.
    비 36 : 24 의 각 항에 0이 아닌 같은 수로 나누면,
    $(36 \div 2) : (24 \div 2) = 18 : 12$
    $(36 \div 3) : (24 \div 3) = 12 : 8$
    $(36 \div 4) : (24 \div 4) = 9 : 6$
    ⋮ ⋮
  - 비례식의 성질 ③ : 비례식에서 내항의 곱과 외항의 곱은 서로 같다.
    비례식 6 : 4 = 3 : 2에서,
    외항의 곱 : 6 × 2 = 12

    6 × 2 ← 외항(extremes)의 곱

    6 : 4 = 3 : 2 $\qquad \frac{6}{4} = \frac{3}{2}$ → 6 × 2 = 4 × 3

    4 × 3 ← 내항(means)의 곱

(비)비례자료

수의 크기와 자료의 양이 (비례하지 않는)비례하는 자료((non)proportional materials)이다.

보기 아래 수모형은 비례하는 자료이다. 그러나 수판은 비례하지 않는 자료이다.

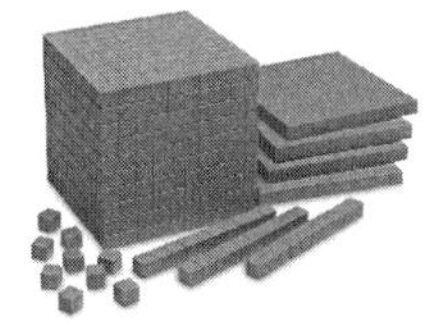

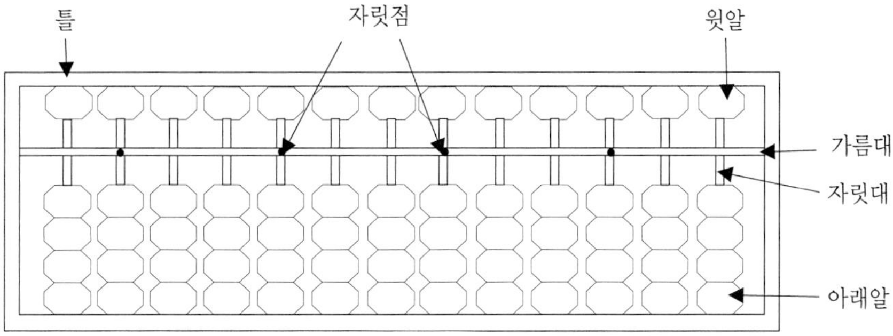

비율

두 양을 비교할 때 한 쪽이 다른 한 쪽의 얼마인가를 나타내는 것을 비율(proportion)이라 한다. 즉, 비교하는 량을 기준량으로 나눈 몫이 된다,

* 비율을 식으로 나타내면 다음과 같다.

$$\text{비율} = \frac{\text{비교하는 양}}{\text{기준량}}$$

* 비율을 나타내는 데는 분수, 소수, 백분율(%), 할, 푼, 리 등을 쓴다.

분수 : $\frac{2}{5}$ ⟶ 소수 : 0.4 ⟶ 백분율 : 40% ⟶ 할푼리 : 4할

* (가) (나) 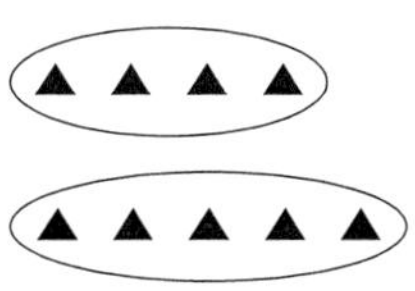

그림에서 (가)의 개수의 (나)에 대한 비는 4 : 5이고, 그 비의 값은 $\frac{4}{5}$이다.

이것은 기준량 (나)를 1로 보았을 때, 비교하는 양 (가)가 $\frac{4}{5}$임을 뜻하며, 이것을 '비의 값'이라고 한다.

4의 5에 대한 비의 값은? $\frac{4}{5}$ = 0.8

비율의 분수 표시 ($\frac{4}{5}$)

비율의 소수 표시 (0.8)

참고

- (기준량) = (비교하는 양) → (비율) = 1이 되며, (기준량) > (비교하는 양)이면 (비율) < 1이고, (기준량) < (비교하는 양)이면 (비율) > 1이 됨을 알 수 있다.

참고

- 여러 가지 단위의 비율 관계

분 수	1	1/10	1/100	1/1000
소 수	1	0.1	0.01	0.001
할 푼 리	10할	1할	1푼	1리
백 분 율	100%	10%	1%	0.1%

비의 값

기준량이 1일 때의 비율을 비의 값(ratio value)이라 한다.

일반적으로 a가 b의 몇 배인가의 관계를 'a : b'라고 쓰는데, 이 때 a가 b의 몇 배인가를 나타내는 값 $\frac{a}{b}$를 '비의 값'(b를 1로 본 a의 값)이라 한다. 이것을 a의 b에 대한 '비의 값'이라고 한다. 이 때, 비의 값 $\frac{a}{b}$는 정수, 분수, 할·푼·리 또는 백분율 등으로 나타낸다.

보기 아래 (a), (b)에서 비의 값을 알아보아라.

(a) (4cm)

(b) (5cm)

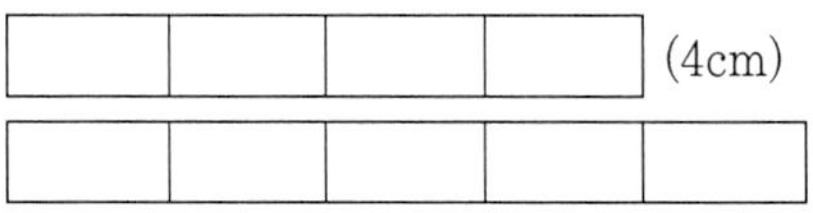

(a)의 길이는 4㎝, (b)의 길이는 5㎝이다.

(a)의 길이는 (b)의 길이의 $\frac{4}{5}$이다.

이것은 b의 길이를 1로 볼 때 (b)의 길이를 기준량이라 하고, 4/5를 5에 대한 4의 비의 값이라고 한다.

4 : 5 (└ 기준량, └ 비교하는 량) ⇒ $\frac{4}{5}$ (--- 비교하는 량 / --- 기준량)

참고

> ▸ 비의 값을 소수로 나타낼 수도 있다. 4/5 = 0.8
> 비의 값이 같은 비를 '비가 같다'고 한다. (4 : 5 = 8 : 10)

소괄호

부호나 기호 중에서 묶음표 중의 한가지로 '(   )'의 모양이다. 소괄호(parentheses)는 등식에 들어 있는 기호로 계산의 순서상 가장 먼저 하는 묶음표이다.

참고

> ▸ 계산에 사용하는 괄호에는 다음과 같은 것이 있다.
> ① [   ] : 대괄호
> ② {   } : 중괄호
> ③ (   ) : 소괄호

참고

> ① (   )와 {   } 가 있는 식의 계산은 (   )안을 먼저 계산하고 {   } 안을 그 다음에 계산한다. [   ] 안의 계산은 제일 나중에 한다.
>
> $$125 - \{6 \times (3 + 5) \div 3\} = 125 - (6 \times 8 \div 3) = 125 - 48 \div 3 = 125 - 16 = 109$$
>
> ② 집합의 원소를 나열할 때는 주로 중괄호 {   }를 사용한다.

수 배열 표

수를 규칙에 따라 배열해 놓은 표를 수 배열 표(number grid)라 한다.

보기 100까지의 수 배열 표

1	2	3	4	5	6	7	8	9	10
11	12	13	14	15	16	17	18	19	20
21	22	23	24	25	26	27	28	29	30
31	32	33	34	35	36	37	38	39	40
41	42	43	44	45	46	47	48	49	50
51	52	53	54	55	56	57	58	59	60
61	62	63	64	65	66	67	68	69	70
71	72	73	74	75	76	77	78	79	80
81	82	83	84	85	86	87	88	89	90
91	92	93	94	95	96	97	98	99	100

수학적 문장

수학적 문장이란 수학적 사실이나 현상 및 그들 사이의 관계를 유한개의 문자나 기호를 사용하여 일정한 규칙에 따라 나타낸 문장을 수학적 문장(mathematical sentence)이라 한다.

수학적 문장 중에서 유한개의 수학 기호를 사용하여 나타낸 문장을 수식이라고 한다. 수식에는 등식과 부등식, 항등식과 방정식 등이 있다.

보기 4개의 선분으로 둘러싸인 도형은 사각형이다, 이등변삼각형에서 두 밑각의 크기는 같다, $8 + 9 = 17$, $5 + x < 8$, $P \rightarrow Q$ 이다 등은 모두 수학적 문장이다.

참고

- 수식의 일반적인 계산순서는 아래와 같다.
  ① 괄호가 있을 경우, ( ) → { } → [ ] 순으로 계산한다.
  ② +, −, ×, ÷ 의 섞여있는 혼합계산은 ×, ÷ 를 차례대로 먼저 계산한 후에 +, − 를 나중에 한다.
  ③ 부호보다 지수를 먼저 계산한다. 이를테면, $(-3)^2 = (-3)\times(-3)=9$ 가 된다.
  ④ 근호가 있는 경우 근호부터 먼저 계산한다.

순서쌍

임의의 두 대상인 원소 a, b에 대하여 새로운 대상 (a, b)를 구성할 수 있는데, 이 새로운 대상 (a, b)를 **순서쌍**(ordered pair)이라고 한다. 여기서 순서쌍 (a, b)는 집합 $\{a, b\}$와 개구간 (a, b)와는 구분되어야 한다. 순서쌍에서 a를 첫째의 원소, b를 둘째의 원소라고 할 때 a, b의 순서쌍을

$$(a, b)$$

이라 표시하고, 순서쌍 (a, b)에서 a를 첫째 좌표, b를 둘째 좌표라 한다. 두 순서쌍 (a, b), (c, d)의 **상등**은 다음과 같이 정의한다.

$$(a, b) = (c, d) \Leftrightarrow (a = c) \wedge (b = d)$$

보기 두 순서쌍이 $(2x + 3, 4y - 7) = (7, 5)$이면, $2x + 3 = 7$, $4y - 7 = 5$이므로 $x = 2$, $y = 3$이다.

참고

- 순서쌍의 성질
  ① 순서쌍 (a, b) $\neq$ (b, a)
  ② 좌표평면에서 순서쌍 (0, 0)은 원점을 나타낸다.
  ③ 같은 요소를 중복하여 순서쌍으로 나타낼 수도 있다. 이를테면, (a, a), (b, b), … 등도 모두 순서쌍이 된다.
  ④ 순서쌍 (a, b)와 집합 {a, b}는 서로 다른 것이다.

식

식(式, expression)이란 수식을 뜻하며 학교 수학에서 모든 계산의 도구로 사용되고 있다.

수식이란 수나 양을 나타내는 숫자나 문자를 계산 기호로 연결하여 수학적으로 뜻을 가지게 한 것이다.

보기 '식 6 + 8 = 14'의 뜻은 양으로 보면 6개와 8개의 합은 14개란 뜻이다.
이것을 6 더하기 8은 14 즉, '6과 8의 합은 14와 같습니다.'로 읽는다. 9 빼기 5는 '9 − 5'로 나타낸다.

참고

> 수량관계를 글자나 기호로 써서 나타낸 것을 '식'이라 한다. 우리나라에서의 식은 방정식이나 등식, 부등식도 포함하는 넓은 개념을 지칭한다. 그러나 미국에서는 2+5, 3m, A∪B 등과 같이 관계기호(=, ≤, ≥)를 사용하지 않은 수학적 표현을 식이라 한다.

식목산

나무나 전봇대 등의 물체의 개수, 물체 사이의 거리, 배열된 전체의 길이 중 두 가지를 알고, 나머지를 구하는 문제를 식목산(problem of planting trees)이라고 한다.

보기 둘레가 100m인 연못 둘레를 따라 20m 간격으로 나무를 심으려면 나무는 몇 그루가 필요한가?
이 경우 나무의 수와 간격의 수가 같으므로 100 ÷ 20 = 5가 되어 5그루가 필요하다.

식충산

수식이 쓰인 종이의 일부를 벌레가 갉아 먹어서 숫자를 알아볼 수 없는 경우, 그 숫자를 □, ○, * 등 그림으로 나타내고 그에 해당하는 숫자를 구하는 계산을 식충산(missing numbers, 벌레 먹은 셈 또는 계산)이라 한다.

보기 다음 계산식의 빈 칸에 하나의 적합한 숫자를 채워서 식이 성립되도록 하시오.

```
      □ 8 □
  + □ 6 □ 3
  ─────────
  □ □ 1 2 8
```

양변

등식의 등호를 중심으로 좌우의 두 변을 뜻한다. 등식에 있어서 등호(=)의 왼쪽을 좌변, 오른쪽을 우변, 왼쪽과 오른쪽 모두를 양변(left and right-hand side)이라 한다.

보기 양변을 알아보자.

```
┌──── 양변 ────┐
x  +  5  =  12
└ 좌변 ┘     우변
```

x + 5 = 12에서, 좌변은 x + 5, 우변은 12, 양변은 x + 5와 12이다.

연비

세 개 이상의 수 또는 양의 비를 연비(continued ratio)라 한다. 연비는 '몇 대 몇 대 몇'으로 나타내며, ' : '의 기호를 쓴다. 이를테면, 갑 : 을 : 병 혹은 '12 : 8 : 3'과 같은 것이다. 연비는 가장 간단한 자연수 비로 나타내어야 활용하기 쉽다.

참고

- 비는 소수, 분수, 백분율, 할·푼·리로 나타낼 수 있다.
- 갑 :을 : 병이 12 : 8 : 3이라면 갑의 비는 전체(12 + 8 + 3 = 23) 23중에 12만큼의 양이고 을은 23중에 8, 병은 23중에 3만큼의 양이다.
- 이것을 분수로 나타내면,

  갑 : $\frac{12}{23}$　　을 : $\frac{8}{23}$　　병 : $\frac{3}{23}$으로 나타낸다.

보기 비를 연비로 나타내기

진영이가 4m를 달리는 동안에 원영이는 3m를, 원영이가 2m를 달리는 동안에 재헌이는 1m를 달렸을 때, 진영이와 원영이, 재헌이의 빠르기를 연비로 나타내 보자.

진영이 와 원영이의 빠르기의 비

$$4:3=8:6=12:9=\cdots$$

원영이와 재헌이의 빠르기의 비

$$2:1=4:2=6:3=8:4=\cdots$$

따라서 진영이, 원영이, 재헌이의 빠르기의 비는 다음과 같음을 알 수 있다.

(진영) : (원영) : (재헌) = 8 : 6 : 3

일반적으로 다음과 같이 계산하면 편리하다.

(진영) : (원영) : (재헌)

4 : 3

↖ ⇅ ↘

2 : 1

$(4\times2) : (3\times2) : (1\times3) = 8 : 6 : 3$

연이율

연이율(an annual interest)이란 일 년을 단위로 하여 정한 이율이다. 1년은 12개월이므로 연이율은 12개월 동안 원금에 대한 이자의 비율이다.

* 이율 = $\frac{\text{단위 기간의 이자}}{\text{원금}} \times 100$

보기 예를 들면, 10,000원을 1년 기간 동안 예금하면 800원의 이자가 붙는다고 하면 이 때의

연이율 = $\frac{800}{10000} \times 100 = 0.08 \times 100 = 8\%$(8푼)가 된다.

참고

▸ 이때 단위 기간이 1년이면 '연이율', 1개월이면 '월이율', 1일이면 '일변'이라 한다.

외항

한 비례식에 있어서 바깥쪽에 있는 두 개의 항 즉, a : b = c : d에서 a와 d를 '외항(external term)'이라고 한다.

*

외항

a : b = c : d

내항

보기 비례식 5 : 2 = 10 : 4에서 밖에 있는 두 항 5, 4를 '외항'이라 하고, 안에 있는 두 항 2, 10을 '내항'이라 한다.

참고

▸ 비례식의 성질

① 비례식에서 비의 전항과 후항에 0이 아닌 같은 수를 곱하여도 그 비의 값은 같다.

② 비례식에서 비의 전항과 후항에 0이 아닌 같은 수로 나누어도 그 비의 값은 같다.

③ 비례식에서 내항의 곱은 외항의 곱과 같다. 즉, 위의 비례식을 등식으로 나타내면,

$2 \times 10 = 5 \times 4$이다. 이를 분수로 나타내면 $\frac{5}{2} = \frac{10}{4}$이 된다.

우변

등식에 있어서 등호(=)를 기준으로 하였을 때, 오른쪽에 있는 변을 우변(right-hand side)이라 한다. 등식에는 방정식, 비례식, 부등식 등이 모두 해당된다.

보기 등식 5 + □ = 8에서 5 + □ 가 좌변, 8이 우변이 된다.

참고

- 우변과 좌변을 합하여 '양변'이라고 한다.

원금

밑천으로 들인 돈 즉, 꾸어 준 돈에서 이자나 이윤을 붙이지 아니한 처음의 금액을 원금(principal)이라 한다. 원금에 일정기간의 이자가 붙으면 원리합계가 된다.

참고

- 원리합계 = (원금) + (이자)
  이자 = (원금) × (이율) × (기간)

원리합계

원금과 그 원금에 일정기간 동안에 붙은 이자의 합을 원리합계(amount)라 한다. 원리합계는 원금과 이자와의 합으로 구한다.

- 원리합계 = (원금) + (이자)
- 이자 = (원금) × (단위 기간의 이율) × (기간)

보기 30만원을 연이율 8%로 3년간 예금하였을 때 원리합계를 구해보자.
이자 → 30만 × 0.08 × 3 = 72,000
원리합계 → 30만 + 72,000 = 372,000
(원금) (이자)

월이율

이율은 원금에 대한 이자의 비율이므로 월이율(monthly rate of interest)이란 한 달 동안의 원금에 대한 이자의 비율이다.

이자의 원금에 대한 비율로 단위 기간의 이율을 구한다.

$$\text{이율} = \frac{\text{단위 기간의 이자}}{\text{원금}}$$

그러므로, 이율을 구하는 공식에서 단위 기간을 한 달로 하면 월이율이 되고, 일 년으로 하면 연이율이 된다.

보기 16만원을 빌려 쓰고 한 달에 4000원의 이자를 주겠다고 하면, 월이율은 다음과 같다.

$$\text{월이율} = \frac{4000}{160000} = \frac{1}{40} = 0.025 \rightarrow 2.5\%$$

이윤

장사를 하거나 기업을 운영하여 생긴 돈에서 생산비(운영비)를 공제하고 남은 돈을 이윤(profit)이라 한다.

보기 2000원으로 연필 다섯 다스를 사서 한 다스에 420원씩 받고 팔았더니, 2100원이 되었다면 처음 돈 2000원 보다 100원이 불어났다. 여기서, 불어난 100원이 이윤이 된다.

이율

이율((interest rate)은 원금에 대한 이자의 비율이다. 이율은 기간의 길이에 따라 연이율, 월이율, 일변 따위로 나눈다. 이율을 구하는 방법은 단위 기간에 대한 이자의 원금에 대한 비율로 구한다.

$$\text{이율} = \frac{\text{단위 기간의 이자}}{\text{원금}}$$

그러므로, 이율을 구하는 공식에서 단위 기간을 한 달로 하면 월이율이 되고, 일 년으로 하면 연이율이 되며, 하루가 되면 일변이 된다.

보기 100만원을 빌려 쓰고 한 달에 50000원의 이자를 주겠다고 하면, 월이율은 다음과 같다.

$$\text{월이율} = \frac{50000}{1000000} = \frac{5}{100} = 0.05 \longrightarrow 5\%$$

이자

이자(interest)는 남에게 금전(돈)을 꾸어 쓴 댓가로 지불하는 일정한 돈이다. 즉, 돈을 빌린 사람이 빌려준 사람에게 지급하는 금전을 말한다.

이자의 계산은 '(이자) = (원금) × (이율) × (기간)'으로 한다.

보기 원금 800000원을 월이율 0.7%로 5개월간 예금한 이자를 계산해 보면

800000 × 0.007 × 5 = 28000
(원금) (이율) (기간) (이자)

참고

- (원리합계) = (원금) + (이자)

  즉 800000 + 28000 = 828000이다.
  (원금) (이자) (원리합계)

일대 일 대응

두 집합 A, B의 원소를 서로 대응시킬 때, A의 한 원소에 B의 단 하나의 원소가 대응하고, B의 임의의 한 원소에 A의 원소가 단 하나 대응하도록 할 수 있는 대응을 일대 일 대응(one-to-one correspondence)이라 한다.

보기 ① 일대 일 대응

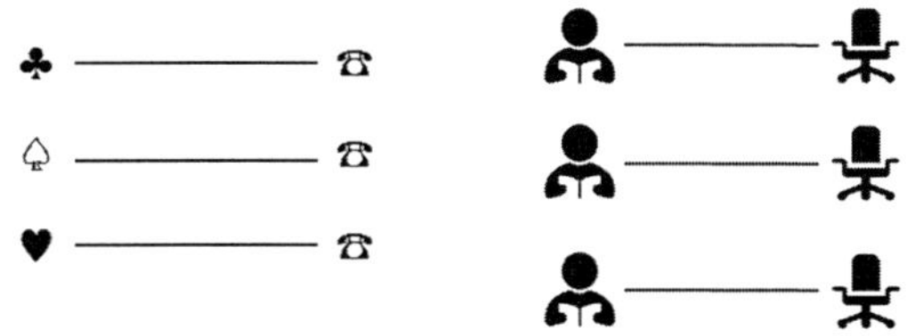

② 구체물, 수사, 숫자의 대응

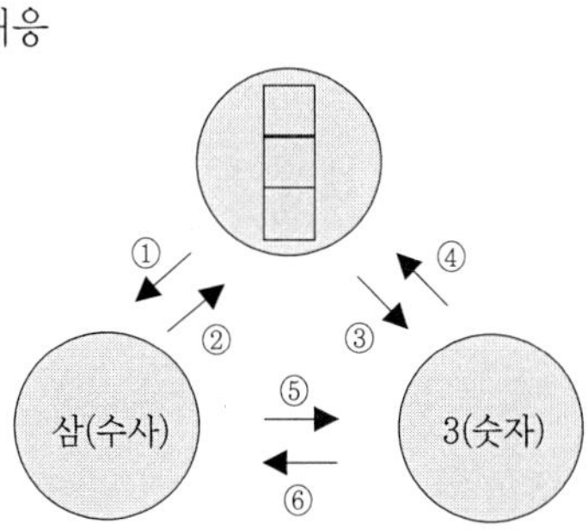

일차 방정식

일차 방정식이란 방정식이 한 변수에 대해서 1차식일 때, 이 방정식을 일차 방정식(linear equation)이라하며, 어떤 방정식의 그래프가 직선 또는 동일 직선상에 있는 점의 집합을 나타낸다면 그 방정식은 '일차 방정식'이라고 말한다.

보기 1 2x+3=0 은 일차방정식이다.

보기 2 일차방정식 $(3 \times x) + 90 = 270$에서

$(3 \times x) = 270 - 90$

$3 \times x = 180$

$\therefore x = 60$이 된다.

참고

① 일차 방정식의 일반 꼴은 $ax + b = 0$이다. (단, $a \neq 0$, a, b는 상수)

② 방정식에서 변수가 하나인 방정식을 1원 방정식, 변수가 둘인 방정식을 2원 방정식이라 하고, 변수가 2차식 일 때 '2차 방정식', 3차 일 때 '3차 방정식'이라 한다.

전항

둘 이상의 항 중에서 앞쪽에 있는 항을 전항(the former term)이라 한다. 즉 항 A : B의 A가 전항이다.

보기 비 2 : 3에서 앞에 있는 2를 '전항', 뒤에 있는 3을 '후항'이라 한다.

2	:	3
전항		후항
	항	

정비례

두 양을 같은 비율로 늘이거나 줄이는 경우를 정비례(direct proportion) 혹은 비례(proportion)라고 한다.

즉, 한 양이 1배, 2배, 3배, … 등으로 되면, 다른 양도 그와 같은 비로 1배, 2배, 3배, …로 되는 관계가 정비례(비례) 관계이다.

보기 다음에서 김치통조림의 수와 무게 사이의 관계는 정비례 관계이다.

김치통조림의 수 (x)	1	2	3	4	
무게 y (g)	70	140	210	280	…

참고

- 관계식 y = 70 × x, 비례상수 : 70
  김치통조림의 수(x)가 1개에서 2개로 2배가 되면, 무게(y)는 70g에서 140g으로 2배가 된다.

좌변

등식이나 부등식에서 등호 또는 부등호의 왼쪽에 있는 수식이다.

즉, 등식이나 부등식에서 등호(=), 부등호(<, >)의 왼쪽 부분을 '좌변(left-hand side)'이라 한다.

보기 등식 x + 4 = 13에서 등호의 왼쪽에 있는 x + 4 가 좌변이 된다.

참고

① x + 4 = 13에서 좌변에 있는 x는 미지항이다. 미지항은 (　　) 또는 □로 나타내며 어떤 수로 읽는다. 그러므로 아직 답을 모르는 항을 '미지항'이라고 한다.
② 미지항은 좌변에 둔다. 방정식에서 미지항을 해결하기 위해서는 항상 좌변에 둔다.
③ 등호의 오른쪽에 있는 '13'을 '우변'이라 하고, 좌변과 우변을 통틀어 '양변'이라 한다.

짝짓기

한 집합과 다른 집합의 원소사이에 1:1로 대응시키는 것을 '짝짓기'라 한다. 짝짓기는 – 줄로 이어 나타낸다.

보기 초등학교 저학년에서 자연수의 개념형성을 지도할 때, 대응되는 그림을 서로 짝지어 보고 하나 더 많은 것, 하나 더 적은 것을 알아보는 활동을 한다.

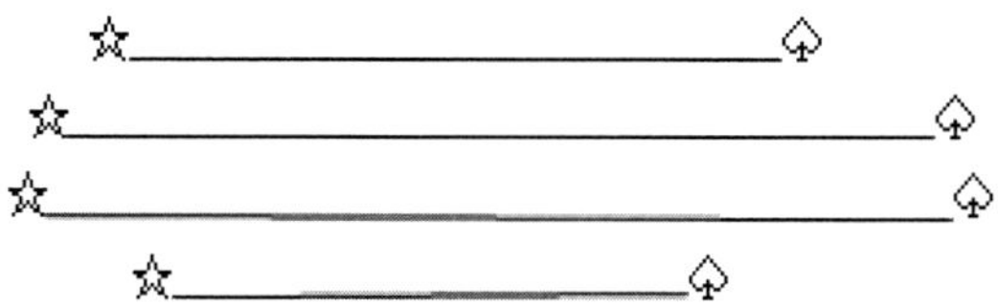

(짝짓기)

3 ------ 4 ------ 5

참과 거짓

문장에는 어떤 기준에 따라 내용이 맞는 문장과 틀린 문장이 있는데, 이때, 내용이 맞는 문장을 '참(true)'이라 하고, 틀린 문장을 거짓(false)이라고 한다.

보기 1 4 + 5 = 9 (참) → (참)

4 + 5 = 7 (거짓) → (거짓)

보기 2 오른쪽 그림은 직사각형이다. 다음이 참인지 거짓인지 알아보시오.

① 주어진 도형은 사다리꼴이다. → (참)

② 사각형의 네 각의 합은 180°이다. → (거짓)

③ 변이 4개이고 꼭짓점이 4개이다. →(참)

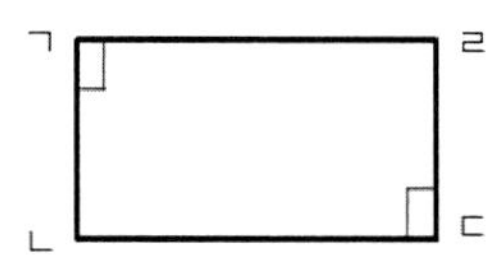

타율

야구의 총 타석의 타수에서 안타수의 비율이다.

보기 10타석의 2안타를 날린 타자의 타율은?

$\frac{2}{10} = 0.2$

소수로 0.2이므로 할·푼·리로는 2할의 타율이다.

테셀레이션

한 가지 이상의 도형을 이용하여 겹쳐짐이나 빈틈이 없도록 평면이나 공간을 덮는 것, 또는 덮었을 때 생기는 모양을 테셀레이션(tessellation)이라 한다.

보기 우리 일상생활에서 테셀레이션의 예는 거리의 인도블록이나 건물의 벽에 깔린 타일 또는 벽지 등의 빈틈없는 무늬 등을 들 수 있다.

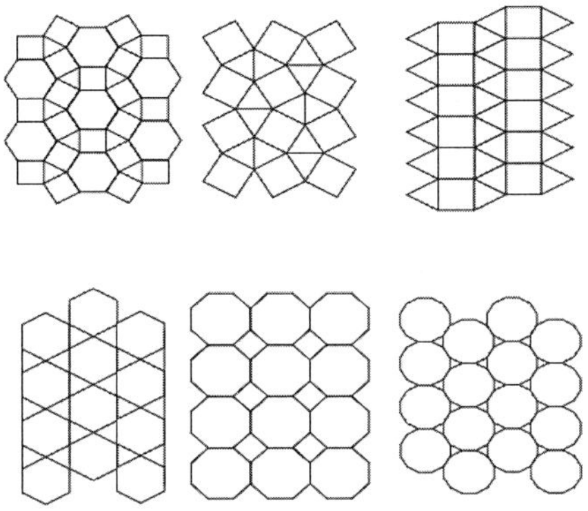

참고

▸ 테셀레이션의 어원은 라틴어 'tessella'에서 유래하였는데 그 의미는 고대 로마 모자이크에 사용되었던 작은 정사각형 모양의 돌 혹은 타일을 뜻한다. 순수한 우리말은 '쪽매맞춤'이라고 한다.

패턴

수, 무늬, 도형 등을 일정한 규칙으로 늘어놓은 배열을 패턴(pattern)이라고 하며 초등학교 학생들에게 패턴이라는 용어는 친숙하지 않으므로 규칙 또는 규칙성이라는 용어를 사용한다.

보기 1, 3, 5, 1, 3, 5, 1, 3, 5, …

참고

▸ 학교 수학에서 패턴(규칙성)을 강조하는 이유는 다음과 같다.

① 규칙성이 우리의 삶과 무관하지 않다는데 있다. 규칙성이라는 용어는 일상생활에서 다양하게 사용되고 있으며, 일정한 규칙으로 배열된 수, 도형, 무늬, 현상, 행동 등 어디에서나 찾을 수 있다. 학교 수학에서 규칙성은 수학이 생활에 활용되는 구체적인 예를 통하여 수학의 가치와 유용성을 인식할 수 있는 주제이다. 주변 현상에서 일정한 규칙을 찾고 이를 수학적으로 표현하는 기회를 제공하게 되면 학생들은 자신이 살고 있는 주위 환경에서 수학이 어떻게 활용되고 있는가를 이해할 수 있다.

② 규칙 찾기는 문제해결 전략의 하나로, 초등학교 수학 문제해결에서 자주 이용되는 전략 중 하나이다. 특히 일상의 문제를 해결하기 위하여 일정한 규칙을 찾는 것은 유용한 문제해결 전략이다. 또 규칙을 찾는 활동은 학생들이 미래를 예상하고 추측하는 데 중요하며, 수학적으로는 함수를 이해하는 기초가 된다.

③ 규칙성과 관련지어 수, 도형, 측정 등을 학습하게 되면 영역들을 서로 관련지을 수 있게 되어 수학을 통합적으로 이해하는 데 도움이 된다. 규칙성의 탐구는 다양한 표현들 사이를 관련지어 연결해 주고, 수학의 내용들 사이의 관계를 연결해 주며, 다른 교과에서 수학을 이용할 수 있고, 일상의 생활에서 수학을 사용할 수 있도록 연결해 준다. 이와 같이 다른 영역을 서로 관련짓는 것은 상급 단계에서 더욱 추상적인 아이디어를 갖게 하는 기초가 된다.

④ 규칙성의 탐구는 모든 학년의 수학 교육 전반에 걸쳐 강조되어야 할 의사소통 능력을 신장시킨다. 학생들은 규칙을 말로 설명하고, 그들이 파악한 규칙을 쓰고, 또 규칙에 관한 자신의 생각을 서로서로 나누게 된다. 규칙성의 탐구는 일상의 언어와 수학의 언어를 의미 있게 연결해줌으로써 의사소통으로서의 수학을 강화할 수 있다.

⑤ 규칙성은 수학적 사고력을 향상 시킨다. 학생들은 몇몇의 사례를 모아 그들 사이의 공통인 규칙이나 성질을 찾아내어 일반화하는 귀납 추론을 할 수 있다. 또 학생들은 주어진 집합에 대한 고찰로부터 일정한 규칙성을 발견하여 주어진 집합을 포함한 보다 광범위한 집합에 대한 고찰로 확장하여 일반적인 법칙을 이끌어내는 연역적 추론을 할 수 있다.

⑥ 규칙성은 창의적 사고를 향상시킨다. 규칙성의 탐구는 유창성, 융통성, 독창성 등의 창의적 사고력을 기르는데 효과적이다.

▶ 6학년까지 학생들은 규칙을 인식하고, 설명하고, 일반화할 수 있어야 하며, 일정한 규칙을 지닌 일상생활의 현상을 예측하기 위한 수학적 모델을 만들 수 있어야 한다. 자연세계에서는 규칙적이거나 무질서한 규칙이 광범위하게 존재하므로 이 영역에 대한 학습은 더욱 중요하다. 학생들은 규칙성을 탐구함으로써 수학적 힘을 발달시킬 수 있으며, 수학의 아름다움을 느낄 수 있는 기회를 갖게 된다(김성준 외 2013, 동명사).

퍼센트(%)

퍼센트(percent)는 우리 일상생활의 곳곳에서 활용되고 있다. percent는 'per + cent'의 합성어이며 'per'는 '~에 대하여' 또는 '~당'의 의미이고, 'cent'는 라틴어 'centium'에서 온 것으로 그 의미는 '100'을 나타낸다. 결과적으로 percent라고 할 때, 그 의미는 '100에 대하여' 또는 '100 당 얼마'로 해석할 수 있다.

우리 일상생활에서는 흔히 percent를 '백분율'이라고 많이 사용하는데 백분율은 말 그대로 '100으로 나누었을 때의 비율'을 의미한다.

* 100분의 1이 1%가된다. 퍼센트는 기준량에 대한 비교하는 양이 100분에 몇에 해당하는지를 나타내는 말이다.
* 백분율의 단위는 %이고, '퍼센트'라고 읽는다.
* 백분율은 다음과 같이 구한다.

$$\text{백분율} = \frac{\text{비교하는 량}}{\text{기준량}} \times 100 \text{ 또는 } \frac{\text{부분}}{\text{전체}} \times 100$$

보기 현금 10000원 중에서 3000원으로 공책을 사는데 사용하였다면 몇%를 사용하였는지 알아보시오.

$\text{백분율}(\%) = \frac{3000}{10000} \times 100 = 30\%$ 그러므로 사용한 금액은 30%이다.

피보나치 수

수학에서, 피보나치 수(Fibonacci numbers)는 첫째 및 둘째 항이 1이며 그 뒤의 모든 항은 바로 앞 두 항의 합인 수열이다. 처음 여섯 항은 각각 1, 1, 2, 3, 5, 8이다. 편의상 0번째 항을 0으로 두기도 한다.

보기 1 1 2 3 5 8 13 21 34 …는 피보나치수열을 이룬다.

참고

- 피보나치수의 역사

  피보나치 수가 처음 언급된 문헌은 기원전 5세기 인도의 수학자 핑갈라가 쓴 책이다. 유럽에서 피보나치 수를 처음 연구한 것은 레오나르도 피보나치로 토끼 수의 증가에 대해서 이야기하면서 이 수에 대해 언급했다. n 번째 달의 토끼 수는 첫 달에는 새로 태어난 토끼 한 쌍만이 존재한다. 두 달 이상이 된 토끼는 번식 가능하다. 번식 가능한 토끼 한 쌍은 매달 새끼 한 쌍을 낳는다. 토끼는 죽지 않는다.
따라서 첫 달에는 새로 태어난 토끼 한 쌍이 있고, 두 번째 달에는 그대로 토끼 한 쌍, 세 번째 달부터는 이 토끼 한 쌍이 새끼를 낳게 되어 토끼가 2쌍이 되고, 네 번째 달에는 3쌍, 다섯 번째 달에는 5쌍이 된다. 이때 n번째 달에 a 쌍의 토끼가 있었고, 다음 n+1번째 달에는 새로 태어난 토끼를 포함해 b쌍이 있었다고 하자. 그러면 그다음 n+2 번째 달에는 a+b 쌍의 토끼가 있게 된다. 이는 n번째 달에 살아있던 토끼는 충분한 나이가 되어 새끼를 낳을 수 있지만, 바로 전 달인 n+1번째 달에 막 태어난 토끼는 아직 새끼를 낳을 수 없기 때문이다(출처: 네이버 위키백과)

프랙탈

전체를 부분 부분으로 나누었을 때 부분 안의 모양과 전체모양이 무한단계까지 똑같은 모양을 가지는 기하학적인 규칙을 차원분열 도형 또는 프랙탈(fractal)이라고 하며, 칸토어 집합이나 시어핀스키(Sierpinski) 삼각형, 코흐의 눈송이와 같은 것들은 수학에서 잘 알려진 프랙탈의 예이다.

보기

칸토어 집합

시어핀스키 삼각형

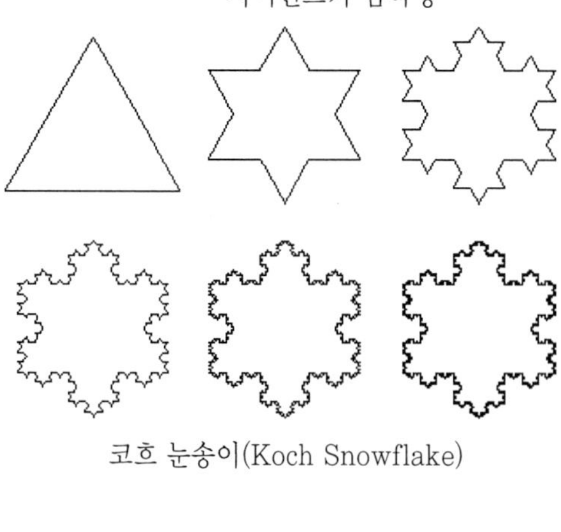

코흐 눈송이(Koch Snowflake)

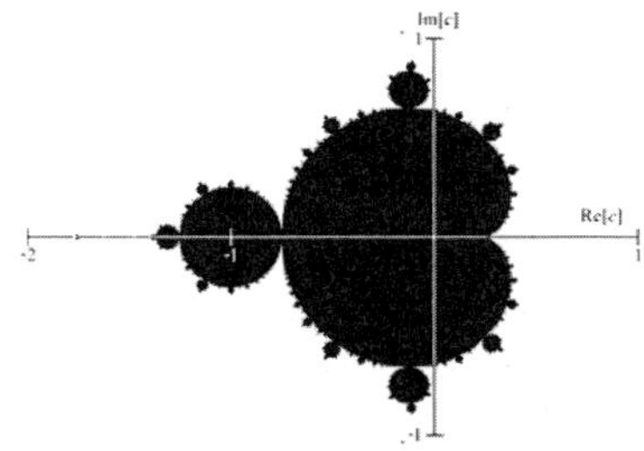

전체 해안선 모습

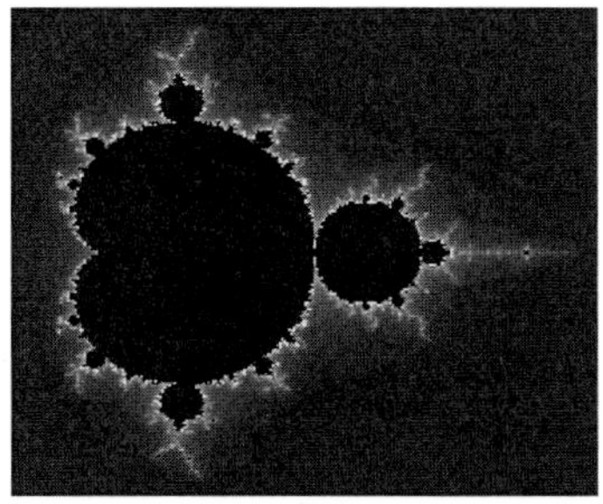

그 중 한 부분을 확대한 해안선 모습

자연 속 프랙탈 관찰하기

참고

- 프랙탈의 교육적 가치는 프랙탈 기하의 특성을 이용하여 도형을 구성해 보는 활동을 통해 수학에 대한 색다른 즐거움과 주위 환경에 대한 새로운 인식을 가질 수 있을 뿐 아니라 무엇보다 체험적인 수학학습이 이루어 질 수 있다는 점이다. 이러한 체험적인 수학 학습의 과정을 통해서 학생들이 기하학습에 대한 흥미와 호기심을 갖고 자기주도적 학습과 함께, 상상력과 관찰력 등을 사용하는 기회를 학습자에게 제공할 수 있다는데 그 의의가 있다.

하노이 탑

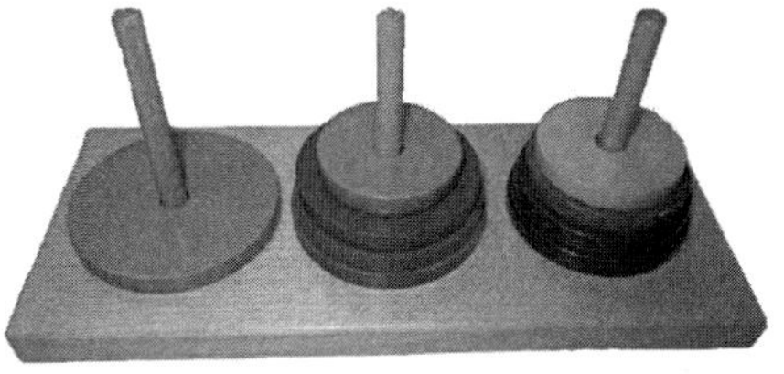

- 하노이 탑(Tower of Hanoi)은 어떤 교구인가?

하나의 축에 크기가 각기 다른 원반이 쌓여 있고, 제3의 축을 이용하여 작은 원반 위에 큰 원반이 놓이지 않도록 하면서 한 번에 한 장씩 움직여 다른 축으로 원반을 이동시키는 퍼즐이다. 판 위에 3개의 막대가 고정되어 있다. 반지름이 약간씩 다른 원반이 n개 있고 그 중심에 구멍이 뚫려 있어 작은 반지름이 위에 오도록 하여 1개의 막대에 원반들을 꽂는다. 다음의 규칙에 따라서 다른 막대의 원반을 이동시키는 것이 이 패널의 목적이다. 하노이의 탑 퍼즐은 브라마의 탑(Tower of Brahma) 또는 루카스 타워(Lucas' Tower)라고 불린다. 브라마 탑이라고 불리는 이유는 힌두교 최고의 신인 브라마가 이 퍼즐을 만들었다고 해서 붙여진 이름이고, 루카스 타워라고 불리는 이유는 19세기 프랑스 수학자인 에두아르 뤼카(Edouard Lucas)의 책에 의해 1883년에 서양에서 처음으로 대중에게 알려졌기 때문이다.

- 하노이 탑의 교육적 의의

기둥이 3개인 하노이 탑은 초등학교에 재학 중인 수학영재학생들에게 활동수업 자료로 적합하며, 특히 조건을 다양하게 변형하여 만든 변형 하노이 탑에서 규칙성과 일반항을 찾는 과정은 영재학생들에게 매우 높은 흥미와 집중도를 보였다. 따라서 하노이 탑은 아동에게 좋은 교육적 흥미유발 도구가 될 수 있다. 또한 요즘 수학 창의성 교육에 대한 인식이 점차 확대되고 있다. 하노이 탑은 수학 창의성 교육의 한 방법으로, 초등학생들에게 좀 더 쉽게 규칙성에 대한 개념을 이해시킬 수 있다. 또한 하노이 탑 교구를 활용하여 일반 수업시간에도 개방형 문제를 푸는 것이 충분히 이루어질 수 있다. 개방형 문제는 하나의 정답만을 요구하는 것이 아닌 여러 방향으로의 사고를 하여 문제를 해석할 수 있어 학생들의 확산적 사고를 발전시킬 수 있으므로 수학적 창의성을 더욱 증진시킬 수 있다.

■ 하노이 탑의 교육적 효과

① 주어진 조건을 수학적으로 해석하고 원반들을 규칙에 따라 옮기는 과정에서 문제 해결능력과 수학적 추론 능력이 발달된다.

② 수많은 시행착오의 경험을 통해 일정한 규칙을 찾고 그것을 일반화시키는 능력을 배울 수 있다.

③ 거시적, 미시적 사고능력을 키울 수 있다.

④ 논리력 향상으로 수학적 감각을 향상시킬 수 있다.

⑤ 손가락 반복동작을 통해 촉각 및 인지능력을 키울 수 있다.

⑥ 집행력[11]을 향상시켜준다.

■ 하노이 탑 활동[12]

하나의 층이 옮겨갈 수 있는 곳은 최대 두 군데이다. 아래 그림처럼 1번 기둥에 탑이 쌓여 있고 최종적으로 3번 기둥으로 모두 옮기고자 할 경우 제일 처음에 제일 작은 층은 2번 기둥으로 가야 할까? 아니면 3번 기둥으로 가야 할까?

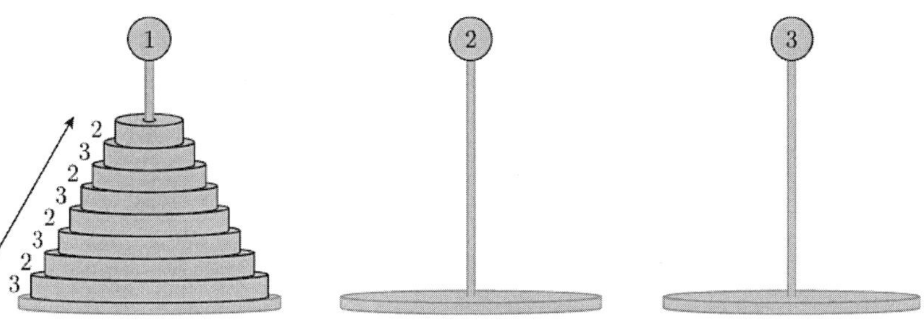

처음에 어디로 옮기느냐에 따라 마지막에 전체 탑이 어느 기둥으로 옮겨지는지 결정된다. 제일 처음 옮겨가야 할 기둥은 다음과 같이 간단히 결정할 수 있다.

- 제일 밑에 있는 층이 목표인 3번 기둥으로 간다.
- 그 위의 층은 다른 기둥인 2번으로 간다.
- 다시 그 위의 층은 앞의 기둥과 다른 2번 기둥으로 간다.

이렇게 하면 3층인 탑은 3, 2, 3으로 제일 처음 3번 기둥으로 옮기면 된다. 마찬가지로 8층탑의 경우는 3, 2, 3, 2, 3, 2, 3, 2로 제일 처음 2번 기둥으로 옮겨야 한다.

---

11) 집행력이란 복잡한 일이 발생할 경우 다양한 측면을 고려하여 신속하게 우선순위를 결정하고 분석하여 전략을 세워 실행하는 능력을 말한다.

12) http://catlas.tistory.com/category/취미생활

■ 초등학교에서의 지도 방법

초등학생의 경우 일반항 공식을 통해 도출할 수 없기 때문에 직접 시행착오를 겪으면서 문제를 해결하도록 한다. 그리고 여러 번의 시행착오를 겪으면서 규칙성을 발견할 수 있도록 지도한다. 영재가 아닌 일반학생들은 성향과 수준이 모두 다양하므로 수준이 다른 3~4명 정도 구성원의 모둠활동을 통하여 문제를 풀어 본다면 문제를 해결하는 데 걸리는 시간을 단축하면서 학교진도에는 피해가 가지 않도록 할 수 있다.

■ 하노이 탑 문제[13)]

① 문제 1: 원판이 2개일 때

원판을 모두 다른 막대로 옮기는데 필요한 이동횟수는 모두 몇 번인가 알아보자.

먼저 원판이 1개뿐이라면, 우리가 필요한 원판의 이동횟수는 1회이다. 이제 원판이 2개인 경우라면, 우리는 다음 그림과 같은 단계로 원판을 움직일 수 있다.

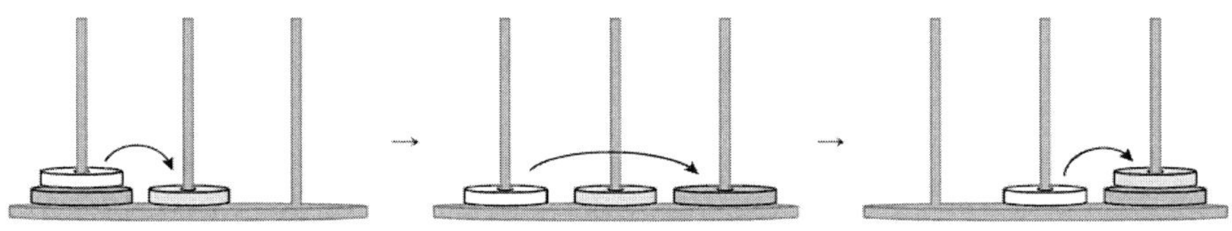

따라서 필요한 원판의 이동횟수는 3회이다.

② 문제 2: 원판이 3개일 때

위의 내용을 참고하여 하노이 탑 문제에서 원판이 3개일 때 필요한 원판의 최소 이동횟수는 모두 몇 회인가 알아보자.

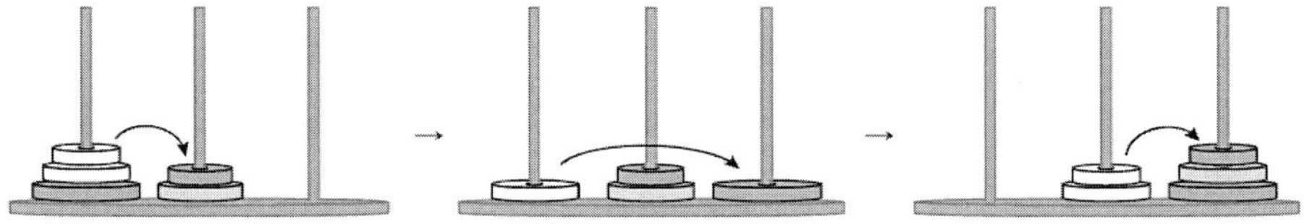

③ 문제 3 (심화단계): 원판이 4개 이상일 때

3층 탑 옮기기가 익숙해지면 앞에서 이야기한 처음 옮겨가야할 기둥을 정하는 방법과 3층탑 옮기기를 응용하여 3층 이상의 탑도 쉽게 옮길 수 있게 된다.

고학년이나 영재 아동의 경우 원판 4개를 제시하여 심화된 문제를 해결하도록 지도한다.

---

13) http://blog.naver.com/decoism?Redirect=Log&logNo=70164891439

기둥이 4개인 하노이 탑의 규칙성을 찾는 과정은 처음에 학생들이 탐구과정을 통해 원판의 개수를 1개부터 하나씩 늘려가며 최소 이동횟수를 찾도록 지도한다.
실제 학생들이 하노이 탑을 가지고 실험을 하여 다음 표와 같은 결과를 얻을 수 있다. 하지만 원판의 개수가 커지면 최소 이동횟수에 오류가 발생할 확률이 커지므로, 여러 명 또는 팀의 결과를 서로 비교하여 정확한 값을 찾도록 해야 한다.

원판의 개수 n	최소이동횟수 b_n	원판의 개수 n	최소이동횟수 b_n
1	$b_1=1$	7	$b_7=25$
2	$b_2=3$	8	$b_8=33$
3	$b_3=5$	9	$b_9=41$
4	$b_4=9$	10	$b_{10}=49$
5	$b_5=13$	11	$b_{11}=65$
6	$b_6=17$	12	$b_{12}=81$

기둥이 4개인 하노이 탑에서 n개의 원판을 다른 기둥으로 옮기는 최소 이동횟수 b_n의 규칙성을 살펴보면 다음과 같다.

$b_2-b_1=3-1=2$, $b_3-b_2=5-3=2$, $b_4-b_3=9-5=4$,
$b_5-b_4=13-9=4$, $b_6-b_5=17-13=4$, $b_7-b_6=25-17=8$,
$b_8-b_7=33-25=8$, $b_9-b_8=41-33=8$, $b_{10}-b_9=49-41=8$,
$b_{11}-b_{10}=65-49=16$, $b_{12}-b_{11}=81-65=16$

즉, 연속된 두 항의 차가 2 두 개, 4 세 개, 8 네 개, 다음에 16이 나오는데 앞의 수들에 대한 규칙성을 감안하면 16의 개수는 다섯 개가 나올 것으로 예측해볼 수 있다(방승진 외, 2007).

할·푼·리[14)]

비율을 소수로 나타낼 때 소수 첫째 자리($\frac{1}{10}$의 자리)를 '할', 소수 둘째 자리($\frac{1}{100}$의 자

14) 학습량 감축 및 필요성 재고차원에서 2009 개정 교육과정 이후부터 초등수학에서 삭제되었다.

리)를 '푼', 소수 셋째 자리($\frac{1}{1000}$의 자리)를 '리'라고 한다. 또 소수 넷째 자리($\frac{1}{10000}$의 자리)를 '모'라고 한다. 이와 같이 나타내는 비율을 '할·푼·리(割·分·厘)'라고 한다. 할·푼·리는 우리 일상생활에서 비율을 소수로 나타낼 때, 그 소수 첫째 자리를 할, 소수 둘째 자리를 푼, 소수 셋째 자리를 리라고 부른다.

보기 우리 일상생활에서는 야구에서 타율을 할·푼·리로 많이 표현하는데 이를테면 어떤 야구선수의 타수가 80회일 때 안타수가 22회이면 이 선수의 타수에 대한 안타수의 비율은 22 ÷ 80 = 0.275가 된다. 이 비율 0.275는 0.1이 2개, 0.01이 7개, 0.001이 5개이므로 이 비율을 할·푼·리로 나타내면 2할 7푼 5리가 된다. 타수에 대한 안타수의 비율을 타율이라고 말한다. 즉 이 선수의 타율이 2할 7푼 5리인 셈이다.

참고

- '할'은 기준량을 10으로 '푼'은 기준량을 100으로 '리'는 기준량을 1000으로 보았을 때 나타내는 비율이다.

함수기

함수기(black box)란 입력단자와 출력단자를 가진 장치이다. 초등수학에서는 주로 함수를 투입(input)-산출(output)모델로 설명할 때 사용하는 방식이며 입력단자로부터 들어간 대상에 어떤 정해진 조작이 이루어지는 경우로 그 조작 기구의 속성에 대해서는 알지 못한다.

함수기는 함수의 작용을 하는 기계의 구조를 생략해서 그 외부를 아래와 같이 약도로 나타내고, 필요한 최소의 기계를 나타내는 입력(in put)과 출력(out put)의 입구만을 표시한다. 여기서 대다수의 학생들은 무엇을 함수로 보는가 하는 의문을 가지게 마련이다.

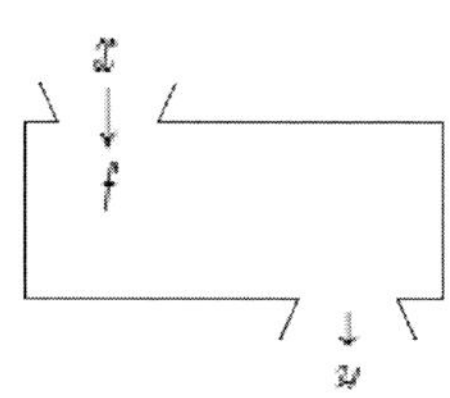

입출력 기계의 작용을 f라고 표시했을 때 f라는 입출력 기계의 작용 자체를 함수로 보아야 하며 정의역, 공역, 치역을 알아보기가 어려운 것이 단점이다.

보기 덧셈에서의 함수기계(함수기)의 원리

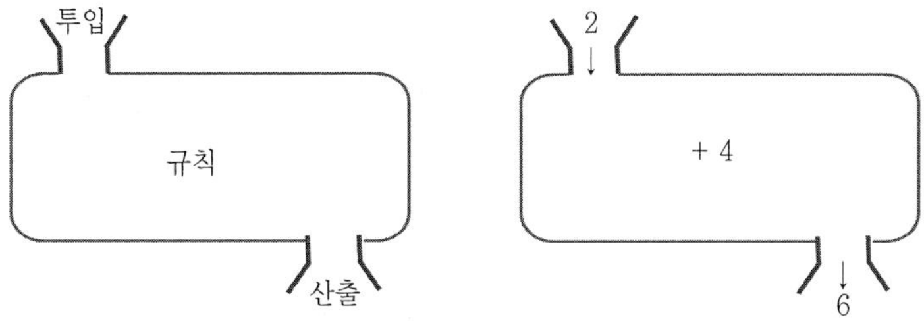

항

문서나 문장 따위에서 내용을 구분하는 단위의 한 가지로 수학에서는 다항식에서 각 개의 단항식, 분수에서는 분모나 분자, 두 양의 비에 있어서는 각개의 양, 급수를 이루는 각 개의 수를 항(term)이라 한다.

보기 등식 15 + x = 60에서 15, x, 60이 이식의 항이다. 여기서 x와 같이 그 값을 알 수 없는 항을 '미지항(indeterminate)'이라고 한다.

황금비

(긴 변)과 (짧은 변)의 비가 (전체)와 (긴 변)의 비와 같아지도록 선분을 분할하는 것을 황금분할이라고 한다. 아래 그림에서 a : b = a + b : a를 만족하는 것을 말하며, 이때 b를 1로 놓으면 a는 약 1.618이 되는데 이것이 황금비(golden ratio)에 해당하는 비율이다.

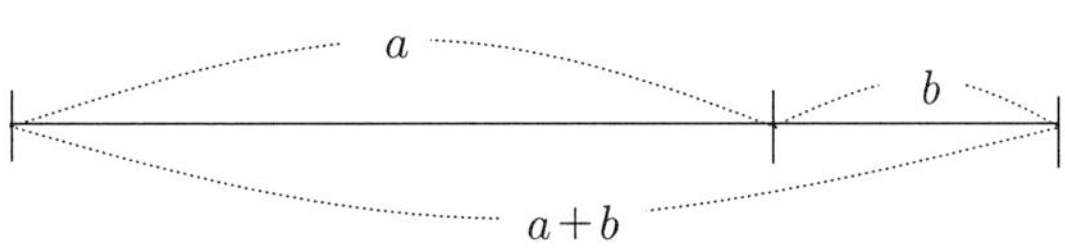

$$\frac{a}{b} = \frac{a+b}{a} = 1.618\cdots$$

후항

둘 이상의 항 가운데 뒤에 있는 항을 후항(the latter term)이라 한다.

보기 비 2 : 3에서 3이 후항이다. 즉, 비에 있어서 앞에 있는 항을 '전항', 뒤에 있는 항을 '후항'이라 한다.

C·H·A·P·T·E·R 5

자료와 가능성 영역의 용어해설

가능성

어떤 사건이 일어나게 될 가능성(chance) 혹은 확률(probability)을 말하며 가능성은 확률의 초등용어이다.

보기 정상적인 주사위를 한 번 던지는 실험에서 짝수이거나 3의 배수인 눈이 나올 가능성(확률)은 $p(\{2, 3, 4, 6\}) = p(\{2\}) + p(\{3\}) + p(\{4\}) + p(\{6\}) = \frac{1}{6} + \frac{1}{6} + \frac{1}{6} + \frac{1}{6} = \frac{2}{3}$가 된다.

경우의 수

어떤 일이 일어날 수 있는 경우의 가짓수를 경우의 수(a number of cases)라고 한다. 즉, 어떤 사건이 일어날 수 있는 방법이 n가지라면 그 사건이 일어나는 경우의 수는 n이다. 어떤 사건이 같은 상태에서 반복 할 수 있고 그 결과가 우연에 의해 좌우되어 나타나는 실험이나 관찰을 시행이라고 한다. 그리고 한 시행에서 나타날 수 있는 모든 경우의 수의 집합을 그 시행의 표본공간 또는 전사건이라 하고, 표본공간의 부분집합을 사건이라고 한다. 이때, 오직 한 원소로 이루어진 사건을 근원사건이라 한다. 또 시행에서 나타날 수 없는 것도 하나의 사건으로 볼 때, 이를 공사건이라 하고, 기호 $\varnothing$로 나타낸다.

경우의 수를 가르치기 위해서 초등학교에서는 아동들의 일상생활과 밀접한 관련을 가진 생활 소재를 사용하는 것이 바람직하다.

보기 1 한 개의 주사위를 던졌을 때, 나오는 눈은 1, 2, 3, 4, 5, 6 중의 어느 하나이고, 나올 수 있는 경우의 수는 6가지이다.

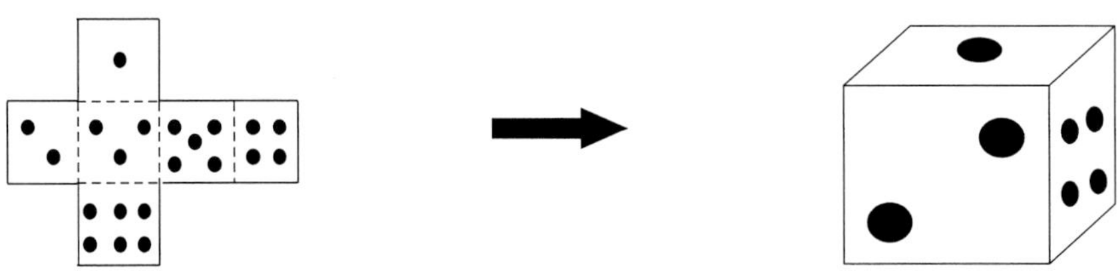

(주 사 위)

보기 2 윗옷 3가지와 바지 2가지를 입는 경우의 수는?
→ (ㄱ, 가) (ㄱ, 나) (ㄴ, 가) (ㄴ, 나) (ㄷ, 가) (ㄷ, 나) 의 6가지이다.

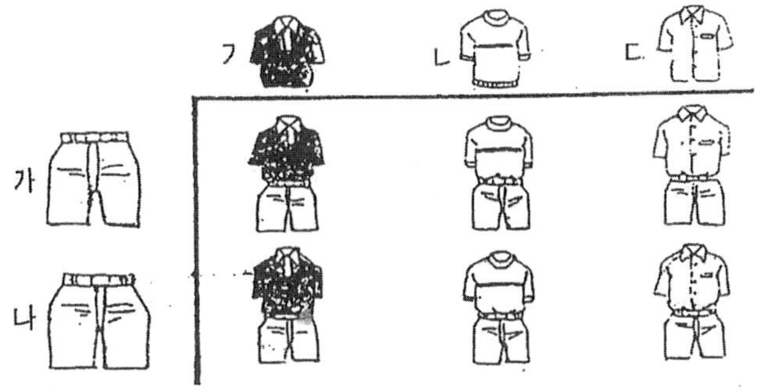

계급

계급(class)이란 확률과 통계의 도수분포표에서 주로 사용되며 '얼마 이상~얼마 미만'과 같이 급간의 한 단계를 의미한다.

보기 원반던지기 기록으로 계급을 보면 다음과 같다.

〈원반던지기 기록〉

거 리(m)	학 생 수	
30이상 ~ 34미만	//	2
34이상 ~ 38미만	卌 /	6
38이상 ~ 42미만	卌 /	6
42이상 ~ 46미만	卌 卌 ////	14
46이상 ~ 50미만	///	3
50이상 ~ 54미만	/	1
합 계	32	

위의 원반던지기 기록표에서 30m이상~34m미만을 30~34로 나타내고, 이를 '계급'이라고 한다.

참고

▸ 도수가 가장 큰 계급은 42~46으로 도수는 14이다.

그래프

그래프(graph)란 자료의 특징이나 수량 사이의 관계를 직관적으로 알아보기 쉽게 표를 그림으로 나타낸 것으로 주어진 수 집합이나 순서쌍을 수직선 또는 x, y 평면에 나타낸 점들의 집합이다.

그래프의 종류는 연구 분야나 표현 방법에 따라 매우 다양한 데 수학분야의 그래프는 크게 함수그래프와 통계그래프로 나눈다. 함수그래프는 비례·반비례그래프를 비롯하여 1·2차 함수그래프 및 삼각함수 그래프 등 함께 변화하는 두 양 사이의 관계를 시각적으로 나타낸 그래프이며, 통계그래프는 통계의 결과나 특징 등을 한 눈에 볼 수 있도록 통계자료를 시각적으로 나타낸 그래프이다.

최근 통계학의 발달과 함께 각종 컴퓨터 프로그램이 개발되면서 통계그래프는 자료의 종류에 따라 나타내는 방법이 다양하다.

초등수학에서 다루는 통계그래프에는 비교그래프(막대그래프, 그림그래프, 줄기와 잎 그림), 경과그래프(꺾은 선 그래프), 비율그래프(띠그래프, 원그래프) 등이 있다.

보기 학용품 조사표를 띠그래프로 나타내 보면 다음과 같다.

〈학용품 조사표〉

학 용 품	색연필	연 필	색종이	지 우 개	계
개 수	2	5	3	4	14

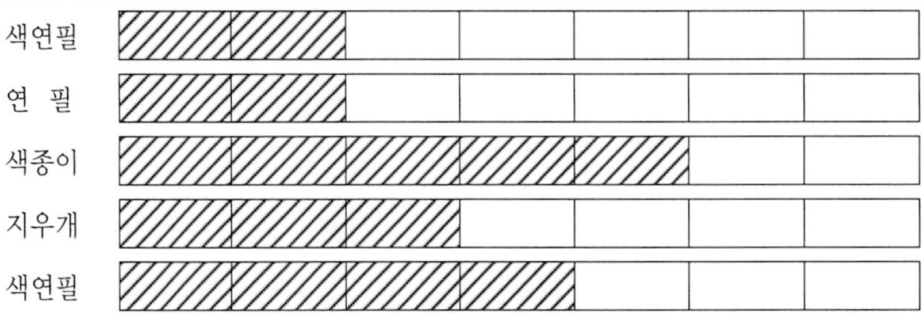

〈학용품의 띠그래프〉

참고

① 그래프를 그릴 때는 각 그래프의 특징을 알고 목적에 따라서 적당한 그래프를 선택하여야 한다.

② 그래프의 크기는 세로축과 가로축이 5 : 3정도 되도록 하면 보기에 아름답다.

③ 그래프가 갖추어야 할 조건은 윗부분에 표제나 부제를 써 넣고, 몸체에 눈금의 단위 눈금선, 눈금의 숫자, 가로 세로축에 대한 설명, 그리고 아랫부분에 조사기간, 년 월 일, 출처, 각주 등을 써 넣는다.

그래프의 특징

각각의 그래프에 대한 주요한 특징은 아래와 같다.

① 막대그래프

- 각 부분의 상대적인 크기를 비교할 수 있다.
- 수치의 크기를 정확히 나타낼 수 있다.
- 전체의 개관이 가능하다.
- 주로 속성 통계를 나타내는데 사용한다.
- 연속적인 변화를 알기에 불편하다.
- 전체와 각 부분과의 비율을 알기 어렵다.

② 그림그래프

- 수의 크기를 실물 모양의 그림 크기로 나타내므로 의미가 쉽게 파악된다.
- 시각적인 게시 효과가 크다.
- 구체적인 형태 위에 수량을 나타낼 수 있으므로 위치나 지역 파악 등 생동감 있는 자료로 활용될 수 있다.

③ 줄기와 잎 그림

- 각 부분의 상대적인 크기를 비교할 수 있다.
- 정확한 값을 알 수 있다.
- 체의 개관이 가능하다.
- 그리기가 쉽다.
- 두 집단을 비교해서 볼 수 있다.
- 막대그래프와 달리 속성 통계가 아니라 양적 통계를 나타내는데 사용한다.
- 연속적인 변화를 알기에 불편하다.
- 전체와 각 부분과의 비율을 알기 어렵다.
- 숫자로만 표시되어 있어서 그래프라기보다는 표와 같은 느낌이 강하다.

④ 꺾은선그래프

- 시간에 따른 연속적 변화를 한눈에 파악하기 쉽다.
- 꺾은선그래프로 나타내는 자료는 이산적(離散的)인 것이 아니라 연속적(連續的)이다.
- 꺾은선의 상승, 하강의 완급(緩急)에 의하여 증감의 상황을 파악하기 쉽다.
- 부분 상호의 비교가 가능하다.

⑤ 띠그래프
- 부분과 전체, 부분과 부분의 비율을 알기 쉽다.
- 길이로 비율을 나타내므로 보기에 쉽다.
- 그리기, 읽기가 쉽다.
- 수치가 적은 항목은 나타내기 곤란하다.
- 부분의 차를 보는 데는 쉽지 않다.

⑥ 원그래프
- 전반적인 관계를 알기 쉽다.
- 부분과 전체, 부분과 부분 상호간의 비율을 한눈에 알 수 있다.
- 좁은 공간에 띠그래프보다는 많은 항목을 넣을 수 있고, 작은 비율도 비교적 쉽게 넣을 수 있다.
- 그리기가 어렵고, 실제량의 크기나 변화의 상황을 나타내는 데 적당하지 않다.

그림그래프

보는 사람의 흥미와 식별의 편이를 위해 그림이나 도안 등으로 수량을 나타낸 그래프를 그림그래프(picture graph)라고 한다.

* 그림그래프는 표와 비교하여 통계적인 사실을 직관적으로 쉽게 알 수 있고, 각 변량간의 통계적 사실을 서로 비교하기 쉽다.

보기 1 아래 표를 보고 그림그래프를 그리시오.

마을별 학생 수

마을	호수	숲속	무지개	양지	산지	합계
학생 수 (명)	17	25	19	30	16	107

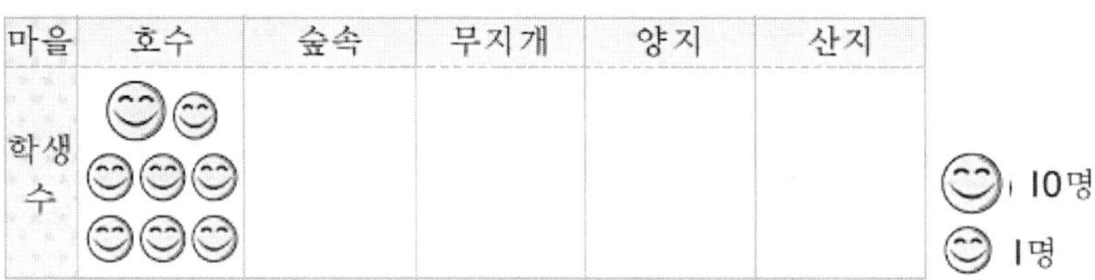

보기 2 마을별 다문화 가정의 수를 조사하여 표로 나타내었습니다. 마르별 다문화 가정의 수를 서로 비교하기 쉬운 그래프로 알아봅시다.

마을별 다문화 가정의 수

마을	꿈	평화	새싹	웃음	사랑	합계
다문화 가정의 수(가구)	42	18	38	10	24	132

- 조사한 표를 그래프로 그릴 때 막대그래프와 그림그래프 중에서 어느 그래프가 더 좋다고 생각합니까?
- 왜 그렇게 생각합니까?
- 표를 보고 그림그래프를 완성하시오.
- 다문화 가정의 수가 새싹 마을의 다문화 가정 수의 반쯤 되는 마을은 어느 마을입니까?
- 다문화 가정의 수가 웃음 마을의 다문화 가정 수의 배쯤 되는 마을은 어느 마을입니까?
- 다문화 가정의 수가 많은 순서대로 마을 이름을 쓰시오.

〈 〉

마을	다문화 가정의 수
꿈	
평화	
새싹	
웃음	
사랑	

 10가구

 1가구

기댓값

변량 X가 서로 다른 값 x_1, x_2, x_3, $\cdots$, x_n 중 어느 한 값을 취하고, 또 X가 x_1, x_2, x_3, $\cdots$, x_k 의 값을 취할 확률을 각각 p_1, p_2, p_3, $\cdots$, p_k라고 할 때, $x_1p_1+x_2p_2+x_3p_3+\cdots x_kp_k$를 X의 기댓값(expected value) 또는 기대치라 하고, 기댓값의 첫머리 글자 E를 따서 $E(X)=x_1p_1+x_2p_2+x_3p_3, \cdots, x_kp_k$로 나타낸다.

보기 주사위를 한번 던져서 나오는 눈의 수에 대한 기댓값은 나올 수 있는 눈의 가짓수가 1에서 6까지이고 각 눈이 나올 확률이 $\frac{1}{6}$이다. 그러므로 나오는 눈의 수에 대한 기댓값은 $1\times\frac{1}{6}+2\times\frac{1}{6}+3\times\frac{1}{6}+4\times\frac{1}{6}+5\times\frac{1}{6}+6\times\frac{1}{6}=3.5$가 된다.

기록

수나 사물을 셀 때, 줄을 그어 하나씩 표시하는 방법을 기록(tally)이라 한다.

보기 다음은 어느 초등학교 3학년의 한반에서 한 학기 동안 지각을 한 학생들의 기록을 나타낸다.

원영	卌 ||
영찬	卌
현우	卌 |
지희	||

기술통계학

이미 존재하는 자료를 수집하여 표나 그래프로 나타내거나 대푯값, 산포도, 상대적 위치, 분포형태 등을 구하여 수집된 자료의 전체적인 특성을 쉽게 파악할 수 있도록 자료를 정리하여 요약하는 방법을 연구하는 통계의 한 분야를 기술통계학(descriptive statistics)이라 한다.

기하평균

기하학에서 많이 발견되는 평균이란 뜻에서 붙여진 이름으로 여러 개의 수를 연속적으로 곱하여 그 개수의 거듭제곱근으로 구한 수를 기하평균(geometric mean)이라 한다.

보기 작년의 물가상승률이 5%이고 금년에는 13%였다면 지난 2년 동안의 평균 물가상승률은 많은 사람들이 $\frac{5+3}{2}$ = 9%라고 생각하기 쉽다. 그러나 차분히 생각해 보면 이 경우의 평균 물가상승률은 다음 관계를 만족하는 값 r이 됨을 알 수 있을 것이다.
즉, $(1 + r)^2 = 1.05 \times 1.13$
따라서 평균 물가 상승률은 9%가 아니라 r=0.089, 다시 말해 8.9%가 된다.

참고

- 기하평균은 넓이, 부피, 비율 등 곱으로 이루어지는 값들의 평균을 구하는 데 주로 사용된다. 직사각형의 넓이를 결정하는 가로와 세로의 길이의 기하평균은 동일한 넓이의 정사각형의 한 변의 길이를 의미하고, 직육면체의 부피를 결정하는 가로,

세로, 높이 세 값의 기하평균은 동일한 부피의 정육면체의 한 모서리의 길이를 의미한다. 이를 응용하면 최근 5년간의 물가상승률의 기하평균을 구함으로써, 한 해의 평균적인 물가상승률을 구할 수 있다.
[네이버 지식백과] 기하평균 [geometric mean, 幾何平均] (두산백과)

꺾은선 그래프

꺾은선 그래프(line graph)는 하루 중 시간에 따른 기온의 변화, 물을 가열하고 식히면서 시간에 따른 물의 온도 변화 등과 같이 연속적으로 변화하는 자료의 변화 모습을 잘 알 수 있게 그림으로 나타낼 때 사용하는 그래프이다. 그러므로 꺾은선 그래프의 가로 눈금에는 경과하는 시간, 월별, 연도별 등 이산적 자료가 아니라 연속적 자료이다. 꺾은선 그래프를 보고 알아낼 수 있는 사실은 다음과 같다.

- 가로의 눈금, 세로의 눈금이 나타내는 것
- 최댓값과 최솟값
- 증가와 감소
- 변화가 심한 것과 변화가 없는 것
- 연속량의 한 구간의 중간점의 수량을 짐작해보기

한편 막대그래프는 막대의 길이를 조사하는데 비해서, 꺾은선 그래프는 선분의 기울기를 조사하므로 그래프를 그릴 때 각 항목의 폭을 반드시 등 간격으로 잡아야 함을 유의하여야 한다. 일반적으로 꺾은선 그래프를 그리는 순서는 다음과 같다.

- 가로의 눈금과 세로의 눈금에 나타낼 것을 정한다.
- 세로의 작은 눈금 한 칸의 크기를 정한다.
- 표를 보고 가로, 세로의 눈금에서 각각 찾아 만나는 자리에 점을 찍게 한다.
- 점들을 자를 대고 선분으로 잇게 한다.

이때 주의할 점은 점을 이을 때 차례대로 순서에 맞게 이어야한다. 또한 선분을 연결할 때

빠진 점은 없는지, 잘못 연결한 점은 없는지를 반드시 검토하게 한다. 아래 그림은 꺾은선 그래프를 틀리게 그린 경우의 대표적인 사례이다.

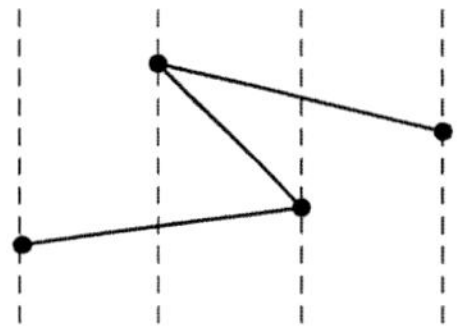

(차례대로 잇지 않았다.)

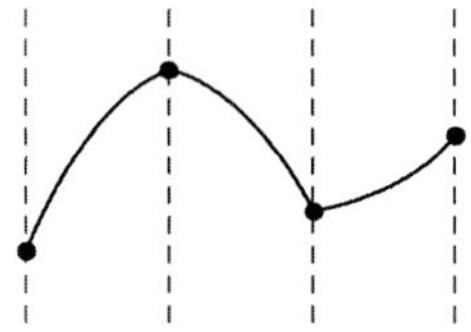

(점들을 곡선으로 이었다.)

〈지희네 교실의 온도〉

시각(시)	오전 9	10	11	12	오후 1	2	3
온도(℃)	7	8	10	13	17	16	14

〈지희네 교실의 온도〉

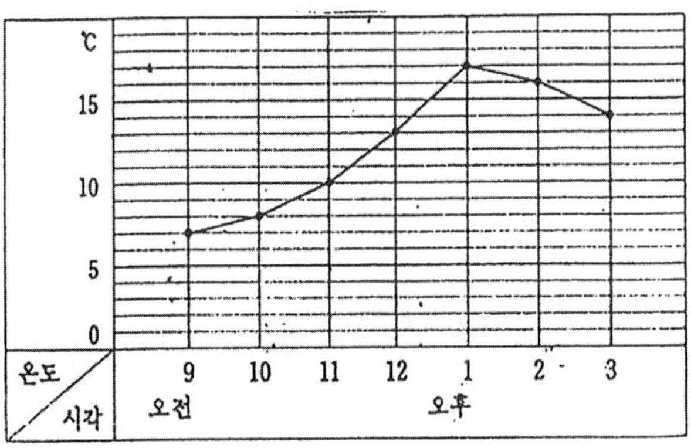

〈물결선표시의 예시〉

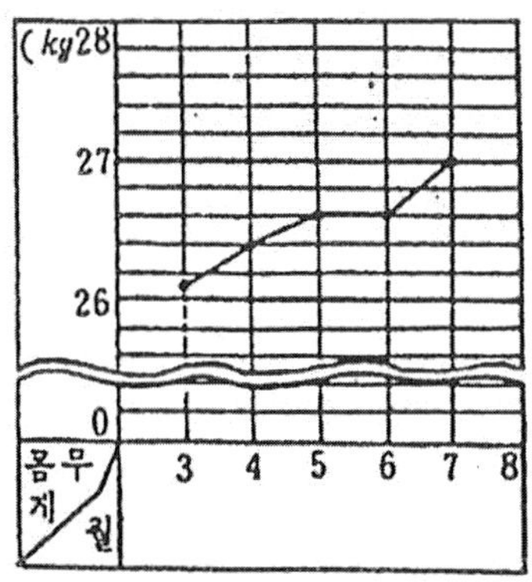

참고

- 물결선은 변화를 보다 뚜렷하게 알아보기 위해서 세로 눈금의 필요 없는 부분을 물결선(≈)으로 나타낸다.

대푯값

산술적인 계산을 하여 자료를 요약, 표현하는 방법으로서 어떤 집단의 특성을 알 수 있는 양적인 자료를 대표하는 값을 대푯값(representative value)이라 하고, 대푯값에는 평균, 중앙값, 최빈값 등이 있다.

보기 8개의 관찰 값이 1.0, 1.1, 1.2, 1.2, 1.2, 1.4, 1.4, 1.4 인 경우 1.2와 1.4가 각각 3번씩 나타나므로 최빈수는 1.2와 1.4가 된다. 반면에 6개의 관찰 값이 1.2, 1.2, 1.4, 1.4, 2.0, 2.0인 경우 개개의 관찰 값에 대한 빈도가 모두 같으므로 최빈수는 존재하지 않는다.

도수

어떤 기간 동안 특정 사건이 발생한 횟수 또는 어떤 자료에서 특정 항목이 발생한 횟수를 말하거나 아니면 각도, 온도, 광도 등의 크기를 나타내는 수치의 정도를 도수(度數, frequency)라 한다. 여기서 도(度)는 '헤아린다.'는 뜻을 가지고 있기 때문에 도수(度數)는 '헤아려서 구한 값' 또는 '헤아려서 구한 수' 정도로 해석할 수 있다.

보기 우리 반에서 오늘 결석한 학생 수, 일 년 동안 비가 온 날의 수, 우리 반 친구들 중 생일이 9월 달인 사람의 수 등이 모두 도수에 해당한다. 자료와 가능성에서 도수는 도수분포표에서 각 계급에 대한 자료의 수를 의미한다.

도수분포표

어떤 자료를 계급에 대한 도수로 나타낸 표를 도수분포표(frequency distribution table)라고 한다.

보기 도수분포표에서 계급과 도수 알아보기

〈우리 학급 학생들의 키〉

키 (m)	단위 수 (셈표)	도수 (명)
130이상 ~ 135미만	/ / /	3
135이상 ~ 140미만	~~////~~	5
140이상 ~ 145미만	~~////~~ /	6
145이상 ~ 150미만	~~////~~ / /	7
150이상 ~ 155미만	/ / / /	4
155이상 ~ 160미만	/ /	2
합　　계		27

* 계급 : 범위를 정한 것(이상 – 미만)

* 도수 : 계급에 대한 자료의 수

도수를 헤아릴 때에는 ' / '와 같은 셈표(tally mark)를 이용한다. 5씩 묶어서 세면 편리하다.

참고

» 도수분포표를 그래프로 나타낸 것이 '히스토그램'이다.

독립변수

방정식 y=5x + 2에서 x는 임의의 수로서 하나의 독립변수(independent variable)가 된다.

독립사건

어떤 사건이 일어날 가능성이 다른 사건이 일어날 가능성에 영향을 미치지 않을 때, 두 사건을 독립사건(independent event)이라 한다.

보기 밤에 일찍 자면 아침에 일찍 일어날 가능성이 높다. 그러므로 밤에 일찍 자는 것과 아침에 일찍 일어나는 것은 서로 독립사건이 아니다. 왜냐하면 서로 영향을 미치기 때문이다. 하지만 밤에 음악을 듣는 것과 아침에 우유가 배달되는 것은 서로 아무런 영향을 미치지 않으므로, 이 두 사건은 독립사건이다.

띠그래프

띠 즉, 넓이가 좁고 길다 란 끈 같은 것으로써 그린 그래프를 띠그래프(band graph)라 한다.

띠그래프는 전체에 대한 각 부분의 비율을 큰 항목부터 차례로 구분하여 띠(직사각형) 모양으로 나타낸 그래프이다. 띠그래프는 작성과 읽기가 쉽고, 같은 종류의 구성 비율 비교에 편리하다. 또한 가로에 구성 비율을 나타내고 있어 부분과 전체, 부분과 부분의 비율을 알아보기 쉬우며, 그래프를 그리거나 읽는 데에 비교적 쉽다. 그러나 부분의 차를 알아보는 데에 쉽지 않으며 비율이 작은 부분들은 명확하게 표현하기 어렵다는 단점이 있다.

띠그래프를 그릴 때는 먼저 조사표에 나타난 각 수량의 백분율을 구한다음 아래와 같은 절차에 따라 그래프를 그린다.

- 띠 전체의 길이를 얼마로 하면 좋을 것인가를 결정한다.
- 수량의 크기에 따라 각 항목의 비율이 차지하는 길이를 구해 그래프에 나타내도록 한다.

- 조사표에서 각 항목별 배열순서가 의미 있는 경우에는 그 순서에 따라 그래프를 그리고, 의미가없는 경우에는 비율이 큰 순서대로 왼쪽에서 오른쪽으로 배열하며 여타 나머지 항목들은 맨 나중에 나타낸다.
- 띠그래프를 그릴 때는 일반적으로 분할된 띠의 각 옆 부분과 잘 구분되는 색을 칠하거나 빗금을 쳐서 각 부분의 한계가 분명히 드러나도록 한다.
- 분할한 띠 위에 각 항목들의 명칭을 쓴 뒤에 백분율의 크기를 쓴다. 이 때 백분율은 (   )속에 쓰는 것이 바람직하다.

보기 우리 반 친구들이 좋아하는 음식을 띠그래프로 나타내어 보아라.

〈우리 반 친구들이 좋아하는 음식〉

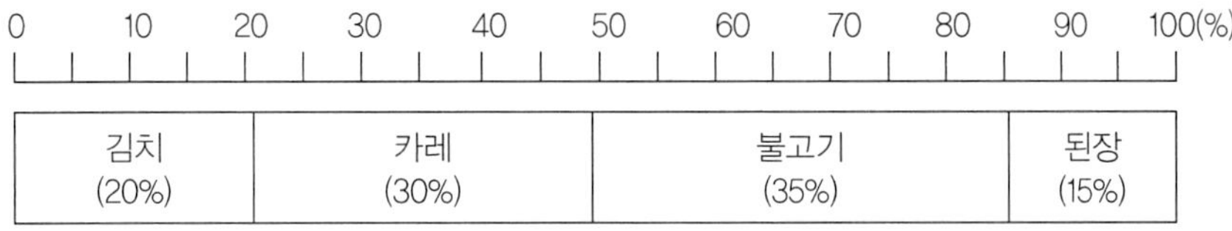

막대그래프

수량의 크기를 막대의 길이 또는 높이로 비교할 수 있도록 나타낸 그래프를 막대그래프(bar graph)라고 한다. 막대그래프는 통계 수량에 비례하는 길이를 막대로 나타낸다.

보기 현빈 이가 한 달 동안 한 운동을 막대그래프로 나타내면 다음과 같다.

〈현빈이가 한 달 동안 한 운동〉

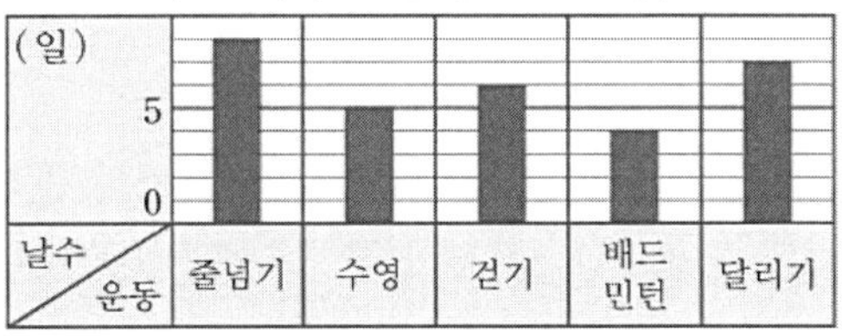

참고

▸ 막대그래프 그리는 방법

① 가로와 세로 중에서 어느 쪽에 조사한 수량을 나타낼 것인지를 결정한다.

② 눈금 한 칸의 크기를 결정한다.

③ 조사한 수량 중에서 가장 큰 수를 나타낼 수 있도록 눈금의 수를 정한다.

④ 수량에 맞도록 막대를 그린다. 막대그래프에서 양의 크기는 막대의 폭이 아니라 그 길이로 나타난다는 것을 이해시킨다.

⑤ 막대그래프에 제목을 붙인다.

참고

▸ 표는 항목별로 수량을 정확한 수치로 나타내며, 수량의 합계를 나타낼 수가 있다. 이에 비하여 막대그래프는 수량을 직접 막대의 길이로 나타내어 부분과 부분을 서로 비교하기 좋도록 그림으로 표현한 것이다. 그림이 가지는 직관성을 이용하여 되도록 알기 쉽고 가급적 정확히 표현하여 그래프에 의한 사상의 특징을 쉽게 파악하도록 한 것이다. 수치의 크기를 정확하게 나타내거나 자세히 비교하는데 적당 하나, 연속적인 변화를 나타내는 데는 정당하지 않다.

참고

▸ 막대그래프의 장점

① 각 부분의 상대적인 크기를 비교하기가 쉽다.

② 전체의 개관을 알아 볼 수 있다.

③ 수계열일 때, 변량의 크기를 비교하면서도 경과를 알아 볼 수 있다.

참고

▸ 막대의 나비는 모두 같게 하고, 막대와 막대 사이의 간격도 같게 하는 것이 원칙이다. 막대그래프에는 막대를 세로로 세운 것과 가로로 눕힌 것 등 나타내는 방법이 여러 가지이다. 막대그래프는 수 값의 대소 비교가 편리하기 때문에 비교 그래프로써 널리 이용되고 있다.

무작위 추출

모집단에서 표본을 추출할 때, 모집단의 모든 원소가 표본으로 추출될 확률이 같도록 표본을 고르는 방법을 무작위 추출(random draw)이라 한다.

보기 주머니 속에 들어있는 카드를 보지 않고 끄집어낼 때, 모든 카드가 끄집어내어질 확률은 같다. 이러한 경우가 무작위 추출이 된다.

범위

자료 가운데 가장 큰 값과 가장 작은 값과의 차를 범위(range)라 한다. 범위는 계산하기가 쉬운 장점이 있지만 두 개의 극단적인 값에 지나치게 좌우된다는 문제점을 지니고 있다.

보기 10, 8, 7, 9, 12라는 값을 갖는 5개의 자료의 범위는 가장 큰 값 12에서 가장 작은 값 7을 빼준 값, 즉 12 - 7 = 5가 된다.

변수

문자가 여러 가지 값을 취할 때 그 문자를 변수(variable)라 한다. 즉 항상 변하지 않는 일정한 수를 상수라 한다면 언제든지 변할 수 있는 수를 변수라 한다. 일반적으로 변수는 알파벳 x, y, z 등으로 나타내며, 또 변수는 집합 X의 임의의 원소를 대표하는 수로 볼 수 있다. 이에 반하여 집합 X에서 특정한 1개의 원소나 수를 나타내는 문자나 숫자를 상수라 하고 a, b, c 등으로 나타낸다.

보기 방정식 y=5x +2에서 x와 y는 변수이고 5와 2는 상수이다. 변수가 취할 수 있는 값의 범위는 정해져 있는데 그 범위를 변역이라 한다.

참고

- 변수의 역사
  16세기 말 프랑스의 수학자 비에트가 처음으로 변수라는 용어를 사용했다고 알려져 있다. 당시 비에트는 미지수를 나타내기 위하여 모음 문자 A, E, I, O, U를 기지수를 나타내기 위하여 자음 문자를 사용했다고 한다. 그리고 1637년, 데카르트에 의하여 미지수를 x, y, z 등 알파벳의 마지막 문자들로, 기지수를 a, b, c 등 알파벳의 시작 문자들로 나타내는 표기법이 소개되었다. 데카르트가 고안한 이 표기법은 현대 수학에서도 널리 사용되고 있다(출처:http://terms.naver.com).

비율 그래프

전체에 대한 각 부분의 비율을 한 눈으로 파악하기 쉽도록 하기 위해 그림으로 나타낸 것을 비율 그래프(a graph of proportion)라 한다.

보기 어느 초등학교 전체 학생들의 스마트폰 사용용도를 조사한 결과는 아래 표와 같았다.

구 분	통화, 문자	SNS	오락	인터넷 검색	공부	기타	합계
학생수(명)	58	167	104	54	16	8	407
백분율(%)	14	41	26	13	4	2	100

이를 비율그래프로 나타내면 오른쪽과 같다.

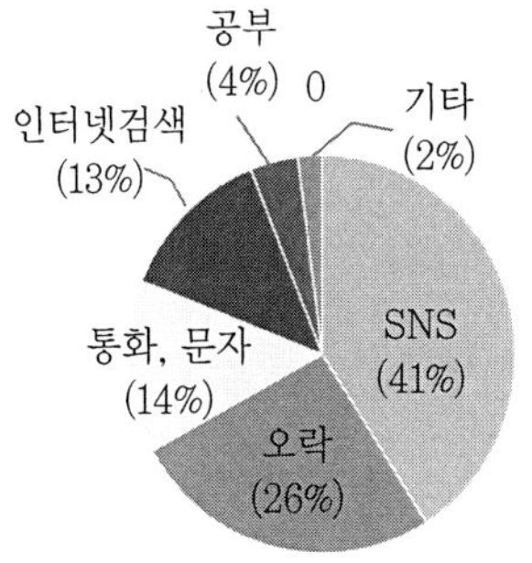

참고

- 그래프의 종류는 다음과 같다.

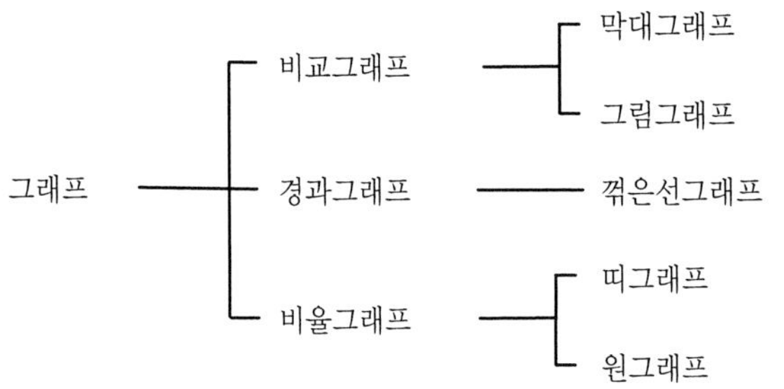

참고

- 비율 그래프의 특징

① 띠그래프

직사각형의 넓이가 총량(100%)을 나타내며, 구분된 직사각형의 부분이 전체의 부분, 부분과 부분 상호간의 구성 비율을 나타내는 그래프이다. 세로의 길이를 일정하게 할 때, 각 부분의 면적은 가로의 길이에 비례하게 되므로, 가로의 길이를 비교하여 쉽게 구성 비율을 읽을 수 있다.

〈 장점 〉

– 가로의 길이로써 구성 비율을 나타내고 있으므로 부분과 전체, 부분과 부분

과의 비율을 보기 쉽다.
- 그래프를 그리거나 읽는 데에도 비교적 쉽다.

〈 단점 〉
- 부분의 차를 보는 데에는 쉽지 않다.
- 비율이 작은 부분들을 명확하게 표현하기 어렵다.

② 원 그래프

원의 면적이 총량(100%)을 나타내며 구분된 부채꼴의 부분이 전체와 부분간의 비율을 나타내게 되는 그래프이다. 부채꼴의 면적은 호의 길이나 중심각의 크기에 비례하기 때문에 호의 길이나 중심각의 크기를 읽음으로써 각 구성 비율을 한 눈에 알 수 있다.

〈 장점 〉
- 부분과 전체, 부분과 부분 상호 간의 비율을 한 눈에 알 수 있다.
- 좁은 공간에 띠그래프 보다는 많은 항목을 넣을 수 있고 작은 비율도 비교적 쉽게 나타낼 수 있다.
- 전반적인 관계를 알기 쉽다.

〈 단점 〉
- 그리기가 좀 어렵고 실제량의 크기나 변화의 상황을 나타내는데 적당하지 않다.

사각형 그래프

네모 즉, 사각형 모양으로 나타낸 그래프를 사각형 그래프(rectangle graph)라고 한다.

* 사각형 그래프는 해당되는 면적을 전체 면적에 대한 백분율로 나타낸다.

보기 오른쪽 그림은 토지별 이용 넓이를 사각형 그래프로 나타낸 것인데, 여기서는 작은 눈금 한 개가 1%를 나타내고 있다. 사각형 그래프는 보통 정사각형으로 그린다.

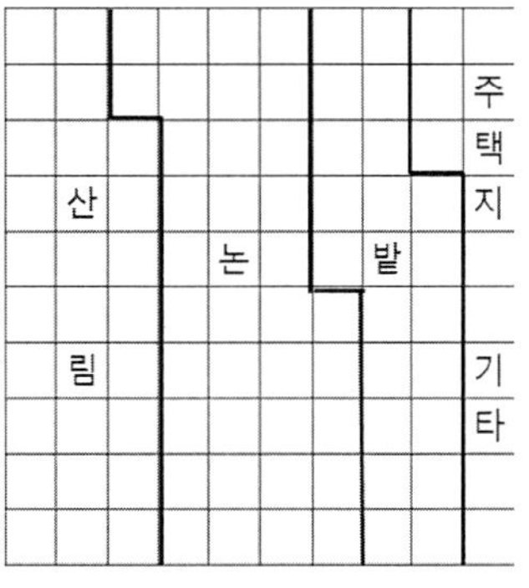

사건

확률실험으로 나올 수 있는 결과를 사건(event)이라 한다.

보기 주사위를 던졌을 때 짝수의 눈이 나올 사건, 3보다 큰 수가 나올 사건, 5가 나올 사건 등 다양한 사건이 일어날 수 있다.

산가지

대나무 또는 다른 재료로 만든 막대를 일정한 방법으로 늘어놓아 숫자를 계산하는 방법, 또는 그 막대를 산가지(counter)라 한다. 산목(算木)·산대·산책(算策)이라고도 한다. 요즈음은 빨대, 젓가락 등을 주로 사용하며 수 개념 형성 자료이다. 산가지는 10개를 1묶음으로 하여 '몇 십 몇'을 헤아리거나 셈할 때 이용한다.

즉, 1부터 99까지의 수 계열에서 낱개와 묶음자료로 더하거나 뺄 때 사용한다.

보기 6 + 13 = 19를 산가지로 나타내보면 다음과 같다.

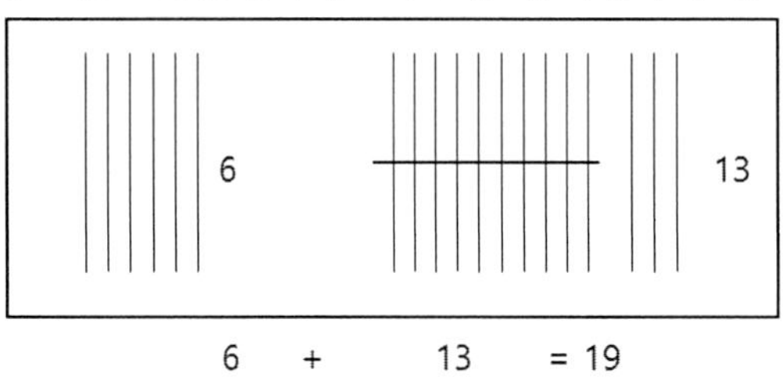

산포도

통계자료가 흩어져 있는 정도, 다시 말해 개개의 관찰 값이 중심 위치로부터 얼마만큼 벗어나 있는가를 나타내 주는 측도를 산포도(degree of scattering or measure of dispersion)또는 분산도라 하며, 산포도로는 범위, 사분위편차, 상자-수염그래프, 분산, 표준편차 등을 사용한다.

상관관계

두 변량 중 한쪽 양이 증가하거나 감소하면, 그에 대응하는 다른 양도 증가하거나 감소하는 경우, 두 변량 사이에는 상관관계(correlation)가 있다고 한다. 또 두 변량 x, y 사이의 관계를 도수분포표로 나타낸 것을 상관표, 두 변량 x, y를 순서쌍으로 하는 점(x, y)를 좌표평면 위에 그림으로 나타낸 것을 상관도, 그리고 상관관계의 정도를 수치화하는 방법으로 상관계수가 있다.

수형도

자료를 세기 편리하게 결과를 나뭇가지 모양으로 표기하는 방법을 수형도(tree diagram)라 한다.

보기 수형도는 주로 경우의 수를 구한다든지, 중등에서 소인수분해를 할 때 인수를 구하는 과정에서 많이 활용된다. 이를테면, 동전을 두 번 연속 던졌을 때 나올 수 있는 경우의 수는 아래 그림과 같이 4가지이다.

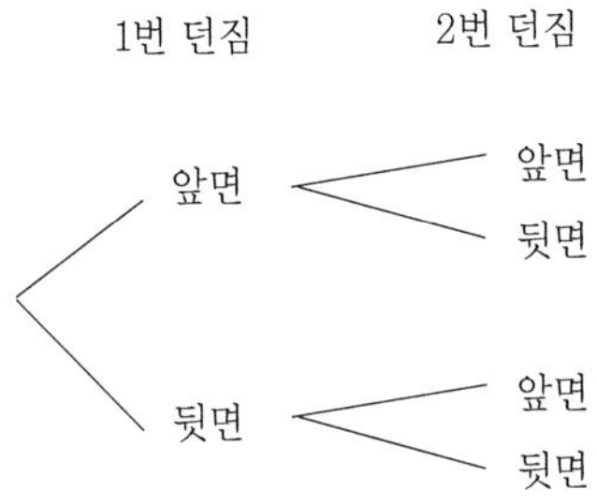

원그래프

원 전체를 1(100%)로 보고 각 부분의 비율(%,퍼센트)을 이용하여 부채꼴 모양으로 나타낸 그래프를 원그래프(circular graph)라 한다.

보기 종류별 쓰레기 발생량의 원 그래프

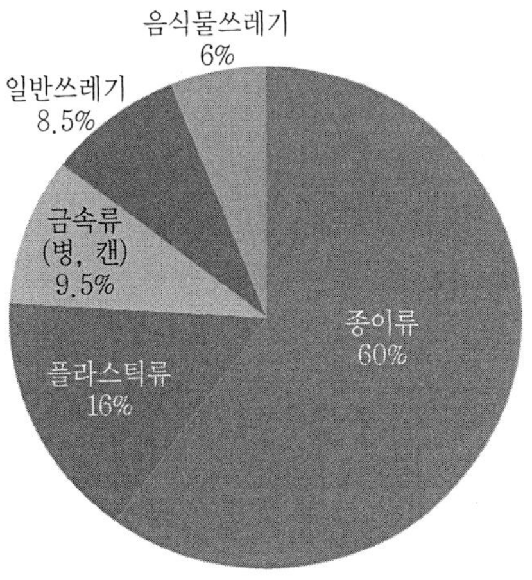

참고

- 원 그래프는 다음과 같은 절차에 따라 그린다.
  - 적절한 크기의 반지름을 정하여 원을 그린다.
  - 원의 중심으로부터 기준선을 잡아 그린다. 일반적으로 기준선은 중심에서 곧바로 위쪽으로 그린다.
  - 각도기로 각을 재어 기준선으로부터 해당하는 중심각을 그리도록 한다. 이 때 차례로 하나씩 시계방향으로 그려나가되 비율이 큰 것을 우선적으로 나타내고 기타의 것은 나중에 나타내는 것이 일반적이다.
  - 부분을 나타내는 부채꼴 안에 각 항목을 써넣어 표시한다.

자료

세거나, 측정하거나, 질문하거나 관찰하기를 통해서 얻을 수 있는 정보를 자료(data)라 한다.

조사연구

특정 집단의 특성을 알아보기 위해, 임의의 표본을 대상으로 설문을 하는 연구를 조사연구(survey)라 한다.

참고

- 조사연구는 대부분이 설문지 또는 전화인터뷰 등의 방법을 활용하는 것이 일반적이다.

조화평균

n개의 주어진 수들의 산술평균의 역수를 조화평균(harmonic mean)이라 한다. 조화평균은 평균적인 변화율을 구하는 데 자주 이용되는 것으로 주어진 정수 a_1, a_2, $\cdots$, a_n에서 이들의 조화평균을 H라 하면 $H=\dfrac{n}{\dfrac{1}{a_1}+\dfrac{1}{a_2}+\cdots+\dfrac{1}{a_n}}$이다.

보기 어떤 일을 하는데 원영이가 하면 15일, 영우가 하면 10일 걸린다. 두 사람이 같이하면 며칠이나 걸릴지를 알아보자. 전체의 양을 1이라고 하면 원영이는 하루에 $\frac{1}{15}$, 영우는 하루에 $\frac{1}{10}$을 할 수 있다. 두 사람이 같이 일을 하면 $1 \div (\frac{1}{15} + \frac{1}{10}) = 6$일 이 걸린다.

종속변수

방정식 y=5x + 2에서 y는 x의 값이 정해짐에 따라 그 값이 정해지며, 또 x가 일정한 비율로 증가하거나 감소하면 y도 같은 비율로 증가하거나 감소한다. 이와 같이 변수 y는 x에 종속되기 때문에 y를 종속변수(dependent variable)라 한다.

줄기와 잎 그림

자료를 말 그대로 식물의 줄기와 잎 형태로 정리하여 나타낸 그림을 줄기와 잎 그림(stem and leaf plot)이라고 한다.

보기 ① 줄기와 잎 그림 읽는 방법

줄기	잎				
4	0	4			
9	1	4	6	7	8
7	0	3	2	9	
3	5	8	9		
2	3				

⇒ 40, 44, 91, 94, 96, 97, 98, 70, 73, 72, 79, 35, 38, 39, 23

② 줄기와 잎 그림 그리는 방법

14, 16, 21, 23, 23, 26, 26, 35, ㉜, 41

줄기	잎				
1	4	6			
2	1	3	3	6	6
③	5	②			
4	1				

참고

- 줄기와 잎 그림은 일반적으로 자료의 수가 적을 때, 자료의 분포를 자세히 알기위한 목적으로 활용한다.

중앙값

자료의 수 값을 크기 순서로 나열했을 때 중앙에 위치하는 수 값을 중위수 또는 중앙값(median)이라고 한다.

만일 자료 x_1, x_2, x_3,⋯ ,x_n이 작은 수부터 차례로 나열된 수일 때, n이 홀수 즉 n= 2j − 1이면 중앙값은 x_j이고, n이 짝수 즉 n= 2j이면, 중앙값은 $\frac{x_j + x_{j+1}}{2}$이 된다.

보기 ① 5개의 자료 15, 14, 14, 14, 23에 대한 중앙값은 크기순으로 나열하면 14, 14, 14, 15, 23이 되며 n = 5이므로 3번째 값 14가 중앙값이 된다.
② 6개의 자료 3, 10, 12, 15, 16, 23에 대한 중앙값은 자료가 짝수 개이므로 3번째 값과 4번째 값의 평균인 13.5가 중앙값이 된다.

차트

정보를 어떤 일정한 형식에 맞추어 보기 쉽게 나타낸 것으로, 표나 그래프를 두루 아우르는 용어를 차트(chart)라 한다.

최빈값

빈도가 가장 큰 변량의 값을 최빈수 또는 최빈값(mode)이라고 한다.

보기 최빈값은 자료의 분포에 따라 1개 존재하는 경우, 2개 존재하는 경우, 존재하지 않을 경우도 있다. 이를테면, 6개의 관찰 값이 1.2, 1.2, 1.4, 1.4, 2.0, 2.0 인 경우는 관찰 값에 대한 빈도가 모두 같으므로 최빈값이 존재하지 않는다. 반대로 관찰 값이 1.0, 1.1, 1.2, 1.2, 1.2, 1.4, 1.4, 1.4 인 경우의 최빈값은 1.2와 1.4 2개가 된다.

추측통계학

모집단의 속성을 반영하는 표본을 활용하여 표본의 정보를 분석함으로써 모집단의 여러 가지 특성에 대해 과학적으로 추론하는 방법을 연구하는 통계학을 추측통계학(inferential statistics)이라 한다. 최근에는 그 범위를 확장해서 자연, 사회 및 인간생활의 모든 현상 중에서 불확실성, 다양성을 포함한 현상을 이해하고 파악하며, 의사결정을 하기 위하여 요구되는 자료의 수집, 요약정리, 모형개발, 분석기법, 추정논리 등을 연구하는 의사결정 과학으로 정의하기도 한다.

통계학

통계학(statistics)이란 용어는 시대나 이념, 연구 분야에 따라 다양하게 해석하고 있다. 통계학은 응용수학의 한 분야로서 자료를 수집·정리하고 과학적으로 분석하여 의사결정자에게 최적의 정보를 제공하는 제반 방법론을 연구하는 학문으로 정의하기도하고(교육심리학용어사전, 2000), 통계적 방법에 관한 지식체계로서 집단현상의 어느 측면을 수리화하여 집단 전체의 특성을 파악하는 학문으로 정의하기도 한다(강시중, 1993).

참고

- 초등학교에서 통계교육의 목표를 요약하면 아래와 같다.
  ① 표와 그래프를 읽고 그 의미를 이해할 수 있다.
  ② 자료를 수집하고 체계적으로 정리하여 표와 그래프로 표현할 수 있다.
  ③ 자료를 수집하여 분석해야 하는 문제 상황을 설정하고 문제를 만들 수 있다.
  ④ 주어진 자료를 분석하고 그 결과에 근거하여 추론하며 합리적인 주장을 할 수 있다.
  ⑤ 자료 분석과 추론에 근거하여 다른 사람의 주장을 평가할 수 있다.
  ⑥ 평균 개념을 이해하고 문제 상황에 적절하게 사용할 수 있다.
  ⑦ 합리적인 의사결정의 근거로 이용되는 통계자료와 그 표현 방법을 이해하고 음미할 수 있다.

퍼즐

수수께끼 또는 알아맞히기를 퍼즐(puzzle)이라 한다. 수학퍼즐은 우리가 교과서나 연습문제에서 보는 딱딱한 문제가 아니라, 놀이나 활동을 통하여 여러 가지로 궁리하여 흥미와 재미를 느끼면서 수학적 사고력과 창의력을 키울 수 있는 내용이다. 수학적 퍼즐이 무엇인지, 즉 어떤 종류의 것을 수학적 퍼즐이라고 정확히 정의 내리기는 쉽지 않다. 수학적 퍼즐 속에는 유희적 혹은 놀이적 요소가 담겨있어 아이들이 즐거운 마음으로 재미있게 해결할 수 있는 것일 것이다. 대체적으로 수학적 퍼즐이란 수학적 내용과 관련되어있고 해결 방법이 즉각적으로 떠오르지 않아 여러 가지로 궁리하여 해결하되 흥미와 재미를 더할 수 있는 것을 말한다. 이러한 수학퍼즐에는 성냥개비를 이용한 성냥개비 퍼즐, 수 퍼즐 등 다양한 퍼즐이 있다.

보기 성냥개비 퍼즐

1) 공간감각과 관련된 성냥개비 퍼즐

(1) 도형의 방향을 바꾸는 활동

① [하수준] 성냥개비 2개를 옮겨서 아래 그림의 위·아래가 바뀌도록 해 봅시다.

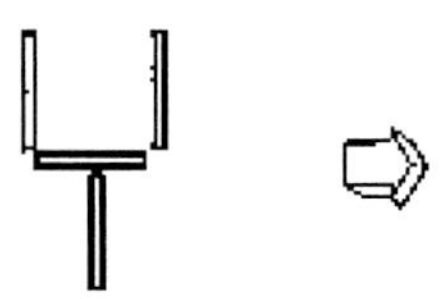

② [하수준] 교실에서 뛰어다니다 의자가 거꾸로 넘어졌습니다. 선생님이 오시기 전에 의자를 원래대로 바르게 놓으려고 합니다. 성냥개비 몇 개를 어떻게 옮기면 될까요?

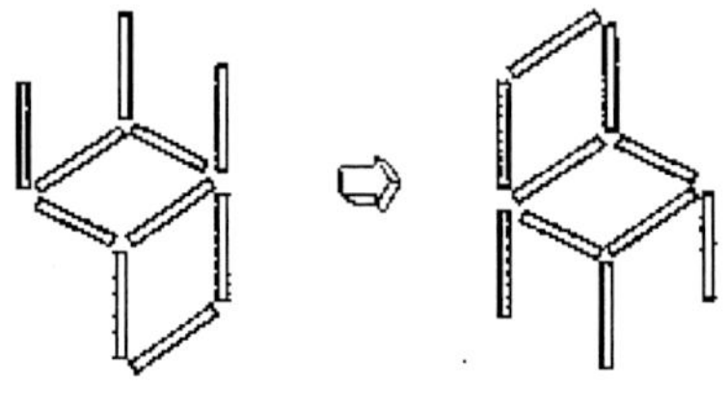

③ [중수준] 성냥개비 4개를 옮겨서 아래 그림의 위·아래가 바뀌도록 해 봅시다.

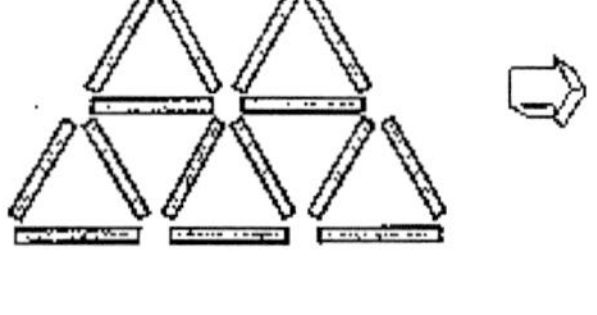

④ [상수준] 성냥개비 3개를 옮겨서 금붕어의 방향을 반대쪽으로 바꿔봅시다.

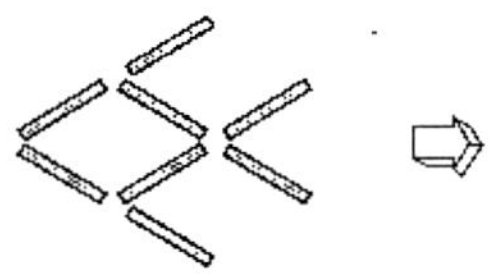

(2) 도형의 등분할 과 관련된 활동

① [하수준] 성냥개비 1개를 보태서 똑같은 크기의 직사각형 2개가 되도록 바꿔봅시다.

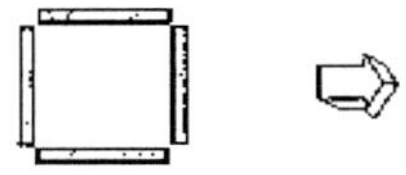

② [중수준] 성냥개비 2개를 옮겨서 똑같은 크기의 직사각형 4개가 되도록 바꿔봅시다.

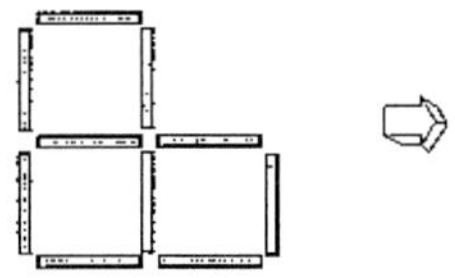

③ [상수준] 성냥개비 3개를 보태서 왼쪽 정삼각형이 똑같은 모양 3개로 나눠지도록 해 봅시다.

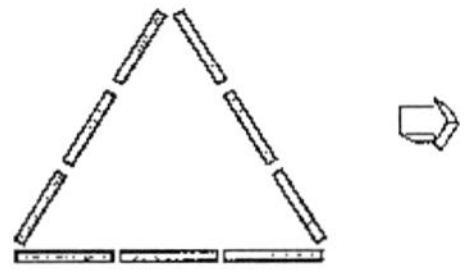

④ [상수준] 성냥개비 5개를 보태서 왼쪽 그림이 똑같은 모양 4개로 나눠지도록 해 봅시다.

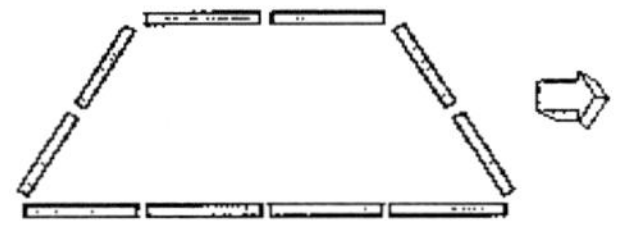

⑤ [상수준] 성냥개비 8개를 보태서 왼쪽 그림이 똑같은 모양 4개로 나눠지도록 해 봅시다.

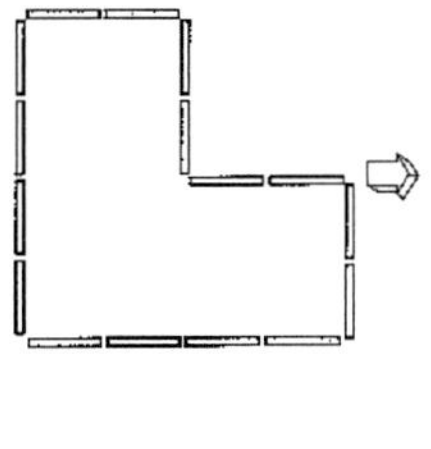

2) 도형의 개념과 관련된 성냥개비 퍼즐

① [하수준] 성냥개비 2개를 옮겨서 주어진 그림의 왼쪽 아래의 틈을 막고 정사각형 2개가 되도록 바꿔봅시다.

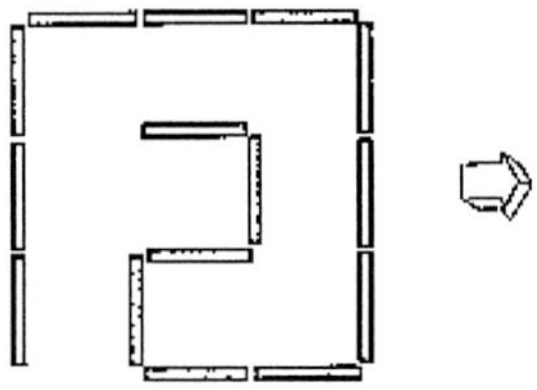

② [하수준] 3개의 마름모로 된 왼쪽 그림에서 성냥개비 2개를 옮겨서 크기가 같은 정삼각형 4개가 되도록 바꿔봅시다.

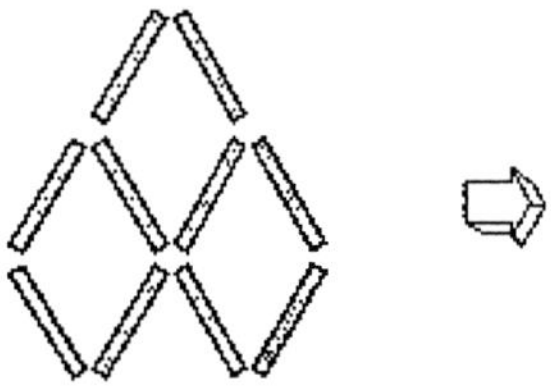

③ [하수준] 성냥개비 3개를 옮겨서 마름모 3개가 되도록 바꿔봅시다.

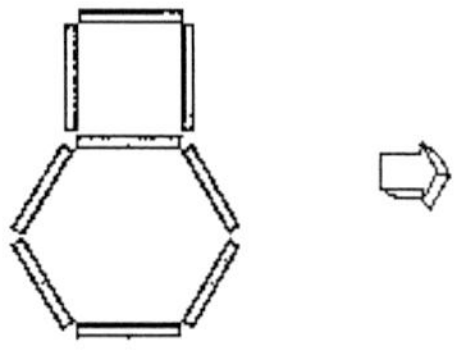

④ [중수준] 성냥개비 2개를 옮겨서 1개의 마름모와 1개의 정삼각형이 되도록 바꿔봅시다.

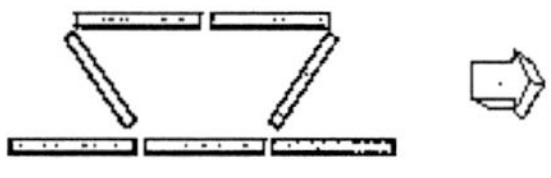

⑤ [중수준] 성냥개비 3개를 옮겨서 정사각형 3개가 되도록 바꿔봅시다(2가지 방법으로)

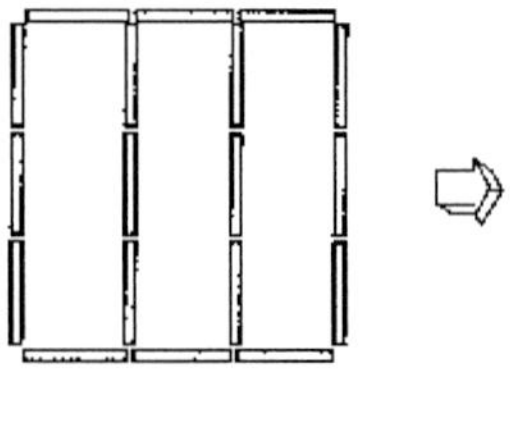

⑥ [상수준] 성냥개비 4개를 옮겨서 정사각형 3개가 되도록 바꿔봅시다.

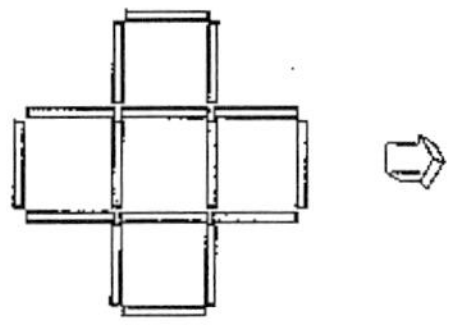

⑦ – 1. 성냥개비 2개를 빼내어 크기가 같은 정삼각형 6개를 만들어 봅시다.

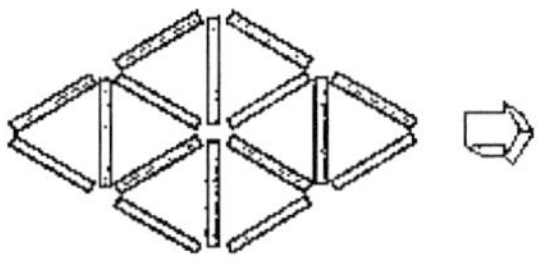

⑦ – 2. 성냥개비 3개를 빼내어 크기가 같은 정삼각형 5개를 만들어 봅시다.

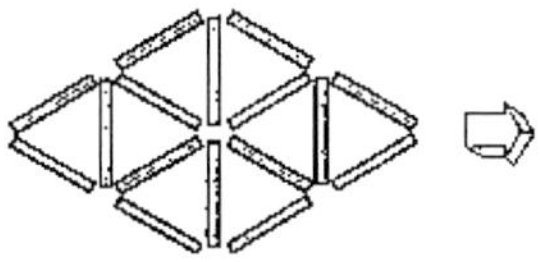

⑦ – 3. 성냥개비 4개를 빼내어 크기가 같은 정삼각형 5개를 만들어 봅시다.

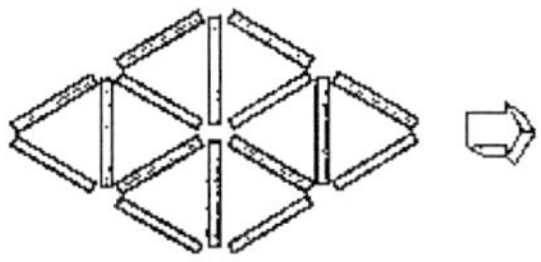

⑦ – 4. 성냥개비 4개를 빼내어 크기가 같은 정삼각형 4개를 만들어 봅시다.

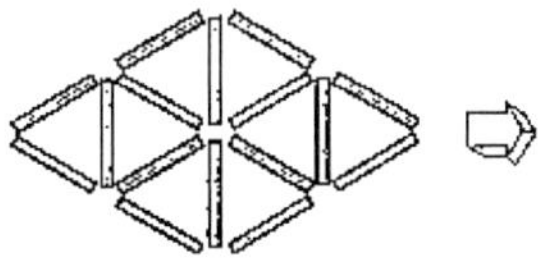

⑧ –1. 성냥개비 3개를 빼내어 크기가 같은 정삼각형 6개를 만들어 봅시다.

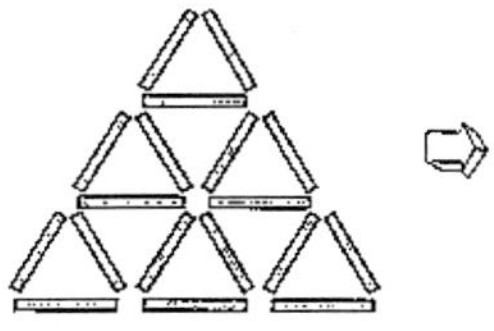

⑧ – 2. 성냥개비 4개를 빼내어 크기가 같은 정삼각형 5개를 만들어 봅시다.

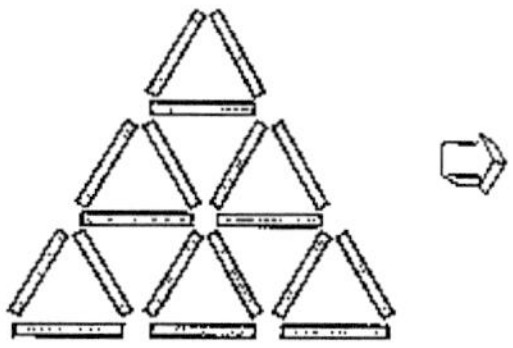

⑨ – 1. 성냥개비 2개를 옮겨서 크기가 같은 정사각형 4개를 만들어 봅시다.

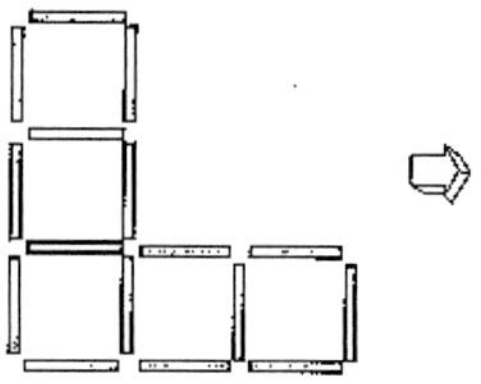

⑨ – 2. 성냥개비 4개를 옮겨서 크기가 같은 정사각형 4개를 만들어 봅시다.

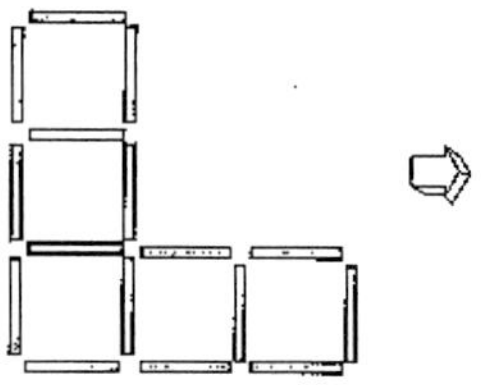

⑨ – 3. 성냥개비 4개를 옮겨서 정사각형 3개를 만들어 봅시다.

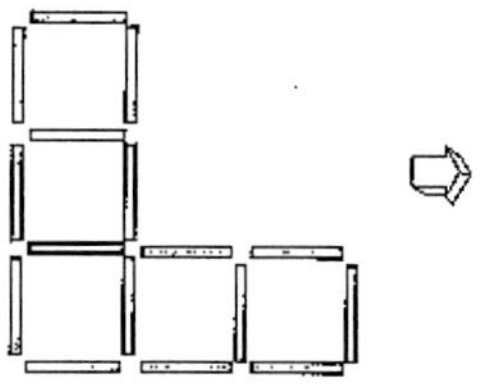

⑨ – 4. 성냥개비 6개를 옮겨서 정사각형 2개를 만드는 2가지 방법을 찾아봅시다.

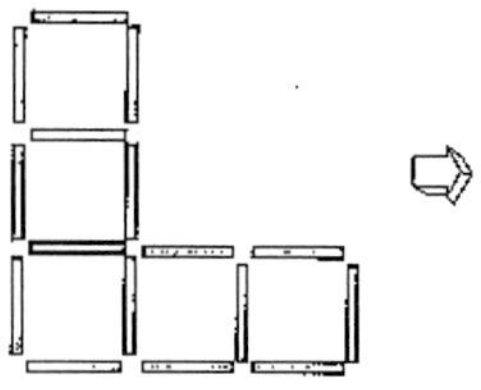

⑩ - 1. 성냥개비 4개를 빼내어 크기가 같은 정사각형 5개를 만들어 봅시다.

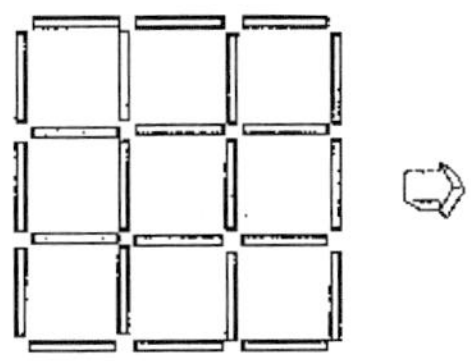

⑩ - 2. 성냥개비 6개를 빼내어 정사각형 3개를 만드는 4가지 방법을 찾아봅시다.

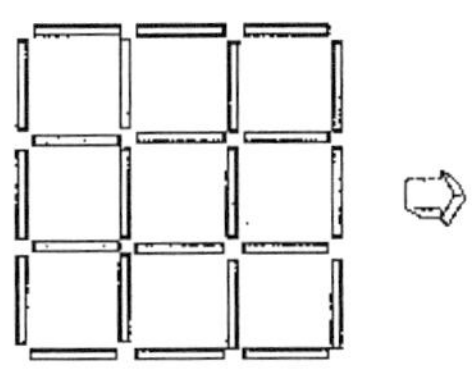

⑩ -1. 성냥개비 4개를 빼내어 크기가 같은 정사각형 5개를 만들어 봅시다.

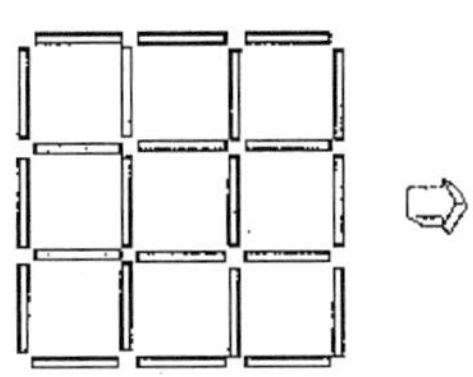

3) 도형의 넓이와 관련된 성냥개비 퍼즐

 의 넓이를 1이라 한다.

① 왼쪽 도형의 넓이는 2입니다. 성냥개비 2개를 옮겨서 넓이가 4인 도형으로 바꿔 봅시다.

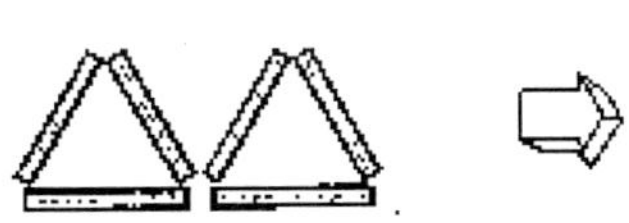

② 왼쪽 도형의 넓이는 3입니다. 성냥개비 2개를 옮겨서 넓이의 합이 5인 도형으로 바꿔봅시다.

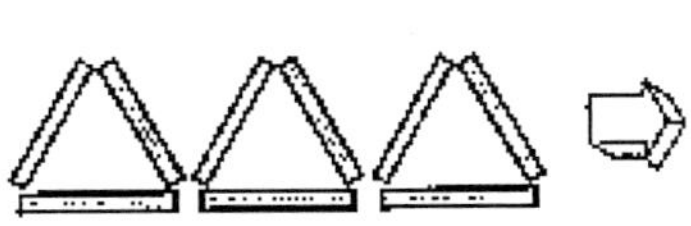

③ 왼쪽 도형에서 성냥개비 2개를 옮겨서 넓이가 5인 도형을 만들어 봅시다.

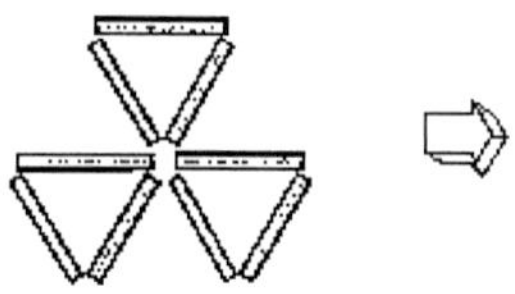

④ 왼쪽 도형에서 성냥개비 6개를 옮겨서 왼쪽 도형 넓이의 3배인 도형을 만들어 봅시다.

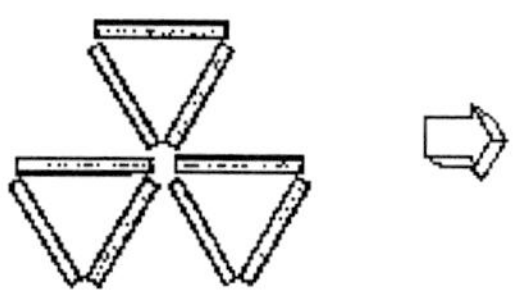

⑤ 왼쪽 도형에서 성냥개비 3개를 옮겨서 넓이가 3인 도형으로 바꿔봅시다.

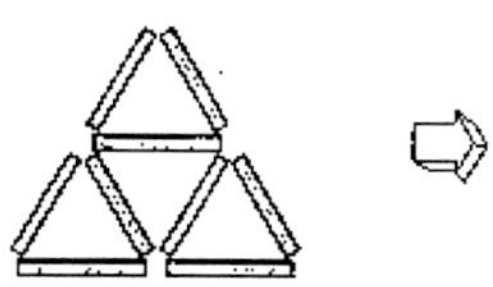

⑥ 왼쪽 도형에서 성냥개비 4개를 옮겨서 넓이가 5인 도형으로 바꿔봅시다.

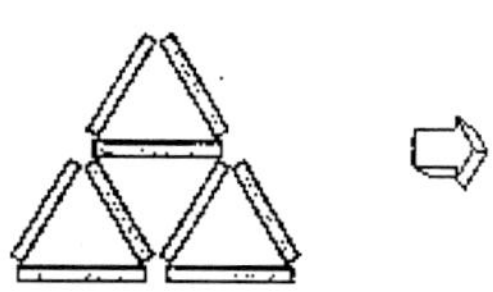

⑦ 왼쪽 도형에서 성냥개비 4개를 옮겨서 넓이가 7인 도형으로 바꿔봅시다.

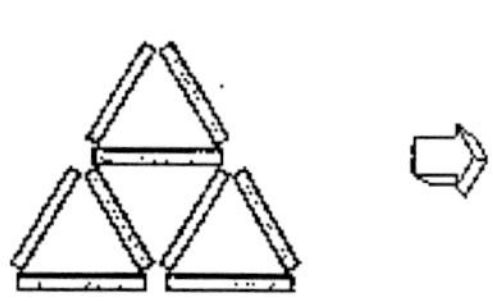

⑧ 왼쪽 도형에서 성냥개비 5개를 옮겨서 넓이가 9인 도형으로 바꿔봅시다.

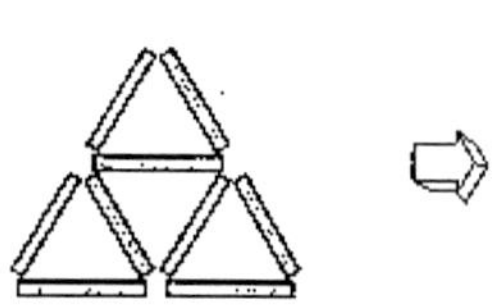

 의 넓이를 1이라 합시다.

⑨ 왼쪽 도형의 넓이는 2입니다. 성냥개비 4개를 옮겨서 넓이가 4인 도형으로 바꿔봅시다.

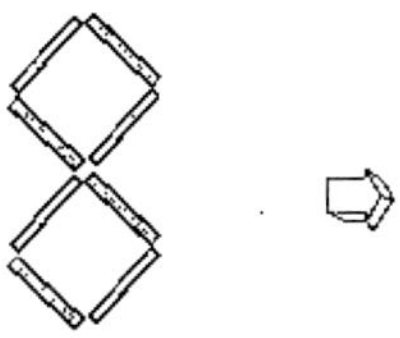

⑩ 왼쪽 도형의 넓이는 몇 입니까? 성냥개비 2개를 옮겨서 넓이가 4인 도형으로 바꿔봅시다.

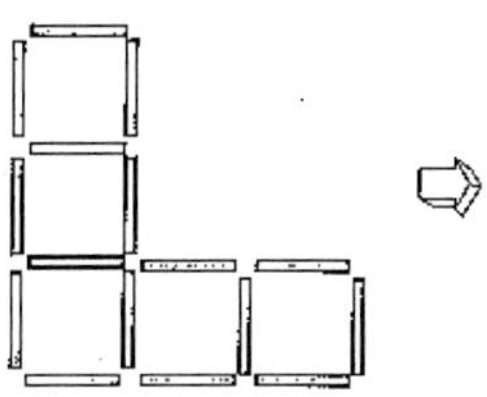

⑪ 왼쪽 도형에서 성냥개비 5개를 옮겨서 넓이가 5인 도형으로 바꿔봅시다.

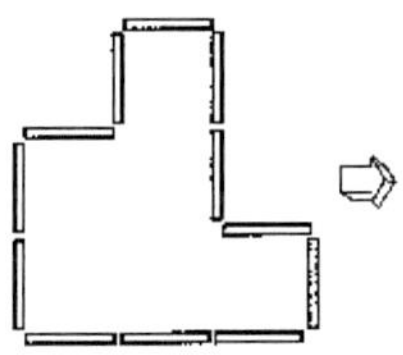

⑫ [상수준] 아래 그림은 성냥개비 12개를 사용하여 넓이가 6인 직각삼각형을 만든 것입니다. 여기서 성냥개비 3개를 움직여서 넓이가 4인 도형으로 바꿔봅시다.

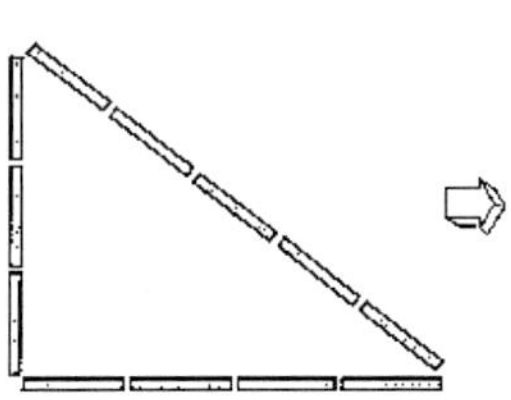

⑬ [상수준] 왼쪽 그림은 넓이가 16인 정사각형 모양의 방을 넓이가 각각 8, 3, 3, 2인 작은 방으로 나눈 것입니다. 방 안쪽에 칸막이로 사용된 성냥개비 9개 중 몇 개를 옮겨서 오른쪽 그림과 같이 넓이가 각각 6, 6, 4인 작은 방 3개로 나누려고 합니다.

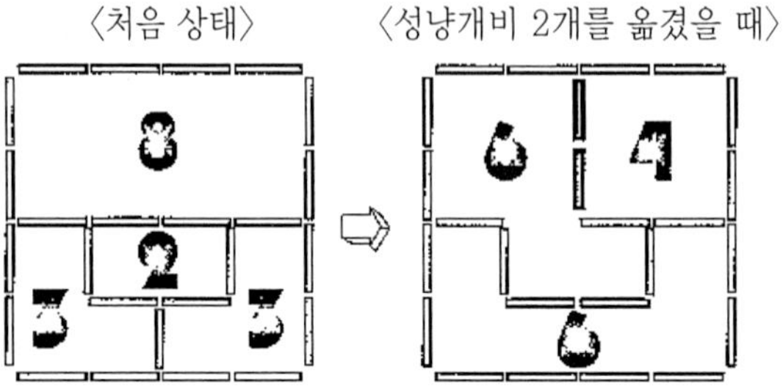

㉠ 성냥개비 3개를 옮겨서 넓이가 각각 6, 6, 4인 작은 방으로 나눠봅시다.
㉡ 성냥개비 4개를 옮겨서 넓이가 각각 6, 6, 4인 작은 방으로 나눠봅시다.
㉢ 성냥개비 5개를 옮겨서 넓이가 각각 6, 6, 4인 작은 방으로 나눠봅시다.
㉣ 성냥개비 6개를 옮겨서 넓이가 각각 6, 6, 4인 작은 방으로 나눠봅시다.

참고

- 퍼즐의 교육적 가치

퍼즐은 수학적 요소와 함께 놀이적인 요소를 포함하고 있어서 형식화된 알고리즘의 적용과 지필에 의존해 오던 수학학습 방법에 대한 정신적 부담을 최소화 할 수 있다. 아울러 그 밖에 퍼즐의 교육적 가치를 몇 가지 언급하면 아래와 같다.

① 해결절차나 전략 등은 문제해결의 본질이다.
② 학교교육과 가정교육을 연결시킬 수 있다.
③ 교구를 이용한 퍼즐은 수학적 지식을 창조하는 경험을 제공한다.
④ 논리적인 사고력을 신장시킬 수 있다.
⑤ 의사소통능력과 추론능력을 발달시킬 수 있다.

평균

크고 작은 몇 개의 수량을 차이가 나지 않게 중간 값(평균값)을 구한 것이 평균(mean)이다.

즉, 많고 적음이 없게 똑같게 하는 것이다.

보기 지희네 닭들은 일주일 동안에 56개의 계란을 낳았다고 한다. 하루에 평균 몇 개씩 낳은 셈인지를 알아보시오.

총계란 수 = 56
일주일 동안 = 7일
하루의 계란 수? 8개 (56 ÷ 7 = 8)

하루 동안에 낳은 계란 수는 일주일 계란수를 7일로 나누어 똑같은 수로 취한 것이다.

참고

- 평균을 알면 총합을 구할 수 있다. 30일 동안 계란의 수는?
  총계란 수 = (하루 평균 8개) × 30일 = 240개

참고

- 평균점
  각 과목의 점수 총계를 과목의 수로 나눈 수치를 '평균점'이라 한다.

평균산

몇 개의 수량의 평균을 구하거나 평균을 사용하여 수량의 크기를 구하는 문제를 평균산이라 한다. 평균을 구하려면 2가지 조건, 즉 나누어지는 전체의 양과 나누려는 몫의 수만 알면 된다. 즉 (평균) = (전체의 합) ÷ (전체를 이루는 수)가 된다.

보기 지난번까지 시험을 본 수학성적의 평균은 83점이고, 이번 시험에서는 97점을 받아서 전체 평균이 85점이 되었다. 그러면 시험은 모두 몇 번을 쳤는가?

표

전체를 한 눈에 알아보기 쉽게 꾸며 놓은 문서를 표(table)라고 한다. 통계나 그래프를 그리기위한 자료를 알아보기 쉽게 나타낸 것이다.

보기 다음은 100까지의 수 배열 표이다.

1	2	3	4	5	6	7	8	9	10
11	12	13	14	15	16	17	18	19	20
21	22	23	24	25	26	27	28	29	30
31	32	33	34	35	36	37	38	39	40
41	42	43	44	45	46	47	48	49	50
51	52	53	54	55	56	57	58	59	60
61	62	63	64	65	66	67	68	69	70
71	72	73	74	75	76	77	78	79	80
81	82	83	84	85	86	87	88	89	90
91	92	93	94	95	96	97	98	99	100

참고

- 표의 유형을 기능에 따라 분류하면 계획표, 시간표, 일정표, 예정표, 기록표, 수표, 함수표, 통계표 등이 있다.

표본

전체집합의 성격을 대표하는 전체집합의 일부분을 표본(sample)이라고 한다.

보기 우리나라의 어떤 정책을 결정하기위해 무작위로 전화를 걸어 국민들의 의견을 알아보는 경우가 종종 있다. 이때 전화 통화에 응한 사람들의 집합은 국민전체를 대표하는 표본이라 할 수 있다.

표본공간

어떤 시행이나 실험 등을 통해 일어날 가능성이 있는 모든 경우의 집합을 표본공간(sample space)이라 한다.

보기 동전 하나를 던지는 사건에 대한 표본 공간은 {H(앞), T(뒤)}의 두 가지이며, 주사위 한 개를 던지는 사건에 대한 표본 공간은 {1, 2, 3, 4, 5, 6}의 여섯 가지가 된다.

표본조사

어느 집단의 특성을 알고자 할 때 집단의 사례 전부를 조사하는 방법을 전수조사라 하고, 집단의 일부를 조사하는 집단 전체의 특성을 추정하는 방법을 표본조사(sample survey)라 한다.

보기 우리나라에서 하는 개인별 부과할 세금이나 인구조사 등은 일반적으로 전수조사를 실시한다. 그러나 다량의 생산품의 품질검사 등은 전수조사가 사실상 불가능하다. 또한 선거를 전후하여 하는 여론조사 등은 전수조사가 가능하지만 시간이나 경비 등이 많이 들어가게 된다. 이를 경우 전수조사 보다는 대체적으로 표본조사를 실시한다.

확률

어떤 일이 일어날 가능성을 확률(probability)이라고 한다. 다시 말해, 모든 경우의 수에 대한 어떤 사건이 일어날 경우의 수의 비율이 된다.

보기 공정한 동전을 세 번 던졌을 때 앞면이 두 번 나올 확률을 구하여라. 이 경우 표본공간 S ={HHH, HHT, HTH, THH, HTT, THT, TTH, TTT}가 된다. 이 중에서 앞면이 두 번 나오는 경우의 사상을 A라 하면 A={HHT, HTH, THH}가 된다. 따라서 n(S)=8, n(A)=3 이 된다. 그러므로 구하는 확률 P(A)= $\frac{3}{8}$ 이 된다.

참고

- 확률에 해당하는 초등수학에서의 용어가 가능성(chance)이다.

확률의 덧셈정리

확률의 덧셈정리는 두 사건이 동시에 일어나는 경우와 동시에 일어나지 않는 경우의 2가지로 나누어 생각할 수 있다. 2개의 사건이 동시에 일어나지 않는 경우를 서로 배반사상 또는 배반사건이라 한다.

보기 주사위 1개를 던졌을 때 짝수의 눈이 나올 확률을 p라 하면(이 경우는 짝수의 눈과 홀수의 눈이 동시에 나오지는 않으므로 배반사건이 된다), 따라서 2의 눈이 나올 확률 p(2)= $\frac{1}{6}$, 4의 눈이 나올 확률 p(4)=$\frac{1}{6}$, 6의 눈이 나올 확률 p(6)= $\frac{1}{6}$이므로, $P = p(2) + p(4) + p(6) = \frac{1}{6} + \frac{1}{6} + \frac{1}{6} = \frac{1}{2}$이 된다.

참고

- 사상 A_1, A_2가 배반사상이 아니면 $P(A_1 \cup A_2) = P(A_1) + P(A_2) - P(A_1 \cap A_2)$가 된다.

보기 1부터 20까지 의 숫자가 쓰인 카드 20장에서 1장을 뽑았을 때 3 또는 4의 배수일 확률을 P라 하면, 3의 배수일 확률 $p(A) = \frac{6}{20}$, 4의 배수일 확률 $P(B) = \frac{5}{20}$, 3과 4의 배수일 확률 $P(A \cap B)= \frac{1}{20}$가 된다.

$\therefore P = p(A) + P(B) - P(A \cap B) = \frac{6}{20} + \frac{5}{20} - \frac{1}{20} = \frac{1}{2}$ 이 된다.

히스토그램

도수분포표의 자료 중 계급의 구간을 밑변, 도수를 높이로 하여 기둥 사이에 간격이 없이 그린 기둥모양의 그래프를 히스토그램(histogram) 또는 도수분포그래프라 한다. 히스토그램에서는 변량을 가로축에, 그리고 도수를 세로축으로 잡아 계급의 폭을 밑변으로 하고, 도수를 높이로 하는 직사각형 모양의 기둥으로 나타낸다. 직사각형의 넓이의 합이 자료 전체의 도수를 나타내며, 각 계급의 도수는 직사각형의 넓이의 비율로 나타낸다.

보기 아래 왼쪽에 주어진 도수분포표로 나타낸 그래프가 오른쪽 히스토그램이다.

〈2학년 3반 수학 점수〉

수학 점수	학생수
50이상 ~ 60미만	3
60이상 ~ 70미만	5
70이상 ~ 80미만	12
80이상 ~ 90이하	15
90이상 ~ 100	19
합 계	45

〈도수분포표〉 ⇒

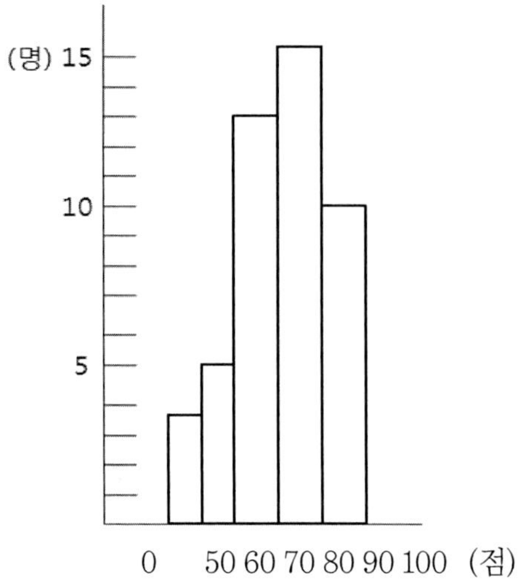

〈히스토그램〉

참고

① 히스토그램에서는 가로축에 계급을 표시하고, 세로축에는 계급의 도수를 표시한다.
② 히스토그램을 그리는 방법은 다음과 같다.
- 가로축에 계급을 표시하고, 세로축에 계급의 도수를 표시한다.
- 막대 사이에 간격 없이 각 계급의 도수에 따라 직사각형의 넓이의 비율로 그린다.
- 직사각형의 넓이 전체의 합이 자료 전체의 도수의 합을 나타낸다.

참고

▸ 막대그래프와 히스토그램의 차이점은 다음과 같다.

내용 그래프	막대그래프	히스토그램
막대사이간격	막대사이에 간격이 있다.	막대 사이에 간격이 없다.
가로축, 세로축	가로축은 항목 세로축은 수의 값	가로축 세로축 모두 수의 값
크기	막대의 길이	직사각형의 넓이
항목순서	바꿀 수 있다.	바꿀 수 없다.
좋은 점	각 항목의 크기를 비교할 때 편리하다.	전체의 분포 상태를 알아 볼 때 편리하다.

참고문헌

참고문헌

강미선(2006). ≪행복한 수학 초등학교 1-수의 세계≫, 휴먼어린이.

강미선(2006). ≪행복한 수학 초등학교 2-연산의 세계≫, 휴먼어린이.

강시중(1981). ≪수학교육론≫, 교육출판사.

강시중(1993). ≪수학교육론≫, 서울: 교육출판사.

강완외(1999). 초등수학 학습지도의 이해, 양서원.

고동욱(1996). ≪수와 논리≫, 한국방송통신대학교출판부.

교육부(2002). ≪수학 5-가≫, 교사용 지도서.

교육부(2010). ≪수학 3-2≫, 초등학교 교사용 지도서.

교육부(2013a). 수학 1-1, ㈜천재교육.

교육부(2013b). 수학 1-2, ㈜천재교육.

교육부(2013c). 수학 2-2, ㈜천재교육.

교육부(2014a). 수학 3-1, ㈜천재교육.

교육부(2014b). 수학 4-2, ㈜천재교육.

교육부(2015a). 수학 5-1, ㈜천재교육.

교육부(2015b). 수학 5-2, ㈜천재교육.

교육부(2015c). 수학 6-1, ㈜천재교육.

교육부(2015d). 수학 6-2, ㈜천재교육.

교육부(2015). 수학과 교육과정, 교육부 고시 제2015-74호 [별책 8]

권성룡외(2005). 수학의 힘을 길러주자, 경문사.

김남준(2014), 가능성 탐구, 2014 초등 수학수업 역량강화 직무연수. 서울특별시교육청.

김성준외(2013). 초등학교 수학과 교재연구와 지도법, 동명사.

김수미(2015). 미국초등학교에서 쓰이는 수학용어사전, 교우사.

김수환외(2010). 초등학교 수학과 교재연구, 동명사.

김연식·박교식(1994). 우리나라의 학교 수학 용어의 재검토. 대한수학교육학회 논문집 제4권 제2호. 1-10.

김옥경(1996). 초등학교 6학년 학생들의 분수 개념 이해와 분수 수업 방안에 대한 연구, 대한수학교육학회논문집 제6권 제2호, p. 211-228.

김태수·김휘룡·노장옥·손창목·신영훈·정세원(1995). 초등수학용어집, 경상북도초등수학교육연구회.

네이버 지식백과 유효숫자 [Significant figure, Significant digit],물리학백과, 한국물리학회.

[네이버 지식백과] 황금비 (시사상식사전, 박문각)

박성택외(1994). ≪수학교육≫, 동명사.

방승진·최중오·임진아·고정호·이정승·남주강·전규민(2007). 수학분야 영재 수업 프로그램 연구. 한국수학교육학회지 시리즈 E, 제21집 제1호, 19-31.

배종수(1999). ≪초등수학교육 내용 지도법, 제7차 교육과정을 중심으로≫, 경문사.

서울대학교 교육연구소(1999). ≪교육학 대백과사전≫, 하우동설.

이경희(2016). 수학레시피 - 초등

유병림(1983). ≪산수과교수법과 교재연구≫, 동명사.

이런 수업 어때요(2005). 서울초등수학교육연구회.

이용률외(1997). ≪초등수학교육론≫, 경문사.

이의원 외(1999). ≪초등수학교육≫, 동명사.

이인환(2010). 좋은 수학 수업을 위하여 교사에게 거는 기대와 역할, 초등수학과 교육 세미 나, 한국 초등수학교육연구회.

전평국(1998). 초등수학교육 이론과 실제, 교학사.

최창우·남형채(1997). 초·중등학교에서의 함수의 개념에 관한 비교고찰, 대구교육대학교 과학·수학교육연구, Vol. 20, p. 27-47.

최창우(2001). 대수적인 관점에서의 수와 연산. 한국수학교육학회지 시리즈E, 제11집, 71-83.

최창우(2004).한국과 뉴질랜드의 초등학교 저학년 교육과정 및 수학학습프로그램의 비교와 분석, 대한수학교육학회지〈학교수학〉 제6권 제1호, 1-19.

최창우 외 2인(2004). ≪대학수학의 이해≫, 경문사

최창우·Story Brian(2008).뉴질랜드 초등학교의 포트폴리오 평가에 관한 사례연구, 대한수학교육학회지 〈수학교육학연구〉 제 18권 제1호, 63-80.

최창우(2012). 뉴질랜드 초등학교의 포트폴리오 탐색, 한국수학교육학회지 시리즈 C 〈초등수학교육〉 제15권 제3호, 235-247.

최창우(2017). 2015 개정 교육과정에 따른 초등수학 교재연구, 경문사.

최창우(2019). 수학교육과 교구, 경문사.

하대연·박재균(1984). 수학영한사전. 형설출판사.

학습용어 개념사전, 2010. 8. 5., (주)북이십일 아울북.

한국초등수학교육연구회(1999). 제23회 초등수학 교육 세미나.

한국초등수학교육연구회(2001). 제25회 초등수학과 교육 세미나.

한태식(1995). van Hiele 이론에 근거한 대표적 연구의 비교, 대한수학교육학회 논문집 제5권 제1호, p. 29-37.

Baroody, Arthur J.(1998). Fostering Children's Mathematical Power. Lawrence Erlbaum Associates, Publishers.

Centre for Mathematics Education(2003). Getting to know the NZ Mathematics Curriculum. Centre for Mathematics Edu- cation, Auckland College of Education.

Charles, Randall I.(February 1985). "The Role of Problem Solving." Arithmetic Teacher 32: 48–50.

Freudenthal, H.(1983). Didactical phenomenology of mathematical structures. Dordrecht: D. Reidel Publishing Company

Kouba, Vicky L. ,Catherine A. Brown, Thomas P. Carpenter, Mary M. Lindquist Edward a. Silver, and Jane O. Swafford.(April 1988)." Results of the Fourth NAEP Assessment of Mathematics: Number, Opreations, and Word Problems." Arithmetic Teacher 35: 14–19.

Romberg, Thomas, and Thomas Carpenter. "Research on Teaching and Learning Mathematics: Two Disciplines of Scientific Inquiry." In Handbook of Research on Teaching, 3d ed edited by M. Wittrock, pp. 850–73. New York: Macmillan Publishing Co., 1986.

Smith, J. C. (2006). Revisting algebra in a number theoretical setting. In R.

Vergnaud, G.(1983). *Multiplicative Structures*, In R. Lesh(Eds.), Acquisitions of Mathematics Concepts and Processes, Academic Press. 127–174.

Zalman Usiskin. Teaching Children Mathematics, February 1997

최 창 우(崔昌佑)

경상남도 창녕에서 태어나, 경북대학교 수학과를 졸업하고 같은 대학교 대학원에서 이학박사학위를 받았다. 뉴질랜드 오클랜드 교육대학(현 오클랜드 대학교)의 연구교수, 2009 개정 초등수학 교과서 집필위원, 제7차 초등학교 수학과 교과용도서 심의위원 등을 역임하였다.

학문적 주요 관심 분야는 초등수학교육, 수학교육연구방법론 분야이다. 「수학교육과 교구」를 비롯한 삼십여 권의 저 · 역서가 있고, 「뉴질랜드의 교사교육 프로그램과 수학교사 교육」을 비롯한 수십 편의 논문이 있다. 지금은 대구교육대학교 수학교육과 교수로 재직 중이며, 수학교육에 대한 다양한 연구뿐만 아니라 학생들에게 우리 생활에서 수학이 어떻게 활용되는가를 전파하는데 관심을 기울이고 있다.

초등수학에서 꼭! 알아야 할

한 · 영 수학 용어 총정리

초판발행 2022년 1월 20일

지은이 최창우
펴낸이 오판근
펴낸곳 (주)교우
주 소 서울시 동대문구 약령시로 8 교우빌딩 2층 (주)교우
전 화 02-925-2861 / **팩 스** 02-925-2860, **편집부** 02-925-2825
홈페이지&북스토어 www.kyowoo.co.kr / **이메일** kyowoo@kyowoo.co.kr

등 록 1994년 3월 24일 제1994-000013호
ISBN 979-11-251-0343-1 (63410)

Published by Kyowoo Co., Ltd. Printed in Korea

(주)교우는 보다 혁신적이고 참신한 도서를 다양하게 기획하고 있습니다.
책으로 펴내고자 하는 아이디어나 원고는 메일로 보내주세요.
(주)교우는 전과정을 책임지고 최선을 다하겠습니다.

값 32,000원

교우미디어는 (주) 교우의 Imprint 사입니다.
수학정원·과학정원은 (주) 교우의 새로운 브랜드명입니다.

잘못된 책은 구입하신 서점에서 교환해 드립니다.